非常规油气辞典

Unconventional Oil and Gas Dictionary

庞名立　申　鑫　主编

中国石化出版社

内 容 提 要

《非常规油气辞典》是一部适用于当前非常规油气发展的能源辞书，浓缩了有关非常规油气的主要内容，以使读者能快捷地了解非常规油气的专业技术知识及发展动向。

本书汇编了非常规油气及相关领域的基础知识、专业内容、专门术语及专有名词等。每一辞条名称均有中英文对照，辞条解释简明扼要，并尽可能地注明网址，使读者便于获得更多、更新的信息。书中还配有插图以增强其可读性和直观性。

本书适用于能源领域特别是石油、天然气和石油化工等行业的管理、研究及工程技术人员查阅，也可供大专院校师生参考。

图书在版编目（CIP）数据

非常规油气辞典 / 庞名立等主编 . —北京：中国石化出版社，2014. 12
ISBN 978-7-5114-3108-0

Ⅰ. ①非… Ⅱ. ①庞… Ⅲ. ①油气勘探-词典②油田开发-词典③气田开发-词典 Ⅳ. ①P618. 130. 8-61 ②TE3-61

中国版本图书馆 CIP 数据核字（2014）第 257833 号

中国石化出版社出版发行

地址:北京市东城区安定门外大街 58 号
邮编:100011　电话:(010)84271850
读者服务部电话:(010)84289974
http://www. sinopec-press. com
E-mail:press@ sinopec. com
北京科信印刷有限公司印刷
全国各地新华书店经销

*

850×1168 毫米 32 开本 9 印张 339 千字
2015 年 1 月第 1 版　2015 年 1 月第 1 次印刷
定价:46. 00 元

前　　言

当今世界，尽管石油天然气的可采储量和产量持续增加，但需求量更加强劲地增长，油气供应难以支持经济增长，石油供应不足，原油在一次能源消费中的比例持续降低，常规油气资源已经不能满足需求；同时，国际地缘政治局势的变化，经常性地影响油气供应，因此，为了确保油气供应，不受到进口油气的牵制，世界各国将能源的注意力逐渐聚焦于非常规油气，不断寻找并开发非常规油气资源。

常规油气是通过生产井从地下圈闭的油气藏中开采出来的油气，而非常规油气则是指用传统的技术无法获得工业产量，需用新技术改造储集层渗透率或流体黏度等才能经济开采的连续或准连续聚集的油气资源。

由于从地下开采非常规油气的成本远比常规油气高，环境污染严重，遏制了非常规油气的发展，但是随着油气价格飙升，给非常规油气进入能源市场创造了机遇，而要使非常规油气成为市场能够接受的品种，必须满足三个条件：

（1）技术可采：利用现代油气开采技术，可以开采供销售的油气量；

（2）经济可行：开采出来的油气的市场销售价格能使用户能够接受；

（3）环境允许：整个油气生产流程符合当地的环境保护标准。

全球蕴藏着丰富的非常规油气资源。在全球石油资源中，常规石油只占30%，其余70%都是非常规石油，而天然气水合物资源量则为全球油气资源总和的两倍，但开发非常规油气资源面临着严峻的挑战：

（1）非常规油气资源的勘探程度较低，需要加大资源评价力度；

（2）非常规油气资源部分关键技术需要持续攻关；

（3）环境保护对非常规油气资源产业发展提出了严格的要求；

(4) 非常规油气资源业务投入大、周期长，经济效益短期内难以体现；

(5) 非常规油气资源的开发需要获得政府的优惠政策支持。

非常规油气开采不能局限于从地下获得的资源，更重要的是从化石燃料生成的前身——生物质获得油气资源，这将是人类获得油气的终极能源。生物质是太阳能通过植物的光合作用转换、固化和储存的能量形式，具有可再生性，取之不尽，用之不竭。由此，生物燃料的利用有利于环境和谐，这就给非常规油气的研究、开发和利用赋予了新的生命活力。

《非常规油气辞典》汇编了非常规油气及相关领域的基础知识、专业内容、专门术语及专有名词等。每一辞条名称均有中英文对照或缩略语，并对辞条作了较详细的诠释或辅以插图，使辞条内容更直观形象，有的辞条后面附有网站。

为了便于理解，有些辞条列有数据，通常这些数据是不发生变化的。但如产量、储量等数据每年都有变化，因此没有列出当年数据，只是提供查找方法，以便查阅所需年份的数据。

在本辞典的编写过程中，得到许多同仁的指导和帮助，他们参与了资料查阅、翻译和整理工作，在此一并致谢。

辞典是一个知识面广而信息密集的系统，虽力求准确、完善，但是由于各方面因素及编者水平的限制，难免有疏漏和错误，诚挚地希望广大读者对书中的缺欠、遗漏和谬误给予指正和补充。

编　者

目　录

辞条目录……………………………………………………（1～22）

汉语拼音索引…………………………………………………（23～40）

1. 能源 ………………………………………………………（ 1 ）
2. 油气成因学说 ………………………………………………（ 12 ）
3. 石油天然气概述 ……………………………………………（ 16 ）
4. 非常规油气资源 ……………………………………………（ 23 ）
5. 非常规油气地质 ……………………………………………（ 30 ）
6. 非常规油气开发 ……………………………………………（ 39 ）
7. 非常规石油 …………………………………………………（ 51 ）
   7.1　油砂与超重原油 ………………………………………（ 59 ）
   7.2　油页岩与页岩油 ………………………………………（ 72 ）
   7.3　致密油 …………………………………………………（ 96 ）
8. 非常规天然气 ………………………………………………（100）
   8.1　致密气 …………………………………………………（108）
   8.2　煤层气 …………………………………………………（111）
   8.3　页岩气 …………………………………………………（119）
   8.4　天然气水合物 …………………………………………（123）
9. 合成燃料 ……………………………………………………（132）
   9.1　煤的化学转化 …………………………………………（139）
      9.1.1　煤直接液化 ………………………………………（146）
      9.1.2　煤间接液化 ………………………………………（150）
   9.2　甲醇燃料 ………………………………………………（156）
   9.3　二甲醚 …………………………………………………（161）
   9.4　天然气制取液态燃料 …………………………………（163）
   9.5　热解聚 …………………………………………………（167）
10. 生物燃料……………………………………………………（173）
   10.1　生物气 …………………………………………………（185）
   10.2　生物乙醇 ………………………………………………（192）
   10.3　生物丁醇 ………………………………………………（198）

10.4　生物柴油 …………………………………………………………（201）
10.5　藻类燃料 …………………………………………………………（208）
10.6　生物燃料政策 ……………………………………………………（215）
11. 环境问题……………………………………………………………（219）
11.1　全球气候暖化 ……………………………………………………（223）
11.2　环境污染 …………………………………………………………（230）
附录　计量单位及换算 ……………………………………………………（234）

辞条目录

1. 能　　源

基本概念

能…… 1
能量…… 1
能量密度…… 1
能源…… 1
能源资源…… 1
能源产品…… 2
常规能源…… 2
非常规能源…… 2
可再生资源…… 2
可再生能源…… 2
不可再生能源…… 2
清洁能源…… 2
可持续能源…… 2
绿色能源…… 3
新能源…… 3
可替代能源…… 3
替代燃料…… 3
非燃烧能源…… 3
非商品能源…… 3

一次能源

一次能源…… 3
一次能源消费量…… 3
一次能源消费结构…… 3
能源链…… 4
一次氢能…… 4
一次电力…… 4
一次热能…… 4

二次能源

能源转换…… 4
二次能源…… 4
二次能源生产量…… 4
二次热能…… 4
二次氢能…… 4

能源经济

能源经济…… 4
能源法…… 5
能源评价…… 5
能源政策…… 5
能源管理…… 5
能源清洁…… 5
能源依存度…… 5
能源自给率…… 5
能源结构…… 5
能源开发…… 5
能源分析…… 5
能源规划…… 6
能源计划…… 6
可再生能源发展…… 6
非燃料用的化石燃料消费…… 6

能源安全

能源危机…… 6
能源安全供应…… 6
能源安全供应体系…… 6
能源瓶颈…… 6
能源独立…… 6
石油安全…… 7

能源强度与 GDP

能源强度…… 7
国际汇率…… 7
购买力平价…… 7
世界各国 GDP(国际汇率) …… 7
世界各国人均 GDP(国际汇率) …… 7
世界各国 GDP(购买力平价) …… 7
世界各国人均 GDP(购买力平价) …… 7

能源统计

能源统计…… 8
能源数据库…… 8

联合国数据库…… 8
世界能源统计评论…… 8
世界采矿数据…… 8

组织机构

欧洲共同体统计局…… 8
国际能源署…… 8
石油输出国组织…… 9
世界能源理事会…… 9
国际能源论坛…… 9
美国能源部…… 9
加拿大国家能源署…… 9
俄罗斯联邦能源部…… 9
联合国统计署…… 9
美国能源情报署…… 9
中华人民共和国国家统计局…… 9

媒　体

彭韦尔出版公司…… 9
海湾出版公司…… 9
世界燃料 …… 10
世界能源展望 …… 10
能源资源调查 …… 10
世界能源消费 …… 10
再生能源年度报告 …… 10
世界各国能源 …… 10
国家概况简要分析 …… 10
国际能源展望 …… 10
俄罗斯能源 …… 11
中国能源 …… 11
能源杂志 …… 11
科学杂志 …… 11
SPG 公用媒体有限公司 …… 11
金融时报中文版 …… 11
俄罗斯新闻网 …… 11
俄罗斯能源网 …… 11
日经能源环境网 …… 11

2. 油气成因学说

生油学说 …… 12

有机成因说

有机成因说 …… 12
甲烷菌 …… 12
甲烷 …… 12
生物成因气 …… 13
生油门限 …… 13
烃源岩 …… 13
卟啉 …… 14
爱福莱德·特莱布斯 …… 14
D. H. 维尔特 …… 14

无机成因说

无机成因说 …… 14
非生物成因气 …… 14
格奥尔格乌斯·阿格里科拉 …… 15
德米特里·伊万诺维奇·门捷列夫 …… 15
尼古莱·库德里亚夫切夫 …… 15

3. 石油天然气概述

石　油

石油 …… 16
石油工业 …… 16
现代石油工业 …… 16
依格纳茨·卢卡西维茨 …… 16
埃德温·德雷克 …… 17

天然气

天然气 …… 17
天然气工业 …… 18
伴生气 …… 18
非伴生气 …… 18
溶解气 …… 18
气顶 …… 18
气顶气 …… 18
热成因气 …… 18
成岩气 …… 19
湿气 …… 19
干气 …… 19
粗天然气 …… 19
气体燃料 …… 19
高成本天然气 …… 19

能源气体 …… 19
气态烃 …… 19
烃露点 …… 19
可燃性气体 …… 19
威廉·哈特 …… 20

石油地缘政治

全球化 …… 20
经济全球化 …… 20
世界格局 …… 20
地缘经济 …… 20
地缘战略 …… 20
地缘政治学 …… 20
《石油地缘政治》…… 21

石油峰值

石油峰值 …… 21
石油峰值减缓 …… 21
马里昂·金·哈伯特 …… 21

组织机构

油气峰值研究协会 …… 21
美国油气峰值研究协会 …… 21
澳大利亚油气峰值研究协会 …… 21
终结石油协会 …… 21
石油衰竭分析中心 …… 21
哈伯特石油供应研究中心 …… 21

媒体

石油开采峰值点新闻 …… 22
全球石油危机 …… 22

4. 非常规油气资源

资源

石油资源 …… 23
非常规油气资源 …… 23
低渗透资源 …… 23
地质可信度 …… 24
原地量 …… 24
总原地资源量 …… 24
可采资源量 …… 24
最终可采资源量 …… 24
技术可采资源量 …… 24
不可采量 …… 24
页岩气地质储量 …… 24
先进资源国际公司 …… 25

储量

储集层 …… 25
储量 …… 25
预测地质储量 …… 25
探明地质储量 …… 26
原始可采储量 …… 26
技术可采储量 …… 26
可采储量 …… 26
探明储量 …… 26
储量增长 …… 26
商业储量 …… 26
储量管理 …… 26
储采比 …… 27
未探明储量 …… 27
储量分级 …… 27
国际天然气和气态烃信息中心天然气储量分级 …… 27
中国油气储量分级 …… 27

油气数据查询

世界各国石油剩余可采储量 …… 28
世界各国石油产量 …… 28
世界各国石油消费量 …… 28
世界各国天然气剩余可采储量 …… 29
世界各国天然气产量 …… 29
世界各国天然气消费量 …… 29
加拿大油砂剩余可采储量 …… 29
委内瑞拉奥里诺科重油带 …… 29
世界各国页岩气可采资源量 …… 29
美国页岩气 …… 29

5. 非常规油气地质

基本概念

石油地质 …… 30
非常规石油地质 …… 30
油气聚集 …… 30

油窗 …… 30
石油开发地质 …… 30

岩　石

岩石 …… 31
砂岩 …… 31
碳酸盐岩 …… 31
黏土 …… 31
黏土岩 …… 31
基质 …… 31
矿物 …… 31

地　层

化石 …… 32
化石顺序律 …… 32
化石燃料 …… 32
沉积 …… 32
沉积学 …… 32
沉积相 …… 32
陆源沉积物 …… 32
地层层序 …… 32
地层层序律 …… 32
盆地 …… 32
沉积盆地 …… 32
热成熟度 …… 32
含油气盆地 …… 32
泥火山 …… 33
湖盆 …… 33
湖泊 …… 33
生物地质学 …… 33
生物岩 …… 33
生物礁 …… 33

储　层

常规储层 …… 33
非常规储层 …… 33
储层描述 …… 33
砂岩储层 …… 33
碳酸盐储层 …… 34
背斜圈闭 …… 34
油层 …… 34
深层气 …… 34
深产层 …… 34
含水层 …… 34
盖层 …… 34
隔层 …… 34
断层 …… 34
节理 …… 35
褶皱 …… 35
地层压力 …… 35
地层压力系数 …… 35
原始地层压力 …… 35
原始含水饱和度 …… 35

孔隙率

多孔介质 …… 35
裂缝 …… 35
孔隙 …… 35
岩石孔隙 …… 35
孔隙度 …… 35
岩石孔隙度 …… 36
绝对孔隙度 …… 36
有效孔隙度 …… 36

渗透率

达西 …… 36
达西定律 …… 36
渗透率(地球科学) …… 36
绝对渗透率 …… 37
有效渗透率 …… 37
相对渗透率 …… 37
天然气资源渗透率 …… 37

组织机构

美国地质勘测局 …… 37
法国地质矿物调查局 …… 37
日本地质调查综合中心 …… 37
中国地质调查局 …… 37

媒　体

沉积学研究杂志 …… 38
石油地质杂志 …… 38
加拿大石油地质通报 …… 38
法国地质学会通报 …… 38

美国石油地质学家协会通报 …… 38
美国矿物学家 …… 38

6. 非常规油气开发

勘探与开采

常规烃类 …… 39
非常规烃类 …… 39
勘探作业 …… 39
采出程度 …… 39
采收率 …… 39

钻井与测井

钻井 …… 39
钻井方法 …… 40
钻井工艺 …… 40
钻井设备 …… 40
造斜钻头 …… 40
降斜钻具组合 …… 40
增斜钻具组合 …… 40
垂直钻井 …… 40
定向钻井 …… 40
定向井 …… 41
大位移井 …… 41
多分支井 …… 41
丛式井 …… 41
水平定向钻进 …… 42
智能井技术 …… 42
平衡压力钻井 …… 42
欠平衡钻井 …… 42
钻井液漏失 …… 42
旋转导向钻井系统 …… 42
井距 …… 43
测井 …… 43
随钻测井 …… 43
随钻测量 …… 43
随钻测斜仪 …… 43

酸 化

酸化 …… 43
酸化增产工艺 …… 43
基质酸化 …… 44
常规酸化 …… 44
暂堵酸化 …… 44
酸化压裂 …… 44
前置液压裂酸化 …… 44

压 裂

地层压裂 …… 44
合层压裂 …… 45
分层压裂 …… 45
一次多层分压 …… 45
水力加砂压裂 …… 45
多段压裂 …… 46
高能气体压裂 …… 46
防砂作业 …… 46
微震波 …… 46
微震监测 …… 46
压裂酸化评价 …… 46
压裂设备 …… 46
压裂车 …… 46
混砂车 …… 46
平衡车 …… 47
仪表车 …… 47
管汇车 …… 47
压裂酸化车 …… 47

药剂与材料

钻井液 …… 47
钻井液添加剂 …… 47
钻井液稀释剂 …… 47
硅藻土 …… 47
方解石 …… 47
膨润土 …… 47
表面活性剂 …… 47
页岩抑制剂 …… 47
杀菌剂 …… 48
增黏剂 …… 48
降黏剂 …… 48
絮凝剂 …… 48
酸化压裂药剂 …… 48
压裂液添加剂 …… 48
转向剂 …… 48
前置液 …… 48

压裂液 …………………………… 48
支撑剂 …………………………… 49
携砂液 …………………………… 49
顶替液 …………………………… 49

组织机构

国际钻井承包商协会 ……………… 49
钻井研究协会 …………………… 49
石油物理学家和测井分析家协会 …
…………………………………… 49
井口设备制造商协会 ……………… 49
澳大利亚钻井工业协会 …………… 49

媒　体

非常规年鉴 ……………………… 50
钻井承包商 ……………………… 50

7. 非常规石油

基本概念

常规石油 ………………………… 51
天然气凝液 ……………………… 51
非常规石油 ……………………… 51
液态烃资源金字塔 ……………… 52

原油生成

泥炭化作用 ……………………… 52
原油 ……………………………… 53
前体 ……………………………… 53
干酪根 …………………………… 53
干酪根熟化 ……………………… 53
油气生成 ………………………… 54
碳酸盐岩油气藏 ………………… 54

油气运移与聚集

石油地球化学 …………………… 54
油气运移 ………………………… 54
运移滞留 ………………………… 54
低渗透地层 ……………………… 55
油气聚集 ………………………… 55
油气聚集带 ……………………… 55
油田 ……………………………… 55
煤成油 …………………………… 55
残余油 …………………………… 55
低热值燃料 ……………………… 55

原油分类

API 标准 ………………………… 55
美国石油学会原油重度标准 …… 55
分馏 ……………………………… 56
烃类价值层次 …………………… 56

法　律

俄罗斯非常规石油法 …………… 56

组织机构

世界石油理事会 ………………… 57
阿拉伯石油输出国组织 ………… 57
美国石油工程师学会 …………… 57
美国石油学会 …………………… 57
非常规天然气和石油学会 ……… 57
加拿大非常规资源学会 ………… 57
加拿大石油学会 ………………… 57
墨西哥石油协会 ………………… 57
巴西石油天然气协会 …………… 57
日本石油协会 …………………… 57
日本石油技术协会 ……………… 58
澳大利亚石油学会 ……………… 58
中国石油学会 …………………… 58

媒　体

非常规油气资源杂志 …………… 58
亚洲石油 ………………………… 58
油气杂志 ………………………… 58
烃加工 …………………………… 58
欧亚油气杂志 …………………… 58
化学周刊 ………………………… 58
独联体油气杂志 ………………… 58
《石油的形成与成藏》…………… 58
俄罗斯石油天然气网 …………… 58

7.1 油砂与超重原油

沥　青

沥青 ……………………………… 59
天然沥青 ………………………… 59

石油沥青 …… 59
焦油沥青 …… 60
沥青质 …… 60
原油渗出 …… 60
沥青坑 …… 60
沥青湖 …… 60
彼奇湖 …… 61
帕里亚湾 …… 61
地沥青湖 …… 61
沥青的技术指标 …… 61

分类标准

UNITAR 稠油和油砂分类标准 …… 61
中国稠油分类标准 …… 61

油 砂

油砂 …… 62
油砂资源量 …… 62
加拿大草原三省 …… 63
艾伯塔省油砂矿床 …… 63
阿萨帕斯卡油砂矿藏 …… 63
麦克默里地层 …… 63
和平河油砂矿藏 …… 63
冷湖油砂矿藏 …… 63
沃帕斯卡尔油砂矿藏 …… 63
梅尔维尔岛油砂矿藏 …… 63
加拿大西部沉积盆地 …… 63
梅尔克维莱佩谢尔布龙市镇 …… 64
卡尔·克拉克 …… 64

超重原油

重油 …… 64
原油沥青 …… 64
合成原油 …… 64
奥里诺科河 …… 65
奥里诺科重油带 …… 65
奥里油 …… 65
油砂和重油可采储量 …… 65

开采方式

采油方法 …… 65
机械采油法 …… 65
油砂矿开采 …… 66
露天开采 …… 66
钻井开采 …… 66
稠油开采 …… 66
泵抽冷流技术法 …… 66
冷重油砂蚓孔生产技术 …… 66
热力采油法 …… 67
蒸汽注入法 …… 67
蒸汽吞吐技术 …… 67
蒸汽驱 …… 67
蒸汽循环增产法 …… 67
蒸汽辅助重力泄油法 …… 67
蒸汽提取法 …… 68
联合回收法 …… 68
电热法 …… 68
火烧油层法 …… 68
注空气火烧油层技术 …… 68
火驱架空重力泄油 …… 68
稠油处理工程 …… 69
磁采油技术 …… 69
降黏法 …… 69
稀释法 …… 69
产品升级 …… 69

运 输

管道运输 …… 69
管道长度 …… 70
超重原油管线 …… 70
Synbit …… 70
矿山卡车 …… 70

组织机构

彭比纳研究所 …… 70
油砂咨询委员会 …… 70
油砂发现中心 …… 70
加拿大重油协会 …… 70
OTS 重油科学中心 …… 70
油砂安全协会 …… 71
GSI 能源公司 …… 71
艾伯塔省研究局 …… 71
油砂开发集团 …… 71
阿萨帕斯卡油砂公司 …… 71

加拿大油砂有限公司 …………… 71
合成原油加拿大公司 …………… 71
阿尔边油砂能源公司 …………… 71
森科尔能源公司 ……………… 71
日本加拿大油砂有限公司 ……… 71

7.2 油页岩与页岩油

油页岩

富含有机质的沉积岩 …………… 72
油页岩 …………………………… 72
油页岩矿 ………………………… 73
油页岩工业 ……………………… 73

油页岩地质

沉积岩 …………………………… 73
蒸发岩 …………………………… 74
油页岩地质学 …………………… 74
沉积环境 ………………………… 74
油页岩沉积 ……………………… 74

油页岩类型及性质

陆相油页岩 ……………………… 74
长焰煤 …………………………… 74
湖相油页岩 ……………………… 74
湖成油页岩 ……………………… 74
苞芽油页岩 ……………………… 74
海相油页岩 ……………………… 75
库克油页岩 ……………………… 75
塔斯马尼亚油页岩 ……………… 76
海成油页岩 ……………………… 76
黏土岩 …………………………… 76

油页岩储量

页岩油地质资源量 ……………… 76
油页岩储量 ……………………… 76
抚顺油页岩沉积 ………………… 77
茂名油页岩沉积 ………………… 77
农安油页岩 ……………………… 77
龙口油页岩 ……………………… 77
桦甸油页岩 ……………………… 77
皮申斯盆地 ……………………… 78
绿河地层 ………………………… 78

油页岩加工

页岩油 …………………………… 78
页岩油提取 ……………………… 78
油页岩气 ………………………… 78
氢化 ……………………………… 78
热分解 …………………………… 79
螺旋输送机 ……………………… 79
滚筒 ……………………………… 79
流化床 …………………………… 79
填充床 …………………………… 79
湍流 ……………………………… 79
陶瓷球 …………………………… 79
干馏 ……………………………… 79
油页岩干馏技术 ………………… 79
油页岩干馏炉 …………………… 80
卡里克工艺 ……………………… 80
普胡斯顿干馏炉 ………………… 80
柯克干馏炉 ……………………… 80

油页岩地面干馏

油页岩地面干馏法分类 ………… 80
• 内部燃烧法
内部燃烧干馏法 ………………… 81
燃气燃烧干馏法 ………………… 81
NTU 干馏法 ……………………… 81
基维特干馏法 …………………… 81
抚顺干馏法 ……………………… 82
联合 A 法 ………………………… 82
帕拉厚直接干馏法 ……………… 83
超级多矿物干馏法 ……………… 83
• 热循环固体干馏法
热循环固体干馏法 ……………… 83
ATP 干馏法 ……………………… 84
噶咯特干馏法 …………………… 84
爱纳法特干馏法 ………………… 85
鲁奇-鲁尔法 ……………………… 85
多斯科Ⅱ法 ……………………… 85
雪佛龙 STB 法 …………………… 86
劳伦斯 HRS 法 …………………… 86
壳牌颗粒热交换法 ……………… 86
肯塔基Ⅱ法 ……………………… 86

• 隔壁传热干馏法
隔壁传热干馏法 …………………… 86
提油技术干馏法 …………………… 87
红叶资源干馏法 …………………… 87
• 外部注入热气干馏法
外部注入热气干馏法 ……………… 87
皮特罗克息干馏法 ………………… 87
皮特罗克息干馏炉 ………………… 87
联合 B 法 ………………………… 88
帕拉厚间接干馏法 ………………… 88
• 反应流体技术法
反应流体技术法 …………………… 88
IGT 加氢干馏法 …………………… 88
蓝旗技术干馏法 …………………… 88
查塔奴格干馏法 …………………… 89

油页岩地下干馏

• 内部燃烧法
地下干馏的内部燃烧法 …………… 89
劳伦斯 RISE 地下干馏法 ………… 89
里奥布兰科地下干馏法 …………… 89
• 隔壁传热法
地下干馏的隔壁传热法 …………… 90
壳牌 ICP 干馏法 ………………… 90
美国 AMSO 干馏法 ……………… 90
IEP 干馏法 ……………………… 90
• 外部注入热气法
外部注入热气法 …………………… 90
雪佛龙 CRUSH 地下干馏法 …… 91
欧门尼页岩干馏法 ………………… 91
西部山区能源干馏法 ……………… 91

其他干馏法

等离子体 ………………………… 92
等离子气化法 ……………………… 92
等离子体喷枪 ……………………… 92

油页岩评价

油页岩资源量评价 ………………… 92
油页岩质量评价 …………………… 93
费歇尔评价法 ……………………… 93

组织机构

• 中国
抚顺矿业集团有限责任公司 …… 93
抚顺矿业集团有限责任公司页岩
炼油厂 ………………………… 93
新疆宝明矿业有限公司 ………… 93
北票煤业有限公司 ……………… 93
• 爱沙尼亚
爱沙尼亚能源公司 ……………… 94
爱沙尼亚能源集团 ……………… 94
爱沙尼亚油页岩公司 …………… 94
爱纳法特技术公司 ……………… 94
• 美国
美国国家油页岩协会 …………… 94
红叶资源公司 …………………… 94
独立能源合伙公司 ……………… 94
燃烧资源公司 …………………… 94
西部山区能源公司 ……………… 94
美国页岩油有限公司 …………… 94
查塔奴格公司 …………………… 94
页岩技术有限公司 ……………… 94
里奥布兰科油页岩公司 ………… 95
劳伦斯利弗莫尔国家实验室 …… 95
洛斯阿拉莫斯国家实验室 ……… 95
• 俄罗斯
扎沃德·斯拉特苏公司 ………… 95
• 澳大利亚
艾伯利能源有限公司 …………… 95
兰旗科技有限公司 ……………… 95

媒 体

油页岩(杂志) …………………… 95

7.3 致密油

基本概念

致密油 …………………………… 96
含油页岩 ………………………… 96

储量与生产

致密油储层 ……………………… 96
致密油技术可采资源量 ………… 97
致密油生产 ……………………… 97

致密油层回收率 …………………… 98

致密油地层

巴歇尔油田 ……………………… 98
巴肯地层 ………………………… 98
鹰福特地层 ……………………… 98
蒙特利地层 ……………………… 99
致密油井衰减速率 ……………… 99

组织机构

致密油研究组织 ………………… 99

8. 非常规天然气

基本概念

常规天然气…………………………… 100
非常规天然气………………………… 100
天然气资源金字塔…………………… 100
非常规天然气资源量………………… 101

天然气开采

天然气开采…………………………… 101
常规天然气藏………………………… 102
非常规天然气藏……………………… 102
气层压力……………………………… 103
气藏束缚水饱和度…………………… 103
气层水………………………………… 103
气井…………………………………… 104
采气…………………………………… 104
采气工程……………………………… 104
采气速度……………………………… 104

天然气市场

商品天然气…………………………… 104
中国天然气气质标准………………… 104
天然气市场…………………………… 104
天然气国际市场……………………… 104
天然气常规市场……………………… 104
天然气现货市场……………………… 105
天然气市场自由化…………………… 105
天然气市场价格……………………… 105
倒算井口价格法……………………… 105
天然气输送价格……………………… 105

压缩天然气与液化天然气

压缩天然气…………………………… 106
液化…………………………………… 106
甲烷液化……………………………… 106
液化天然气…………………………… 106

组织机构

天然气输出国论坛…………………… 107
联合国欧洲经济委员会天然气中心…………………… 107
气体加工者协会……………………… 107
加拿大非常规资源学会……………… 107
燃气联盟……………………………… 107
美国燃气协会………………………… 107
国际储气罐和接收站操作协会 ………………………………… 107
液化天然气进口公司国际组织 …… ………………………………… 107
液化天然气中心……………………… 107
俄罗斯天然气及技术科学研究院 ………………………………… 107
美国天然气工艺研究院……………… 107
国际天然气和气态烃信息中心 ………………………………… 108
国际天然气联盟……………………… 108

媒　体

俄罗斯天然气………………………… 108
俄罗斯天然气工业…………………… 108
欧洲非常规天然气…………………… 108

8.1　致密气

致密砂岩储层

致密地层……………………………… 108
致密储层天然气……………………… 109
致密储层渗透率……………………… 109
致密砂岩气储层……………………… 109
水锁效应……………………………… 109
致密砂岩封闭………………………… 110
含水饱和度…………………………… 110

致密砂岩气资源量

致密气资源量……………………110
中国气藏标准……………………110

致密气开采

致密气藏界定……………………110
致密气藏开采……………………111
致密气层回收率…………………111
苏里格气田………………………111

8.2 煤层气

煤层气生成

成煤时代…………………………112
煤层………………………………112
成煤作用…………………………112
泥炭化作用………………………112
煤化作用…………………………112
成岩作用…………………………112
变质作用…………………………113
煤成气……………………………113
煤层气……………………………113
煤缝气……………………………113
吸湿水……………………………113
残余气……………………………113
残余气饱和度……………………113
报废矿井瓦斯……………………114

煤矿瓦斯

瓦斯………………………………114
爆炸………………………………114
爆炸极限…………………………114
瓦斯爆炸…………………………114
矿井甲烷气………………………114
瓦斯矿井等级……………………114
绝对瓦斯涌出量…………………114
煤(岩)和瓦斯突出 ………………114
低浓度瓦斯………………………115
高浓度瓦斯………………………115
瓦斯梯度…………………………115
瓦斯抽放…………………………115
瓦斯抽放系统……………………115
残存瓦斯…………………………115
白坑气……………………………115

煤层气资源量

煤层气可采资源量………………115
沁水盆地…………………………116
韩城煤层气田……………………116

煤层气开采

煤层气回收率……………………116
煤层气排采………………………116
煤层气抽放………………………117
吸附甲烷…………………………117
二氧化碳驱煤层气 CO_2 ……………118
煤层气超越计划…………………118

组织机构

阿拉巴马州煤层气协会…………118
德国煤层气协会…………………118
煤层气联盟………………………118
中国煤炭学会煤层气专业委员会
……………………………………118
大猫能源公司……………………118
三叉戟勘探公司…………………118
中联煤层气有限责任公司………118
格拉德斯通液化天然气…………119

8.3 页岩气

页岩气特性

页岩………………………………119
页岩气……………………………119
页岩气地质………………………119
页岩气储集空间…………………120
页岩含气量………………………120

页岩气资源

巴涅特页岩………………………120
马塞勒斯地层……………………121
海恩斯维尔页岩…………………121
费耶特维尔页岩…………………121
伍德福德页岩……………………121
涪陵页岩气田……………………121

页岩气开发

页岩气开发 …… 121
页岩气井 …… 121
页岩气层采收率 …… 122
沉沙池 …… 122
蒸发塘 …… 122

组织机构

德拉瓦河谷马塞勒斯协会 …… 123
得克萨斯州铁路委员会 …… 123
灰岩能源公司 …… 123
澳大利亚页岩气研究中心 …… 123

媒　体

页岩气情报平台 …… 123
欧洲页岩气 …… 123
天然气情报 …… 123

8.4　天然气水合物

天然气水合物的生成

天然气水合物 …… 124
甲烷水合物 …… 124
海洋雪 …… 124
天然气水合物稳定带 …… 125
冻土层 …… 125
永久冻土 …… 125
麦索雅哈气田 …… 126
贝加尔湖天然气水合物 …… 126
青藏高原 …… 126

天然气水合物资源

总有机碳量 …… 126
天然气水合物资源量 …… 126

探测与开采

天然气水合物探测 …… 127
天然气水合物开采 …… 128
热激发法 …… 128
井下电磁加热技术 …… 129
注入化学药剂激发法 …… 129
减压法 …… 129
海域天然气水合物储层计划 …… 129

水溶性天然气

水溶气藏 …… 129
水溶性天然气 …… 129

地压气

地层压力 …… 130
高压含水层 …… 130
地压页岩 …… 130
地静压力 …… 130
地压气 …… 130
地压含水层 …… 130
地压区域 …… 130
地压气储量 …… 130

组织机构

水合物能源国际 …… 130
德国天然气水合物研究中心 …… 131
日本石油天然气与金属矿物资源机构 …… 131
日本甲烷水合物研究组织 …… 131
关东瓦斯株式会社 …… 131
中国科学院广州能源研究所 …… 131

9. 合成燃料

燃　料

燃料 …… 132
燃料工业 …… 132
泥炭燃料 …… 132
固体燃料 …… 132
液体燃料 …… 133
燃料气 …… 133
碳基燃料 …… 133
燃点 …… 133
燃烧热 …… 133
燃料效率 …… 134

合成燃料

合成燃料 …… 134
xTL 燃料 …… 134
人造石油 …… 134
合成气 …… 135
合成醇 …… 135

合成气制取液体燃料…………… 135
煤基醇醚燃料………………… 135
碳中性燃料…………………… 136

气 化

气化…………………………… 136
燃料气化……………………… 136
气化过程……………………… 136
气化工艺……………………… 136
气化技术理事会……………… 137

费歇尔-托普斯法

费歇尔-托普斯法 …………… 137
高温费-托过程 ……………… 137
低温费-托过程 ……………… 137
费歇尔-托普斯柴油 ………… 137

重要的化学反应

水煤气变换反应……………… 137
甲烷转化……………………… 138
蒸汽-甲烷转化反应 ………… 138
部分氧化法…………………… 138
自热转化……………………… 138
自热式转化制氢……………… 138
自热重整法…………………… 138
PROX ………………………… 138
加氢脱氧反应………………… 138
萨巴捷反应…………………… 139

9.1 煤的化学转化

基本概念

原煤…………………………… 139
煤……………………………… 139
希尔特规律…………………… 139
煤级…………………………… 139
煤的热值……………………… 139
煤中固定碳含量……………… 139
煤田…………………………… 139
采煤…………………………… 140
风化煤………………………… 140
残殖煤………………………… 140
泥炭…………………………… 140
褐煤…………………………… 140
烟煤…………………………… 140
无烟煤………………………… 141
硬煤…………………………… 141

煤化学与煤化工

煤化学………………………… 141
煤化工………………………… 141
煤转化………………………… 141
煤制取液态燃料……………… 142
煤的反应……………………… 142
煤的热分解…………………… 142
煤的加氢液化………………… 143
煤焦油………………………… 143
煤制乙醇……………………… 143

煤干馏

煤的干馏……………………… 143
煤的干馏产物………………… 143
干馏煤气……………………… 144
粗煤气………………………… 144
煤气…………………………… 144
高温焦油……………………… 144

煤 矿

煤矿…………………………… 144
北安特洛浦/罗切斯特煤矿 …… 144
粉河煤盆地…………………… 144
神府-东胜煤田 ……………… 144
塔班陶勒盖煤矿……………… 144

组织机构

英国煤炭管理局……………… 145
皮博迪能源公司……………… 145
神华集团有限责任公司……… 145
印度煤炭有限公司…………… 145
世界煤学会…………………… 145
美国燃料联盟………………… 145
美国国家采矿协会…………… 145
煤技术协会…………………… 145
美国煤炭基金会……………… 145
美国焦炭与煤化学品学会…… 145

煤利用研究参议会……………… 145
加拿大煤协会……………………146
欧洲煤燃烧产物协会……………146
中国煤炭工业协会………………146

9.1.1 煤直接液化

煤直接液化方法

直接液化法………………………146
煤直接液化………………………146
溶剂精炼煤法……………………148
埃克森供氢溶剂法………………149
氢化作用…………………………149
氢/碳比 …………………………149
贝吉乌斯工艺……………………149

组织机构

中国神华煤制油化工有限公司
……………………………………149
晋煤集团…………………………150

9.1.2 煤间接液化

煤气化

间接液化法………………………150
煤气化……………………………150
煤间接液化………………………151
整体煤气化联合循环……………151
气化煤气…………………………151
蒙德气体…………………………151
煤、生物质和天然气混合能源制
取合成油系统……………………152

煤气化反应床层

煤气化反应床层…………………152
固定床气化………………………152
流化床气化………………………152
气流床气化………………………152

代用天然气

代用天然气………………………153
煤制气……………………………153
地下煤气化………………………153
甲烷化……………………………153
城市煤气…………………………154
燃料煤气…………………………154
木煤气……………………………154
木煤气气化炉……………………154

组织机构

塞昆达煤制油厂…………………154
热恩技术公司……………………154
美国达科他气化公司……………155
潞安集团…………………………155
神华宁夏煤业集团有限责任公司
……………………………………155
内蒙古伊泰煤制油有限责任公司
……………………………………155
大唐能源化工有限责任公司……155
辽宁大唐国际阜新煤制天然气
有限责任公司……………………155
中国庆华集团……………………155
内蒙古汇能煤电集团有限公司
……………………………………155

9.2 甲醇燃料

甲醇生产

甲醇………………………………156
甲醇生产途径……………………156
生物质气化合成甲醇系统………156
甲醇合成法………………………157
液相甲醇合成工艺过程…………157
绿色甲醇合成……………………157
燃料甲醇…………………………158
甲醇汽车…………………………158
掺混燃料汽车……………………158
甲醇转化器………………………159
直接甲醇燃料电池………………159

甲醇经济

甲醇经济…………………………159
甲醇制氢…………………………159
甲醇价格…………………………159
乔治·安德鲁·欧拉……………159

组织机构

甲醇学会…… 160
国际甲醇生产者和消费者协会…… 160
Methanex 公司…… 160
亚洲甲醇市场服务公司…… 160
BioMCN …… 160
燃料电池…… 160
燃料电池开发情报中心…… 160

9.3 二甲醚

二甲醚生产

二甲醚…… 160
二甲醚间接合成法…… 161
二甲醚直接合成法…… 161
液相二甲醚工艺过程…… 162
生物二甲醚…… 162
绿色二甲醚…… 162
造纸黑液…… 162

二甲醚应用

二甲醚燃料…… 162
二甲醚燃料电池…… 162
二甲醚燃料汽车…… 162

组织机构

国际二甲醚协会…… 163
日本二甲醚论坛…… 163
韩国二甲醚论坛…… 163
二甲醚普及促进会…… 163
荷兰阿克苏诺贝尔基础化学品有限公司…… 163
山东久泰化工科技股份有限公司…… 163

9.4 天然气制取液态燃料

液 态 燃 料

石脑油…… 164
汽油…… 164
稳定汽油…… 164
煤油…… 164

天然气制汽油

天然气制取合成油…… 164
甲醇制汽油过程…… 165
天然气制取液态烃…… 165
合成气制汽油工艺…… 166
Rentech 工艺 …… 166
AGC-21 工艺 …… 166

组织机构

珀尔天然气制合成油厂…… 166
奥里克斯天然气制合成油厂…… 166
艾斯卡佛斯天然气制合成油厂…… 167
萨索尔公司…… 167
美国合成油公司…… 167
阿拉斯加合成油公司…… 167
乌兹别克斯坦天然气合成油厂…… 167

9.5 热解聚

废物制能源…… 167

降 解

聚合…… 168
聚合物降解…… 168
生物降解…… 168
解聚作用…… 168

裂 解

裂解…… 168
含水热解…… 168
热解聚…… 168
上限温度…… 169
共烧…… 169
机械生物处理系统…… 169

生物质热解

生物质热解…… 169
生物质两段气化过程…… 170
热解…… 170
热解油…… 170

有机废物热解

动物内脏制油…… 171

废轮胎制油…………………………171
固体废物…………………………172
城市垃圾…………………………172
垃圾衍生燃料……………………172
粪便衍生的合成原油……………172

组织机构

BTG 生物液体公司………………172
国际固体废物协会………………172
北美洲固体废物协会……………172

10. 生物燃料

生物质能

生物……………………………173
生物圈…………………………173
生物资源………………………173
生物质…………………………173
传统生物质……………………174
生物质能………………………174
生物转化………………………174
生物化学转化…………………174
化能合成作用…………………174
生物质产物……………………174
生物炭…………………………174
生物转运………………………174

光合作用

光化学反应……………………174
光合作用………………………174
光反应…………………………175
暗反应…………………………175
光合作用效率…………………175
类囊体…………………………175
光合细菌………………………175
光合色素………………………175
叶绿体…………………………175
光合磷酸化……………………175
光合碳循环……………………175
生物固碳………………………175
光合自营………………………175
呼吸(植物)　175
呼吸作用………………………175
呼吸气体………………………176
呼吸链…………………………176
光呼吸…………………………176
共代谢作用……………………176
人工光合作用…………………176

生物燃料

清洁燃料………………………176
生物质转化能源………………176
生物燃料………………………176
生物质制取液态燃料…………178
生物炼制………………………178
植物油精炼……………………178
第一代生物燃料………………178
第二代生物燃料………………178
第三代生物燃料………………178
先进生物燃料…………………178
生物燃料生命周期……………179

木质燃料

木材……………………………179
林木生物质能…………………179
木材高温处理…………………179
木质燃料发电…………………180
木质颗粒-太阳能光电板发电
　组合…………………………180

生物燃料的利用

高性能燃料……………………180
生物燃料掺混…………………180
替代燃料汽车…………………180
生物质砖………………………181
生物塑料………………………181

生物燃料的原料

植物……………………………181
能源植物………………………181
能源作物………………………181
能源林…………………………181
经济作物………………………182
非粮食作物……………………182

植物转基因技术…………………… 182
植物油……………………………… 182
碘值………………………………… 182
生物可降解物质…………………… 182
废弃物……………………………… 182
废物减量化………………………… 182
腐烂………………………………… 182
腐生生物…………………………… 182

土地利用的影响

土地利用…………………………… 182
土地利用变化……………………… 182

组织机构

生物燃料工业组织………………… 183
世界生物质能协会………………… 183
国际生物质能联合会……………… 183
国际能源署生物质能部…………… 183
全球生物能源伙伴………………… 183
国家先进生物燃料联盟…………… 183
加利福尼亚州生物质能联合会………………………………………… 183
佛蒙特州生物燃料协会…………… 183
加拿大可再生燃料协会…………… 184
欧洲再生能源理事会……………… 184
欧洲生物质能协会………………… 184
欧洲生物质能工业协会…………… 184
英国可再生能源协会……………… 184
英国生物燃料和油料协会………… 184
国家非粮食作物中心……………… 184
爱尔兰生物质能协会……………… 184
油料和含蛋白质植物联盟………… 184
德国生物质能协会………………… 184
生物燃料生产公司………………… 184
波脱拉公司………………………… 184

媒　体

生物能源维基百科………………… 185
生物质杂志………………………… 185
国际生物燃料……………………… 185
国际生物质能杂志………………… 185
生物燃料文摘……………………… 185
生物质能原料情报网……………… 185

10.1　生物气

生物质气化

生物质气化………………………… 185
生物质气化技术…………………… 186
气化炉……………………………… 186
生物质气化炉……………………… 186
气体产率…………………………… 186
气化强度…………………………… 186
气化效率…………………………… 186
热效率……………………………… 186
生物沥青…………………………… 186

生物质发酵

厌氧消化…………………………… 186
生物质发酵………………………… 186
沼气发酵微生物…………………… 187
生物气……………………………… 187
天然沼气…………………………… 187
人工沼气…………………………… 188
产甲烷作用………………………… 188
上流式厌氧污泥床反应器………… 188
菌生甲烷…………………………… 188
生物甲烷…………………………… 188

生物气原料

草本生物质………………………… 189
柴…………………………………… 189
垃圾………………………………… 189
垃圾填埋场沼气…………………… 189
排泄物……………………………… 189

生物气用途

沼气发电…………………………… 189
沼气发电站………………………… 189
生物质气化发电…………………… 189
生物质代用天然气………………… 189

甲烷的其他生产法

再生甲烷…………………………… 190
可持续的甲烷生产………………… 190

二氧化碳制甲烷………………… 190

组织机构

德国生物气协会………………… 191
加拿大生物气协会……………… 191
比利时生物质能协会…………… 191
瑞士生物气论坛………………… 191
比利时生物气公司……………… 191
生物气北方公司………………… 191
施马克生物气公司……………… 191
生物气国际公司………………… 191

媒　体

中国沼气网……………………… 191

10.2　生物乙醇

乙醇……………………………… 192
生物乙醇………………………… 192

生物乙醇的生产

发酵……………………………… 192
发酵过程………………………… 192
发酵工程………………………… 192
工业发酵………………………… 193
专性厌氧生物…………………… 193
兼性厌氧生物…………………… 193

玉米乙醇

玉米乙醇………………………… 193

蔗糖乙醇

蔗糖乙醇………………………… 194
甘蔗……………………………… 194
甘蔗渣…………………………… 194
蔗糖……………………………… 194
甘薯……………………………… 194
蔗糖乙醇生产…………………… 194

纤维素乙醇

秸秆……………………………… 194
柳枝稷…………………………… 195
芒草……………………………… 195
纤维素…………………………… 195
纤维素乙醇……………………… 195

生物乙醇的利用

醇基燃料………………………… 195
乙醇燃料………………………… 196
Ecalene ………………………… 196
*E*10 …………………………… 196
*E*85 …………………………… 196
*hE*15 …………………………… 196
*ED*95 …………………………… 196
乙醇汽车………………………… 196
变性乙醇………………………… 196

组织机构

国家乙醇汽车联合会…………… 196
堪萨斯州乙醇加工者协会……… 196
美国大豆协会…………………… 196
美国可再生燃料协会…………… 196
美国乙醇联合会………………… 197
美国玉米栽培者协会…………… 197
乙醇技术学会…………………… 197
乙醇市场………………………… 197
欧洲可再生乙醇工业…………… 197
欧洲生物乙醇燃料协会………… 197
科倍糖业公司…………………… 197
国际生物质能公司……………… 197
兰焰再生能源公司……………… 197
马斯克玛公司…………………… 197
帕尔特有限公司………………… 197
谢太农公司……………………… 197
拉勒马德生物乙醇和蒸馏酒公司
……………………………… 197
美尼特技术公司………………… 197
孙欧帕塔公司…………………… 197
艾欧基公司……………………… 197
阿本格公司……………………… 198

媒　体

乙醇生产商杂志………………… 198
乙醇零售商……………………… 198

10.3　生物丁醇

丁醇……………………………… 198

石油丁醇…………………………… 198
生物丁醇…………………………… 198
藻类丁醇…………………………… 200

生物丁醇生产

ABE 发酵 ………………………… 200
丙酮丁醇梭杆菌…………………… 200
糖化过程…………………………… 200
格尔伯特催化……………………… 200
路易 · 巴斯德……………………… 200
哈伊姆 · 魏茨曼…………………… 200

组织机构

来禾洛克利生物化学有限公司
…………………………………… 200

10.4 生物柴油

柴油………………………………… 201
清洁柴油燃料……………………… 201
生物柴油…………………………… 201

生产方法

生物柴油制法……………………… 202
转酯化反应………………………… 202
甘油………………………………… 203
甘油三酸酯………………………… 203
油酸………………………………… 203
亚油酸……………………………… 203
油脂………………………………… 203
脂肪………………………………… 203
脂肪酸……………………………… 203
脂肪酸甲酯………………………… 203
脂肪烃……………………………… 203
脂类………………………………… 204
NExBTL …………………………… 204

生物柴油原料

种子………………………………… 204
冷榨生物油………………………… 204
大豆油……………………………… 204
玉米油……………………………… 204
菜籽油……………………………… 204
油菜油……………………………… 204
棕榈油……………………………… 204
蓖麻油……………………………… 205
桐油树……………………………… 205
亚麻籽油…………………………… 205
棉籽油……………………………… 205
麻籽油……………………………… 205
萝卜油……………………………… 205
米糠油……………………………… 205
红花油……………………………… 206
蓬子油……………………………… 206
向日葵油…………………………… 206
花生油……………………………… 206
古巴香……………………………… 206
黄连木……………………………… 206
红厄油……………………………… 206
荷荷芭油…………………………… 206
绿玉树……………………………… 206
辣木………………………………… 206
地沟油……………………………… 207
黑水虻……………………………… 207

生物柴油利用

生物柴油燃料……………………… 207

组织机构

国际生物柴油生产者会议………… 207
清洁柴油燃料联盟………………… 207
得克萨斯州生物柴油联合会……… 207
美国国家生物柴油部……………… 207
欧洲生物柴油委员会……………… 207
生物柴油质量管理协会…………… 207
奥地利生物柴油学会……………… 207
澳大利亚生物柴油协会…………… 207

媒 体

生物柴油杂志……………………… 208

10.5 藻类燃料

藻 类

藻类………………………………… 208
原生生物…………………………… 208
海藻………………………………… 208

核酸……………………………… 208
浮游植物…………………………… 209
浮游藻类…………………………… 209
微藻……………………………… 209
藻垫……………………………… 209
藻类体…………………………… 209
绿藻……………………………… 209
丛粒藻…………………………… 209
小球藻…………………………… 209
杜氏藻…………………………… 209
硅藻……………………………… 210
蓝菌……………………………… 210
长心卡帕藻………………………… 210

藻类生产燃料

海洋生物能………………………… 210
蛋白质…………………………… 210
碳水化合物………………………… 210
微生物燃料………………………… 210
微藻柴油…………………………… 211
藻类燃料…………………………… 211
生物汽油…………………………… 212
BG100 …………………………… 212
微生物制氢………………………… 212
脱油藻饼…………………………… 212

藻类养殖

藻类菌株选择……………………… 212
藻类养殖…………………………… 212
藻类养殖系统……………………… 212
开式养殖系统……………………… 213
闭式养殖系统……………………… 213
藻类收获…………………………… 214
灭藻剂…………………………… 214
美国能源部水生物种计划………… 214

组织机构

国际海藻协会……………………… 214
美国国家藻类协会………………… 214
藻类生物质组织…………………… 214
欧洲藻类生物质协会……………… 214
日本海藻协会……………………… 214

媒 体

藻类燃料生产商名录……………… 214
藻类工业杂志……………………… 214

10.6 生物燃料政策

欧 盟

生物燃料认证计划………………… 215
可再生能源指令…………………… 216
燃料质量指令……………………… 216
可再生交通燃料规范(英国) … 216
生物燃料配额法案(德国) …… 216
生物质可持续性法令(德国) … 217
生物燃料生命周期评价法案
（瑞士） ………………………… 217
交通生物燃料法案(荷兰) …… 217

美 国

可再生燃料标准…………………… 217
美国能源独立与安全法案
（2007 年） …………………… 217

巴 西

社会燃料标识……………………… 218

中 国

生物质能“十二五”发展规划
…………………………………… 218

日 本

生物质日本战略计划……………… 218

11. 环境问题

环境保护

环境……………………………… 219
环境工程学………………………… 219
原生环境…………………………… 219
次生环境…………………………… 219
环境背景值………………………… 219
环境承载力………………………… 219
环境自净…………………………… 220
环境权…………………………… 220

环境保护…………………… 220
环保费用…………………… 220
环境税……………………… 220
环境影响…………………… 220
环境保护经济效益………… 221

生命周期

生命周期评价……………… 221
生命周期分析……………… 221

污染与控制

污染物……………………… 221
污染气象学………………… 221
污染源监测………………… 221
污染物排放控制技术……… 221
污染者付费原则…………… 222

排　放

排放配额…………………… 222
排放贸易…………………… 222
排污权交易………………… 222
排污税……………………… 222
排放情景…………………… 222
排放强度…………………… 222

组织机构

联合国环境规划署………… 222
政府间气候变化专门委员会…… 222
国际石油工业环境保护协会…… 222
美国环境保护署…………… 223
中华人民共和国环境保护部…… 223
国际排放交易协会………… 223
环境地球科学……………… 223

11.1　全球气候变暖

气候暖化

气温………………………… 223
温度梯度…………………… 223
气候………………………… 223
气候系统…………………… 223
气候变化…………………… 224
气候变化经济学…………… 224
联合国气候变化框架公约 UN
…………………………… 224
全球暖化…………………… 225
全球变暖潜势……………… 225

温室气体排放

温室效应…………………… 225
温室气体…………………… 225
二氧化碳…………………… 225
二氧化碳当量……………… 226
碳源………………………… 226
海洋酸化…………………… 226
化石燃料的二氧化碳排放……… 226
非常规石油生产的二氧化碳排放
…………………………… 226
替代燃料的温室气体排放……… 227

温室气体减排

碳足迹……………………… 227
碳中和……………………… 228
碳税………………………… 228
碳循环……………………… 228
碳汇………………………… 228
碳失汇……………………… 228
碳封存……………………… 228
地质封存…………………… 229
二氧化碳捕获和封存……… 229
生物质能碳捕获和储存…… 229

组织机构

碳封存领袖论坛…………… 229
二氧化碳情报分析中心…… 230

媒　体

二氧化碳捕获和封存网…… 230

11.2　环境污染

环境污染…………………… 230

大气污染

地球大气层………………… 230
大气质量评价……………… 230
大气污染…………………… 230

大气颗粒物……………………… 231
二次颗粒物……………………… 232
气溶胶…………………………… 232
生物气溶胶……………………… 232
霾………………………………… 232
热污染…………………………… 232
致癌物质………………………… 232
氮氧化物………………………… 232
大气污染监测…………………… 232

水污染

水质……………………………… 232
水质污染………………………… 233
石油污染………………………… 233

汉语拼音索引

A

阿本格公司……………………………… 198
阿尔边油砂能源公司 ……………………… 71
阿拉巴马州煤层气协会…………………… 118
阿拉伯石油输出国组织 …………………… 57
阿拉斯加合成油公司……………………… 167
阿萨帕斯卡油砂公司 ……………………… 71
阿萨帕斯卡油砂矿藏 ……………………… 63
埃德温·德雷克 …………………………… 17
埃克森供氢溶剂法………………………… 149
艾伯利能源有限公司 ……………………… 95
艾伯塔省研究局 …………………………… 71
艾伯塔省油砂矿床 ………………………… 63
艾欧基公司………………………………… 197
艾斯卡佛斯天然气制合成油厂…… 167
爱尔兰生物质能协会……………………… 184
爱福莱德·特莱布斯 ……………………… 14
爱纳法特干馏法 …………………………… 85
爱纳法特技术公司 ………………………… 94
爱沙尼亚能源公司 ………………………… 94
爱沙尼亚能源集团 ………………………… 94
爱沙尼亚油页岩公司 ……………………… 94
暗反应……………………………………… 176
奥地利生物柴油学会……………………… 207
奥里克斯天然气制合成油厂……… 166
奥里诺科河 ………………………………… 65
奥里诺科重油带 …………………………… 65
奥里油 ……………………………………… 65
澳大利亚生物柴油协会…………………… 207
澳大利亚石油学会 ………………………… 58
澳大利亚页岩气研究中心………………… 123
澳大利亚油气峰值研究协会 ……………… 21
澳大利亚钻井工业协会 …………………… 49

B

巴肯地层 …………………………………… 98
巴涅特页岩………………………………… 120
巴西石油天然气协会 ……………………… 57
巴歇尔油田 ………………………………… 98
白坑气……………………………………… 115
伴生气 ……………………………………… 18
苞芽油页岩 ………………………………… 74
报废矿井瓦斯……………………………… 114
爆炸………………………………………… 114
爆炸极限…………………………………… 114
北安特洛浦/罗切斯特煤矿 ……………… 144
北美洲固体废物协会……………………… 173
北票煤业有限公司 ………………………… 93
贝吉乌斯工艺……………………………… 149
贝加尔湖天然气水合物…………………… 126
背斜圈闭 …………………………………… 34
泵抽冷流技术法 …………………………… 66
比利时生物气公司………………………… 191
比利时生物质能协会……………………… 191
彼奇湖 ……………………………………… 61
闭式养殖系统……………………………… 213
蓖麻油……………………………………… 205
变性乙醇…………………………………… 196
变质作用…………………………………… 113
表面活性剂 ………………………………… 47
丙酮丁醇梭杆菌…………………………… 200
波脱拉公司………………………………… 184
卟啉 ………………………………………… 14
不可采量 …………………………………… 24
不可再生能源……………………………… 2
部分氧化法………………………………… 138

C

采出程度 …………………………………… 39
采煤………………………………………… 140
采气………………………………………… 104
采气工程…………………………………… 104
采气速度…………………………………… 104

采收率 …… 39
采油方法 …… 65
菜籽油 …… 204
残存瓦斯 …… 115
残余气 …… 113
残余气饱和度 …… 113
残余油 …… 55
残殖煤 …… 140
草本生物质 …… 189
测井 …… 43
查塔奴格干馏法 …… 89
查塔奴格公司 …… 94
柴 …… 189
柴油 …… 201
掺混燃料汽车 …… 158
产甲烷作用 …… 188
产品升级 …… 69
长心卡帕藻 …… 210
长焰煤 …… 74
常规储层 …… 33
常规能源 …… 2
常规石油 …… 51
常规酸化 …… 44
常规天然气 …… 100
常规天然气藏 …… 102
常规烃类 …… 39
超级多矿物干馏法 …… 83
超重原油管线 …… 70
沉积 …… 32
沉积环境 …… 74
沉积盆地 …… 32
沉积相 …… 32
沉积学 …… 32
沉积学研究杂志 …… 38
沉积岩 …… 73
沉沙池 …… 122
成煤时代 …… 112
成煤作用 …… 112
成岩气 …… 19
成岩作用 …… 112
城市垃圾 …… 172
城市煤气 …… 154
稠油处理工程 …… 69
稠油开采 …… 66
储采比 …… 27
储层描述 …… 33
储集层 …… 25
储量 …… 25
储量分级 …… 27
储量管理 …… 26
储量增长 …… 26
传统生物质 …… 174
垂直钻井 …… 40
醇基燃料 …… 195
磁采油技术 …… 69
次生环境 …… 219
丛粒藻 …… 209
丛式井 …… 41
粗煤气 …… 144
粗天然气 …… 19

D

达西 …… 36
达西定律 …… 36
大豆油 …… 204
大猫能源公司 …… 118
大气颗粒物 …… 231
大气污染 …… 230
大气污染监测 …… 232
大气质量评价 …… 230
大唐能源化工有限责任公司 …… 155
大位移井 …… 41
代用天然气 …… 153
蛋白质 …… 210
氮氧化物 …… 232
倒算井口价格法 …… 105
得克萨斯州生物柴油联合会 …… 207
得克萨斯州铁路委员会 …… 123
德国煤层气协会 …… 118
德国生物气协会 …… 191
德国生物质能协会 …… 184

德国天然气水合物研究中心……… 131
德拉瓦河谷马塞勒斯协会………… 123
德米特里·伊万诺维奇·门捷列夫
…………………………………… 15
等离子气化法 ……………………… 92
等离子体 …………………………… 92
等离子体喷枪 ……………………… 92
低浓度瓦斯…………………………… 115
低热值燃料 ………………………… 55
低渗透地层 ………………………… 55
低渗透资源 ………………………… 23
低温费-托过程 ……………………… 137
地层层序 …………………………… 32
地层层序律 ………………………… 32
地层压力……………………………… 130
地层压力 …………………………… 35
地层压力系数 ……………………… 35
地层压裂 …………………………… 44
地沟油………………………………… 207
地静压力……………………………… 130
地沥青湖 …………………………… 61
地球大气层…………………………… 230
地下干馏的隔壁传热法 …………… 90
地下干馏的内部燃烧法 …………… 89
地下煤气化…………………………… 153
地压含水层…………………………… 130
地压气………………………………… 130
地压气储量…………………………… 130
地压区域……………………………… 130
地压页岩……………………………… 130
地缘经济 …………………………… 20
地缘战略 …………………………… 20
地缘政治学 ………………………… 20
地质封存……………………………… 229
地质可信度 ………………………… 24
第二代生物燃料……………………… 178
第三代生物燃料……………………… 178
第一代生物燃料……………………… 178
碘值…………………………………… 182
电热法 ……………………………… 68
丁醇…………………………………… 198
顶替液 ……………………………… 49
定向井 ……………………………… 41
定向钻井 …………………………… 40
动物内脏制油………………………… 171
冻土层………………………………… 125
独立能源合伙公司 ………………… 94
独联体油气杂志 …………………… 58
杜氏藻………………………………… 210
断层 ………………………………… 34
多段压裂 …………………………… 46
多分支井 …………………………… 41
多孔介质 …………………………… 35
多斯科 II 法 ………………………… 85

E

俄罗斯非常规石油法 ……………… 56
俄罗斯联邦能源部……………………… 9
俄罗斯能源 ………………………… 11
俄罗斯能源网 ……………………… 11
俄罗斯石油天然气网 ……………… 58
俄罗斯天然气………………………… 108
俄罗斯天然气工业…………………… 108
俄罗斯天然气及技术科学研究院
…………………………………… 107
俄罗斯新闻网 ……………………… 11
二次颗粒物…………………………… 232
二次能源……………………………… 4
二次能源生产量……………………… 4
二次氢能……………………………… 4
二次热能……………………………… 4
二甲醚………………………………… 160
二甲醚间接合成法…………………… 161
二甲醚普及促进会…………………… 164
二甲醚燃料…………………………… 162
二甲醚燃料电池……………………… 162
二甲醚燃料汽车……………………… 162
二甲醚直接合成法…………………… 161
二氧化碳……………………………… 225
二氧化碳捕获和封存………………… 229
二氧化碳捕获和封存网……………… 230

二氧化碳当量…………………… 226
二氧化碳情报分析中心…………… 230
二氧化碳驱煤层气 CO_2 …………… 118
二氧化碳制甲烷…………………… 190

F

发酵……………………………… 192
发酵工程…………………………… 192
发酵过程…………………………… 192
法国地质矿物调查局 ……………… 37
法国地质学会通报 ………………… 38
反应流体技术法 …………………… 88
方解石 ……………………………… 47
防砂作业 …………………………… 46
非伴生气 …………………………… 18
非常规储层 ………………………… 33
非常规能源………………………… 2
非常规年鉴 ………………………… 50
非常规石油 ………………………… 51
非常规石油地质 …………………… 30
非常规石油生产的二氧化碳排放
…………………………………… 226
非常规天然气……………………… 100
非常规天然气藏…………………… 102
非常规天然气和石油学会 ………… 57
非常规天然气资源量……………… 101
非常规烃类 ………………………… 39
非常规油气资源 …………………… 23
非常规油气资源杂志 ……………… 58
非粮食作物………………………… 182
非燃料用的化石燃料消费………… 6
非燃烧能源………………………… 3
非商品能源………………………… 3
非生物成因气 ……………………… 14
废轮胎制油………………………… 172
废弃物……………………………… 182
废物减量化………………………… 182
废物制能源………………………… 167
费歇尔-托普斯柴油 ……………… 137
费歇尔-托普斯法 ………………… 137
费歇尔评价法 ……………………… 93
费耶特维尔页岩…………………… 121
分层压裂 …………………………… 45
分馏 ………………………………… 56
粉河煤盆地………………………… 144
粪便衍生的合成原油……………… 172
风化煤……………………………… 140
佛蒙特州生物燃料协会…………… 183
浮游藻类…………………………… 209
浮游植物…………………………… 209
涪陵页岩气田……………………… 121
抚顺干馏法 ………………………… 82
抚顺矿业集团有限责任公司 ……… 93
抚顺矿业集团有限责任公司页岩
炼油厂 …………………………… 93
抚顺油页岩沉积 …………………… 77
腐烂………………………………… 182
腐生生物…………………………… 182
富含有机质的沉积岩 ……………… 72

G

噶咯特干馏法 ……………………… 84
盖层 ………………………………… 34
干酪根 ……………………………… 53
干酪根熟化 ………………………… 53
干馏 ………………………………… 79
干馏煤气…………………………… 144
干气 ………………………………… 19
甘薯………………………………… 194
甘油………………………………… 203
甘油三酸酯………………………… 203
甘蔗………………………………… 194
甘蔗渣……………………………… 194
高成本天然气 ……………………… 19
高能气体压裂 ……………………… 46
高浓度瓦斯………………………… 115
高温费-托过程 …………………… 137
高温焦油…………………………… 144
高性能燃料………………………… 180
高压含水层………………………… 130

格奥尔格乌斯·阿格里科拉 ········· 15
格尔伯特催化·························· 200
格拉德斯通液化天然气················ 119
隔壁传热干馏法 ······················ 86
隔层 ··································· 34
工业发酵······························ 193
共代谢作用··························· 176
共烧··································· 169
购买力平价··························· 7
古巴香································ 206
固定床气化··························· 152
固体废物······························ 172
固体燃料······························ 132
关东瓦斯株式会社···················· 131
管道长度 ····························· 70
管道运输 ····························· 69
管汇车 ································ 47
光反应································ 175
光合磷酸化··························· 175
光合色素······························ 175
光合碳循环··························· 175
光合细菌······························ 175
光合自营······························ 175
光合作用······························ 174
光合作用效率························· 175
光呼吸································ 176
光化学反应··························· 174
硅藻··································· 210
硅藻土 ································ 47
滚筒 ··································· 79
国际储气罐和接收站操作协会······ 107
国际二甲醚协会······················ 163
国际固体废物协会···················· 172
国际海藻协会························· 214
国际汇率······························ 7
国际甲醇生产者和消费者协会······ 160
国际能源论坛························· 9
国际能源署··························· 8
国际能源署生物质能部·············· 183
国际能源展望 ························ 10
国际排放交易协会···················· 223
国际生物柴油生产者会议··········· 207
国际生物燃料························· 185
国际生物质能公司···················· 197
国际生物质能联合会················· 183
国际生物质能杂志···················· 185
国际石油工业环境保护协会········· 222
国际天然气和气态烃信息中心······ 108
国际天然气和气态烃信息中心
天然气储量分级 ··················· 27
国际天然气联盟······················ 108
国际钻井承包商协会 ················ 49
国家非粮食作物中心················· 185
国家概况简要分析 ··················· 10
国家先进生物燃料联盟·············· 184
国家乙醇汽车联合会················· 197

H

哈伯特石油供应研究中心 ············ 21
哈伊姆·魏茨曼······················· 200
海成油页岩 ··························· 76
海恩斯维尔页岩······················ 121
海湾出版公司························· 9
海相油页岩 ··························· 75
海洋生物能··························· 210
海洋酸化······························ 226
海洋雪································ 124
海域天然气水合物储层计划········· 129
海藻··································· 208
含水饱和度··························· 110
含水层 ································ 34
含水热解······························ 168
含油气盆地 ··························· 32
含油页岩 ····························· 96
韩城煤层气田························· 116
韩国二甲醚论坛······················ 163
合层压裂 ····························· 45
合成醇································ 135
合成气································ 135
合成气制汽油工艺···················· 166
合成气制取液体燃料················· 135

合成燃料…………………………… 134
合成原油 …………………………… 64
合成原油加拿大公司 ……………… 71
和平河油砂矿藏 …………………… 63
荷荷芭油…………………………… 206
荷兰阿克苏诺贝尔基础化学品
有限公司…………………………… 163
核酸………………………………… 208
褐煤………………………………… 140
黑水虻……………………………… 207
红厄油……………………………… 206
红花油……………………………… 206
红叶资源干馏法 …………………… 87
红叶资源公司 ……………………… 94
呼吸(植物) ……………………… 175
呼吸链……………………………… 176
呼吸气体…………………………… 176
呼吸作用…………………………… 175
湖泊 ………………………………… 33
湖成油页岩 ………………………… 74
湖盆 ………………………………… 33
湖相油页岩 ………………………… 74
花生油……………………………… 206
化能合成作用……………………… 174
化石 ………………………………… 32
化石燃料 …………………………… 32
化石燃料的二氧化碳排放………… 226
化石顺序律 ………………………… 32
化学周刊 …………………………… 58
桦甸油页岩 ………………………… 77
环保费用…………………………… 220
环境………………………………… 219
环境保护…………………………… 220
环境保护经济效益………………… 221
环境背景值………………………… 219
环境承载力………………………… 219
环境地球科学……………………… 223
环境工程学………………………… 219
环境权……………………………… 220
环境税……………………………… 220
环境污染…………………………… 230
环境影响…………………………… 220
环境自净…………………………… 220
黄连木……………………………… 206
灰岩能源公司……………………… 123
混砂车 ……………………………… 46
火驱架空重力泄油 ………………… 68
火烧油层法 ………………………… 68

J

机械采油法 ………………………… 65
机械生物处理系统………………… 170
基维特干馏法 ……………………… 81
基质 ………………………………… 31
基质酸化 …………………………… 44
技术可采储量 ……………………… 26
技术可采资源量 …………………… 24
加利福尼亚州生物质能联合会…… 184
加拿大草原三省 …………………… 63
加拿大非常规资源学会…………… 107
加拿大非常规资源学会 …………… 57
加拿大国家能源署…………………… 9
加拿大可再生燃料协会…………… 184
加拿大煤协会……………………… 146
加拿大生物气协会………………… 191
加拿大石油地质通报 ……………… 38
加拿大石油学会 …………………… 57
加拿大西部沉积盆地 ……………… 63
加拿大油砂剩余可采储量 ………… 29
加拿大油砂有限公司 ……………… 71
加拿大重油协会 …………………… 70
加氢脱氧反应……………………… 138
甲醇………………………………… 156
甲醇合成法………………………… 157
甲醇价格…………………………… 159
甲醇经济…………………………… 159
甲醇汽车…………………………… 158
甲醇生产途径……………………… 156
甲醇学会…………………………… 160
甲醇制汽油过程…………………… 165
甲醇制氢…………………………… 159

甲醇转化器…… 159
甲烷 …… 12
甲烷化…… 153
甲烷菌 …… 12
甲烷水合物…… 124
甲烷液化…… 106
甲烷转化…… 138
间接液化法…… 150
兼性厌氧生物…… 193
减压法…… 129
降黏法 …… 69
降黏剂 …… 48
降斜钻具组合 …… 40
交通生物燃料法案(荷兰) …… 217
焦油沥青 …… 60
秸秆…… 194
节理 …… 35
解聚作用…… 168
金融时报中文版 …… 11
晋煤集团…… 150
经济全球化 …… 20
经济作物…… 182
烃类价值层次 …… 56
井距 …… 43
井口设备制造商协会 …… 49
井下电磁加热技术…… 129
聚合…… 168
聚合物降解…… 168
绝对孔隙度 …… 36
绝对渗透率 …… 37
绝对瓦斯涌出量…… 114
菌生甲烷…… 188

K

卡尔·克拉克 …… 64
卡里克工艺 …… 80
开式养殖系统…… 213
勘探作业 …… 39
堪萨斯州乙醇加工者协会…… 196
柯克干馏炉 …… 80
科倍糖业公司…… 197
科学杂志 …… 11
壳牌 ICP 干馏法 …… 90
壳牌颗粒热交换法 …… 86
可采储量 …… 26
可采资源量 …… 24
可持续的甲烷生产…… 190
可持续能源…… 2
可燃性气体 …… 19
可替代能源…… 3
可再生交通燃料规范(英国) …… 216
可再生能源…… 2
可再生能源发展…… 6
可再生能源指令…… 216
可再生燃料标准…… 217
可再生资源…… 2
肯塔基Ⅱ法 …… 86
孔隙 …… 35
孔隙度 …… 35
库克油页岩 …… 75
矿井甲烷气…… 114
矿山卡车 …… 70
矿物 …… 31

L

垃圾…… 189
垃圾填埋场沼气…… 189
垃圾衍生燃料…… 172
拉勒马德生物乙醇和蒸馏酒公司 …… 197
辣木…… 206
来禾洛克利生物化学有限公司…… 200
兰旗科技有限公司 …… 95
兰焰再生能源公司…… 197
蓝菌…… 210
蓝旗技术干馏法 …… 88
劳伦斯 HRS 法 …… 86
劳伦斯 RISE 地下干馏法 …… 89
劳伦斯利弗莫尔国家实验室 …… 95
类囊体…… 175

冷湖油砂矿藏 …… 63
冷榨生物油 …… 204
冷重油砂蚓孔生产技术 …… 66
里奥布兰科地下干馏法 …… 89
里奥布兰科油页岩公司 …… 95
沥青 …… 59
沥青的技术指标 …… 61
沥青湖 …… 60
沥青坑 …… 60
沥青质 …… 60
联合A法 …… 82
联合B法 …… 88
联合国环境规划署 …… 222
联合国欧洲经济委员会天然气中心 …… 107
联合国气候变化框架公约UN …… 224
联合国数据库 …… 8
联合国统计署 …… 9
联合回收法 …… 68
辽宁大唐国际阜新煤制天然气有限责任公司 …… 155
裂缝 …… 35
裂解 …… 168
林木生物质能 …… 179
流化床 …… 79
流化床气化 …… 152
柳枝稷 …… 195
龙口油页岩 …… 77
鲁奇-鲁尔法 …… 85
陆相油页岩 …… 74
陆源沉积物 …… 32
路易·巴斯德 …… 200
潞安集团 …… 155
露天开采 …… 66
绿河地层 …… 78
绿色二甲醚 …… 162
绿色甲醇合成 …… 156
绿色能源 …… 3
绿玉树 …… 206
绿藻 …… 209
萝卜油 …… 205
螺旋输送机 …… 79
洛斯阿拉莫斯国家实验室 …… 95

M

麻籽油 …… 205
马里昂·金·哈伯特 …… 21
马塞勒斯地层 …… 121
马斯克玛公司 …… 197
霾 …… 232
麦克默里地层 …… 63
麦索雅哈气田 …… 126
芒草 …… 195
茂名油页岩沉积 …… 77
梅尔克维莱佩谢尔布龙市镇 …… 64
梅尔维尔岛油砂矿藏 …… 63
煤(岩)和瓦斯突出 …… 114
煤 …… 139
煤层 …… 112
煤层气 …… 113
煤层气超越计划 …… 118
煤层气抽放 …… 117
煤层气回收率 …… 116
煤层气可采资源量 …… 115
煤层气联盟 …… 118
煤层气排采 …… 116
煤成气 …… 113
煤成油 …… 55
煤的反应 …… 142
煤的干馏 …… 143
煤的干馏产物 …… 143
煤的加氢液化 …… 143
煤的热分解 …… 142
煤的热值 …… 139
煤缝气 …… 113
煤化工 …… 141
煤化学 …… 141
煤化作用 …… 112
煤基醇醚燃料 …… 135
煤级 …… 139
煤技术协会 …… 145

煤间接液化…… 151
煤焦油…… 143
煤矿…… 144
煤利用研究参议会…… 145
煤气…… 144
煤气化…… 150
煤气化反应床层…… 152
煤、生物质和天然气混合能源制取合成油系统…… 152
煤田…… 139
煤油…… 164
煤直接液化…… 146
煤制气…… 153
煤制取液态燃料…… 142
煤制乙醇…… 143
煤中固定碳含量…… 139
煤转化…… 141
美国 AMSO 干馏法 …… 90
美国达科他气化公司…… 155
美国大豆协会…… 196
美国地质勘测局 …… 37
美国国家采矿协会…… 145
美国国家生物柴油部…… 207
美国国家油页岩协会 …… 94
美国国家藻类协会…… 214
美国合成油公司…… 167
美国环境保护署…… 223
美国焦炭与煤化学品学会…… 145
美国可再生燃料协会…… 196
美国矿物学家 …… 38
美国煤炭基金会…… 145
美国能源部…… 9
美国能源部水生物种计划…… 214
美国能源独立与安全法案(2007 年)…… 217
美国能源情报署…… 9
美国燃料联盟…… 145
美国燃气协会…… 107
美国石油地质学家协会通报 …… 38
美国石油工程师学会 …… 57
美国石油学会 …… 57
美国石油学会原油重度标准 …… 55
美国天然气工艺研究院…… 107
美国页岩气 …… 29
美国页岩油有限公司 …… 94
美国乙醇联合会…… 197
美国油气峰值研究协会 …… 21
美国玉米栽培者协会…… 197
美尼特技术公司…… 197
蒙德气体…… 151
蒙特利地层 …… 99
米糠油…… 205
棉籽油…… 205
灭藻剂…… 214
墨西哥石油协会 …… 57
木材…… 179
木材高温处理…… 179
木煤气…… 154
木煤气气化炉…… 154
木质颗粒-太阳能光电板发电组合 …… 180
木质燃料发电…… 180

N

内部燃烧干馏法 …… 81
内蒙古汇能煤电集团有限公司…… 155
内蒙古伊泰煤制油有限责任公司…… 155
能…… 1
能量…… 1
能量密度…… 1
能源…… 1
能源安全供应…… 6
能源安全供应体系…… 6
能源产品…… 2
能源独立…… 6
能源法…… 5
能源分析…… 5
能源管理…… 5
能源规划…… 6
能源计划…… 6

能源结构……………………………… 5
能源经济……………………………… 4
能源开发……………………………… 5
能源链………………………………… 4
能源林……………………………… 181
能源评价……………………………… 5
能源瓶颈……………………………… 6
能源气体 …………………………… 19
能源强度……………………………… 7
能源清洁……………………………… 5
能源数据库…………………………… 8
能源统计……………………………… 8
能源危机……………………………… 6
能源依存度…………………………… 5
能源杂志 …………………………… 11
能源政策……………………………… 5
能源植物…………………………… 181
能源转换……………………………… 4
能源资源……………………………… 1
能源资源调查 ……………………… 10
能源自给率…………………………… 5
能源作物…………………………… 181
尼古莱·库德里亚夫切夫 ………… 15
泥火山 ……………………………… 33
泥炭………………………………… 140
泥炭化作用………………………… 112
泥炭化作用 ………………………… 52
泥炭燃料…………………………… 132
黏土 ………………………………… 31
黏土岩 ……………………………… 31
黏土岩 ……………………………… 76
农安油页岩 ………………………… 77

O

欧门尼页岩干馏法 ………………… 91
欧亚油气杂志 ……………………… 58
欧洲非常规天然气………………… 108
欧洲共同体统计局…………………… 8
欧洲可再生乙醇工业……………… 197
欧洲煤燃烧产物协会……………… 146
欧洲生物柴油委员会……………… 207
欧洲生物乙醇燃料协会…………… 197
欧洲生物质能工业协会…………… 184
欧洲生物质能协会………………… 184
欧洲页岩气………………………… 122
欧洲再生能源理事会……………… 184
欧洲藻类生物质协会……………… 214

P

帕尔特有限公司…………………… 197
帕拉厚间接干馏法 ………………… 88
帕拉厚直接干馏法 ………………… 83
帕里亚湾 …………………………… 61
排放贸易…………………………… 222
排放配额…………………………… 222
排放强度…………………………… 222
排放情景…………………………… 222
排污权交易………………………… 222
排污税……………………………… 222
排泄物……………………………… 189
盆地 ………………………………… 32
彭比纳研究所 ……………………… 70
彭韦尔出版公司……………………… 9
蓬子油……………………………… 206
膨润土 ……………………………… 47
皮博迪能源公司…………………… 145
皮申斯盆地 ………………………… 78
皮特罗克息干馏法 ………………… 87
皮特罗克息干馏炉 ………………… 87
平方英里…………………………… 234
平衡车 ……………………………… 47
平衡压力钻井 ……………………… 42
珀尔天然气制合成油厂…………… 166
普胡斯顿干馏炉 …………………… 80

Q

气藏束缚水饱和度………………… 103
气层水……………………………… 103
气层压力…………………………… 103

气顶 …… 18
气顶气 …… 18
气候 …… 223
气候变化 …… 224
气候变化经济学 …… 224
气候系统 …… 223
气化 …… 136
气化工艺 …… 136
气化过程 …… 136
气化技术理事会 …… 137
气化炉 …… 186
气化煤气 …… 151
气化强度 …… 186
气化效率 …… 186
气井 …… 104
气流床气化 …… 152
气溶胶 …… 232
气态烃 …… 19
气体产率 …… 186
气体加工者协会 …… 107
气体燃料 …… 19
气温 …… 223
汽油 …… 164
前体 …… 53
前置液 …… 48
前置液压裂酸化 …… 44
欠平衡钻井 …… 42
乔治 · 安德鲁 · 欧拉 …… 159
沁水盆地 …… 116
青藏高原 …… 126
氢/碳比 …… 149
氢化 …… 78
氢化作用 …… 149
清洁柴油燃料 …… 201
清洁柴油燃料联盟 …… 207
清洁能源 …… 2
清洁燃料 …… 176
全球变暖潜势 …… 225
全球化 …… 20
全球暖化 …… 225
全球生物能源伙伴 …… 183
全球石油危机 …… 22

R

燃点 …… 133
燃料 …… 132
燃料电池 …… 160
燃料电池开发情报中心 …… 160
燃料工业 …… 132
燃料甲醇 …… 158
燃料煤气 …… 154
燃料气 …… 133
燃料气化 …… 136
燃料效率 …… 134
燃料质量指令 …… 216
燃气联盟 …… 107
燃气燃烧干馏法 …… 81
燃烧热 …… 133
燃烧资源公司 …… 94
热成熟度 …… 32
热成因气 …… 18
热恩技术公司 …… 154
热分解 …… 79
热激发法 …… 128
热解 …… 171
热解聚 …… 168
热解油 …… 170
热力采油法 …… 67
热污染 …… 232
热效率 …… 186
热循环固体干馏法 …… 83
人工光合作用 …… 176
人工沼气 …… 188
人造石油 …… 134
日本地质调查综合中心 …… 37
日本二甲醚论坛 …… 163
日本海藻协会 …… 215
日本加拿大油砂有限公司 …… 71
日本甲烷水合物研究组织 …… 131
日本石油技术协会 …… 58
日本石油天然气与金属矿物资源

机构………………………………131
日本石油协会 ……………………57
日经能源环境网 …………………11
溶剂精炼煤法……………………148
溶解气 ……………………………18
瑞士生物气论坛…………………191

S

萨巴捷反应………………………139
萨索尔公司………………………167
塞昆达煤制油厂…………………154
三叉戟勘探公司…………………118
森科尔能源公司 …………………71
杀菌剂 ……………………………48
砂岩 ………………………………31
砂岩储层 …………………………33
山东久泰化工科技股份有限公司
……………………………………163
商品天然气………………………104
商业储量 …………………………26
上流式厌氧污泥床反应器………188
上限温度…………………………169
社会燃料标识……………………218
深层气 ……………………………34
深产层 ……………………………34
神府-东胜煤田 …………………144
神华集团有限责任公司…………145
神华宁夏煤业集团有限责任公司
……………………………………155
渗透率(地球科学) ………………36
生命周期分析……………………221
生命周期评价……………………221
生物………………………………173
生物柴油…………………………201
生物柴油燃料……………………207
生物柴油杂志……………………208
生物柴油制法……………………202
生物柴油质量管理协会…………207
生物成因气 ………………………13
生物地质学 ………………………33
生物丁醇…………………………198
生物二甲醚………………………162
生物固碳…………………………175
生物化学转化……………………174
生物甲烷…………………………188
生物降解…………………………168
生物礁 ……………………………33
生物可降解物质…………………182
生物沥青…………………………186
生物炼制…………………………178
生物能源维基百科………………185
生物气……………………………187
生物气北方公司…………………191
生物气国际公司…………………191
生物气溶胶………………………232
生物汽油…………………………212
生物圈……………………………173
生物燃料…………………………176
生物燃料掺混……………………180
生物燃料认证计划………………215
生物燃料工业组织………………183
生物燃料配额法案(德国) ………216
生物燃料生产公司………………184
生物燃料生命周期………………179
生物燃料生命周期评价法案(瑞士)
……………………………………217
生物燃料文摘……………………185
生物塑料…………………………181
生物炭……………………………174
生物岩 ……………………………33
生物乙醇…………………………192
生物质……………………………173
生物质产物………………………174
生物质代用天然气………………189
生物质发酵………………………186
生物质可持续性法令(德国) ……216
生物质两段气化过程……………170
生物质能…………………………174
生物质能“十二五”发展规划 ……219
生物质能碳捕获和储存…………229
生物质能原料情报网……………185

生物质气化…………………………… 185
生物质气化发电…………………… 189
生物质气化合成甲醇系统………… 155
生物质气化技术…………………… 186
生物质气化炉……………………… 186
生物质热解………………………… 169
生物质日本战略计划……………… 218
生物质杂志………………………… 185
生物质制取液态燃料……………… 178
生物质砖…………………………… 181
生物质转化能源…………………… 176
生物转化…………………………… 174
生物转运…………………………… 174
生物资源…………………………… 173
生油门限 ………………………… 13
生油学说 ………………………… 12
施马克生物气公司………………… 191
湿气 ……………………………… 19
石脑油……………………………… 164
石油 ……………………………… 16
石油安全…………………………… 7
《石油的形成与成藏》 …………… 58
石油地球化学 …………………… 54
《石油地缘政治》………………… 21
石油地质 ………………………… 30
石油地质杂志 …………………… 38
石油丁醇…………………………… 198
石油峰值 ………………………… 21
石油峰值减缓 …………………… 21
石油工业 ………………………… 16
石油开采峰值点新闻 …………… 22
石油开发地质 …………………… 30
石油沥青 ………………………… 59
石油输出国组织…………………… 9
石油衰竭分析中心 ……………… 21
石油污染…………………………… 233
石油物理学家和测井分析家协会 … 49
石油资源 ………………………… 23
世界采矿数据……………………… 8
世界格局 ………………………… 20
世界各国 GDP(购买力平价) ……… 7
世界各国 GDP(国际汇率) ………… 7
世界各国能源 …………………… 10
世界各国人均 GDP(购买力平价) … 7
世界各国人均 GDP(国际汇率) …… 7
世界各国石油产量 ……………… 28
世界各国石油剩余可采储量 ……… 28
世界各国石油消费量 …………… 28
世界各国天然气产量 …………… 29
世界各国天然气剩余可采储量 …… 29
世界各国天然气消费量 ………… 29
世界各国页岩气可采资源量 ……… 29
世界煤学会………………………… 145
世界能源理事会…………………… 9
世界能源统计评论………………… 8
世界能源消费 …………………… 10
世界能源展望 …………………… 10
世界燃料 ………………………… 10
世界生物质能协会………………… 183
世界石油理事会 ………………… 57
水合物能源国际…………………… 130
水力加砂压裂 …………………… 45
水煤气变换反应…………………… 137
水平定向钻进 …………………… 42
水溶气藏…………………………… 129
水溶性天然气……………………… 129
水锁效应…………………………… 109
水质………………………………… 232
水质污染…………………………… 233
苏里格气田………………………… 111
酸化 ……………………………… 43
酸化压裂 ………………………… 44
酸化压裂药剂 …………………… 48
酸化增产工艺 …………………… 43
随钻测井 ………………………… 43
随钻测量 ………………………… 43
随钻测斜仪 ……………………… 43
孙欧帕塔公司……………………… 197

T

塔班陶勒盖煤矿…………………… 144

塔斯马尼亚油页岩 …… 76
探明储量 …… 26
探明地质储量 …… 26
碳封存 …… 228
碳封存领袖论坛 …… 229
碳汇 …… 228
碳基燃料 …… 133
碳失汇 …… 228
碳水化合物 …… 210
碳税 …… 228
碳酸盐储层 …… 34
碳酸盐岩 …… 31
碳酸盐岩油气藏 …… 54
碳循环 …… 228
碳源 …… 226
碳中和 …… 228
碳中性燃料 …… 136
碳足迹 …… 227
糖化过程 …… 200
陶瓷球 …… 79
提油技术干馏法 …… 87
替代燃料 …… 3
替代燃料的温室气体排放 …… 227
替代燃料汽车 …… 180
天然沥青 …… 59
天然气 …… 17
天然气常规市场 …… 104
天然气工业 …… 18
天然气国际市场 …… 104
天然气开采 …… 101
天然气凝液 …… 51
天然气情报 …… 123
天然气市场 …… 104
天然气市场价格 …… 105
天然气市场自由化 …… 105
天然气输出国论坛 …… 107
天然气输送价格 …… 105
天然气水合物 …… 124
天然气水合物开采 …… 128
天然气水合物探测 …… 127
天然气水合物稳定带 …… 125
天然气水合物资源量 …… 126
天然气现货市场 …… 105
天然气制取合成油 …… 164
天然气制取液态烃 …… 165
天然气资源金字塔 …… 100
天然气资源渗透率 …… 37
天然沼气 …… 187
填充床 …… 79
烃加工 …… 58
烃露点 …… 19
烃源岩 …… 13
桐油树 …… 205
土地利用 …… 182
土地利用变化 …… 182
湍流 …… 79
脱油藻饼 …… 212

W

瓦斯 …… 114
瓦斯爆炸 …… 114
瓦斯抽放 …… 115
瓦斯抽放系统 …… 115
瓦斯矿井等级 …… 114
瓦斯梯度 …… 115
外部注入热气法 …… 90
外部注入热气干馏法 …… 87
威廉·哈特 …… 20
微生物燃料 …… 211
微生物制氢 …… 212
微藻 …… 209
微藻柴油 …… 211
微震波 …… 46
微震监测 …… 46
未探明储量 …… 27
委内瑞拉奥里诺科重油带 …… 29
温度梯度 …… 223
温室气体 …… 225
温室效应 …… 225
稳定汽油 …… 164
沃帕斯卡尔油砂矿藏 …… 63

乌兹别克斯坦天然气合成油厂…… 167
污染气象学…… 221
污染物…… 221
污染物排放控制技术…… 221
污染源监测…… 221
污染者付费原则…… 222
无机成因说 …… 14
无烟煤…… 141
伍德福德页岩…… 121

X

西部山区能源干馏法 …… 91
西部山区能源公司 …… 94
吸附甲烷…… 117
吸湿水…… 113
希尔特规律…… 139
稀释法 …… 69
先进生物燃料…… 178
先进资源国际公司 …… 25
纤维素…… 195
纤维素乙醇…… 195
现代石油工业 …… 16
相对渗透率 …… 37
向日葵油…… 206
小球藻…… 209
携砂液 …… 49
谢太农公司…… 197
新疆宝明矿业有限公司 …… 93
新能源…… 3
絮凝剂 …… 48
旋转导向钻井系统 …… 42
雪佛龙 CRUSH 地下干馏法 …… 91
雪佛龙 STB 法 …… 86

Y

压力单位…… 237
压裂车 …… 46
压裂设备 …… 46
压裂酸化车 …… 47
压裂酸化评价 …… 46
压裂液 …… 48
压裂液添加剂 …… 48
压缩天然气…… 106
亚麻籽油…… 205
亚油酸…… 203
亚洲甲醇市场服务公司…… 160
亚洲石油 …… 58
烟煤…… 140
岩石 …… 31
岩石孔隙 …… 35
岩石孔隙度 …… 36
厌氧消化…… 186
叶绿体…… 175
页岩…… 119
页岩含气量…… 120
页岩技术有限公司 …… 94
页岩气…… 119
页岩气层采收率…… 122
页岩气储集空间…… 120
页岩气地质…… 119
页岩气地质储量 …… 24
页岩气井…… 121
页岩气开发…… 121
页岩气情报平台…… 123
页岩抑制剂 …… 47
页岩油 …… 78
页岩油地质资源量 …… 76
页岩油提取 …… 78
液化…… 106
液化天然气…… 106
液化天然气进口公司国际组织…… 107
液化天然气中心…… 107
液态烃资源金字塔 …… 52
液体燃料…… 133
液相二甲醚工艺过程…… 162
液相甲醇合成工艺过程…… 157
一次电力…… 4
一次多层分压 …… 45
一次能源…… 3
一次能源消费结构…… 3

一次能源消费量……………………… 3
一次氢能……………………………… 4
一次热能……………………………… 4
依格纳茨·卢卡西维茨 …………… 16
仪表车 ……………………………… 47
乙醇………………………………… 192
乙醇技术学会……………………… 197
乙醇零售商………………………… 198
乙醇汽车…………………………… 196
乙醇燃料…………………………… 197
乙醇生产商杂志…………………… 198
乙醇市场…………………………… 197
印度煤炭有限公司………………… 145
英国可再生能源协会……………… 184
英国煤炭管理局…………………… 145
英国生物燃料和油料协会………… 184
鹰福特地层 ………………………… 98
硬煤………………………………… 141
永久冻土…………………………… 125
油菜油……………………………… 204
油层 ………………………………… 34
油窗 ………………………………… 30
油料和含蛋白质植物联盟………… 184
油气峰值研究协会 ………………… 21
油气聚集 …………………………… 30
油气聚集 …………………………… 55
油气聚集带 ………………………… 55
油气生成 …………………………… 54
油气运移 …………………………… 54
油气杂志 …………………………… 58
油砂 ………………………………… 62
油砂安全协会 ……………………… 71
油砂发现中心 ……………………… 70
油砂和重油可采储量 ……………… 65
油砂开发集团 ……………………… 71
油砂矿开采 ………………………… 66
油砂咨询委员会 …………………… 70
油砂资源量 ………………………… 62
油酸………………………………… 203
油田 ………………………………… 55
油页岩(杂志) ……………………… 95
油页岩 ……………………………… 72
油页岩沉积 ………………………… 74
油页岩储量 ………………………… 76
油页岩地面干馏法分类 …………… 80
油页岩地质学 ……………………… 74
油页岩干馏技术 …………………… 79
油页岩干馏炉 ……………………… 80
油页岩工业 ………………………… 73
油页岩矿 …………………………… 73
油页岩气 …………………………… 78
油页岩质量评价 …………………… 93
油页岩资源量评价 ………………… 92
油脂………………………………… 203
有机成因说 ………………………… 12
有效孔隙度 ………………………… 36
有效渗透率 ………………………… 37
玉米乙醇…………………………… 193
玉米油……………………………… 204
预测地质储量 ……………………… 25
原地量 ……………………………… 24
原煤………………………………… 139
原生环境…………………………… 219
原生生物…………………………… 208
原始地层压力 ……………………… 35
原始含水饱和度 …………………… 35
原始可采储量 ……………………… 26
原油 ………………………………… 53
原油的单位换算…………………… 240
原油沥青 …………………………… 64
原油渗出 …………………………… 60
运移滞留 …………………………… 54

Z

再生甲烷…………………………… 190
再生能源年度报告 ………………… 10
暂堵酸化 …………………………… 44
藻垫………………………………… 209
藻类………………………………… 208
藻类丁醇…………………………… 200
藻类工业杂志……………………… 214

藻类菌株选择…………………………212
藻类燃料…………………………211
藻类燃料生产商名录…………………………214
藻类生物质组织…………………………214
藻类收获…………………………214
藻类体…………………………209
藻类养殖…………………………212
藻类养殖系统…………………………212
造斜钻头 …………………………40
造纸黑液…………………………162
增黏剂 …………………………48
增斜钻具组合 …………………………40
扎沃德 · 斯拉特苏公司 …………………………95
沼气发电…………………………189
沼气发电站…………………………189
沼气发酵微生物…………………………187
褶皱 …………………………35
蔗糖…………………………194
蔗糖乙醇…………………………194
蔗糖乙醇生产…………………………194
蒸发塘…………………………122
蒸发岩 …………………………74
蒸汽-甲烷转化反应 …………………………138
蒸汽辅助重力泄油法 …………………………67
蒸汽驱 …………………………67
蒸汽提取法 …………………………68
蒸汽吞吐技术 …………………………67
蒸汽循环增产法 …………………………67
蒸汽注入法 …………………………67
整体煤气化联合循环…………………………151
政府间气候变化专门委员会…………………………222
支撑剂 …………………………49
脂肪…………………………203
脂肪酸…………………………203
脂肪酸甲酯…………………………203
脂肪烃…………………………203
脂类…………………………204
直接甲醇燃料电池…………………………159
直接液化法…………………………146
植物…………………………181
植物油…………………………183
植物油精炼…………………………178
植物转基因技术…………………………182
致癌物质…………………………232
致密储层渗透率…………………………109
致密储层天然气…………………………109
致密地层…………………………108
致密气藏界定…………………………110
致密气藏开采…………………………111
致密气层回收率…………………………111
致密气资源量…………………………110
致密砂岩封闭…………………………110
致密砂岩气储层…………………………109
致密油 …………………………96
致密油层回收率 …………………………98
致密油储层 …………………………96
致密油技术可采资源量 …………………………97
致密油井衰减速率 …………………………99
致密油生产 …………………………97
致密油研究组织 …………………………99
智能井技术 …………………………42
中国稠油分类标准 …………………………61
中国地质调查局 …………………………37
中国科学院广州能源研究所…………………………131
中国煤炭工业协会…………………………146
中国煤炭学会煤层气专业委员会
…………………………118
中国能源 …………………………11
中国气藏标准…………………………110
中国庆华集团…………………………155
中国神华煤制油化工有限公司…………………………149
中国石油学会 …………………………58
中国天然气气质标准…………………………104
中国油气储量分级 …………………………27
中国沼气网…………………………191
中华人民共和国国家统计局…………………………9
中华人民共和国环境保护部…………………………223
中联煤层气有限责任公司…………………………118
终结石油协会 …………………………21
种子…………………………204
重油 …………………………64
注空气火烧油层技术 …………………………68

注入化学药剂激发法…………………… 129
专性厌氧生物…………………………… 194
转向剂 ………………………………… 48
转酯化反应……………………………… 202
自热式转化制氢………………………… 138
自热重整法……………………………… 138
自热转化………………………………… 138
总有机碳量……………………………… 126
总原地资源量 ………………………… 24
棕榈油…………………………………… 204
钻井 …………………………………… 39
钻井承包商 …………………………… 50
钻井方法 ……………………………… 40
钻井工艺 ……………………………… 40
钻井开采 ……………………………… 66
钻井设备 ……………………………… 40
钻井研究协会 ………………………… 49
钻井液 ………………………………… 47
钻井液漏失 …………………………… 42
钻井液添加剂 ………………………… 47
钻井液稀释剂 ………………………… 47
最终可采资源量 ……………………… 24

数字和西文索引

ABE 发酵 ………………………… 200
AGC-21 工艺 …………………… 166
API 标准 ………………………… 55
ATP 干馏法 ……………………… 84
BG100 …………………………… 212
BioMCN ………………………… 160
BTG 生物液体公司……………… 172
D. H. 维尔特 …………………… 14
*E*10 ……………………………… 196
*E*85 ……………………………… 196
Ecalene ………………………… 196
*ED*95 …………………………… 196
GSI 能源公司 …………………… 71
*hE*15 …………………………… 196
IEP 干馏法 ……………………… 90
IGT 加氢干馏法 ………………… 88
Methanex 公司…………………… 160
NExBTL ………………………… 204
NTU 干馏法 ……………………… 81
OTS 重油科学中心 ……………… 70
PROX …………………………… 138
Rentech 工艺 …………………… 166
SPG 公用媒体有限公司 ………… 11
Synbit …………………………… 70
UNITAR 稠油和油砂分类标准 …… 61
xTL 燃料 ………………………… 134

1. 能　　源

能源是国民经济的重要物质基础,能源开发和有效利用的程度以及人均消费量是生产技术和生活水平的重要标志。

从传说的遂人氏钻木取火开始,能源发展经历了数万年漫长的柴薪时代,直到瓦特改良蒸汽机为止,人类与自然和谐相处。约在1750年蒸汽机的大量使用推动了工业革命的进程,人类开始大量使用煤炭,能源进入了煤炭时代。

到19世纪中叶,波兰药剂师依格纳茨·卢卡西维茨发现了使用更易获得的石油提取煤油的方法,并于1854年首次挖掘出世界上第一口油井,由于常规石油的经济价值最高,能源很快进入石油时代。

随着人类对开采石油资源的开采,尽管储量和产量仍然逐年增加,但石油在一次能源消费中的比例呈现下降的趋势。经济发展迫使人类不断探索走向再生能源的道路。但目前再生能源不足以替代常规油气,于是非常规油气应运而生,以弥补常规油气资源的不足。

基本概念

能 energy 指做功的能力。能有多种形式,有机械能、热能、电能、核能、辐射能和化学能等。

动能和势能属于机械能,是人类最早认识的能的形式。

能量 energy 是对各种能的计量。当物质的运动形式发生转换时,能量形式同时也发生转换。

自然界的一切过程都服从"能量守恒定律",物体要对外界做功,就必须消耗本身的能量或从别处获得能量的补充。

能量密度 energy density 指在一定的空间或质量物质中储存能量的大小。如果是按质量来判定,一般被称为"比能"。

登录百度网或 http://en.wikipedia.org,在搜索框内输入"energy density",即可查阅能源密度。

能源 energy 指产生机械能、热能、光能、电磁能、化学能等各种能量的自然资源。能源是一种呈多种形式的而且可以相互转换的能量源泉,是自然界中能为人类提供某种形式能量的物质资源。

登录百度网或 http://en.wikipedia.org,在搜索框内输入"Category:Energy",即可查阅各国或各地区的能源状况、能源发展、能源技术、替代能源、能源回收、能源组织等。

能源资源 energy resources 指在目前社会经济技术的条件下能够为人类提供大量能量的物质和自然过程,包括原煤、原油、天然气、风、河流、海流、潮汐、生物质及太阳辐射等。

按照获得能源的方法分类,可分为一次能源、二次能源。按照能源是否可再生分类,可分为可再生能源和不可再生能源。按照被利用的程度分类,可分为常规能源和新能源。

登录百度网或 http://en.wikipedia.org,在搜索框内输入"List of energy resources",即可查到约120个能源项目。非常规油气项目也在其中。

能源产品 energy products　能源产品的来源有两种：

（1）从原煤、原油或天然气等自然资源中直接开采和加工得到的能源产品，被称为“一次能源产品”；

（2）以一次能源产品作为原料生产得到的能源产品，被称为“二次能源产品”。

二次能源是通过对一次能源或二次能源进行转化得到的。电力、热能和氢能以一次能源和二次能源两种形式均可生产。

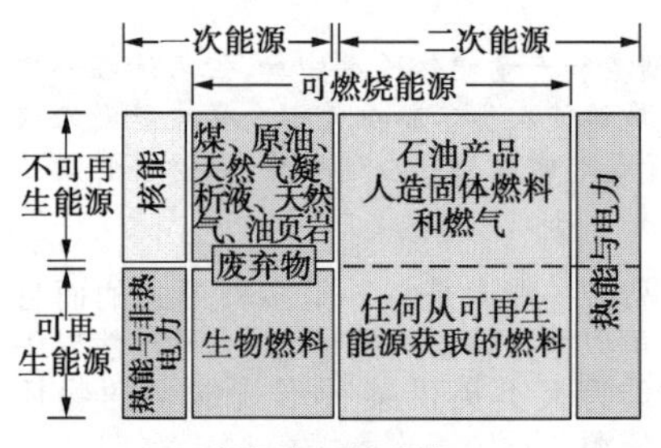

能源产品的分类

常规能源 conventional energy　亦称“传统能源”。是指能源的开发利用技术成熟，并已被广泛使用的、在经济上合理的能量资源，如原煤、原油、天然气、水力发电、核（裂变）能发电、（商品的）再生能源等。

非常规能源 unconventional energy　指从非常规的油气地质构造中提取出来的油气，其生产方式不同于常规油气生产。包括非常规石油（如油砂、页岩油、致密油）、非常规天然气（如致密气、煤层气、页岩气和天然气水合物）。由于合成燃料和生物燃料可替代石油，也被列入非常规石油资源。

可再生资源 renewable resources　指在较短时间内可以再生的、可以循环利用的资源。如土地资源、气候资源、生物资源和海洋资源等。

可再生能源 renewable energy　根据国际能源署（International Energy Agency，IEA）可再生能源工作小组的规定，可再生能源是指“从持续不断地补充的自然过程中得到的能量来源”。通俗地说，是指能够重复产生的天然能源，不会随它本身转化或人类的利用而日益减少。包括太阳能、水能、生物质能、风能、地热能、海洋能等非化石能源。随着能源危机的出现，人们开始重视可再生能源的利用。

可再生能源可分为三大类：

第一类。指需要转化为电力才能采集的能源，如水能、风能、海洋能、太阳能光伏。

第二类。无法用传统方式存储的能源，如地热能、太阳热能。

第三类。有库存变化的可再生能源，如工业废弃物、城市固体垃圾、固体生物质能、液体生物燃料（燃料乙醇、生物柴油）、沼气（生物气）。

登录百度网或 http://en.wikipedia.org，在搜索框内输入“Category：Renewable energy by country”，即可查阅世界各国可再生能源状况。

不可再生能源 non-renewable energy　指在自然界经历亿万年形成的、随着人类不断地开采而枯竭的、短期内无法复生的一次能源。包括常规能源（如原煤、原油和天然气）和非常规油气资源（如油砂、页岩油、页岩气等）以及核燃料。

清洁能源 clear energy　亦称“无污染能源”。指与环境友善而且在人类利用过程中基本上不产生污染的能源，包括可再生能源和核能。

可持续能源 sustainable energy　指可持续的能源供应，既满足目前的需求，又不损害未来后代需求。可持续能源专注于一个能源来源能够继续提供能源的能力。

绿色能源 green energy 这是当今世界从环保角度出发,对“清洁能源”的一种称呼。清洁能源包括可再生能源和核能,尤其是可再生能源不存在能源耗竭,因此日益受到许多国家的重视。

新能源 new energy 指在新技术基础上可以开发利用的能源:

(1) 可再生能源。包括太阳能、小水电(装机容量不超过50MW)、地热、海洋能、风能等(大水电属于常规能源);

(2) 化石燃料。是指尚未开发的新品种,如油砂、页岩油、天然气水合物、页岩气等(常规天然气属于常规能源);

(3) 核燃料。指核聚变产生的核能(核裂变属于常规能源);

(4) 生物质能。由生物质制取的生物柴油、生物汽油、燃料乙醇、二甲醚、氢能等。

新能源相对于常规能源而言,两者之间没有明确的界限。新能源在技术和经济可行时,将逐步转化为常规能源。

可替代能源 alternative energy 指任何一种可以取代化石燃料的能量来源。它一般是指非传统的、对环境影响少的能源及能源储藏技术。一些替代能源也是再生能源的一种。核能因为要消耗铀矿,所以不算是可再生能源,但可视为可替代能源。

替代燃料 alternative fuel 亦称为“非传统燃料”或者“先进燃料”。传统燃料包括化石燃料(煤、石油和天然气)和核燃料,如铀、钍或通过反应堆产生的其他人造放射性同位素核燃料。

一些常见的替代燃料有生物柴油、醇类燃料(燃料甲醇、燃料乙醇、燃料丁醇)、化学物质储存的电能、氢、非化石燃料产生的生物气、植物油及其他生物质燃料来源。

非燃烧能源 non-burning energy 是太阳能、风能、地热能、海洋能、潮汐能、氢能、水能的总称。非燃烧能源在使用时不经燃烧,是利用产生的电力。

非商品能源 non-commercial energy 不作为商品流通的、仅在本地使用的能源。如太阳能、生物质能、风能、潮汐能等。

一次能源

一次能源 primary energy 亦称“初级能源”、“天然能源”。自然界以天然形式存在的、未经加工或转化的能源。

一次能源的来源如下:

(1) 地球蕴藏的能源。如原煤、原油、天然气、核能、地热能等。

(2) 来自地球外天体的能源。如宇宙射线及太阳能以及由太阳能引发的水能、风能、波浪能、海洋温差能、以植物光合作用为基础的生物质能等。

(3) 地球与其他天体相互作用的能源。如潮汐能等。

一次能源按在自然界能否循环再生,又可分为可再生能源和不可再生能源。

随着科学技术的发展,常对一次能源进行加工或转换使其成为二次能源,以适应工艺或环境保护的需要以及便于输送、使用和提高劳动生产率等。

一次能源消费量 primary energy consumption 指一次能源消费中的原煤、原油、天然气、核能、水力发电和再生能源的消费量。

世界各国的一次能源消费量数据是变化的,登录百度网或 http://www.bp.com,在搜索框内输入“BP Statistical Review of World Energy”,即可在“primary energy”项目下的“primary energy consumption”查询。非常规油气的消费量没有单列,而是计入原油和天然气之中。

一次能源消费结构 primary energy consumption by fuel 指一次能源消费中的原煤、原油、天然气、核能、水力发电和再生能源所占的比例。

世界各国的一次能源消费结构数据是变化的，登录百度网或 http://www.bp.com，在搜索框内输入“BP Statistical Review of World Energy”，即可在“primary energy”项目下的“consumption by fuel”查询。非常规油气的消费比例没有单列，而是计入原油和天然气之中。

能源链 energy chains 是从一次能源的生产、加工、运输到用户的流程，应包一种能源转换成另一种能源。

一次氢能 primary hydrogen 指再生能源生产的氢，如太阳能制氢、风能制氢、藻类制氢。

从水电解制氢或化石燃料制氢造成能源消费更大，二氧化碳排放更多。太阳能制氢是拯救地球的动力，所谓“氢能时代”的氢来源是指一次氢能的来源。

一次电力 primary power 指利用水能、风能、太阳能（光伏发电）、潮汐能、波浪能等自然资源所产生的电力。

一次热能 primary heat 指利用地热能和太阳热能等自然资源所产生的热能。

二次能源

能源转换 energy transformation; energy conversion 改变能源物理形态的能源生产。一般指化石燃料直接或间接转变为电能、热能、汽油、煤油、柴油、煤气等二次能源。能源加工或转换都伴随着能源的损失。

二次能源 secondary energy 由一次能源直接或间接加工转换而成的其他种类和形式的能源，称为“二次能源”，又称为“人工能源”。

二次能源是联系一次能源和能源用户的中间纽带。

一次能源和二次能源按照本身的性质可分为过程性能源和含能体能源。

过程性能源是无法直接存储的，如水能、风能、潮汐能、电能、地热等，当今电能就是应用最广的过程性能源。含能体能源是可以直接存储的，如煤、石油、天然气等，而柴油、汽油则是应用最广的含能体能源。

二次能源生产量 secondary energy production 通过一次能源加工转换设备（或装置）生产的二次能源数量。如由各种发电设备、工业锅炉、炼焦炉、炼油装置、煤气发生炉和煤制气、油制气装置等所产生的电力、热力（蒸汽或热水）、焦炭、各种石油制品、焦炉气等二次能源产品的数量。

二次热能 second heat 指通过直接或间接加工转换获得的热能。有两种方式：

（1）燃烧煤、石油或天然气等一次燃料产生的热能；

（2）通过电热锅炉或热泵将电能转化为热能。

二次氢能 second hydrogen 指从化石燃料制取氢。从化石燃料特别是从天然气制取氢，技术可行但二氧化碳排放量反而增加，其原因是天然气制氢伴随着能源损失随之增加排放。

能源经济

能源经济 energy economy 是经济学的一个分支。能源是国民经济发展的物质基础，因此，能源的发展和国民经济的发展必须保持适当的比例。

能源经济包括的主要内容有：

（1）能源与经济增长（增长率和增长结构）、社会发展的关系；

（2）能源与环境污染的关系；

（3）能源资源的优化配置；

（4）能源价格和税收；

（5）节能与循环经济；

（6）能源的内部替代和外部替代；

（7）能源的国际贸易和石油作为金融产品。

当石油峰值下滑后，新能源利用开始上升，能源经济从对石油经济的研究转向可替代能源经济。

登录百度网或 http://en.wikipedia.org，在搜索框内输入“Category:Energy economics”、“Category:Petroleum economics”，即可查阅能源经济和石油经济的条目。

能源法 energy law 是调整在能源的勘探、开发、生产、利用、管理、保护和节约过程中所发生的经济关系的法律规范的总称。能源立法旨在保护能源资源，并在能源开发利用的全过程中，加强组织管理，确保合理开发，有效地和节约地利用能源，以发挥更大的经济效益。

能源评价 energy appraisal 指对能源资源的种类、特征、储量、分布、开发、生产、消费、可利用状况等进行的评价。通过能源评价，可对各种能源资源进行合理的开发和利用，以最少的能源创造最大的经济效益，并对创造一个良好的生态环境起指导性作用。

能源政策 energy policy 与能源供应和需求有关的国家或国际政策，包括再生能源和不可再生能源的生产、转换、储存、输送、分配和利用政策，以及利用国内外可获得的能源满足需求的措施、节能政策、能源环境政策等。

登录百度网或 http://en.wikipedia.org，在搜索框内输入“Category:Energy policy”或“Category:Energy policy by country”，即可查阅主要国家的能源政策资料，包括非常规油气开采、生物燃料等。

能源管理 energy management 是用科学的方法对能源的生产、分配、转换和消费等活动进行组织、监督和调节，使能源得到有效地利用的过程。

登录百度网或 http://en.wikipedia.org，在搜索框内输入“Category:Energy ministries”，即可查阅世界各国能源管理机构。

能源清洁 energy clean 指在能源开发、销售及使用过程中各种以避免或减少对环境的不利影响（减少污染物和温室气体的排放，降低生态破坏）为出发点的各类方案和措施，如推广能源清洁技术、限制能源利用中的污染物排放等。

能源依存度 energy dependency 指进口能源数量与能源消费总量的比率，其计算公式为：

$$依存度\% = [(消费量-生产量)/生产量]\times 100\%$$

能源依存度表示一个国家或地区能源消费依靠进口的程度。能源依存度越高，对外依赖性就越大，反之越小。

能源自给率 rate of self-supplied energy 能源自产总量与能源消费总量的比率，其计算公式为：

$$能源自给率 = (自产总量/消费总量)\times 100\%$$

能源自给率一般表示一个国家或地区能源生产满足消费的程度。能源自给率越高，对外依赖性就越小，反之越大。

能源结构 energy structure 能源总生产量或总消费量中各类一次能源、二次能源的构成及其比例的关系。一次能源结构指煤、石油、天然气、水能、核能和再生能源等的构成及其比例关系。

能源结构分为生产结构和消费结构。各类能源产量在能源总生产量中的比例，称为“能源生产结构”；各类能源消费量在能源总消费量中的比例，称为“能源消费结构”。各用户部门的能源消费结构，称为“部门能源消费结构”。

能源开发 energy development 是为满足人类文明的各种需求而不断努力提供足够的一次能源和二次能源形式的过程。能源开发不但涉及采用成熟技术，同时包括建立新的能源相关技术。

能源分析 energy analysis 指对一经济系统或子系统的能流进行系统的跟踪，以确定该系统生产的商品或提供服务的能源需要量。

能源规划 energy planning 根据对能源和经济发展关系的分析和预测，来制定的能源开发的计划。能源规划是涉及能源品种、时间、空间以及许多相关因素的、复杂的系统工程。

在能源规划中，主要的考虑事项有资源枯竭、供应产量高峰、供应的安全性、成本、对于空气污染和水污染的影响。

能源计划 energy plan 指为指导常规油气、非常规油气和电力等能源资源的开发、转换、供应而编制的计划。内容包括制订各种能源增产节约的措施，建立合理的能源结构，开展替代能源的研究、试验和推广，以更好地解决能源供需矛盾。

可再生能源发展 renewable energy development 是落实科学发展观、建设资源节约型社会、实现可持续发展的基本要求。必须要有目标引导、政策激励、产业扶持、资金支持。许多国家制定了相应的发展战略和规划，明确了可再生能源发展目标。

非燃料用的化石燃料消费 fossil fuel consumption for nonfuel use 指不作燃烧转换为热能的化石燃料消费，如沥青铺路、天然气化工生产合成氨、石油化工原料等。

能源安全

能源危机 energy crisis 以煤、石油和天然气等化石燃料为主的能源，由于储量有限，消耗加剧，而面临资源紧缺甚至枯竭的现象。但可通过改进技术、节约能源、提高能源利用率，寻求新的替代能源以及与替代能源相适应的技术模式和经济发展模式，以克服能源危机。

由于化石燃料在21世纪仍将是主要能源，资源仍然丰富，目前通常泛指的能源危机是指以石油为主的能源供应发生的严重恐慌。实际上，能源危机就是指原油供应危机。

能源安全供应 energy security supply 是国家生存最重要的关键问题。能源安全供应是指：

（1）能源的经济安全。指供应安全，即满足国家生存与发展正常需求的能源供应保障的稳定程度；

（2）能源的生态环境安全。指使用安全，即能源消费及使用不应对人类自身的生存与发展环境构成任何较大的威胁。

在目前的情况下，能源的供应安全实际上是指石油的安全供应。包含两层含义：

（1）不能出现严重短缺的持续供应；按国际能源署的标准供应，短缺要小于去年进口量的7%；

（2）不能出现持续的、难以承受的高油价。

能源安全供应体系 energy security supply system 指对能源（主要是石油）的供应保障。能源供应暂时中断、严重不足或价格暴涨对一个国家经济的损害，主要取决于经济对能源的依赖程度、能源价格、国际能源市场以及应变能力（包括战略储备，备用产能，替代能源，能源效率，技术能力等）。

能源安全供应体系由三部分组成：国内能源勘探开发体系、国外能源供应体系、能源战略储备体系。

能源瓶颈 energy bottleneck 经济发展对能源的需求量越来越大，当能源短缺时就会造成国民经济发展缓慢，导致工农业生产不能充分发展的后果。采用玻璃瓶狭窄的颈部来比喻其制约作用，因而形象地称为“能源瓶颈”。

能源独立 energy Independence 是美国政府制定的减少石油和其他能源进口的目标，特别是减少从中东进口石油。

能源独立是开发能源利用的综合性

措施,美国政府除了增加本土常规油气的产量以外,还采取的措施有:

(1) 加速开发非常规油气资源,如页岩油、致密油、页岩气、煤层气等;

(2) 提高生物质制液体燃料(BTL)、合成气制液体燃料(GTL)和煤制液体燃料(CTL)的生产;

(3) 提高再生能源发电如太阳能光伏、太阳能热发电、风力发电和生物质发电等的生产能力。

石油安全 petroleum security 指在数量和价格上能满足社会经济持续发展需要的石油供应。

石油不安全主要体现在石油供应暂时突然中断或短缺、价格暴涨对一个国家经济的损害,其损害程度主要取决于经济对石油的依赖程度、油价波动的幅度以及应变能力。应变能力包括战略储备、备用产能、替代能源、预警机制等。

石油安全面临三大挑战:

(1) 石油需求不断增长使现有资源产量难以满足;

(2) 化石燃料的逐渐枯竭,目前可再生能源尚不能替代石油;

(3) 无节制地使用石油及其制品已对环境造成巨大的压力。

能源强度与 GDP

能源强度 energy intensity 指为获得单位国内生产总值(GDP)所消费的一次能源总量。该指标可以说明一个国家经济活动中能源的利用程度,进而可以反映经济结构和燃料结构的变化。

登录百度网或 http://en.wikipedia.org,在搜索框内输入"List of countries by energy intensity",查阅世界各国的能源强度数据。

国际汇率 international exchange rate 定义为两国货币之间兑换的比例。通常会将某一国的货币设为基准,以此换算他国等值的货币。

在讨论 GDP 时,英文"国际汇率"常用"nominal"一词。

购买力平价 Purchasing Power Parity (PPP) 是两种(或多种)货币对于一定数量的商品和服务的购买力之比,亦即两种货币在购买相同数量和质量商品时的价格之比。

由瑞典经济学家卡瑟尔(Karl Gustav Cassel,1866~1945 年)在 1922 年的《1914 年以后的货币与外汇》一书中正式提出。

世界各国 GDP(国际汇率) List of countries by GDP(nominal) 指用国际汇率表示的各国 GDP。登录百度网或 http://en.wikipedia.org,在搜索框内输入"List of countries by GDP (nominal)",即可查阅联合国(UN)、国际货币基金组织(IMF)、世界银行(WB)和美国中央情报局《世界概况》等四家最新的数据。

世界各国人均 GDP(国际汇率) List of countries by GDP(nominal) per capita 指用国际汇率表示的各国 GDP 的人均数。登录百度网或 http://en.wikipedia.org,在搜索框内输入"List of countries by GDP(nominal) per capita",即可查阅联合国(UN)、国际货币基金组织(IMF)、世界银行(WB)和美国中央情报局《世界概况》等四家最新的数据。

世界各国 GDP(购买力平价) List of countries by GDP(PPP) 指用购买力平价表示的各国 GDP。登录百度网或 http://en.wikipedia.org,在搜索框内输入"List of countries by GDP(PPP)",即可查阅国际货币基金组织(IMF)、世界银行(WB)和美国中央情报局《世界概况》三家按购买力平价计算的最新数据。

世界各国人均 GDP(购买力平价) List of countries by GDP(PPP) per capita

指用购买力平价表示的各国 GDP 的人均数。登录百度网或 http://en.wikipedia.org,在搜索框内输入"List of countries by GDP(PPP) per capita",即可查阅国际货币基金组织(IMF)、世界银行(WB)和美国中央情报局《世界概况》三家按购买力平价计算的最新数据。

能源统计

能源统计 energy statistics 是用科学的方法主要对一次能源即原煤、原油、天然气、水力发电、核能和再生能源等的构成和比例关系的统计,以使能源得到合理的利用。

登录百度网或 http://en.wikipedia.org,在搜索框内输入"Category: Energy by country"、"Category: Forms of energy"或"Category: Energy ",即可查阅世界各国的能源状况、能源形式。

能源数据库 energy data base(EDB) 具有现代信息处理功能的能源统计分析系统。它可提供综合分析能源经济、技术、环境等问题的大量数据与分析方法。

网络上最大的、重要的能源数据库有:

(1) BP 公司《世界能源统计评论(Statistical Review of World Energy)》;

(2) 美国能源情报署, http://www. eia. gov;

(3) 联合国数据库, http://data. un. org;

(4)美国中央情报局《世界实用年鉴》。

其中,BP 公司《世界能源统计评论》最为通用。

联合国数据库 UNdata 有 33 个数据库系统,超过 6 千万的检索结果,包含世界各国经济、环境、社会等公开统计数据和免费统计网站。最大的优点是:整合了世界各国统计网站,尤其是联合国系统下各个机构网站的统计数据于一身。按国家排序,公布各年度的各项数据,其中包括能源、环境等。【http://data. un. org】

世界能源统计评论 Statistical Review of World Energy 是研究世界能源发展的重要数据库。由 BP 公司(http://www. bp. com)主办。提供年度能源评论、煤、石油、天然气、核能、电力、可再生能源等数据。

登录百度网,在搜索框内输入"Statistical Review of World Energy",即可查到统计数据。

从《世界能源统计评论》可以查到世界各国生物燃料产量、加拿大油砂和委内瑞拉奥里诺科重油带的可采储量和产量。

世界采矿数据 World-Mining-Data 由世界采矿大会(World Mining Congress)主办,每年汇总并公布一次。登录世界采矿大会网站 http://www. wmc. org. pl,将"World-Mining-Data"输入搜索框内即可查到,其中包含煤、原油、天然气、油页岩、油砂等近年来开采的数据。

组织机构

欧洲共同体统计局 Statistical Office of the European Communities(Eurostat) 负责汇总和协调由成员国收集的数据,为欧盟提供全欧洲层面的统计信息,以便对不同国家和地区进行比较。【http://epp. eurostat. ec. europa. eu】

国际能源署 International Energy Agency(IEA) 是石油消费国政府之间的经济联合组织。1976 年 1 月 19 日成立,总部设在巴黎。其宗旨是协调成员国的能源政策,发展石油供应方面的自给能力,共同采取节约石油需求的措施,加强长期合作以减少对石油进口的依赖,提供石油市场情报,拟订石油消费计划,石油发生短缺时按计划分享石油,以及促进它与石油生产国和其他石油消费国的关

系等。并借发展替代能源,解决能源结构中的供需问题和环境问题。【http://www.iea.org】

石油输出国组织 Organization of Petroleum Exporting Counries(OPEC)　是亚、非、拉石油生产国为协调成员国石油政策、维护共同经济利益而建立的国际性组织。1960年9月10日成立,总部原设在瑞士日内瓦,1965年9月1日迁往奥地利维也纳。【http://www.opec.org】

世界能源理事会 World Energy Council(WEC)　国际能源非商业性的民间学术性组织,1924年7月11日在伦敦成立,常设秘书处设在伦敦。主要活动是举行世界能源大会,每三年举行一次。每隔3年出版一次《能源资源调查》报告。【http://www.worldenergy.org】

国际能源论坛 International Energy Foundation(IEF)　由能源方面的科学家、研究者、工程师等创建的非政治性的非政府组织的研究团体,1989年建立,设在利比亚的黎波里。其宗旨是为了鼓励产油国和消费国之间的对话,以便建立信任、交流信息和加深对潜在的、具有世界性影响的能源问题的理解。【http://www.ief-ngo.org】

美国能源部 U.S. Department of Energy(DOE)　是美国国家能源的监管机构,1977年成立,设在华盛顿。宗旨是"科学、安全和能源:为21世纪提供能源"。其职能是保证国家能源安全、环境质量并为美国人民生活得更好作出贡献。由1000名科学家、工程师、技术人员和管理人员组成。该部注重能源发展的环境保护,特别注重清洁煤技术。【http://energy.gov】

加拿大国家能源署 National Energy Board(NEB)　是加拿大能源行业的管理机关。于1959年成立,总部设在艾伯塔省卡尔加里市。管理国家能源规划及发展。【http://www.neb.gc.ca】

俄罗斯联邦能源部 Russian Ministry of Energy　俄罗斯联邦政府组成部门之一,主要负责能源政策等事务。能源部于2008年成立。【http://www.minenergo.gov.ru/】

联合国统计署 United Nations Statistics Division　是联合国秘书处国际经济及社会事务部下设的一个办事机构。它主要从事汇编国际统计资料,也就是向各国政府统计机关搜集各项统计数据,有时也采用某些国际组织和政府机构、民间组织的估计数,并加以综合汇编。【http://unstats.un.org】

美国能源情报署 Energy Information Administration(EIA)　是隶属于美国能源部的一个统计部门,1977年由美国国会提议成立。职能是独立的统计和分析能源(石油、天然气、电力、煤、核能、可再生能源等)数据以帮助增强公司、政府及公众在能源问题上的相互理解。它的信息独立于其他任何政府机关。【http://www.eia.gov】

中华人民共和国国家统计局 National Bureau of Statistics of China　是国务院的直属机关。负责国家的数据统计。其中包括能源方面的统计数据。从网上可以查阅到中国及世界的统计数据。【http://www.stats.gov.cn】

媒　体

彭韦尔出版公司 PennWell Publishing Company(PennWell)　美国一家综合性的能源方面的书刊出版公司,其出版物涉及石油和天然气、电力、金融和经济学等方面。【http://www.pennwellbooks.com】

海湾出版公司 Gulf Publishing Company(GPC)　美国石油天然气工业的一家主要出版公司,创建于1916年,专业出版物涉及到全世界能源工业、杂志、图书和目录。出版了《世界石油》、《烃加工》、《石油与天然气技术(俄文)》等杂志。《石油与天然气技术》是海湾出版公司的俄文杂志，包括勘探、钻井、采油、管道铺设以及油气加工等。【http://www.gulfpub.com】

世界燃料 World Fuels.com 由哈特能源出版公司主办的网站，设在美国休斯顿。着重报道煤炭、常规和非常规油气的炼制、燃料、新闻、技术、发展趋势及市场。哈特能源出版公司主办期刊有：

《全球炼制与燃料日报(Clobal Refining & Fuels Today)》;《柴油燃料新闻(Diesel Fuels News)》周刊;《乙醇与生物柴油新闻(Ethanol & Biodieesel News)》周刊;《天然气加工报告(Gas Processors Report)》周刊;《气化新闻(Gasification News)》半月刊;《炼油厂追踪(Refinery Tracker)》半月刊。【http://www.worldfuels.com】

世界能源展望 World Energy Outlook 国际能源署(IEA)的出版物。介绍全球能源发展状况及预测，并附有其他相关出版物的介绍。【http://www.worldenergyoutlook.org】

能源资源调查 Survey of Energy Resources 是世界能源理事会(WEC)的出版物，每隔3年出版一次，2004年、2007年、2010年和2013年均有报告出版。报告世界能源(包括非常规油气资源)的资源状况。

登录百度网，在搜索框内输入"Survey of Energy Resources"，可查阅报告。

世界能源消费 World Energy Consumption 根据国际能源署(IEA)、美国能源情报署(EIA)和欧洲环境署等周期性出版的数据汇集而成的网页。

世界能源消费是指所有人类文明所使用的能源量的总和。通常是按年度测定，并会计算人类文明所使用的所有能量来源，是审视能源可持续发展的重要数据，对人类的社会-经济-政治领域有很深刻的影响。

登录百度网或 http://en.wikipedia.org，在搜索框内输入"World Energy Consumption"，即可查阅一次能源和电力的生产、消费和贸易的数据。

再生能源年度报告 Renewables Global Status Report 是"21世纪可再生能源政策网络(REN21)"每年发布的报告。《再生能源年度报告》与联合国环境规划署《全球可再生能源投资趋势报告(Global Trends in Renewable Energy Investment)》是姊妹篇。

登录百度网，在搜索框内输入"Renewables Global Status Report"，再行查找各年度的报告。

世界各国能源 Energy by country 是索引式网站。通过它可查阅世界各国化石燃料和可再生能源的状况，并获得这些国家的资讯。

登录百度网或 http://en.wikipedia.org，在搜索框内输入"Category: Energy by country"，即可查阅。

国家概况简要分析 Country Analysis Brief Overview 是美国能源情报署(EIA)提供的世界各国能源状况的报告。报道了目前形势和未来的世界能源需求、生产、贸易、技术发展以及二氧化碳排放趋势，并具体分析了石油、天然气、煤、和电力市场的前景。

登录美国能源情报署网站 http://www.eia.gov，即可查得。

国际能源展望 International Energy Outlook 是美国能源情报署出版的研究报告。每年报道一次最新的国际能源展望。登录百度网，在搜索框内输入"International Energy Outlook"，即可查到。

《世界实用年鉴》The World Factbook 是美国中央情报局(CIA)的出版物，每年出版一次。按国别记录了世界各国的概况、地理、人民、政府、经济

(包括能源)、交通、运输、军事和国界等信息,并配有地图。

登录百度网或谷歌网,在搜索框内输入"The World Factbook",即可查询。

俄罗斯能源 Energy in Russia 索引式搜索引擎。指引俄罗斯能源状况查阅路径。登录 http://en.wikipedia.org,在搜索框内输入"Category:Energy in Russia",即可查阅。

中国能源 Energy in China 索引式搜索引擎。指引查阅中国大陆、台湾、香港和澳门能源状况的路径。查询中国能源科登录 http://en.wikipedia.org,在搜索框内输入"Category:Energy in China",即可查阅。也可查到非常规油气。

能源杂志 Energy Journal 由国际能源经济协会(IAEE)主办的杂志,季刊,内容涉及到一次能源的经济问题。编辑部设在美国俄亥俄州克利夫兰市。【http://www.iaee.org/en/publications/journal.aspx】

科学杂志 Science Magazine 是发表最好的原始研究论文以及综述和分析当前研究和科学政策的同行评议的期刊。该杂志于1880年由爱迪生投资1万美元创办,于1894年成为美国最大的科学团体"美国科学促进会(American Association for the Advancement of Science,缩写AAAS)"的官方刊物。全年共51期,周刊。【http://www.sciencemag.org】

SPG公用媒体有限公司 SPG Media PLC 国际商业多媒体公司,20世纪70年代成立。公司分别设在英国伦敦和印度海得拉巴。提供世界级的可控流通杂志,国际参考手段,商业会议和高级会谈等信息。有期刊出版物和网络产品。网络产品是搜索引擎,内容分为四大类:①工业项目;②公司索引;③产品与服务;④工业新闻。【http://www.spgmedia.com】

SPG公用传媒有限公司的搜索引擎:

海洋油气工业 http://www.offshore-technology.com

烃加工技术 http://www.hydrocarbons-technology.com

工艺技术 http://www.plantautomation-technology.com

化工产品 http://www.chemicals-technology.com

公路技术 http://www.railway-technology.com

采矿技术 http://www.mining-technology.com

水技术 http://www.water-technology.net

金融时报中文版 Financial Times(FT) 是英国《金融时报》唯一的中文网站。致力于向中国商业精英和企业决策者及时提供来自全球的商业、经济、市场、管理和科技新闻。【http://www.ftchinese.com】

俄罗斯新闻网 RusNews.cn 由俄罗斯新闻社主办的中文网站,分为三部分:新闻分类、新闻背景和资料讯息。在搜索框内输入"能源"或"天然气"等,即可查阅该网站发布的信息。【http://www.rusnews.cn】

俄罗斯能源网 RussiaEnergy.com 俄罗斯的石油、天然气和能源信息入口网站。涉及活动策划,公共关系,合同出版发行,市场营销解决方案,媒体咨询,商务智能解决方案等更多领域。【http://www.russiaenergy.com】

日经能源环境网 Nikkei Energy & Ecology 为促进日中两国在能源及环境领域的合作,日经BP社(日经商业出版社)于2011年3月28日创办了中文版能源及环境主题专业网站"日经能源环境网"。"日经能源环境网"将以新能源、智能城市及环保汽车三大领域为核心,包括节能技术、水处理技术、循环再利用技术及公害对策等,每日发送最新信息。【http://china.nikkeibp.com.cn/eco】

2. 油气成因学说

人类进入石油时代以来,一直在探索石油天然气的成因,在20世纪70年代,出现了两种截然不同的观点:有机成因说和无机成因说。

在油气勘探开发中,德国有机化学家爱福莱德·特莱布斯首先奠定了石油有机成因的基础。一直以来,寻找油气田都按照有机成因理论解释。非常规油气无论是压实、水锁或封闭,在地层中都是分散的、无边界的、低品位的,认为是没有运移进入储层的、束缚在致密层的油气资源,所以非常规油气的成因也仍然采用有机成因理论解释。

无机成因理论与有机成因理论对油气成因的诠释截然不同。俄罗斯石油地质学家库德里亚夫切夫对油砂矿成因的分析以及奥地利天文物理学家、康乃尔大学天文学教授汤马士·戈尔德对世界油气富集区的解释,都佐证了油气无机成因理论,因而引起重视。

生油学说 petroleum origin theory 有关石油天然气成因的学说。从形成石油的原始物质来看,可分为有机成因说和无机成因说。

(1) 有机成因说。认为石油是由生物遗骸的有机物分解而形成的,该学说为大多数人所接受并用于实践;

(2) 无机成因说。认为石油是由无机碳和氢气经过化学作用而形成的。

有机成因说

有机成因说 organic origin theory 关于石油天然气成因的一种有机学说。认为石油天然气是在地质历史上由分散在沉积岩中的低等动植物有机体,在一定的深度和相应的地热条件下的适宜环境内,经历着生物化学、热催化、热裂解、高温变质等阶段,陆续转化为石油和天然气,并且运移到具有圈闭条件的储层(孔隙、裂缝、洞穴)中去,最后富集成为不同类型的常规油气藏。

由于原始有机质的来源和生成石油的环境与聚集保存的条件不同,使石油的组成成分、物理和化学性质各异。未运移而束缚在致密层中的致密油、致密气、页岩气,则为非常规油气资源。油砂和重质原油是液态石油矿床受到破坏和氧化以及微生物活动的结果。

甲烷菌 methanogenic bacteria 能够使纤维素降解而生成大量甲烷的细菌。它们是地球上最古老的生命体,被称为生物界的元老。

甲烷菌对氧非常敏感,遇氧后会立即受到抑制,不能生长、繁殖,有的还会死亡。甲烷菌生长很缓慢。

甲烷菌在自然界中分布极为广泛,在与氧气隔绝的环境中都有甲烷菌生长。海底沉积物、河湖淤泥、沼泽地、水稻田以及人和动物的肠道、反刍动物瘤胃,甚至在植物体内都有甲烷菌存在。

甲烷 methane 是天然气的主要成分。化学式 CH_4,相对分子质量16.04,熔点-182.6℃(101.325kPa),沸点-161.4℃(101.325kPa),液体相对密度0.300(15.6/15.6℃),气体相对密度:0.555(空气=1),蒸发潜热509.54kJ/kg,总发热量39793.6kJ/m^3。

甲烷是最简单的有机化合物,是无

色无味的可燃性气体,难溶于水,溶于乙醇、乙醚及其他有机溶剂。

甲烷的化学性质稳定,但是在适当的条件下会发生氧化、热解及卤代反应等。空气中甲烷含量为5%~16%时达到爆炸极限,遇火花会发生爆炸。

生物成因气 biogenic gas 亦称“细菌气”或“生物气”。由微生物降解作用使生物体内的类脂化合物、蛋白质、纤维素等分解而生成的气体,以甲烷为主,主要发生在有机质向油气演化过程中的初期。即在生物化学作用带内(成岩阶段早期,相当于泥炭),有机物经微生物作用发酵和合成作用形成的甲烷气(重烃极微)及若干非烃气体,有时也混入部分早期低成熟阶段降解形成的气体。

生物成因气的形成必须具备甲烷菌的繁殖条件,即丰富的有机养料和很强的还原环境。广义而言,大多数有机质都可作生物气的母质。

生物气是能源的重要组成部分,具有良好的勘探前景。生物气纵向分布的深度一般为1700m左右,少数超过2000m,分布时代主要是白垩纪、第三纪和第四纪。

生油门限 threshold of oil generation 在地质历史中,烃源岩随着地下埋藏深度的加大,受到的压力和温度也随之增加,其中的有机质逐步转变成油或气。

当烃源岩的埋藏到达大量生成石油的深度(也是与深度相应的温度)时,称为进入生油门限。

原油在165℃以上就裂解为以烷烃为主的天然气,而甲烷具有较高的热稳定性,在地层的条件下存在的最高温度可大于500℃,天然气埋深远比原油深得多。

“油气埋深、地层深度和温度的关系”图表明,绝大多数有商业价值的油气田出现在此范围,而非常规油气资源也在此范围,其温度超过此范围,油气就会碳化。

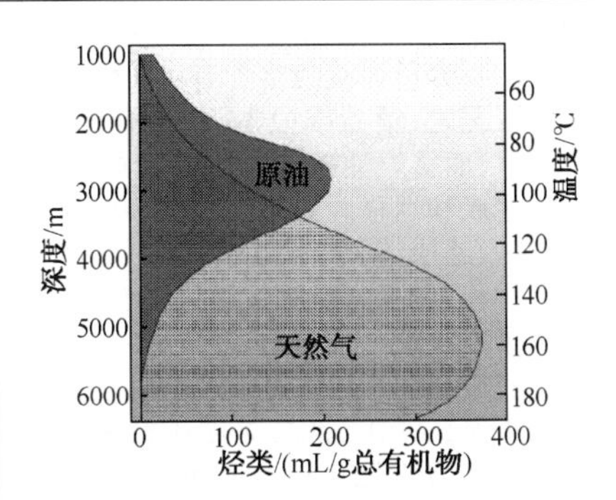

油气埋深、地层深度和温度的关系

烃源岩 source rock 按照有机成因学说,大量的微体生物遗骸与泥砂或碳酸质沉淀物埋藏在地下,经过长时期的物理化学作用,形成富含有机质的岩石,其中的生物遗骸转化为石油。

烃源岩是富含有机质的沉积物,可以沉积在各种环境,包括深水、湖泊,它能够产生或已经产生可运移的烃类,所以烃源岩也称为“生油岩”。

法国石油地质学家提索特(B. P. Tissot)等在1978年定义烃源岩为:“富含有机质、大量生成油气与排出油气的岩石”。

烃源岩是根据所含干酪根的类型来分类,即烃源岩产生烃的类型来分类:

烃源岩Ⅰ型是藻类残体沉积在深层湖泊并在缺氧的条件下形成的,当其深埋时受到的热应力增大,倾向于生成含蜡的原油;

烃源岩Ⅱ型是海洋浮游生物和细菌沉积在海洋环境并在缺氧的条件下形成的,在深海埋藏时热裂解,生成原油和天然气;

烃源岩Ⅲ型是陆生植物在有氧或少氧的条件下被细菌和真菌分解而形成的。当在深埋时受热裂解,几乎生成天然气并伴生有轻质原油。许多煤及煤页岩都属于烃源岩Ⅲ型。

油页岩可被视为富含有机质但未成熟的烃源岩,很少或根本没有油气生成和运移;而页岩油是成熟的烃源岩,存在油气生成和运移。如果油气运移出烃源岩,进入储层,就成为常规石油天然气。没有运移出的部分,就成为致密油、致密气和页岩气。

非常规油气如致密气、致密油、页岩气是束缚在烃源岩中,保存在致密的孔隙或封闭的裂缝之中,没有或很少运移。

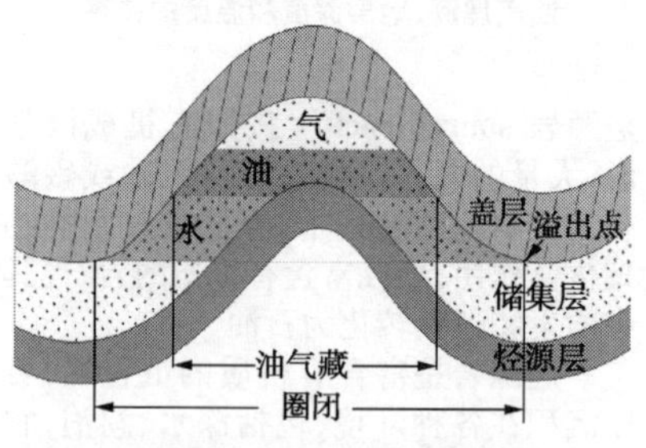

烃源岩是油气生成的基础

卟啉 porphyrins 是一类由四个吡咯类亚基的 α-碳原子通过次甲基桥(=CH—)互联而形成的大分子杂环化合物。其母体化合物为卟吩(Porphin,$C_{20}H_{14}N_4$),有取代基的卟吩即称为卟啉。

1934年特莱布斯从石油和沉积物中检测出卟啉,并将其四吡咯结构追溯到光合生物叶绿素a母源。

从此,不仅开始了生物标志物的探索性研究,而且将有机地球化学的研究工作提高到分子级水平,开创了现代有机地球化学。

爱福莱德·特莱布斯 Alfred. E. Treibs (1899~1983年) 德国有机化学家。1934年从石油中分离并鉴定出卟啉。认为石油中的卟啉是植物的叶绿素和动物的血红素降解的产物,进而提出了从叶绿素向石油卟啉转化途径的假说。从此开创了一种新的有机地球化学研究方法,奠定了石油有机成因的基础。

D. H. 维尔特 D. H. Welte 美国石油化学家。1978年与提索特(B. P. Tissot)合著《石油形成与分布》一书。书中论述了有机质转化为干酪根,然后又转化为石油和天然气以及油气藏的形成机理,即"干酪根晚期热降解生烃"理论模式,成为石油地球化学发展的里程牌。

无机成因说

无机成因说 abiogenic petroleum origin theory 关于石油天然气成因的一种学说。又称为非生物成因假说。

无机成因说大致分为两类:

(1) 地球深部成因说。认为地球深部存有大量的碳化铁,会在高温高压下和水作用生成石油和天然气。

其后,还有更多的无机成因学说,大多认为油气的形成与熔岩以及火山作用有关。因为熔岩冷却或火山爆发都会产生大量的气体,这些气体中都含有氢、氮以及乙炔等天然气体,而这些天然气体则会在深地层高压下,转换为各类碳氢化合物。

(2) 地球形成成因说。烃类是太阳系的主要含碳分子,行星形成时地球从原始太阳星云获得了大量的这类原始烃类气体;地球在太阳系所独具的特征,使这些烃类有可能赋存在地球内部,从而成为非生物成因天然气的物质来源,其依据是在天体中常有碳、氢、氧诸元素及其化合物存在,如彗星头部的气圈中含有一氧化碳、二氧化碳和甲烷等;在太阳系行星的大气圈中也存在一定浓度的甲烷;在陨石中也已鉴定出烃类化合物。

非生物成因气 abiogenic gas 主要指源于地球深部的原始烃类气体(以甲烷为主),或在地球深部由无机反应合成的烃类气体。这些烃类气体同其他深部气体一起沿地壳薄弱带向上运移,在适合的成藏条件下,将形成具有经济价值的天然气藏，其资源量将大大超过地球上已知的天然气的总资源量。如果这种理论能得到证实，非生物天然气将是宇宙间可以普遍存在的一种能源形式。

非生物成因理论将天然气的物质来源从传统的壳源生命有机质拓展至地球内部原始非生命有机质。成因观念的更新，将导致勘探新方向、新技术和新方法的产生，也将会获得巨大的经济效益。

格奥尔格乌斯·阿格里科拉 Georg Agricola （1494~1555年）德国学者，被誉为“矿物学之父”。1556年阿格里科拉的遗作《论矿冶》出版，这部著作被誉为西方矿物学的开山之作，汤若望曾译成中文，名为《坤舆格致》。这是最早提出石油的非生物成因假说的著作。

德米特里·伊万诺维奇·门捷列夫 Dmitri Ivanovich Mendeleev （1834~1907年）俄国科学家，生于西伯利亚的托波尔斯克市。1850年入圣彼得堡师范学院学习化学。

门捷列夫的最大贡献是按照相对原子质量排序，发现了化学元素周期律。此外，在油气成因学说方面，他提出了无机成因的“碳化物学说”，认为地球上分布最广的碳和铁在地球形成时有可能形成金属碳化物——碳化铁。当它与沿着裂缝渗入到地壳深处的炽热的水相遇时，就可以生成碳氢化合物。

尼古莱·库德里亚夫切夫 Nikolai Kudryavtsev （1893~1971年）俄罗斯石油地质学家，被称为“现代石油非生物成因之父”。提出了非生物成油的理论，认为在地壳内已经有许多碳，其中有些碳自然地以碳氢化合物的形式存在。碳氢化合物比岩石空隙中的水轻，因此沿岩石缝隙向上渗透。石油中的生物标志物是由居住在岩石中的、喜热的微生物导致的，与石油本身无关。

他基于对加拿大艾伯塔省阿萨帕斯卡油砂矿的分析，认为没有哪种“烃源岩”会形成如此巨大的碳氢化合物，因此，最可信的解释是无生命的深层石油。

3. 石油天然气概述

人类跨入21世纪,世界各国对石油天然气资源的需求量大幅度上升,常规油气资源已经不能满足经济发展的需求,需要多种能源替代。

在可再生能源尚无法替代化石燃料之前,为了确保能源供应安全及延迟石油峰值的到来,人们在寻找并积极开发非常规油气资源。

石 油

石油 (1) petroleum 自然界中以气态、液态、固态的形式存在于地下的烃类混合物,称为"石油"。原油是其石油的基本类型。"petroleum"包括原油和天然气凝液。

英文"petroleum(石油)"一词导源于希腊文 petra(岩石)和拉丁文 oleum(油),意思指"岩石中的油"。在中国,石油一词最早见于北宋时沈括(1031~1095年)的《梦溪笔谈》(1080年)。

最初人们把自然界产出的油状可燃液体矿物,称为"石油";把可燃的气体,称为"天然气";把固态可燃油质矿物,称为"沥青"。随着对这些燃料的深入研究,认识到它们在成因上互有联系,在组成上均属烃类化合物,因此将它们统称为"石油"。

按开采方式的不同,石油又分为常规石油和非常规石油。

(2) oil 也可称为"油料",即"液体燃料"。是具有黏性、可燃性、不与水混溶而溶于某些有机溶剂特性的液体。"oil"的含义较广,指原油及产品、动物油、植物油、生物燃料油(生物乙醇、生物柴油等)。

石油工业 petroleum industry 以原油、油页岩、天然气等为对象,进行地质勘探、钻井、开采、炼制和输送等作业,为发展国民经济的需要而提供的动力燃料、润滑油类、化工原料等重要工业部门。

一般来说,石油工业包含天然气工业,其生产工艺有许多相似之处,但在市场营销方面,天然气工业却有独特之处,随着经济发展对能源的渴望,目前已开始把天然气工业与石油工业分开描述。

有关石油工业可登录百度网或 http://en.wikipedia.org,在搜索框内输入"Category:Petroleum industry",可查阅石油经济、石油公司、油田、石油工业标准、石油工业史等资料。

现代石油工业 modern petroleum industry 指普及应用现代科学技术、先进生产手段及现代化管理从事生产活动的石油工业。主要特征是:拥有大批文化和技术素质高的技术人员和工人,生产过程实现机械化、半自动化、自动化并采用先进的工艺设备和新型材料;高度严密的专业分工和协作;广泛应用电子计算机技术;采用运筹学等科学管理方法。

现代石油工业以波兰药剂师依格纳茨·卢卡西维茨(Jan Józef Ignacy Łukasiewicz,1822~1882年)从石油中提取煤油为起点。从那时起,油气田陆续在世界各国发现。

依格纳茨·卢卡西维茨 Jan Józef Ignacy Łukasiewicz (1822~1882年)波兰药剂师、化学家。他发现了从石油中更易提取煤油的方法。推动了波兰石油工业的发展,并成为世界石油工业的先驱者。

1854年在波兰克罗斯诺市附近开

掘了世界上第一口油井，称为博布尔卡(Bobrka)油矿场。1856年在波兰建成世界上第一个炼油厂。

埃德温·德雷克 Edwin Drake (1819~1880年)世界石油工业的先驱者。1859年德雷克在美国宾夕法尼亚州泰特斯维尔附近挖掘了美国第一口油井，井深21m，同年8月27日获得油气流，他从井口铺设长9km、直径为5.08cm(2inch)的管道输往泰特斯维尔。因此，美国把1859年定为美国现代石油工业的开始年。

天然气

天然气 natural gas 指在地表以下、孔隙性地层中、天然存在的烃类和非烃类混合物。

天然气有特殊的性质：

(1) 天然气是一种相对密度低的无色气体，其相对密度为0.6~0.7，比空气轻。用户使用必须安装管道，因此，天然气市场有很强的区域性；

(2) 在燃料化学结构中氢含量越高，热值也越高。天然气的主要成分是甲烷，甲烷的氢碳原子比是4∶1，其总热值为54MJ/kg，比木材、煤和石油都高。正因如此，人们把天然气作为高效的燃料来使用。

常用燃料热值和氢碳比

项目	木材	煤	石油	天然气
高位热值/(MJ/kg)	6~8	21~30	11~46	54
氢碳原子比	1∶10	1∶1	约2∶1	4∶1

(3) 天然气是一种易燃易爆气体，空气中天然气浓度达到5%~15%就会发生爆炸；

(4) 在高温高压的地层条件下，天然气的体积被压缩。在地面条件下，天然气体积约是储层条件下体积的200~240倍左右。天然气可液化，液化后1m^{3}液化天然气等于620m^3(20℃，101.325kPa)天然气，由于此特性，在国际贸易中应用液化天然气。

(5) 甲烷的温室效应比二氧化碳大得多，以二氧化碳的20年全球暖化潜势为1，则甲烷的20年全球暖化潜势为72。当天然气溢散到大气层中时，甲烷将是一种直接促使全球变暖强烈的温室气体。

自然界中天然气的生成机理十分广泛，可以是有机质的降解和裂解作用、岩石变质作用、岩浆作用、放射性作用以及热核反应等。很少有成因单一的气体单独聚集，而往往是不同成因的气体的混合。

依天然气存在的相态可分为：

(1) 游离态。指煤生气和油型气；

(2) 溶解态。指溶解于油层和水层的天然气；

(3) 吸附态。指煤层气、页岩气；

(4) 固体态。指天然气水合物。

前两者游离态和溶解态为常规天然气，而后两者吸附态和固体态为非常规天然气。

天然气生成有两种不同的过程：生物成因和热成因(有机质的热降解)。

生物气是由有机物沉积在浅层经低温厌氧分解而成的。

热成因气是在深层形成。热成因气又可分为以下两种：

(1) 有机物沉积热裂解转化成烃类液体和气体，这种气体是伴随石油而成的，也称为“首级”热成因气。

(2) 原油在高温热裂解转化成天然气(也称“次级”热成因气)和火成沥青。

生物气很干(即几乎全部是甲烷)。相反，热成因气可以是干的，也可以含有明显量的“湿气”组分(乙烷、丙烷和丁烷)和凝析液(C_{5+}碳氢化合物)。

当这两种气体(生物成因气和热成因气)进入孔隙度和渗透率极低的致密层而没有运移或运移很短的天然气,即为非常规天然气,如致密气、页岩气。当与海底水相遇,在低温高压的条件下就形成天然气水合物。

天然气工业 natural gas industry 指天然气的勘探、开发、生产和销售等的工业部门的总称。由生产、输送和分配等三个主要环节组成。天然气可以来自常规天然气资源或者非常规天然气资源如致密砂岩气、煤层气、页岩气和天然气水合物。

现代天然气工业是在19世纪的城市煤气工业的基础上发展起来的,并以天然气逐步取代城市煤气为进程。以1821年美国威廉·哈特(William Hart)在宾夕法尼亚州弗里多尼亚发现天然气井,作为现代天然气工业起点的标志。随后世界各国陆续发现天然气田,通常以发现天然气田为各国现代天然气工业的开始,其特征是天然气在城市逐步取代城市煤气。

随着天然气工业的发展,人们在寻找并开发非常规天然气资源,20世纪以来已有了较大的发展。

伴生气 associated gas 也称"伴生天然气"、"油田气"。

指与石油成因相同,并与石油共生成或单独存在的天然气。它们是沉积有机质特别是腐泥型有机质在热裂解成油过程中,与石油一起形成的,或者是在后成熟作用阶段由有机质和早期形成的液态石油热裂解形成的。

伴生气包括溶解于原油的溶解气,与饱和了气的石油相接触的气顶气。伴生气以甲烷为主体还含有大量乙烷、丙烷等轻烃气体组分,所以有时也称为"湿气"。

非伴生气 non-associated gas 指不与石油共生的天然气,包括储层只产气的气层气,储层中仅含有很少量油的凝析气等,所以,有时也称为"干气"。它通常产生在较深的地层,深层地热使得烃类裂解成更小更轻的分子,页岩气就是非常规的非伴生气的例子。

世界上最大的非伴生气田是南帕尔斯/北部穹窿凝析气田(South Pars / North Dome Gas Condensate field),位于伊朗和卡塔尔的波斯湾水域,可采储量$34.92\times10^{12}m^3$。

溶解气 dissolved gas 在一定的温度和压力下,以溶解状态存在于原油中的天然气。在地压气中,天然气溶解在高压含水层中。如果油层中有溶解气存在,这种潜在的压力可驱使原油经过井筒到达地面,原油进入集输管道前的分离器,随着压力降低,溶解气鼓泡产出,使油气分离。

气顶 gas cap 原油、天然气和水运移到圈闭中时,由于这三者的相对密度不同,按照重力的规律,从上到下依次按天然气、原油、水重新分布。天然气的相对密度最小,它存在于油气藏的顶部,因此称为气顶。上面则有拱形不透水的地层阻止气体逸出,在这样的条件下,油气藏才能存在。在非常规天然气中,不存在气顶。

气顶气 gas cap gas 在油层中积聚在已被天然气饱和的石油顶上的过剩天然气。地下原油被天然气所饱和的程度取决于地层的压力和温度。

热成因气 thermo-genetic gas; thermo-chemical gas 也称"热化学气"。由热力作用导致干酪根和已经生成的液态烃类经降解而形成的气体,包括深成岩阶段形成的石油伴生气、湿气、凝析气(热降解气)及准变质阶段的热裂解气。

热成因气纵向分布在较深的层段中,可按演化阶段划分为成熟阶段气、高成熟阶段气和过成熟阶段气。

成岩气 diagenetic gas 指在沉积物成岩作用早期，有机质热演化尚处于未成熟阶段时，主要由生物化学作用所形成的天然气。

湿气 wet gas 也是“伴生气”，泛指天然气含有少于85%的甲烷，并含有较多的乙烷和其他烃类。由于湿气不同组分的变化，呈现出各种显著的问题，因此，它在流量测量领域中是特别重要的概念。

在天然气生产中，湿气流量显得很重要。天然气是烃类的混合物并含有大量非烃成分。它以气态或液态的形式存在于多孔地层中，或以气态形式溶于原油中。采出的天然气的组分取决于储集层的温度和压力条件，而且这些条件是随着开采的速度而变化的。因此，准确测定湿气流量以避免操作故障和腐蚀问题的发生。

干气 dry gas 也称“非伴生气”。指天然气中甲烷含量在90%以上的天然气。油田伴生气经过脱水、净化和轻烃回收工艺，提取出液化石油气和轻质油以后，主要成分是甲烷，也可称为干气。

粗天然气 raw gas 从井口采出，经由集气管道输往加工或处理装置的、未经加工处理的天然气。

气体燃料 gas fuel 能产生热量及动力的气态可燃性物质。存在于自然界的气体燃料有天然气、油田伴生气和矿井瓦斯（煤层气）等。人工生产的气体有高炉煤气、发生炉煤气、水煤气、焦炉煤气、炼厂液化石油气和人工沼气等。这些气体燃料的组分和发热量见表“气体燃料的组分和发热量”。

高成本天然气 high cost gas 指开采成本高于销售价格的天然气。

高成本天然气有：

（1）深度超过4500m的气井所产的深层天然气；

（2）从地层高压盐水中生产的地压天然气；

（3）煤层间的滞留气；

（4）从泥盆纪页岩中生产的页岩气；

（5）从天然气水合物生产的天然气。

非常规天然气都是高成本生产，由于生产成本很高，因而在天然气政策法规中有专门的刺激性条款，允许这种非常规天然气以市场价格销售，而政府给予补贴。

能源气体 energy gas 指天然气、液化石油气、煤制气和生物气。这些气体都属于能源气体。

气态烃 gas hydrocarbon 在常温常压下，以气态形式存在的低分子碳氢化合物。它们是天然气和炼厂裂化气的主要成分。

天然气中大部分为饱和的气态烃，如甲烷和乙烷等。从非常规天然气藏开采的页岩气和致密气也属于气态烃。炼厂裂化气中含有大量的不饱和气态烃，如乙烯和丙烯等。

气态烃都是重要的石油化工原料，也是高热值的工业和民用燃料。

烃露点 hydrocarbon dew point（HDP/HCDP） 指富含烃类的气体如天然气混合物，在一定的温度和压力条件下气相开始冷凝的温度。烃露点与水露点不同，水露点是在该温度的一定压力下，气体混合物中的水蒸气开始冷凝的温度。

可燃性气体 flammable gas 简称“燃气”。指在空气或氧的存在下可以燃烧并释放出大量热量的气体，如煤制气、油制气、天然气、液化石油气、沼气等低分子烃类气体。

气体燃料的组分和发热量

燃料种类	组分/%							低位发热量/(MJ/m³)
	CO	氢	甲烷	碳氢化合物	CO_2	氮	氧	
天然气	0	0	90~98	0.2~0.6	0~3	1~9	0	32~36
油田伴生气	0	0	44~98	1.0~47	0~11	0~45	0~2	38~71
炼厂液化气	0	0	0	100	0	0	0	95~121
人工沼气	0~1	0	56~73	0~2.5	23~42	0	0~3	20~26
焦炉煤气	5~16	6~60	17~59	1.5~7.0	5~60	4~24	0.5~2.0	15~25
水煤气	35~40	47~52	0.3~0.6	0	5~7	2~6	0	10
发生炉煤气	29~33	0.5~1.5	0.5~3.0	0~0.5	0.5~9	45~66	0~0.5	4~6
高炉煤气	23~36	1~8	0~2.5	0	4~16	48~60	0	3~5

威廉·哈特 William Hart 在美国被称为"天然气之父"。1821 年在美国纽约州弗罗尼达的肖陶扩村,威廉·哈特发现小溪水面上冒出气泡,于是在附近钻了一口 9m 深的浅层井,成功地获得了较大气流的天然气。美国将 1821 年作为现代天然气工业的开始年。

石油地缘政治

全球化 globalization 指全球联系不断扩张,人类生活在全球规模的基础上发展及全球意识的崛起。各国之间在政治、经济贸易上紧密互相依存。全球化也可以解释为世界的压缩,把全球视为一个整体。

经济全球化 economic globalization 指世界经济活动超越国界,通过对外贸易、资本流动、技术转移、提供服务、相互依存、相互联系而形成的全球范围的有机经济整体。

经济全球化是当代世界经济的重要特征之一,也是世界经济发展的重要趋势。

世界格局 world situation 亦称"国际格局"。指对国际关系有重要影响的国家(国家集团)或基本政治力量相互作用而在一定历史时期形成的国际关系结构。它由各方力量相对稳定的均衡而形成,又随着力量对比的变化而变化。

地缘经济 geo-economics 或称"区域经济"、"地区经济"。根据地理要素或位置对经济的分类,属经济地理学概念。地缘经济为相对的地理概念,其区域包括大洲、国家或其他类型的政治实体、经济圈、经济区、经济合作区、城市群等形式。

地缘经济的基本特点是:

(1) 地理因素是地缘经济中的基本要素;

(2) 地缘经济最明显的表现为区域经济集团化。

地缘战略 geopolitical strategy; geo-strategy 从"地学角度"去研究国家生存发展战略和国际关系格局。可分为海洋型地缘战略、陆海并重型地缘战略和大陆型地缘战略。

地缘战略通常是从自然地理条件、位置和环境的角度去分析国际关系,考察和处理国际问题,谋取国家利益,筹划国家的生存和发展。

地缘政治学 geopolitics 根据各种地理要素和政治格局的地域形式,采用整体论的研究方法,把诸如疆域、气候、资源、地理位置、人口分支、文化属性、经济活动等现象综合起来,分析、解释和预测世界或地区范围的战略态势和国家的政治决策。中国战国时代的纵横家就是古代的地缘政治学者。【http://globalgeopolitics. net】

《石油地缘政治》Geopolitiques du Petrole　这是一本由法国地缘政治学家菲利普·赛比耶-洛佩兹(Philippe Sebille-Lopez)编写的书籍。

该书以“石油之路”为主线,穿越世界各主要产油地区,审视那里正在发生的角逐和争斗,解读迫在眉睫的冲突,揭露种种暗藏的玄机,威逼交恶、恐吓利诱、和解妥协或结盟等等,是一种全新的国际石油战略。

石油峰值

石油峰值 peak oil　指世界(或一个国家、一个油田)的原油产量达到顶峰并开始下降的转折时期。这并不意味着全球石油枯竭,只是石油供应量不能满足日益增长的需求。如果石油需求量持续增长或者石油供应持续下降,那么这种变化可能会通过更高的油价反映出来。

全球石油发现率最高是在20世纪60年代,随后发现趋少,需求与产量之间的缺口越来越大,石油在一次能源结构中的比例开始下降。

石油峰值减缓 mitigation of peak oil　试图拖延石油峰值到来的期限。采用减少全球石油消费,减轻对石油的依赖性,降低石油峰值对社会和经济的影响来实施。

马里昂·金·哈伯特 Marion King Hubbert　(1903~1989年)美国地球物理学家和地质学家。在得克萨斯休斯顿壳牌公司实验室工作,以关于地下岩层中流体迁移的理论而著称。他首先提出原油供应触顶理论,在1956年曾预测,美国原油产出会在1965~1970年之间触顶。提出了“哈伯特曲线”和“哈伯特峰值理论”。

组织机构

油气峰值研究协会 Association for the Study of Peak Oil & Gas(ASPO)　是国际性的组织,设在瑞典乌普萨拉。在澳大利亚、加拿大、法国、德国、爱尔兰、荷兰、新西兰、葡萄牙、西班牙、南非、瑞典、意大利、美国等国家均有附属它的研究协会。从事以常规或非常规方式开采石油天然气的最终资源量的研究。【http://www. peakoil. net】

美国油气峰值研究协会 Association for the Study of Peak Oil & Gas,USA(ASPO-USA)　由美国休斯顿大学和休斯顿市政府联合主办的协会,设在科罗拉多州首府丹佛。关注全球石油生产和衰竭问题,并针对美国研究油气衰竭的问题。【http://peak-oil. org】

澳大利亚油气峰值研究协会 Australian Association for the Study of Peak Oil & Gas　由研究者、专家和有关人士组成的组织。研究澳大利亚出现油气峰值的问题,促进可再生能源的发展。【http://www. aspo-australia. org. au】

终结石油协会 EndOil　为非营利性组织,2004年成立,设在美国加利福尼亚州洛杉矶。研究世界石油资源走向枯竭时的对策。【http://www. endoil. org】

石油衰竭分析中心 Oil Depletion Analysis Centre(UK)(ODAC)　是在英国登记的教育独立组织。向公众宣传世界石油枯竭问题并提供国际公众资讯。【http://www. odac-info. org】

哈伯特石油供应研究中心 M. King Hubbert Center for Petroleum Supply Studies　该中心专注于讨论全球石油供应数据和供应年限。【http://hubbert. mines. edu】

媒 体

石油开采峰值点新闻 Peak Point of Oil Exploration News 该网站收集石油峰值的新闻及有关能源枯竭问题的信息。【http://peakoil. com】

全球石油危机 global oil crisis 由 Eco-Systems 主办的网站。总部设在美国圣克鲁斯。从全球各国和各地区、历史、环境、政策、运输、服务等方面讨论可能出现的石油危机以及解决办法。附有大量图片、数据。【http://www. oilcrisis. com】

4. 非常规油气资源

油气勘探开发的过程是对地下油气逐步认识的过程，也是油气储量计算的精度逐步提高、逐步向客观实际逼近的过程。这个过程是连续的又是分阶段的，因此，必须认识开发非常规油气资源的层次。

油气资源不是指自然界地下蕴藏的石油和天然气的数量，而是指经过人们的地质勘探和研究，已查明的、地下蕴藏的并可被利用的常规和非常规油气的数量。

在非常规油气资源评价中，常用技术可采资源量，而不是可采储量。技术可采资源量是指采用现行的勘探开发技术可采出的油气量，而不考虑地质资源量中人为估计的技术可采资源量的开发成本。因此，技术可采资源量高并不代表产量必定就高。

资　源

石油资源 petroleum resources　不是指自然界地下蕴藏的石油和天然气的数量，而是指经过人们的地质勘探和研究，已查明的、地下蕴藏的并可被利用的常规和非常规油气的数量。

资源是有经济价值的，其中探明部分在现在或近期就有开采价值的，称为“经济资源”；另一部分则只能在可以预计到的较高科技和物价水平上才具有经济价值的，称为“次经济资源”。

石油资源是在预测期内可以在经济上和技术上可行的、能够获得的石油天然气数量。预测期一般采用30年。经济上可行是石油和天然气在市场上价格合理，能够销售出去。

非常规油气资源 unconventional oil & gas resources　简称为“非常规资源”。是指从非圈闭的油气地质构造中提取出来的油气，其生产方式不同于常规油气生产。

在全球沉积盆地中，常规石油和常规天然气只占小部分，而大量的为非常规油气资源。

沉积盆地中的烃类资源量估计

烃 资 源	总烃的估计
常规石油，API度>20	2%～3%
重质原油，API度<20	5%～7%
天然气	4%～6%
天然气水合物	10%～30%
页岩中的干酪根和原油	30%～50%
煤和褐煤	20%～30%

按照目前对中国非常规油气资源的估计，中国的致密气、致密油、页岩气和煤层气等的资源量仍居世界前列。

中国非常规油气资源估计

资源种类	地质资源量	可采资源量
致密气/$10^{12}m^3$	17.4～25.1	8.8～12.1
页岩气/$10^{12}m^3$	86～166	15～25
煤层气/$10^{12}m^3$	36.8	10.9
天然气水合物/$10^{12}m^3$	>60	
致密油/10^8t	74～80	13～14
页岩油/10^8t	476	120
油砂/10^8t	60	23

低渗透资源 low permeable resource

指低渗透地层所含的油气资源，包括页岩气、致密油、天然气水合物、煤层气、致密气等。

这种油气资源在地层中不流动，需要采取水平钻井和压裂技术，才可获得有商业价值的油气。

地质可信度 geologic assurance 指可从地层中可采出油气的程度，即储量分级。

资源是指经过人们的地质勘探和研究，已查明的、地下蕴藏的并可被利用的资源。有经济价值的资源可分为已证实资源和未发现资源。

已证实资源又可分为：

(1) 确定储量。即可采储量，实际上指剩余可采储量，是原始可采储量减去累计产量，也就是已发现油气田中尚未开采出来的石油天然气储量。

(2) 储量增长。在油气田开发和生产过程中，新增加的石油天然气可采储量。

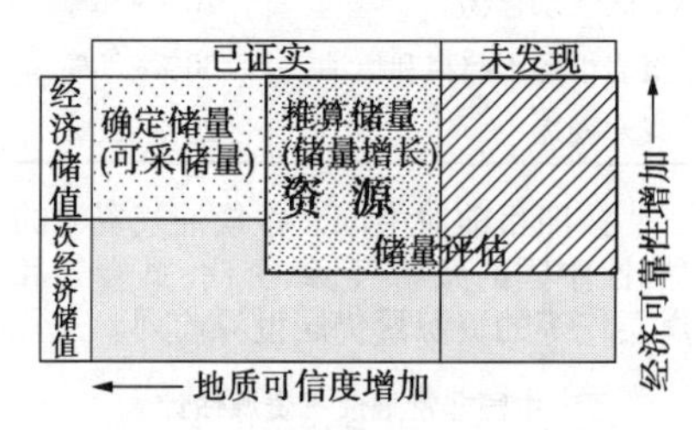

油气资源分级

最终可采资源量是未发现资源量、储量增长、平均剩余储量和累计产量的总和。

随着油气资源可信度的不断提高，经济可靠性也随之增加。

原地量 quantities in place 泛指地壳中由地质作用形成的油气自然聚集量，即在原始地层条件下，油气储集层中储藏的石油和天然气及其伴生的有用物质，换算到地面标准条件（20℃，0.101 MPa）下的数量。

在未发现的情况下，称为未发现原地资源量；在已发现的情况下，称为已发现原地资源量或原地储量，特称地质储量。未发现原地资源量和地质储量之和，称为总原地资源量。

总原地资源量 total petroleum initially in place 指根据不同勘探开发阶段所提供的地质、地球物理与分析化验等资料，经过综合地质，选择运用具有针对性的方法所估算求得的已发现的和未发现的储层中原始储藏的油气总量。

可采资源量 recoverable resources 指从原地量中可采出的油气数量。可采资源量又分为：潜在可采资源量和推测可采资源量，其采收率是经验类比估算的。

最终可采资源量 ultimate recoverable resources 指未发现资源量（中值）、储量增长（中值）、平均剩余储量和累计产量的总和。

技术可采资源量 technical recoverable resources（TRR） 指采用现行的勘探开发技术可回收的油气量，而不考虑地质资源量中人为估计的技术可采资源量的开发成本以及油气价格。

技术可采资源量不具备商业价值，不同机构评价可有不同的结果，另外，随着技术进步，人为估计的系数也随之变化。

从技术可采资源量进入可采储量的关键是用户对销售价格的承受能力。

在非常规油气资源评价中，通常使用技术可采资源量。可采储量与技术可采资源量的区别如下。

不可采量 residual unrecoverable volume 是原地量与最终可采量的差值。

页岩气地质储量 original shale gas in-place 是指页岩气层所含页岩气的地质总含量。

地质储量分为：（1）不可采量；（2）可采资源量。在页岩气评价中，采

可采储量	经济可采取决于： (1) 钻井和完井费用； (2) 生产期间有足够的烃量； (3) 油气价格可接受。
技术可采资源量	可以采用现代技术开采，既不考虑生产费用，也不考虑油气价格。

可采储量与技术可采资源量的关系

用可采资源量。

欧美国家通常用"tcf(万亿立方英尺)"表示。换算成国际单位制为：

1tcf = 0.0283tcm(万亿立方米)
 $= 283\times10^8 m^3$

先进资源国际公司 Advanced Resources International(ARI) 该公司成立已有30多年，是已被国际公认的咨询公司，办公室设在美国华盛顿和休斯敦。

从事非常规天然气(煤层气、页岩气、致密砂岩气)、提高油收率和二氧化碳封存的研究和咨询。由30多名全职地质学家、工程师、业务和政策分析师组成。业务遍及30多个国家。【http://www.adv-res.com】

储　量

储集层 reservoir 简称"储层"，指能够储存和渗透流体的岩层。是控制地下油气分布、油气层储量及产能大小的重要因素。

储集层可分为：

(1) 常规储集层。是以岩石颗粒为骨架并含有大量具有毛细管孔隙空间的介质，这种介质一般被称为"多孔介质"。

多孔介质具有储容性、渗透性、孔隙结构复杂和比表面积大等特点。石油、天然气和地层水都是储集在岩石的孔隙中，并通过复杂的孔隙和微裂缝等通道向井筒聚集、渗流，最终被采至地面。

(2) 非常规储集层。也称"非常规储层"，是平均渗透率等于或小于0.1mD($1mD \approx 10^{-15} m^2$)的低渗透储集层。

非常规油气资源如致密气、页岩气和致密油等束缚在其中，分散、不流动、不聚集，必须采用水力压裂来压开裂缝才能获得工业产量。

储量 reserves 未被开采的石油天然气数量。国外一般将储量分为探明储量(proved reserves)和未探明储量(unproved reserves)两大类。

(1) 探明储量。即可采储量。指已被证实为相当可靠的、在现有技术经济条件下能够采出的油气量。

探明储量进一步的被划分为目前有能力采出的储量(developed reserve)和通过新的作业施工后可以开采的储量(undeveloped reserves)两类。

(2) 未探明储量。指由于地质和工程参数的不确定性，或由于工程技术或经济契约上的限制，还无法确认的、尚未得到完全证实的储量。

根据其不确定性的程度和升级为已探明储量的可能性，也被进一步细分为：

① 概算储量(probable reserves)。指在现有的技术经济(包括价格)条件下有50%以上可能性能够采出的油气量；

② 可能储量(possible reserves)。指在现有的技术经济(包括价格)条件下被采出来的可能性不大的储量。

在能源统计中，单独使用"reserves"为剩余可采储量。

预测地质储量 predicted geological reserves 在地震详查以及其他方法提供的圈闭内，经过预探井钻探获得的油气流、油气层或油气显示后，根据区域地质条件分析和类比，对有利地区按容积法估算的储量。当该圈闭内的油气层变化、油水或气水关系尚未查明时,储量参数是由类比确定的,因此可估算一个储量的范围值。预测储量是制定评价勘探方案的依据。

按照中国对储量分级,预测地质储量分为:

(1) 不可采量。

(2) 预测技术可采储量。

探明地质储量 proven geological reserves 指钻探或详探完成后,在现代技术和经济条件下,可提供开采,并能获得社会经济效益的地质储量。它必须在充分利用现代地球物理勘探资料和油气藏探测后,查明并证实了的油气藏类型、范围、构造形态、油气储层厚度、油气层压力、油气层物理性质与参数、油气性质与品位。

按照中国对探明地质储量的划分,又分为:

(1) 不可采量;

(2) 探明技术可采储量。又可分为:

① 探明经济可采储量;

② 探明次经济可采储量。

只有探明经济可采储量才有商业价值。

原始可采储量 original recoverable reserves 油气藏尚未投入开发前的可采储量。当油气藏开发后,原始可采储量即为累计产量和剩余可采储量之和:

原始可采储量=累计产量+剩余可采储量

原始可采储量不是一成不变的,随着人们认识的深化和技术发展,原始可采储量有可能增加。

技术可采储量 technical recoverable reserves 指在给定的技术条件下,经理论计算或类比估算的、最终可采出的油气数量。

可采储量 recoverable reserves 指在现代工艺技术和经济条件下能够从油气层中采出的那一部分地质资源量。

可采储量是变化的,随着油气价格上升、工艺技术水平的改进,可采储量会随之提高。

只要是资源的开发是技术和经济可行的,无论是常规油气资源或者非常规油气资源均可称为“可采储量”。

描述非常规油气的可采储量通常把常规油气可采储量和非常规油气可采储量合并,统称可采储量,即很难单独查询非常规油气可采储量数据。

探明储量 proved reserves 国际上通用的“探明储量”,是指“可采储量”。指已被证实为相当可靠的、在现有技术经济条件下能够采出的石油天然气量。

探明储量又可划分为:

(1) 目前有能力采出的储量;

(2) 通过新的作业施工后可以开采的储量。

从时间上划分,探明储量又可分为:

(1) 原始探明储量,即刚探明时的可开采储量;

(2) 剩余探明储量,即“剩余可采储量”。

开采一段时间后剩余的可采储量。如果未加特殊说明,探明储量就是指剩余可采储量。

储量增长 reserve growth 在油气田开发和生产过程中,新增加为可采储量的石油天然气储量。

商业储量 commercial reserves 即“可采储量”,指具有商业开采价值的油气藏储量。在技术上可行,经济上有利润可图的储量。

储量管理 reserves manage 为掌握石油天然气资源的数量动态,保证均衡生产和合理开采所进行的储量统计与分析工作。主要任务是:

(1) 随着生产和勘探的不断进行及时计算储量并掌握其变化,为石油天然气开发提供资料;

(2) 按开采准备程度统计资源的各级储量的数量,为均衡生产和正常接替提供依据;

(3) 统计开采过程中的产量、损失量,保证资源的合理开采和充分利用。

储采比 reserves to production ratio(R/P ratio) 也称“可采年限(recoverable age)”。是指本国或本地区每年剩余可采储量与当年石油或天然气总产量(天然气要减去回注量)的比值,以“年”来表示。其含义是:当不继续勘探可采储量,而且总产量也不增加,那么石油天然气还可以开采的年限。

由于可采储量不断从资源量中得到补充,可采储量可以保持稳定或增加。只有在油气资源开始枯竭时,才逐渐降低,因此“储采比”或“可采年限”不能解释为最终可采年限。

未探明储量 unproved reserves 指由于地质和工程技术参数的不确定性或由于工程技术或经济契约上的限制,还无法确认的、尚未得到完全证实的储量。根据其不确定性的程度和升级为已探明储量的可能性,可以进一步细分为:

(1) 概算储量(probable reserves)。指在现有的技术经济(包括价格)条件下,有50%以上的可能性能够采出的油气量;

(2) 可能储量(possible reserves)。指在现有的技术经济(包括价格)条件下,被采出来的可能性不大的储量。

储量分级 grading of reserves 根据地质勘探程度的广度、深度、精度以及所获得资料、参数的可靠性与丰富程度,对计算的油气储量的可靠程度进行级别的划分,称为储量分级。

各个级别的油气储量是一个与地质认识程度和经济条件相关的变数。油气勘探开发的全过程是对地下油气逐步认识的过程,也是油气储量计算的精度逐步提高、逐步向客观实际逼近的过程,这个过程是连续的又是分阶段的。

国际天然气和气态烃信息中心天然气储量分级 natural gas reserves classification of Cedigaz 国际天然气和气态烃信息中心(Cedigaz)对天然气储量的分级实际上是欧美国家对油气储量的分级。

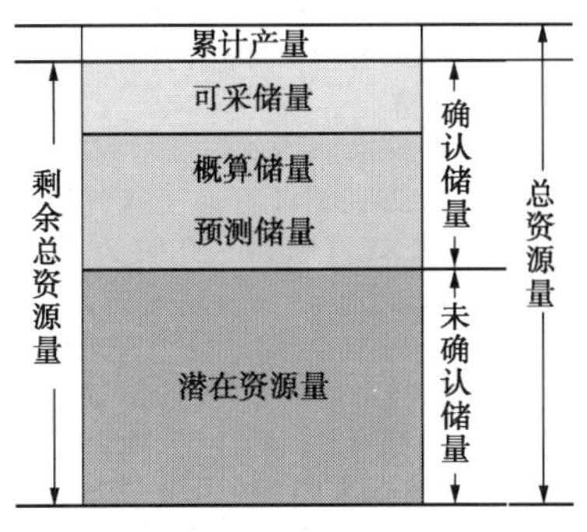

欧美国家储量分级

潜在资源量是指尚未发现或虽经探明但在目前技术经济条件下不能采出的那部分油气量,属于未确认储量。确认储量包括可采储量、概算储量和预测储量。总资源量减去剩余总资源量就为累计产量。

中国油气储量分级 China reserves classification 中国石油天然气储量分级可以分为五个阶段:

(1) 20世纪50~60年代,采用前苏联模式,分为A、B、C级。

(2) 20世纪70年代,将资源储量分为三级:一级地质储量称为探明储量;二级地质储量称为基本探明储量;三级地质储量称为待探明储量。

(3) 1983年11月,提出新的储量分类法,将储量划分为探明储量、概算储量和远景资源量。

① 探明储量。指勘探阶段结束后计算的储量;

② 概算储量。指在经过物探详查的地区,预探井获得工业油气流后计算

的储量;

③ 远景资源量。指根据地质、地球物理和地球化学资料外推或类比可能存在但尚未发现的油气资源。

(4) 1988年国家标准局颁布的《石油储量规范》与《天然气储量规范》的级别划分,此划分的级别均按地质储量计。

(5) 2004年10月起,开始执行新的标准和规范。

① 国家标准。2004年颁布的国家标准GB/T 19492—2004《石油天然气资源/储量分类》和SY/T 6098—2010《天然气开采储量计算方法》。在新制定的油气资源/储量分类标准中,储量分为三个层次,即地质储量、技术可采储量、经济与次经济可采储量,并都冠以探明、控制和预测三个级别。该国家标准增加了可采储量,并开始分为经济的、次经济的系列,强调了探明可采储量的可行性和可操作性,取消了基本探明级别,引入了储量的概率定义,保留了地质储量的分级,并且明确了相应的技术可采储量的含义。

② 行业标准。储量计算执行的标准DZ/T 0217—2005《石油天然气储量计算规范》、SY/T 5367—2010《石油可采储量计算方法》、SY/T 6098—2010《天然气可采储量计算方法》

③ 储量技术经济评价方法。实行新分类和新储量计算规范标准后,各类探明储量的经济评价方法,参照国土资源部储量司制订的《石油天然气经济可采储量套改办法》。

④ 储量报告编制规定。执行国土资发[2005]74号《石油天然气探明储量报告编制暂行规定》。

油气数据查询

世界各国石油剩余可采储量 List of countries by proven oil reserves 石油剩余可采储量是指每年积累下来的可采储量减去已采出来的累积产量。如果没有特殊说明,英文"reserves"是指剩余可采储量。

查阅世界各国石油剩余可采储量有两条途径:

(1) BP公司数据。登录百度网或http://www.bp.com,在搜索框内输入"BP Statistical Review of World Energy",即可在"Review by energy type"的"oil"项目下的"proved reserves"查询。

(2) 美国中央情报局数据。登录百度网或http://en.wikipedia.org,在搜索框内输入"List of countries by proven oil reserves",即可查询。

世界各国石油产量 List of countries by oil production 石油产量是指进入市场的销售量。

查阅世界各国石油产量有两条途径:

(1) BP公司数据。登录百度网或http://www.bp.com,在搜索框内输入"BP Statistical Review of World Energy",即可在"Review by energy type"的"oil"项目下的"production"查询。单位有两种表达形式:1000桶/日和百万吨。

(2) 美国中央情报局数据。登录http://en.wikipedia.org或百度网,输入"List of countries by oil production"即可查询。

世界各国石油消费量 List of countries by oil consumption 石油消费量是指本土石油消费量与进口消费量之和。

查阅世界各国石油消费量有两条途径:

(1) BP公司数据。登录百度网或http://www.bp.com,在搜索框内输入"BP Statistical Review of World Energy",即可在"Review by energy type"的"oil"项目下的"consumption"查询。单位有两种表达形式:1000桶/日和百万吨。

(2) 美国中央情报局数据。登录http://en.wikipedia.org或百度网,输入"List of countries by oil consumption"即

可查询。

世界各国天然气剩余可采储量 List of countries by natural gas proven reserves

天然气剩余可采储量是指每年积累下来的可采储量减去已采出来的累积产量。如果没有特殊说明,英文"reserves"是指剩余可采储量。

查阅世界各国天然气剩余可采储量有两条途径:

(1) BP 公司数据。登录百度网或 http://www.bp.com,在搜索框内输入"BP Statistical Review of World Energy",即可在"Review by energy type"的"natural gas"项目下的"proved reserves"查询。

(2) 美国中央情报局数据。登录 http://en.wikipedia.org 或百度网,输入"List of countries by natural gas proven reserves"即可查询。

非常规天然气剩余可采储量数据已经包含在其中。

世界各国天然气产量 List of countries by natural gas production 天然气产量是指进入市场的销售量,而不是井口产量。

查阅世界各国天然气产量有两条途径:

(1) BP 公司数据。登录百度网或 http://www.bp.com,在搜索框内输入"BP Statistical Review of World Energy",即可在"Review by energy type"的"natural gas"项目下的"production"查询。

(2) 美国中央情报局数据。登录 http://en.wikipedia.org 或百度网,输入"List of countries by natural gas production"即可查询。

非常规天然气产量数据已经包含在其中。

世界各国天然气消费量 List of countries by natural gas consumption 天然气消费量是指本土天然气消费量与进口消费量之和。

查阅世界各国天然气消费量有两条途径:

(1) BP 公司数据。登录百度网或 http://www.bp.com,在搜索框内输入"BP Statistical Review of World Energy",即可在"Review by energy type"的"natural gas"项目下的"consumption"查询。

(2) 美国中央情报局数据。登录 http://en.wikipedia.org 或百度网,输入"List of countries by natural gas consumption"即可查询。

加拿大油砂剩余可采储量 Canada oil sands reserves 目前世界上都采用 BP 公司的数据。BP 公司每年都有数据报导。登录百度网或 http://www.bp.com,在搜索框内输入"BP Statistical Review of World Energy",即可在"Review by energy type"的"oil"项目下的"proved reserves"最下方查询。

委内瑞拉奥里诺科重油带 Venezuela Orinoco Belt reserves 目前世界上都采用 BP 公司的数据。BP 公司每年都有数据报导。登录百度网或 http://www.bp.com,在搜索框内输入"BP Statistical Review of World Energy",即可在"Review by energy type"的"oil"项目下的"proved reserves"最下方查询。

世界各国页岩气可采资源量 List of countries by recoverable shale gas 是指美国能源情报署对世界各国页岩气可采资源量的估计。可登录 http://en.wikipedia.org 或百度网,输入"List of countries by recoverable shale gas"或"shale gas"即可查询。

美国页岩气 shale gas in the United States

美国是页岩气开发比较成功的国家,因此,美国页岩气的剩余可采储量和生产量是关注的重点。可登录 http://www.eia.gov,在下方"Tools"的"A-Z Index",点击"S",找到"Shale Gas Reserves"即可查阅数据。

5. 非常规油气地质

非常规油气地质是研究在常规储层中的非常规烃类(油砂、重质原油、油页岩、天然气水合物)和非常规储层中的常规烃类(如致密油、页岩气、致密气和煤层气)的地质特征、评价方法和地质勘探方法。

与常规油气储集层不同,非常规储集层是无圈闭、非(常规)圈闭、非闭合圈闭或“无形”、“隐形”圈闭,没有统一的油气水边界和压力系统,含油气饱和度差异大,油-气-水通常多相共存。研究非常规油气地质是迈向非常规油气开采重要的第一步。

基本概念

石油地质 petroleum geology 研究石油和天然气在地壳中生成、运移和聚集规律的学科。通过石油地质学的研究,掌握石油和天然气的分布规律,明确寻找油气田的方向,为调查、勘探及开发油气藏提供理论依据。

非常规石油地质 unconventional petroleum geology 主要研究非常规烃类(油砂、重质原油、油页岩)和非常规储层中的常规烃类(如致密油、页岩气、致密气和煤层气)的地质特征、评价方法和地质勘探等。

非常规石油地质特征表现为缺乏明显圈闭界限与直接盖层,分布范围广,发育于非常规储集层体系之中。

非常规储集层是无圈闭、非(常规)圈闭、非闭合圈闭或“无形”、“隐形”圈闭,没有统一的油气水边界和压力系统,含油气饱和度差异大,油气水通常多相共存。

油气聚集 categories of hydrocarbon accumulations and sources 根据圈闭和成因,地壳上的油气聚集可以分为两大类:常规油气藏和非常规油气藏。除了常规油气藏以外,根据非常规油气在储层中的状况,又可分为两大类:

(1) 非常规储层中的常规烃类:

① 依靠水力压裂才能获得:致密油、页岩气、致密气;

② 煤层气。

(2) 非常规烃类:

① 常规储层中的非常规烃类:油砂、重质原油;

② 油页岩;

③ 煤气化与煤液化;

④ 天然气水合物。

油窗 oil window 指原油形成的温度和深度范围。温度太低石油无法形成,温度太高则会形成天然气。虽然石油形成的深度在世界各地不同,但是深度一般为4000~6000m,而“气窗”形成深度一般在3000~9000m。

形成油田需要三个条件:丰富的烃源岩,渗透通道和一个可以聚集石油的岩层构造。如果没有渗透通道,就成为非常规储层。由于原油和天然气形成后还会渗透到其他岩层中去,因此实际的油气田并不是形成的同一层位。

石油开发地质 petroleum development geology 从油气田发现到开采完毕的全部过程中,为查清油气田地质状况以及在开采中发生的变化所进行的地质工作。其目的是为了正确地评价油气田的开采价值、编制合理的开发设计方案以及投产后的科学管理和调整、为选用提高采收率的方法提供地质依据。

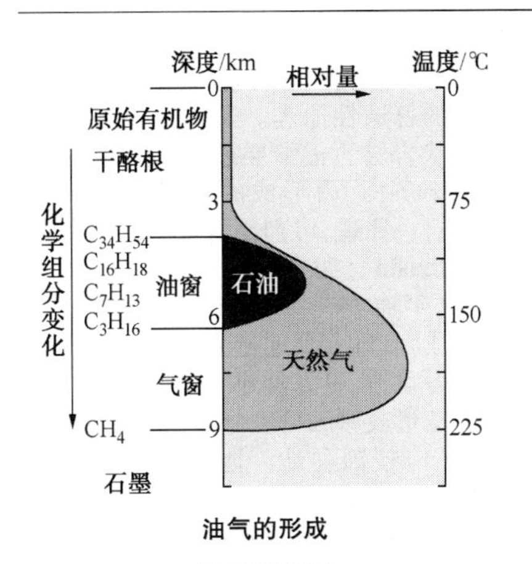

油气的形成

岩 石

岩石 rock 矿物的天然集合体。由一种或多种矿物按一定方式结合而成。岩石分沉积岩、火成岩及变质岩三大类。多数油气储存于沉积岩中,但火成岩及变质岩中也可储存油气。常见的沉积岩有砂岩、砾岩、泥岩、页岩、石灰岩及白云岩等。

岩石种类很多,而且分类很细,登录百度网或 http://zh.wikipedia.org,在搜索框内输入“岩石列表”,即可查阅。

砂岩 sandstone; arenite 是一种沉积岩,主要由砂粒胶结而成的,其中砂粒含量大于 50%。绝大部分砂岩是由石英或长石组成的,石英和长石是组成地壳最常见的成分。砂岩的颜色与成分有关,可以是任何颜色,最常见的是棕色、黄色、红色、灰色和白色。

渗透率小于 0.1md 的砂岩是致密油、致密气和页岩气的储集层。

碳酸盐岩 carbonate rock 以碳酸钙和碳酸镁为主要成分的沉积岩。岩石类型主要为石灰岩和白云岩。按结构成因可分为亮晶颗粒灰岩、泥晶颗粒灰岩、泥晶灰岩、生物礁灰岩、原生与交代白云岩五类。

碳酸盐岩是石油、天然气或地下水的储集层,世界上碳酸盐岩型油气田储量占总储量的 50%,占总产量的 60%。

黏土 clay 是颗粒非常小的(<2μm)可塑的硅酸铝盐。除了铝外,黏土还包含少量的镁、铁、钠、钾和钙等。

黏土一般由硅酸盐矿物在地球表面风化后形成。但是有些成岩作用也会产生黏土。

黏土岩 clay rock 主要由黏土矿物组成的沉积岩。

基质 matrix;groundmass 是混杂在较大岩石颗粒和晶体中的细小颗粒。

火成岩的基质具有细小的颗粒度,较大的晶体(斑)常常嵌入其中。这种纹理说明火成岩由岩浆经过多阶段的冷却形成。如斑状安山岩在细小基质中会有斜长岩的大斑。此外在南非,钻石往往在风化的黏土基质(金伯利岩)中发现,这种岩石被称为黄土。

沉积岩的基质是一种细粒黏土或泥沙,且常常有较大嵌入颗粒。

在油气田开发地质上,裂缝石灰岩油气藏的母体称为基质,而岩块的渗透率则称为基质渗透率。

矿物 mineral 具备以下条件的物质才能称为矿物:

(1) 矿物是各种地质作用形成的天然化合物或单质;

(2) 矿物具有一定的化学成分;

(3) 矿物还具有一定的晶体结构,它们的原子呈规律的排列;

(4) 矿物具有较为稳定的物理性质;

(5) 矿物是组成矿石和岩石的基本单位。

化石燃料不是矿物能源,因为它不是地球演变时生成的,而是通过太阳的光合作用繁殖生物质,再经过亿万年的地下埋藏而产生的化石燃料。但铀、钍可称为矿物能源。

地　层

化石 fossil　保存在岩层中的地质历史时期(距今48亿年~1万年间)的生物遗体或生物活动所留下的遗迹,统称为化石。

化石顺序律 law of faunal succession　根据岩层不同层位中所含化石及其出现的顺序来确定地层相对地质年代的原理。

化石燃料 fossil fuel　亦称"燃料矿产"。可供作燃料利用的地下矿产资源。化石燃料主要是在地质历史时期中,地球上极为发育的生物群(动物和植物)死亡后,经由厌氧消化或热裂解在适宜的环境中堆积起来,经过数百万年,甚至6.5亿年,并经由特定的物理、化学作用和成矿作用而形成的。

按照存在形式可分为三类:原煤、原油和天然气。

沉积 deposit　水流中所夹带的岩石、砂砾、泥土等在河床 和海湾等低洼地带沉淀、淤积;也指这样沉下来的物质形成的冲积层或自然的堆积物。

沉积学 sedimentology　研究沉积岩及沉积作用的地质科学。内容包括沉积岩的岩石性质、组成物、沉积作用、沉积构造、沉积环境和沉积岩相等。

沉积相 sedimentary facies　指在一定的沉积环境中形成的沉积特征的总和。在沉积环境中起决定作用的是自然地理条件的不同。一般把沉积相分为陆相、海相和海陆过渡相。

陆源沉积物 terrigenous sediments　指陆地环境的砂、淤泥、动植物残体等,经由河流携带到海中形成的沉积物。这些沉积物多数聚集在大陆架中。

地层层序 strata sequence　在一般状况下,层状岩石总是先形成的在下,后形成的在上,而上覆岩层总比下伏岩层新。岩层形成的这种上下或先后顺序,称为"地层层序"。

地层层序律 strata sequence　是传统地层学的普遍性原理。又称为叠覆原理。在层状岩层的正常层序中,先形成的岩层位于下面,后形成的岩层位于上面。依据这一原理,可判定岩层形成的先后。

盆地 basin　四周高(山地或高原)、中部低(平原或丘陵)的地区。按照油气有机成因理论,盆地是油气的富积地区,如北海盆地、里海盆地等。

按形成原因可区分为以下几种:

(1)侵蚀盆地。地质不同,产生差异侵蚀所造成。

(2)褶曲盆地。褶曲作用所造成。

(3)断层盆地。断层作用所造成。

(4)沉积盆地。来自海洋及大陆板块挤压的交界。

沉积盆地 sedimentary basin　指在漫长的地质历史时期,地壳表面曾经不断沉降,接受沉积的洼陷区域。沉积物的堆积速率明显大于其周围区域,并具有较厚沉积物的构造单元。在石油地质研究中,对沉积盆地的研究特别重要。

热成熟度 thermal maturity　是有机质在深埋过程中在温度的作用下衡量生烃的尺度。富含总有机碳的岩石(称为烃源岩)随着沉积温度的增加,有机分子缓慢熟化为碳氢化合物(成岩作用)。因此,烃源岩大致可以分类未成熟(没有烃类生成)、次成熟(有限生烃)和过成熟(大量生烃)。烃源岩的成熟度也可用作其烃潜力的指标。采用地球化学和盆地模拟技术相结合可以确定热成熟度。应用这些指标可助判断有机质成熟开始大量生成石油、凝析气及裂解甲烷的深度及温度。

含油气盆地 petroliferous basin　地质上发生过油气生成和聚集作用,并富集为工业油气藏的沉积盆地。含油气盆地必须具备的条件:

(1) 必须是一个沉积盆地;

（2）在漫长的地质历史时期中，曾经不断沉降接受沉积，具备油气生成和聚集的有利条件；

（3）有工业开采价值的油气田。

凡是地壳上具有统一的地质发展历史，发育着良好的生储盖组合及圈闭，并已发现油气田的沉积盆地，统称为含油气盆地，因此可将含油气盆地看作是油气生成、运移和聚集的基本地质单位。

在油气勘探中，常常把油气盆地作为一个统一整体看待，从整个含油气盆地的沉积发育史、构造发育史和水文地质条件出发，研究油气生成、运移和聚集的条件，划分出油气聚集的有利地区。

泥火山 mud volcano 地下聚集的高压气体沿断层或裂缝，随着水、黏土、砂粒和岩石块一起，在压力作用下喷出地表。

在喷出时，常有烃类的燃烧，并出现火光，然后形成锥形堆积体。由于形成泥火山的高压气体常是可燃性天然气，有时还伴有石油，故可作为直接油气显示；也可以是非可燃性气体，如二氧化碳等。此外，地下膏盐层和泥岩层的塑性流动，也可在地表形成锥形堆积体，所以并不是所有泥火山都与地下油气有关。

湖盆 lake basin 地表上汇集水体的相对封闭的洼地。

湖泊 lakes 是陆地上洼地积水形成的、水域比较宽广、换流缓慢的水体。是不与海洋发生直接联系的水体。

生物地质学 biology geology 主要研究生物在地壳形成和演变过程中的作用的学科。根据研究内容可分为生物矿物学、生物岩石学、生物地球化学和生物地层学以及古生物学和古生态学等。

生物岩 biological rock 是一种沉积岩，基本上是由大量生物体遗骸沉积经成岩作用形成的，也经过一些化学变化，因此严格地说应为“生物化学沉积岩”。

由于生物体含有大量的钙、磷和有机物质，因此形成的岩石也含有这些物质。主要有介壳石灰岩、磷块岩、礁石灰岩、硅藻土以及可燃的有机岩石，如可以提炼石油的油母页岩等。

生物礁 organic reef 是在各个不同的地史时期由各种生物遗体所形成的礁体的通称。由某些具碳酸盐类格架的坚硬骨骼的生物残体（主要是珊瑚、海绵、层孔虫和藻类，其次是苔藓动物、海百合类等及其他有壳底栖生物）建造的相当大的礁体。其坚固程度足以抵御风浪侵袭所产生的破坏作用。在生物礁中蕴藏着十分丰富的礁型石油和天然气资源，储量大、产量高。

储　层

常规储层 conventional reservoir 指渗透率高的储层。生成的油气可以运移到储层形成开采成本低的储层。

常规储层有常规油气藏和油页岩，还包括在运移过程中失掉轻质组分后的产物的非常规烃类，如加拿大油砂、委内瑞拉重质原油。

非常规储层 unconventional reservoir 指渗透率为小于 0.1mD 的储层。非常规储层有煤层气，还有常规烃类，如致密油、页岩气和致密气。

储层描述 reservoir description 是将地震、测井、地质等多方面的资料综合起来，运用计算机进行处理，并进行定性、定量描述三维空间的油气藏。其内容包括：构造、储层、储集空间、流体性质及分布、渗流物理特征、压力和温度、驱动能量和驱动类型，以及油气藏类型等。这项技术有助于正确认识非常规油气藏。

砂岩储层 sand reservoir 由许多个沉积成因不同的砂岩体组成的储层。这些互相隔开的、相对独立的油、气、水运动单元的砂岩体，称为“油砂体”。

不同性质的油砂体在垂直方向上的叠加，构成了油层的层间非均质性。油砂体的形态、面积、延伸方向、各向连续性、厚度、孔隙度以及渗透率在平面上的变化等，构成油砂体的平面非均质性。一个数米厚的砂岩储层，内部颗粒粗细、渗透率大小、层理构造仍有很大的差异。这些差异受沉积成因的影响，有一定的规律性，或上粗下细，或下粗上细，可以有几个粗细相同的韵律，有时夹有不连续的薄泥质隔层或纹层，构成了油砂体的层内非均质性。砂岩储层的非均质性，直接影响着开发时油、气、水的运动，是决定各项开发措施的重要依据。

碳酸盐储层 carbonate reservoir　主要由碳酸盐岩体构成的储层。碳酸盐储层中孔、缝、洞的成因和分布比砂岩储层中的孔隙复杂得多。其基本孔隙是粒间孔、粒内孔、晶间孔、印模孔、生长格架孔等受原始岩石组构控制的原生和次生孔隙。溶洞的发育取决于古岩溶条件。裂缝以构造缝为主，其分布和发育程度取决于构造应力的分布和岩石性质。由裂缝沟通孔、洞所构成的一个统一的连通单元，称为“一个裂缝系统”。一个油田可以有若干个完全独立的裂缝系统，也可以是由一系列裂缝沟通而成的一个完全连通的开发单元。

背斜圈闭 anticlinal trap　是指褶皱结构中岩层向上拱曲部分。是一种常见的地层形态，其形状似一只锅盖。背斜圈闭是上覆不渗透盖层所形成的拱形面，它是阻止油气运移的遮挡物。见“背斜构造”图。

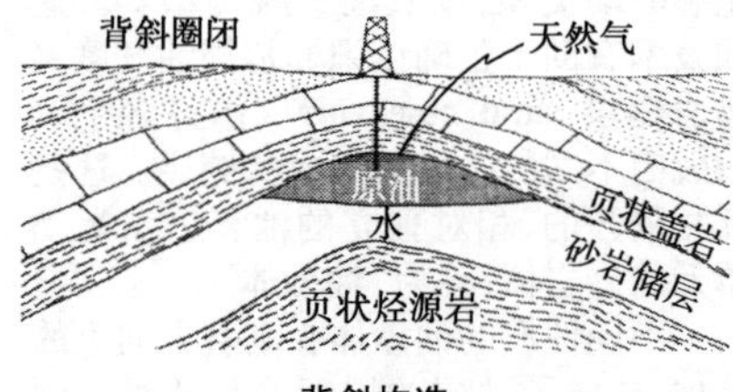

背斜构造

1861年加拿大地质学家亨特(T. S. Hunt)提出了背斜理论，亨特指出：由于原油比水轻，聚集在背斜的顶部，而天然气聚集在原油的上部，据此可以期望沿着背斜或褶皱线钻井发现石油。

原油和天然气的运移来自页状的烃源岩，运移出烃源岩的部分为常规油气，而尚未运移出烃源岩的部分即运移滞留在烃源岩的部分为非常规油气。

后来，背斜圈闭理论不断完善，发展成为具有储集层和不渗透隔层，并与烃源岩相关的背斜构造成藏理论。作为早期的石油地质学理论，背斜理论在世界上一大批油气田的发现中，卓有成效地指导了石油勘探实践。

油层 petroleum reservoir　具有相互连通的孔隙、裂缝或溶洞，并有不渗透的底层、盖层和边水，能储集油气的地下岩层。构成岩层的岩石主要为砂岩、砾岩和碳酸盐岩。

深层气 deep gas　在国外主要是指埋深在4000m以下的天然气资源；在中国通常是指现今主要勘探层位（埋深多为3500m）以下的天然气资源。

深产层 deep pay-zone　一般指埋深超过4000m的油气生产层。

含水层 aquifer　含在地下可渗透岩石或松散物（如砂砾、沙岩、淤泥或黏土等）中的水层。通常可挖掘水井。

盖层 cap rocks　指常规油气储层上面的不渗透层。它可以防止油气逸散，能够起着封隔油气储集层的作用，是形成油气藏的必要条件。

隔层 barrier　指多油气层的油气田处在上下油气层之间、在油气藏范围内具有一定厚度、分布面广、比较稳定的泥岩或其他不渗透岩层。

断层 fault　指岩石的破裂面。在破裂面两侧的岩体有相对的运动。断层大小不等，大的断层可以纵贯整个岩石圈，水平则可绵延几千公里。由于地壳会在断层处作垂直或水平相互滑动，因此在断层处经常会发生地震。

节理 joint 地壳上部岩石中最广泛发育的一种断裂构造，即岩石中的裂隙，其两侧岩石没有明显的位移。

褶皱 fold 岩石中面状构造（层理、劈理、断层面等）的弯曲。又称褶曲。是常见的地质构造。

地层压力 formation pressure 指地层孔隙介质中流体所承受的压力。对油气层而言，又分别称为"油层压力"或"气层压力"。

地层压力可分三种：原始地层压力，目前地层压力和油气层静压力。地层压力随深度而变化。

地层压力系数 formation pressure factor 是从地面算起，地层深度每增加 10m 时压力的增量。

原始地层压力 original formation pressure 在气藏钻开第一口井时，第一次放喷后测得的地层压力。气井投产前，地层中压力的分布是均衡的。

原始含水饱和度 initial water saturation 气藏投入开发前的原始状态下，储集层中的含水体积与岩石孔隙体积之比。

孔隙率

多孔介质 porous medium 指由许多骨架形成大量微小缝隙的物质。流体在多孔介质就呈现渗流的方式运动。一般多孔介质的空隙都是相通的，也可能是部分连通、部分不连通的。

按其成因和组成来分类：多孔介质可分为天然多孔介质和人造多孔介质。天然多孔介质又分为地下多孔介质和生物多孔介质。地下多孔介质是由岩石和土壤组成的多孔介质，如砂岩、石灰岩和煤炭等等。另外生物多孔介质是指由植物和动物构成的多孔介质，如植物的根、茎和动物的肺、肝等。

地下埋藏的非常规油气，如页岩气、致密油和致密气都束缚在不连通的孔隙中，因此，采用水力压裂贯通多孔介质，对开采非常规油气是重要的措施。

裂缝 fracture 在水力压裂的作用下，地层分裂成多种缝隙。裂缝对贯通多孔介质，疏导油气流出至关重要。

孔隙 pore 是岩土固体矿物颗粒间的空间。按孔隙的大小可分为：

（1）大孔隙。岩土中直径大于 1mm、重力水可在其中自由运动的孔隙。

（2）小孔隙。岩土中直径为 0.01～1mm、重力水和毛管水可存其中的孔隙。

（3）微孔隙。岩土中直径为 10μm～0.01mm、无重力水但毛管现象明显的孔隙。

（4）毛管孔隙。岩土中直径为 0.1μm～1mm、具毛管特性的孔隙。

（5）超毛管孔隙。黏性土中直径小于 0.1μm、充满结合水的孔隙。

岩石孔隙 rock pore 岩石以固相的颗粒为骨架，在骨架外分布着胶结物使这些颗粒能够胶结在一起，在颗粒及胶结物之间存在大量空间，即称为"孔隙"，其中大部分是相互连通的，称为"有效孔隙"或"连通孔隙"。而其余的一部分可能是孤立的，就被称为"无效孔隙"或"死孔隙"。

孔隙具有极不规则、十分复杂的结构，并与岩石颗粒的大小和形状、胶结物含量和胶结类型有直接关系。

孔隙度 porosity 岩石中所有孔隙空间体积之和与该岩样体积的比值，称为该岩石的总孔隙度，以百分数表示。储集层的总孔隙度越大，说明岩石中孔隙空间越大。

从实用出发，只有那些互相连通的孔隙才有实际意义，因为它们不仅能储存油气，而且可以允许油气在其中渗滤。因此在生产实践中，提出了有效孔隙度的概念。

有效孔隙度是指那些互相连通的，在一般压力条件下，可以允许流体在其中流动的孔隙体积之和与岩样总体积的比值，以百分数表示。显然，同一岩石的有效孔隙度小于其总孔隙度。

岩石孔隙度 rock porosity　指岩石储存油气的能力。油气流体存储在岩石颗粒之间的孔隙（包括洞、缝等）之中。岩石孔隙度是衡量岩石中孔隙体积大小的参数，它说明了储集层存储流体能力的强弱，所以岩石的孔隙度也是衡量岩石孔隙空间储集油气能力的一个重要参数。岩石的孔隙度分为绝对孔隙度和有效孔隙度。

绝对孔隙度 absolute porosity　也称"岩石的总孔隙度"，指岩石内所有孔隙空间的总体积与岩石视体积（外表体积）之比。

$$\phi_t = \frac{\sum V_P}{V} \times 100\%$$

式中　ϕ_t——岩石绝对孔隙度或总孔隙度；

$\sum V_P$——岩石中各种孔隙体积的总和；

V——岩石总体积。

有效孔隙度 effective porosity　岩石的有效孔隙度是指岩石内相互连通的孔隙空间体积与岩石视体积（外表体积）之比，但不包括岩石中一些孤立的孔隙空间。

$$\phi_e = \frac{V_{con}}{V} \times 100\%$$

式中　ϕ_e——岩石有效孔隙度；

V_{con}——岩石中相互连通的孔隙空间体积；

V——岩石总体积。

由于相互连通的孔隙空间体积仅是总孔隙空间体积的一部分，因此岩石的有效孔隙度比绝对孔隙度小。

渗透率

达西 Darcy　指1cP（厘泊）黏度的单相流体在黏流条件下，每厘米压差为1大气压时，以1cm/s的速度流过横截面为$1cm^2$的介质的空隙介质渗透率即为1D（达西）。

达西定律 Darcy's law　1856年法国科学家亨利·达西（Henry Philibert Gaspard Darcy，1803~1858年）公布了利用水通过自制的铁管砂子滤器，进行稳定流实验研究的结果。后人把他的成果进行归纳和推广，称为达西定律，并将渗透率的单位命名为达西。渗透率是测量流体通过岩石（或其他多孔介质）的能力。

达西定律可以写为：

$$v = \frac{\kappa \Delta P}{\mu \Delta x}$$

式中　v——流体通过介质的流速；

κ——介质的渗透率；

μ——流体的动态黏度；

ΔP——实际压差；

Δx——介质厚度。

渗透率（地球科学）permeability（earth sciences）　是流体通过多孔岩石的能力。

渗透程度定义为：

渗透程度 = k/μ

式中　k——地层渗透率，用mD表示；

μ——储层流体黏度，用cp表示。

对于气井来说，天然气平均黏度约为0.02 cp，那么

低渗透率　k<0.1mD

中渗透率　10mD>k>1mD

高渗透率　25mD>k

流体含油量对渗透率的影响很大。如果含油地层的流体黏度为2 cp，那么所有渗透率值乘以100来确定渗透程度。

在流体力学和地球科学中，渗透率

是指流体通过多孔介质的能力，通常用符号 κ 或 k 表示。

渗透率的国际单位制是 m^2，但实际应用单位为达西（Darcy，缩写 D），达西不是国际单位制的单位，但广泛用于石油地质和工程。在实际应用中，常用单位是毫达西（mD）。

达西单位是亨利·达西（Henry Darcy，1803～1858 年）命名的渗透率单位。其单位换算：

$1D \approx 9.87 \times 10^{-13} m^2 = 0.987 \mu m^2 \approx 1 \mu m^2$；$1mD \approx 10^{-3} \mu m^2$

因此，1D（Darce，达西）$\approx 10^{-12} m^2$

1mD（millidarcy，毫达西）$\approx 10^{-15} m^2$

1μD（microdarcy，微达西）$\approx 10^{-18} m^2$

1nD（nanodarcy，纳达西）$\approx 10^{-21} m^2$

绝对渗透率 absolute permeability 指当只有任何一相（气体或单一液体）在岩石孔隙中流动而与岩石没有物理作用和化学作用时所求得的渗透率。通常则以气体渗透率为代表，又简称渗透率。

有效渗透率 effective permeability 当有两种或两种以上的多相流体通过岩石时，容许其中任意一种流体通过的能力称为“该相流体的有效渗透率”或称相渗透率。

相对渗透率 relative permeability 指岩石的有效渗透率与绝对渗透率之比。与单一流体情况相比，多相流体通过岩石时，各相的有效渗透率之和不会超过岩石的绝对渗透率，即相对渗透率之和一定小于 1。

天然气资源渗透率 permeability of gas resources 天然气可分为常规天然气和非常规天然气。当生成的甲烷经由渗透率为 1～100mD 的岩石运移到圈闭则形成常规天然气，而没有运移并滞留在源岩中的那部分甲烷，就成为非常规天然气资源，如致密气、煤层气、页岩气和天然气水合物。

其渗透率按下列顺序递减：

常规天然气→致密气→煤层气→页岩气→天然气水合物

天然气资源渗透率可按天然气三角表示。

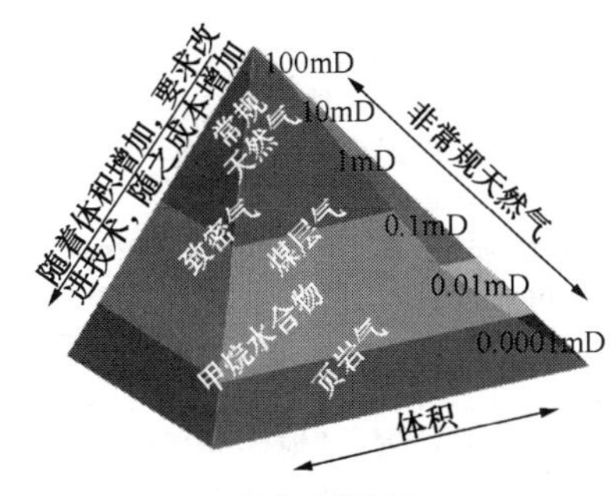

天然气资源三角

组织机构

美国地质勘测局 United States Geological Survey（USGS） 美国最大的地球科学研究与信息单位，1879 年 3 月创建，隶属美国内政部，总部设在美国弗吉尼亚州莱斯顿。【http://www.usgs.gov】

法国地质矿物调查局 Bureau de recherches géologiques et minières（BRGM） 1959 年成立，属官方的地质机构。该局担负全国基础地质、矿产普查勘探（包括固体矿产、地下水、工程地质、建筑材料等）以及实用性较强的地质科学研究工作，并管理矿山的开发。属于工贸型科技研究单位。【http://www.brgm.fr】

日本地质调查综合中心 Geological Survey Japan（GSJ） 官方研究机构，隶属于日本产业技术综合研究所，1882 年成立。主要工作是矿物资源调查、国土利用与规划、自然灾害预防。【https://www.gsj.jp/en】

中国地质调查局 China Geological Survey 是地质调查、科学研究和信息服务单位，设在北京。【http://www.cgs.gov.cn】

媒　体

沉积学研究杂志 Journal of Sedimentary Research　美国沉积地质学协会(SEPM)的会刊,1931 年创刊。刊载沉积岩和地层学领域的基础研究,以及古生物学、沉积学和相关学科在油气地质学中的应用等方面的论文、札记和动态报道。【http://jsedres. geoscienceworld. org】

石油地质杂志 Journal of Petroleum Geology　英国出版的石油地质季刊杂志。刊载除北美洲以外的世界油气田的勘探和开发方面的内容,包括地球化学和地球物理研究、盆地模拟和储量评价等。【http://www. jpg. co. uk】

加拿大石油地质通报 Bulletin of Canadian Petroleum Geology　由加拿大石油地质学会主办的刊物,是专业的学科杂志(季刊)。由世界各国的地质学家撰稿。【http://bcpg. geoscienceworld. org】

法国地质学会通报 Bulletin de la Société Géologique de France　是法国地质学会的刊物。刊载论文内容涉及古生物学、海洋地质学、地球物理学、地球化学和矿床学等方面的研究。【http://bsgf. geoscienceworld. org】

美国石油地质学家协会通报 AAPG Bulletin　美国石油地质师学会(AAPG)主办的杂志。论述世界各国地质构造和石油沉积。【http://aapgbull. geoscienceworld. org】

美国矿物学家 American Mineralogist　美国矿物学会(MSA)的会刊,1916 年出版。刊载矿物学、结晶学和岩石学方面的研究论文。【http://ammin. geoscienceworld. org】

6. 非常规油气开发

非常规油气开发是进入能源市场的关键之一，非常规油气储层开发有两种情况：

开发常规储层中的非常规烃类，如油砂、重质原油和油页岩，这些烃类的开采工艺种类繁多，而且开采后必须经过特殊的加工制成油品。

开发非常规储层中的常规烃类，如致密气、致密油、页岩气。这类常规烃类分布在孔隙度很小且渗透率极低的储层里，必须通过水平钻井、酸化、水力压裂等增产措施，以改善储层状况才能获得产量。

非常规油气的开发技术比常规油气复杂，而且成本高，因此，非常规油气开发必须追求成本最小化而利润最大化。由于先进的钻井技术和水力压裂等非常规油气开采技术的进步，使得开发成本逐年降低，环境污染也得以改善，非常规油气得以进入能源市场。

勘探与开采

常规烃类 conventional hydrocarbon 指从地下采出的烃类按常规加工方法获得的石油天然气。

常规烃类有三种类型：

(1) 从常规储层中开采的石油天然气，如中东地区、北海油气区等；

(2) 从非常规储层中开采的常规烃类，如致密油、页岩气和致密气，它们必须经过水力压裂才能获得；

(3) 煤层气。

非常规烃类 unconventional hydrocarbon 指采出的烃类必须经过特殊的加工方式如碳化、氢化等才能获得石油。

非常规烃类有三种类型：

(1) 从常规储层中开采的非常规烃类，如加拿大油砂、委内瑞拉重质原油；

(2) 油页岩；

(3) 煤气化与煤液化。

勘探作业 exploration operation 指用地质、地球物理、地球化学和包括钻勘探井等各种方法寻找储藏石油的圈闭所做的全部工作，以及在已发现石油的圈闭上，为确定其有无商业价值所做的钻评价井、可行性研究和编制油气田的总体开发方案等全部工作。

采出程度 recovery percent of reserves 油气藏在开采过程中，某一时刻的累积采出量占可采储量的百分比率。表示为：

采出程度=(累积采出量/可采储量)×100%

采出程度是石油天然气可采储量采出状况的重要开采指标。

采收率 recovery 指可以开采的油气储量占地质储量的百分比。一般来说，在没有实施特殊工艺前的油田其采收率大多为20%，采用注水注气等手段后可达40%~60%，而天然气的采收率比较高，可达40%~60%。非常规油气的采收率又比常规油气要低得多，页岩气采收率一般为6%，而致密油一般为3%。

钻井与测井

钻井 drilling 是为了抽取地下水、天然气、石油等天然资源而在地面上钻洞的过程。为了勘探地下自然资源的钻探，也可称为地上凿洞钻探或钻探。

登录 http://en.wikipedia.org，在搜索框内输入“Category:Deepest boreholes”，即

可查阅世界上最深的井筒。

钻井方法 drilling methods 破碎岩石进行钻孔所采用的工作原理和技术途径。

根据岩石破碎方式和所用工具的类型,主要有两种方法:(1) 顿钻钻井;(2) 旋转钻井。一般以旋转钻井为主。非常规天然气生产均采用旋转钻井。

钻井工艺 drilling technology 指原油和天然气的勘探和开发中钻成井眼所采取的技术方法。包括井身设计、钻头和泥浆的选用、钻具组合、钻井参数(钻压、转速和排量)配合、井斜控制、泥浆处理、取岩心以及事故预防和处理等。

钻井工艺的特点是:井眼深、压力大、温度高、影响因素多等。根据油气勘探开发的地质地理条件和工程需要,井眼方向必须控制在允许范围内。

钻井可以分为:(1)垂直钻井;(2)定向钻井(包括定向井、水平井、丛式井和多分支井)。

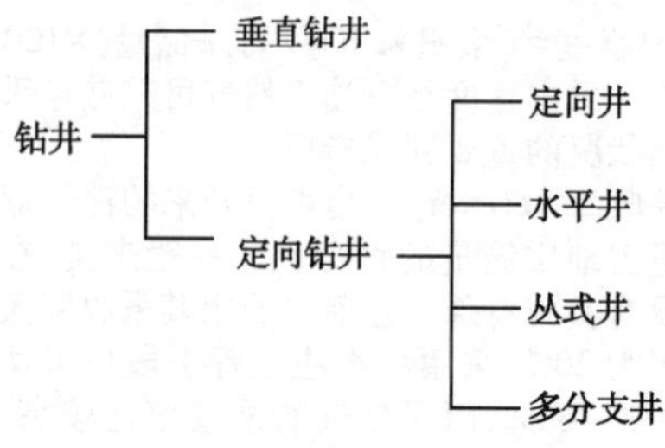

钻井分类

定向钻井是在非常规油气开发中必不可少的钻井方式,其中多分支井对非常规油气增加产量和降低成本尤为重要。

登录百度网或 http://en. wikipedia. org,在搜索框内输入"Category: Drilling technology",即可查询各种钻井工艺。

钻井设备 drilling equipment 指钻井用的成套地面设备,即钻机或配有钻井、控制等设备,其中包括专用的钻井工具和钻井仪表等。

钻井设备按功能分为旋转、提升、循环、动力与传动、控制等系统。

造斜钻头 deflection bit 指根据井身造斜结构的需要,要求井眼偏离方向的钻头,如偏心钻头和大喷嘴定向钻头。井身造斜是非常规天然气开发中最重要的技术。

降斜钻具组合 angle dropping assembly 在定向钻井中用以使井眼斜度减小的钻具组合。采用钟摆钻具组合,利用钻具自身重力产生的钟摆力实现降斜目的。

根据设计剖面要求的降斜率和井斜角的大小,设计钻头与稳定器之间的距离,便可改变下部钻具钟摆力的大小。

增斜钻具组合 angle building assembly 采用双稳定器钻具组合。增斜钻具是利用杠杆原理设计的。它有一个近钻头足尺寸稳定器作为支点,第二个稳定器与近钻头稳定器之间的距离应根据两稳定器之间钻铤的刚性(尺寸)大小和要求的增斜率大小来确定,一般 20~30m。两稳定器之间的钻键在钻压作用下,产生向下的弯曲变形,使钻头产生斜向力,井斜角随着井眼的加深而增大。

垂直钻井 vertical well 指井眼沿垂直方向钻进并在规定的井斜角和方位角的范围钻达目的层位。垂直钻井常用于常规储层的常规油气钻井。在开采致密气层时,常用垂直钻井,然后再进行水力压裂。

定向钻井 directional drilling; slant drilling 又称"斜孔钻井"。是使井身沿着预先设计的井斜和方位钻达目的层位的钻井方法。一般都利用井底动力钻具带定向工具进行定向钻进,也可以利用在造斜顶埋导斜器,用转盘控制定向钻进。

根据工艺和目的的需要,定向钻井又分为:定向井、水平井、丛式井和多分支井等方式。

定向钻井技术经历了三个里程碑：

（1）利用造斜器定向钻井；

（2）利用井下马达配合弯接头定向钻井；

（3）利用导向马达（弯壳体井下马达）定向钻井。

定向钻井技术的广泛使用，降低了开发常规油气田的成本，也加速了开发非常规油气的进展。

定向井 directional well 按照预先设计的井斜方位和井眼的轴线形状进行钻进的井。一般由直井段、造斜段、稳斜段和降斜段组成。造斜和扭方位井段常用井下动力钻具（涡轮钻具或螺杆钻具）加弯接头组成的造斜钻具。当井眼斜度最后达到或接近水平时，称为水平井。

定向钻进时，必须经常监测井眼的斜度和方位，随时绘出井眼轨迹图，以便及时调整。常用的测斜仪有单点、多点磁力照相测斜仪和陀螺测斜仪。

近年来，还使用随钻测斜仪，不需起钻就可随时了解井眼的斜度和方位，按信号传输方式分为有线和无线两种，前者用电缆传输信号，后者用泥浆脉冲、电磁、声波等。

大位移井 extended reached well 油气井井底的水平位移与其垂直深度之比值达到或超过 2 的钻井工程。此类油气井通常在水平方向贯穿着若干个，具有相近地层压力的油气藏，藉以节约地面设施的占地费用和垂直井筒的施工费用。

多分支井 multi-lateral well 指在一口主井眼中钻出两口以上进入油气藏的分支井眼。主井眼可以是直井、定向井，也可以是水平井。

分支井类型繁多，如叠加式、反向式、Y 型、鱼刺型、辐射状等。可以根据油藏的具体情况进行优选合适的分支井类型。

与水平井技术相比，分支井具有更大的优越性：发挥水平井高效、高产的优势，增加泄油气面积，挖掘剩余油气潜力，提高采收率，改善油田开发效果。采用多分支井，可共用一个直井段同时开采两个或两个以上的油层或不同方向的同一个油层，在更好地动用储量的同时节约了油田开发资金。

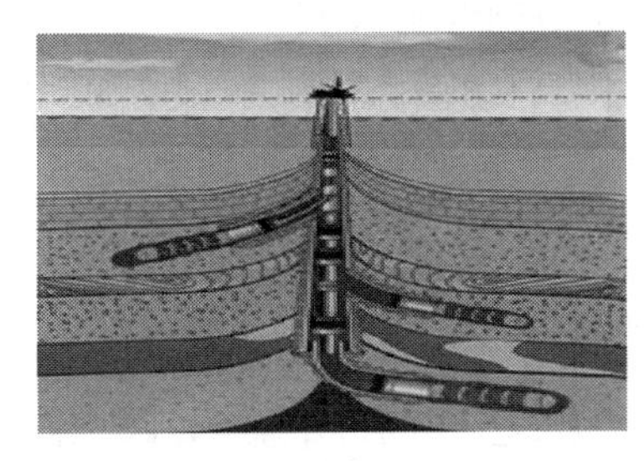

多分支井

多分支井对页岩气和致密油开采尤其重要，因为这类非常规油气资源束缚在低渗透层，采用直井开采效果差，而采用多底井或分支井就可以较好地解决这一问题。

丛式井 cluster wells 亦称“密集井”、“成组井”。丛式井是指在一个井场或平台上，钻出若干口甚至数十口井，各井的井口相距不到数米，各井井底则伸向不同方位。

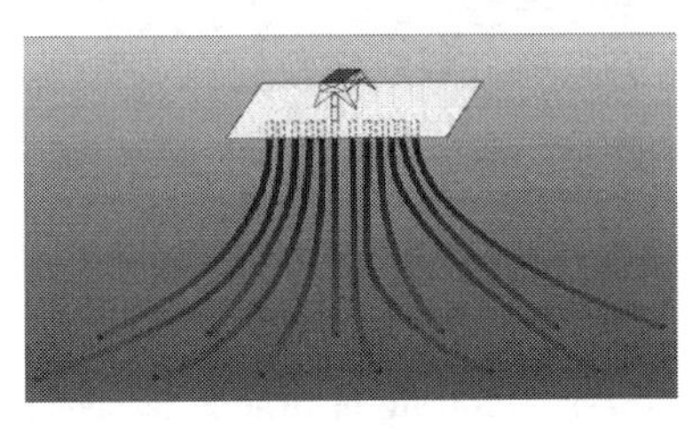

丛式井

丛式井有以下优点：可满足钻井工程上某些特殊需要，如制服井喷的抢险井；可加快油田勘探开发速度，节约钻井成本；便于完井后油气井的集中管理，减少集输流程,节省人、财、物的投资。

丛式井通常用于非常规油气中的致密气藏和致密油藏的开采。

水平定向钻进 horizontal directional drilling(HDD) 按预定的井眼轨道,在目的层段进行水平钻进,以获得较高的油气产能的钻井方法。它可有效地增加油气层的泄露面积,提高油气采收率,是增加产油量的有效手段之一。这样的油井穿过油层井段上百米以至二千余米,有利于多采油气。油气层中流体流入井中的流动阻力减小,生产能力比普通直井、斜井的生产能力提高好几倍,是近年发展起来的最新钻井工艺之一。

随着钻井设备和井眼参数测试仪器的发展,定向钻井井眼轨道控制技术日益提高,特别是提高了页岩气层、薄层油气藏、非均质油气藏、低压低渗透油气藏、重质油藏勘探开发的效益,促进了水平钻井技术的发展。水平钻井技术的重要进步,表现在分支水平井、先进的水平井钻头、先进的井下泥浆马达、旋转导向钻井系统、遥控式可调直径的井下稳定器、新型短半径钻井系统、以及小井眼水平井等。

水平定向钻进

智能井技术 intelligent drilling technology 原油天然气生产中的一种创新技术,即使用遥感器、井下设备和模拟模型确定最合理的钻井和生产策略。

这种技术极大地降低了开发成本,提高了油气田的生产率并避免污染物(如水)的流入,还可以降低处理成本。

智能井技术在非常规油气钻井中尤为重要,特别是降低成本并防止污染物流入。

平衡压力钻井 balanced pressure drilling 指在钻井过程中,始终保持井眼压力和地层孔隙压力近乎平衡的一种钻井方法。此法能够显著地提高钻速,保护油气层,减少或避免钻井液污染和漏失。平衡压力钻井主要适用于常规储层的油气钻井。

欠平衡钻井 underbalanced drilling (UBD) 指在钻井过程中钻井液液柱压力低于地层孔隙压力,允许地层流体流入井眼并循环出地面,而在地面得到有效控制的一种钻井方式。欠平衡钻井主要适用于非常规的致密层钻井,如致密气、页岩气、致密油等钻井。

欠平衡钻井具有能提高硬地层的机械钻速,减少循环漏失和压差卡钻等优点,从而获得发展。推动欠平衡钻井技术的发展,其主要原因是减少和防止水平井钻井中钻井液对地层的损害。

早期欠平衡钻井采用的循环介质为空气,后来发展用氮气、天然气、雾、泡沫或空气等的轻质低密度钻井液的欠平衡钻井技术,主要用于钻低压地层。

随着技术进步及井控设备的发展(承受高压的旋转防喷器引入油田后),又发展了用液体钻井液(清水、盐水、油基、水基钻井液)对高压地层进行欠平衡钻井的技术,如边喷边钻、钻井液帽钻井、不压井钻井等技术。

钻井液漏失 drilling fluid loss 在钻井过程中,钻井液液柱压力大于地层能够承受的压力或者钻遇疏松地层以及裂缝溶洞时,钻井液可能部分或全部漏失,通常影响安全钻进。

旋转导向钻井系统 rotary steerable system(RSS) 是在钻柱旋转钻进时,随钻实时完成导向功能的一种导向式钻井系统。是20世纪90年代以来定向钻井技术的重大变革。

旋转导向钻井系统钻进时具有摩阻和扭阻小、钻速高、成本低、建井周期短、井眼轨迹平滑、易调控并可延长水平段长度等特点，被认为是现代导向钻井技术的发展方向。

旋转导向系统按其导向方式可分为推靠钻头式(push the bit)和指向钻头式(point the bit)两种系统。

旋转导向钻井系统钻进在开采页岩气、致密气和致密油时特别重要。

井距 well spacing 指井与井之间的距离。井间距离与井网布局的变化，应视油气层构造而定。井距通常用面积单位km^2表示。

欧美国家有些用平方英里"sq mile"表示：

$$1sq\ mile = 2.589988km^2$$

常规气田井距大，而在非常规天然气开采如页岩气的井距在10~20km^2之间。

测井 well logging 是将各种地球物理方法应用到井下地质柱状剖面中去，研究地层性质，对地层做详细记录。包括把样品带到地面上直接观察，也包括把放到井眼里的仪器进行的物理测量。

测井可在井的任何时候进行，包括钻井，完井，生产和弃井。测井是为了钻探油气、地下水、勘探矿物和地热，也包括环境和土工技术研究。

随钻测井 logging while drilling(LWD) 指在钻井的过程中测量地层岩石物理参数，并用数据遥测系统将测量结果实时送到地面进行处理。

随钻测井在非常规致密地层的钻进中对随时获得地质资料很重要。由于目前数据传输技术的限制，大量的数据存储在井下仪器的存储器中，起钻后再回放。

随钻测量 measurement while drilling (MWD) 指对钻井工程的参数测量，如井斜、方位和工具面等的测量。有时随钻测量泛指钻井时所有的井下测量。

随钻测量在水平钻进中对控制井斜和方位很重要。

随钻测斜仪 while drilling inclinometer 是利用钻井液脉冲技术向地面传输信息来测量井斜的仪器。井下仪器主要由井斜测量机构、控制机构、液压平衡和阻尼装置以及脉冲发生装置等组成。其工作原理为：通过精密的测量机构测得的井斜信息通过控制机构传递给脉冲信号发生装置后，通过钻井液传递给装在立管上的传感器，由电子记录仪记录的脉冲信号读出井斜角。常用机械式无线随钻测斜仪，具有结构简单、操作方便、测量时间短、可随钻测量等特点。

酸　化

酸化 acidizing 利用酸液的作用提高油气井生产能力的一种措施。酸化的目的是使酸液沿着油气井径向渗入地层，从而在酸液的作用下扩大地层的孔隙空间，溶解空间内的颗粒堵塞物，消除井筒附近使地层渗透率降低的不良影响，以达到增产的效果。

酸化增产工艺 acid stimulation process 通过向油气井井筒内注入各种酸液，对油气井实施酸化达到油气井增产的一种工艺。酸化的作用是：

(1) 可以解除在钻井、完井和其他作业过程中形成的污染、堵塞，这实际上起到了恢复地层渗透性能、恢复油气井产能的作用；

(2) 通过酸与地层岩石矿物质发生化学反应，使岩石孔隙被扩大，裂缝被延伸，从而改善地层的渗透性能，提高油气井产能。

酸化的基本操作是将配制好的酸液用高压注入地层，借助于酸的溶蚀作用及向地层挤酸时的水力作用，扩大流体在其中流动的孔隙空间和通道。酸与地层反应后即可通过放喷或抽汲排出反应后的废液，而恢复生产，达到增产的目的。

为了提高各种酸液对地层岩石的针对性和酸化作业效果，还在酸液中加入相应的添加剂，如缓蚀剂、表面活性剂、铁离子稳定剂、黏土稳定剂、助排剂等。

针对各个油气井的不同情况及特点，已经形成了系列酸化工艺。现已得到广泛推广应用并取得良好效果的酸化工艺有：(1) 基质酸化；(2)常规酸化；(3)前置液酸压；(4)胶凝酸酸化；(5)泡沫酸酸化；(6)降阻酸酸化。

基质酸化 matrix acidification 亦称“均匀酸化”。指注入地层的酸液仅限于靠天然的渗透率在天然的孔隙中流动并与地层原有基质起反应的酸处理方法。

基质酸化与注入地层的酸液在天然的或人造的裂缝中流动，并与裂缝壁面起反应的“酸压”不同。基质酸化是针对产气量最多的碳酸盐岩和砂岩气层的，经过酸化处理以提高气井的产气量。

常规酸化 conventional acidification 亦称“解堵酸化”。是在低于岩石破裂压力下将酸液挤入地层，用酸液溶蚀井底附近地层中的污染、堵塞物，扩大和延伸孔洞缝，恢复和提高地层的渗透性能。

暂堵酸化 temporary plugging acidification 在对气井进行酸化作业之前，用携带液将暂堵剂带入地层，暂时封堵碳酸盐岩井底地层的大裂缝，然后挤入酸以酸化中、小裂缝，以提高渗透率。

酸化压裂 fracturing acidizing 亦称“酸压”。用酸液作为压裂液进行不加支撑剂的压裂，即在足以压开地层形成裂缝或张开地层原有裂缝的压力下，对地层挤酸的酸处理工艺。

在酸化压裂的过程中，一方面靠水力作用形成裂缝，另一方面靠酸液的溶蚀作用把裂缝壁溶蚀成凹凸不平的表面，当停泵卸压后，裂缝壁面不能完全闭合，从而形成较高的导流能力。

对于裂缝性地层，主要用于沟通地层的天然裂缝；对于孔隙性地层，主要用于压开裂缝增加渗流面积。

酸压多用于碳酸盐岩地层，特别适用于开发致密气层。常用的酸液有前置液、胶凝酸、泡沫酸等，可以根据地层性质和压裂酸化目的进行选择。

前置液压裂酸化 pre-flush fracturing acidizing 是酸化增产工艺中的一种大型酸化工艺措施，常用在碳酸盐岩地层中。其方法是把作为前置液的高黏度液体(如冻胶)以高压注入地层，先在地层中人工形成高传导的裂缝后，再将酸液挤入地层中的溶蚀裂缝壁面，使其即使停泵卸压后裂缝面仍不会闭合，进一步扩大和巩固人工裂缝的传导效果。

因此，前置液压裂酸化可以从酸化岩石和压裂缝隙的两个方面来改造储层的渗透性能。

前置液压裂酸化工艺的特点是：能有效地压开地层，用酸量大，浓度高，施工排量大，泵压高，工艺效果好。这种压裂酸化方法通常用于非常规致密层的开发。

压　裂

地层压裂 reservoir fracturing 指向油气井内注入高压流体，利用水力作用使地层破裂产生裂缝，并向裂缝内加入支撑剂，使裂缝保持一定的裂缝开度，以改善地层流体流通条件的技术措施。

在压裂增产工艺中，采用的压裂方式主要有三种：

(1) 合层压裂；

(2) 分层压裂；

(3) 一次多层分压。

在非常规油气开采中，经常需根据现场情况，选择合适的压裂技术。

登录百度网或 http://en.wikipedia.org,在搜索框内输入"Hydraulic fracturing by country",即可查询世界各国水力压裂的概况。

合层压裂 full thickness fracturing 油气井的生产层段通常不只一段,而是由几段组成的开采层组。施工时对各个小层段同时进行的压裂称为"合层压裂"。这是最简单的压裂方式,常用于裸眼完井。

分层压裂 fracturing of separate layers 当油气井产层段比较厚、或者产层段比较多且各层段的渗透性能差别很大时,必须采用分层压裂的方式,才能保证有效地压裂开低渗透层段。

分层压裂一般多用于射孔完成井,并要依靠封隔器卡住预期的压裂层段才能完成,或者用滑套固定、依次投球后逐层压开。

一次多层分压 primary multilayer fracturing 即先压开下部地层井段,然后采用适当的材料暂时堵塞住已经形成的裂缝,再由下往上逐层压裂,最终通过一次施工压裂开多个层段和多条裂缝。

水力加砂压裂 sand hydraulic fracturing 是利用地面的高压泵组,通过向井内以大排量注入高黏液体,利用水力作用,在井底地层附近憋足高压,当超过岩石的抗张强度后地层破裂,并形成条条裂缝。之后再继续注入携带支撑砂的压裂液,使裂缝继续延伸并得到充填,停泵后,仍能形成具有一定宽度、高度和长度的填砂裂缝。这些裂缝提高了油气层的渗透能力,从而增加油气产量。

在碳酸盐岩气藏中,压裂一般是与酸化结合来实施的,即酸化压裂工艺技术。砂岩气藏的低渗透改造则适用于采用水力加砂压裂工艺技术。该工艺是一项应用最早的油气井增产技术,特别适用于低渗透砂岩气藏的储层改造。下图是在非常规储层中开采页岩气的水力压裂示意图。

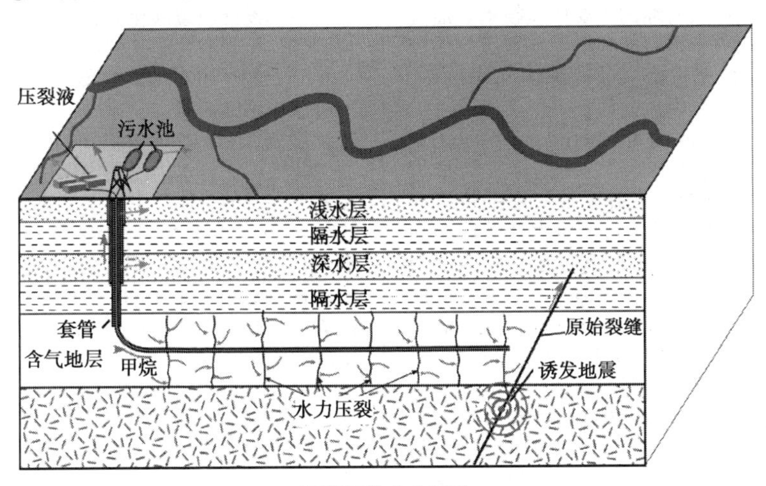

页岩气的水力压裂

水力加砂压裂工艺的关键有两点:

(1) 在井底形成足够的高压并有效地压开地层;

(2) 有效的支撑剂技术,确保已经压开的裂缝不再闭合。

所以压裂液和支撑剂是水力加砂压

裂施工中的两个重要材料。

水力加砂压裂后,油气井增产的原因是:

(1) 压裂造缝可以穿透井底附近地层的低渗透带或污染、堵塞带,能促使井与外围的高渗透储层相沟通,使气源供给范围和能量都得到显著增大,特别是在非均质的砂岩储层中和裂缝性的碳酸盐岩储层中。

(2) 改变了油气井周围流体渗流的流态。压裂前油气井属平面径向流,而压裂后由于形成了通过井点的高传导大裂缝,井底附近地层中的流体将以单向流和管流为主。

在非常规油气的开采中,特别是致密气、页岩气和致密油的开采,为了提高油气层的渗透能力,需采用水力加砂压裂,特别是分段压裂。

多段压裂 multi-stage fracture stimulation 指水平钻井后实施的分段压裂以获得增产的措施。多段压裂技术是开采页岩气和致密油的重要压裂技术。油气产量取决于压裂的程度。一般压裂约分10段,扩充致密层的孔隙度和渗透率,以利于油气引入井筒。

高能气体压裂 high energy gas fracturing 亦称"爆燃压裂"。用固体火箭推进剂或液体炸药,在井下油气层部位引火爆燃(而不是爆炸),产生大量的高温高压气体,在几毫秒到几十毫秒之内就能将油气层压开呈多辐射状长达2~5m的裂缝,爆燃冲击波消失后裂缝并不能完全闭合,从而解除了油气层部分堵塞,提高了井底附近地层的渗透能力。

防砂作业 sand control operation 指对疏松的油气层进行防砂的作业。采用的方法主要有:筛管滤网防砂和化学胶固防砂。

(1) 筛管滤网防砂。即在井筒内下筛管防止油气层的砂粒进入井内,以保证油气井和注水井的正常生产而进行的作业;

(2) 化学胶固防砂。是向油气层加入化学药剂,在层内化学药剂胶固砂粒而进行的防砂作业。

微震波 micro-seismic waves 是岩石微弱运动产生的声波,微震波属于微地震。这种声波能在水力压裂及其他作业如液体开采、地层压实过程中发生。

微震监测 micro-seismic monitoring (MSM) 监测在水力压裂进程中的微震波的变化。作业人员根据微震波的变化实时观察裂缝延伸状况,提前对裂缝进行评估分析,并根据需要改变裂缝形成过程。

压裂酸化评价 evaluation of fracturing acidizing 指压裂酸化施工后获得的经济效益,即增产获利应是除开压裂酸化成本(包括施工措施、原材料、特种车辆使用费和人工费等)后的纯收益。

在压裂酸化作业中决定效益的重要因素有:

(1) 设计压裂酸化方案;

(2) 压裂酸化施工的质量保证;

(3) 地层增产的潜在能力,这是起决定性作用的因素。

压裂设备 fracturing equipment 在对油气井地层进行水力压裂中所用的地面和地下设备的总称。主要指压裂施工用的车辆,可分为5种类型:压裂车、混砂车、平衡车、仪表车和管汇车。

压裂车 fracturing truck 压裂的主要设备,它的作用是向油气井注入高压、大排量的压裂液,将地层压开,把支撑剂挤入裂缝。压裂车主要由运载、动力、传动、泵体四大件组成。压裂泵是压裂车的工作主机。现场施工对压裂车的技术性能要求很高,压裂车必须具有压力高、排量大、耐腐蚀、抗磨损性强等特点。

混砂车 fracturing blender truck 按一定的比例和程序混砂,并把混砂液供给压裂车。它的结构主要由传动、供液和输砂系统三部分组成。

平衡车 balance car 指在水力压裂施工中防止事故的车辆。其作用是保持封隔器上下的压差在一定的范围内,保护封隔器和套管。此外,当施工中出现砂堵、砂卡等事故时,平衡车还可以立即进行反洗或反压井,排除故障等。

仪表车 measuring truck 在压裂施工中远距离遥控压裂车和混砂车,使其采集和显示施工参数,即进行实时数据采集、施工监测及裂缝模拟等,并对施工的全过程进行分析。

管汇车 manifold truck 指在水力压裂施工中用于运输管汇的车辆,如运输高压三通、四通,单流阀、控制阀等等。

压裂酸化车 fracturing acidizing truck 供压裂酸化施工专用的车辆,装载施工用的泵、柴油发动机、水箱和高压管汇等。

药剂与材料

钻井液 drilling fluid 俗称"泥浆"。指在油气井钻井中,采用的各种循环洗井流体。其功能是悬浮和携带岩屑、清洗井底,润滑冷却钻头,提高钻头进尺。

钻井液通过钻头水眼冲击地层,有利于破碎岩石;形成泥饼,增加井壁稳定性;建立平衡地层的液柱压力,以防止发生卡、塌、漏、喷等钻井事故;使用涡轮钻具时,可作传递动力的液体。

在非常规的致密层水平钻进中,钻井液的配方尤其重要。

钻井液添加剂 drilling fluid additive 指能够改善钻井液性能的添加物。为了改善钻井液的性能,满足钻井工程的要求,需要在各类钻井液中加入添加剂(处理剂)。目前,根据添加剂所起的作用,可分为:碱度调节剂、除钙剂、除泡剂、起泡剂、降黏剂、增黏剂、絮凝剂、润滑剂、杀菌剂、乳化剂、堵漏剂、加重剂、腐蚀抑制剂、表面活性剂、页岩抑制剂、降失水剂等16类,品种和牌号繁多。

钻井液稀释剂 drilling fluid thinner 亦称"泥浆稀释剂"。用于中和水基钻井液中固相颗粒之间的吸引力,使其保持呈分散状态的钻井液处理剂。水基钻井液一般为膨润土的胶体悬浮体系,膨润土微粒通常带有电荷,当带有不同电荷的微粒趋向聚集并絮凝时,使钻井液变成胶状体而失效。丹宁、木质素磺酸盐等一些高分子化合物可用作钻井液稀释剂。

硅藻土 diatomite 以蛋白石为主要矿物组分的硅质生物沉积岩。主要由硅藻的遗骸组成。硅藻在生长繁衍的过程中,吸取水中胶态的二氧化硅,形成由蛋白石构成的硅藻壳,而硅藻土即由80%~90%甚至90%以上的硅藻壳组成。硅藻土是钻井液的主要成分之一。

方解石 calcite 是一种矿物。主要成分为碳酸钙($CaCO_3$)的碳酸盐矿物。方解石是钻井液的增重成分。

膨润土 bentonite 分子式 $Al_2O_3 \cdot 4(SiO_2) \cdot H_2O$。一般为白色、淡黄色,因含铁量变化又呈浅灰、浅绿、粉红、褐红、砖红、灰黑色等。相对密度 2~3g/cm^3。开采方法有露天开采和地下开采,以露天开采为主。膨润土是钻井液的主要成分之一,也可用于铁精矿球团、铸造型矿黏结剂、动植物油脱色、净化剂、塑料填料、干燥剂、吸附剂等。

表面活性剂 surfactants 指能使目标溶液表面张力显著下降的物质,以及降低两种液体之间表面张力的物质。表面活性剂一般为具有亲水与疏水基团的有机两性分子,可溶于有机溶液和水溶液。表面活性剂是钻井液添加剂之一。

页岩抑制剂 shale inhibitor 指用来抑制因页岩中所含黏土矿物的水化膨胀分散而引起的井塌发生的化学药剂。主要有无机盐类、合成聚合物类、合成树脂类、腐植酸盐类和沥青类。从组分上可以分为合成聚合物和复配型产品。

杀菌剂 bactericide　能够杀死细菌的药剂。(1)添加在钻井液中的杀菌剂,如甲醛、烧碱、石灰及淀粉防腐剂等,以抑制细菌大量繁殖,从而避免了钻井液中的有机聚合物处理剂失效;(2)油田注水开发中,经常发生注水地层的细菌堵塞,需要杀菌解堵,所用的杀菌剂有氯、甲醛、乙二醛、丙二醛、苯酚、四氯苯酚、丙乙腈、乙烯腈、十六烷基氯化吡啶等。

增黏剂 viscosifier　指能够增加钻井液黏度和切力,提高钻井液悬浮能力的化学药剂。主要为纤维素改性高分子材料、合成聚合物和生物聚合物。

降黏剂 thinner　指能够降低钻井液黏度和切力、改善钻井液流变性性能的化学药剂。主要有天然或天然改性高分子材料和合成聚合物。

絮凝剂 flocculants　加入到钻井液或水处理中能够起到絮凝作用的化学药剂。在水质净化和废液处理等过程中,常用的絮凝剂有石灰、三氯化铝和氯化铁等无机盐以及有机高分子聚丙烯酰胺类化合物。

在钻井液中,加入絮凝剂的功能是使固体颗粒从钻井液中分离出来以减小密度,从而加快钻井进尺。常用的絮凝剂有盐、石灰等。

酸化压裂药剂 chemicals for acid fracturing　指在酸化过程中,在所使用的酸化液中除酸化剂(盐酸等)以外所加入的其他化学药剂。其作用是抑制酸化液对施工设备和管线的腐蚀,减轻酸化过程中对地层产生的伤害并提高酸化效率,使其更适合酸化处理目的的需要。

压裂液添加剂 fracturing fluid additive　指能够增加压裂液功能的化学药剂,可分为 8 种:

(1) 支撑剂。指用压裂液带入裂缝,在压力释放后用以支撑裂缝的物质。

(2) 破坏剂。包括破胶剂、破乳剂、降黏剂等。破胶剂是用来破坏压裂液中的冻胶交联结构。破乳剂用于破坏乳状液的稳定性。降黏剂用于降低稠化液的黏度。

(3) 减阻剂。是通过减少紊流,减少流动时的能量损失来减小压裂液的流动摩阻。

(4) 降滤失剂。用于减少压裂液从裂缝中向地层滤失,从而减少压裂液对地层的污染并使压裂时压力迅速提高。

(5) 防乳化剂。是防止原油与压裂液形成乳状液的药剂。该药剂又可分为表面活性剂和互溶剂。

(6) 黏土稳定剂。起到稳定黏土的作用。

(7) 助排剂。分为表面活性剂和增能剂两种。前者能有效地降低界面张力,使残液易从地层排出。后者是在注入酸前向地层注入一个段塞的增能剂,以提高近井地带的压力,使残液易从地层排出。

(8) 润湿反转剂。又可分为表面活性剂和互溶剂两种。表面活性剂可在地层表面按极性相近规则吸附第二吸附层而起润湿反转作用。互溶剂可将吸附在地层表面的缓蚀剂脱附下来,恢复地层表面的亲水性。

转向剂 steering agent　在酸化压裂施工中,能暂时封堵高渗透层,使酸液转向到低渗透层。转向剂分为粒状堵剂、冻胶型堵剂和泡沫三类。

前置液 pre-flush　在酸化作业中,为了一定目的(如先在地层中人工形成裂缝)在向油气井内泵注酸液之前,先行注入井内的液体。是为了破裂地层,造成一定几何尺寸的裂缝,以备后面的携砂液进入。在温度较高的地层里,还可以起到一定的降温作用。

压裂液 fracturing fluid　在油气层的压裂作业中,能以悬浮形式携带支撑材料(如石英砂等)的黏性液体或泡沫。一般是在高压下利用压裂液先将地层压裂,接着加大排量延伸压开的裂缝并同时向压裂液中加入支撑剂,以便将支撑剂通过压裂液的携带引入裂缝中。作业完成后,释放压力,让压裂液退出地层,留下支撑剂保持裂缝张开。

按照压裂液的性质不同,可分为:水基压裂液(如胶冻液)、油基压裂液(如稠化油)、乳状压裂液(如油酸乳化液)、泡沫压裂液(如二氧化碳泡沫、氮气泡沫)及酸基压裂液(如盐酸稠化酸)5种基本类型。

根据压裂液在压裂过程中不同阶段的作用,压裂液又可分为:前置液、携砂液和顶替液。

支撑剂 propping agent 在对油气层进行压裂作业时,随着压裂液进入地层用以支撑裂缝的固体颗粒。其间支撑剂是以悬浮方式由压裂液携带进入压开的裂缝,压裂作业完成后,支撑剂留在裂缝中使含油气岩层裂开,油气从裂缝形成的通道中汇集而出,以增加石油天然气的产量。支撑剂可分为两类:

(1) 脆性支撑剂。如石英砂、陶粒、玻璃球等,特点是硬度大,不变形,但易脆;

(2) 柔性支撑剂。如塑料球、核桃壳等,高压下变形大,但不易破碎。

最佳支撑剂是硅砂、树脂涂敷的砂(resin-coated sand,RCS)和陶瓷支撑剂。无论采用那种支撑剂都要求强度高、抗压、耐腐蚀、粒度均匀、圆球度好,同时还要求来源广、价格低廉。

携砂液 sand-carrying fluid 在油气层的酸化压裂施工中,其作用是用来将地面的支撑剂带入裂缝,并携至裂缝中的预定位置,同时还有延伸裂缝、冷却地层的作用。

顶替液 displacement fluid 在酸化压裂施工中,其作用是将携砂液送到预定的位置,并将油气井筒中的全部携砂液顶替入地层裂缝中。

组织机构

国际钻井承包商协会 International Association of drilling Contractor(IADC)

1940年成立,是世界石油和天然气钻井行业承包商的权威组织,设在美国得克萨斯州休斯顿。由承包商、生产商以及相关单位组成。专注于世界石油天然气钻井工业,包括非常规油气的钻井业务。任务是保障安全生产,防止环境污染和推广先进的钻井技术。【http://www.iadc.org】

钻井研究协会 Drilling Research Institute (DRI) 美国的钻井研究组织,1995年成立。专注于钻井技术的研究也涉及非常规油气的钻井技术,从事人员培训、工程咨询及技术等工作。【http://www.drillers.com】

石油物理学家和测井分析家协会 Society of Petroleum Physicists & Well log Analysts(SPWLA) 美国石油物理学家和测井分析家的非营利性的协会组织,1959年成立。通过测井和其他地层评价技术并应用这些技术到石油、天然气和其他矿物的勘探中,以传播先进的石油物理科学和地层评价技术。【http://www.spwla.org】

井口设备制造商协会 Association of Well Head Equipment Manufacturers(AWHEM) 井口设备制造商的国际性组织,设在美国得克萨斯州贝莱尔。从事制造商业务联络,制定技术标准,提供咨询服务。【http://www.awhem.org】

澳大利亚钻井工业协会 Australian Drilling Industry Association 是澳大利亚钻井工业的商业性组织,设在维多利亚省弗兰克斯顿东。提供本国的钻井工业承包商名录、咨询服务、新闻、政府管理部门、培训等信息。【http://www.adia.com.au】

媒体

非常规年鉴 unconventional yearbook 是哈特能源出版公司(Hart Energy)出版物。2013年开始发行,报道美国前20位资源的重要状况和数据。【http://www.hartenergy.com】

钻井承包商 Drilling Contractor 是国际钻井承包商联合会主办的刊物,创刊于1944年,编辑部设在美国得克萨斯州休斯顿市。杂志内容涉及到钻井工业有关的所有课题,包括陆上和近海技术、管理、HSE(环境、健康、安全)问题和作法以及规章制度和法规的制定等方面。【http://drillingcontractor.org】

7. 非常规石油

非常规石油是指不通过生产井从地下圈闭的油气藏中开采，而是通过其他方式生产或提取的油气。

煤、石油和天然气仍然是21世纪重要的能源，支撑着经济的发展，但石油对世界经济的影响力要远高于煤和天然气，因此，从煤、天然气或生物质制取液体燃料，获得非常规石油显得很重要。

由于非常规石油的开采成本远比常规石油高，遏制了非常规石油的发展，但是随着石油价格飙升，非常规石油跨过了经济和环境保护的准入门槛，成为能源市场能够接受的能源品种。

在全球石油资源中，常规石油只占30%，其余70%都是非常规石油，但地下埋藏的非常规石油都是低丰度、低品位的，因此，开发非常规石油资源面临着严峻的挑战。

基本概念

常规石油 conventional petroleum 指通过常规的钻井方式从陆上或海洋底部的地下油藏获取的原油和天然气凝液。

油藏是聚集在一个由不渗透的盖层、底层及隔层所组成的圈闭内的、含孔隙的储油岩层中的原油。形成油藏的必要条件是圈闭，油藏类型取决于圈闭类型，如背斜油藏是指原油在背斜圈闭内聚集，开采这种石油是采取常规的钻井方式。

天然气凝液 natural gas liquids (NGL) 亦称"天然气液体"，是常规石油的一种形式。是在地层中处于高温高压条件下呈超临界状态的气藏。当开采到地面时，由于压力和温度的降低，发生反凝析，凝析出的液体产物称为"天然气凝液"，未冷凝的气体称为"冷凝气井气"。

非常规石油 unconventional oil 指不通过生产井从地下圈闭的油气藏中开采，而是通过其他方式产出的石油。

根据国际能源署(IEA)《2001年世界能源展望(World Energy Outlook 2001)》定义，并在《2011年世界能源展望(World Energy Outlook 2011)》补充，非常规石油的来源有：

(1) 油页岩生产页岩油；

(2) 油砂和重质原油生产合成原油及衍生产品；

(3) 有机物质热裂解；

(4) 煤制取的液态燃料；

(5) 生物质制取的液态燃料；

(6) 天然气化学加工获得的液态燃料。

此外，还有随页岩气开采携带出来的致密油，也属于非常规石油。

常规石油与非常规石油的获取见下表。

液体燃料的获取

常规石油	过渡石油	非常规石油	
地下原油			
原油			合成燃料
天然气凝液			合成气制油
	重油		煤制油
	超深原油		
	致密油		生物燃料
		超重原油	生物乙醇
		油砂/沥青	生物柴油
		油页岩	生物汽油

注："过渡石油"是指采用非常规开采方式生产的常规石油。

在全球石油资源中，只有 30% 是常规石油资源，其余 70%（其中 15% 重油、25% 超重油和 30% 油砂）都是非常规石油，需要更多的能源和自然资源去回收，因此，生产技术繁琐，污染更加严重，市场价格更为昂贵。

生物燃料可以替代石油天然气，而且从生物质制取生物燃料是可再生的、持续的、与环境友善的。生物燃料在后石油时代中赋予非常规石油新的生命力。

从地下储量开采的非常规石油有致密油、页岩油和油砂，这三者在储存方式、开采方式、生产方式，甚至产品性质方面的差别都很大，见“三种非常规石油的区别”表。

三种非常规石油的区别

	致密油	页岩油	油砂
储存方式	烃源岩中滞留的原油，未经历油气运移	各类致密储层中聚集的干酪根，经短距离运移于储层中	原油在运移过程中失掉轻质组分后的产物
开采方式	通过水平钻井和多段水力压裂技术从页岩层系中采出的原油	通常在地面上采矿，然后油页岩进入加工厂处理	通常在地面上采矿，然后油砂进入加工厂处理
生产方式	按常规石油处理	地面干馏。通过热裂解、加氢或热熔而得	加热、加氢
产品特点	轻质原油	重质油	天然沥青

液态烃资源金字塔 liquid hydrocarbon resources pyramid 液态烃包括常规石油和非常规石油。而非常规石油是指储集层中的致密油、重质原油或超重质原油以及在烃源岩中的油页岩和页岩油。

按干酪根熟化的程度，烃源岩又分为未成熟的烃源岩（即油页岩）和成熟的烃源岩（即页岩油）。

从液态烃金字塔来看，常规石油较非常规石油少得多。而非常规石油中富含干酪根的油页岩储量最大。

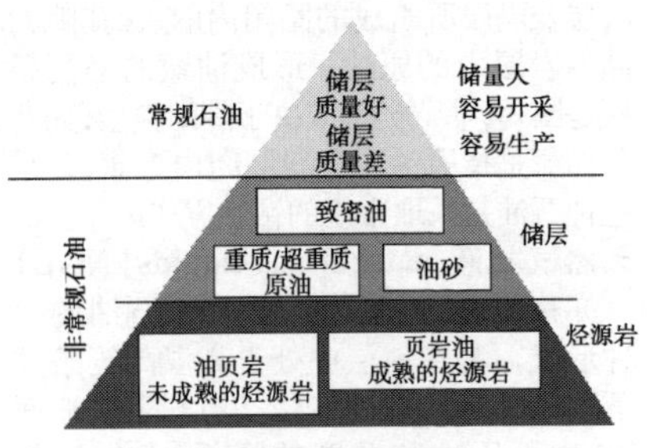

液态烃资源金字塔

原油生成

泥炭化作用 peatification 高等植物残体在沼泽中堆积后，经生物化学降解，逐渐转变成泥炭的作用。泥炭化作用以微生物为重要媒介。微生物通过分解破坏植物残体的有机组成而吸取养分，死亡后的残体又成为煤原始物质的一部分。

泥炭层的表层为氧化环境，植物残体受喜氧细菌、放线菌和真菌的破坏，氧化分解成气体、水和化学性质活泼的产物。分解产物相互之间或与残留的植物有机组织发生合成作用而产生新的有机化合物。

泥炭层的底部为还原环境，厌氧细菌的活动消耗了有机物中的氧，形成富氢的沥青产物。

植物的不同组成在微生物的作用下，分解破坏的速度和难易程度也不同。泥炭化作用的产物为腐殖酸、沥青质，还有受不同氧化程度的植物木质纤维组织及较难变化的角质、孢粉质、树脂、树蜡等有机质，同时还混有无机成分。有机质的转化过程和产物取决于氧的供应。

随着氧供应的减少，泥炭化作用的深化，动植物残体的有机质最终转化为化石燃料——石油。

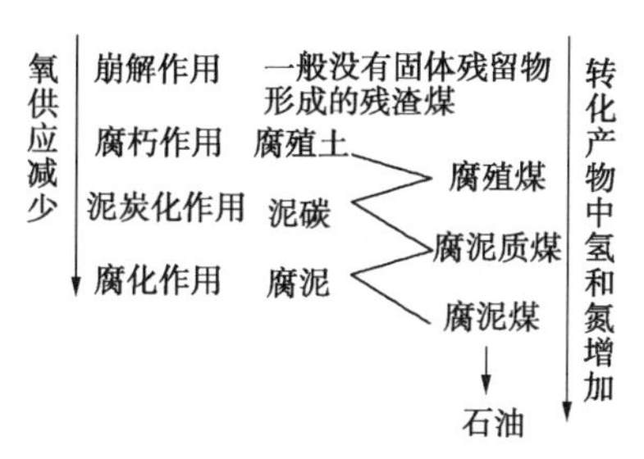

有机质转化过程及产物

原油 crude oil 是在地下储集层内，以液相存在并在通过地面设施后在常压下呈液态的烃类混合物。其中也含有小部分液态的非烃组分。

原油的成分是由十分复杂的有机化合物的混合物组成，根据原油的不同物理性质来评价其质量和拟定不同的加工工艺。

前体 precursor 是一种可以参与化学反应的化学物质，其反应结果是生成另一种化学物质。如甲烷可称作一氯甲烷的前体。在页岩油工业中，因为油页岩不含原油而含干酪根，干酪根是生油的有机前体。

干酪根 kerogen 又称为"油母质"或依外观称为"油田沥青"，它是沉积岩的组成部分，也是近代晚期成油学说的物质基础，是形成石油天然气的原始有机物，随着成岩作用经过一系列改造后所形成的。经干馏、热解、加氢处理后可形成原油。

干酪根熟化 kerogen maturation 指干酪根经由生物、物理和化学反应逐渐熟化形成原油。烃源岩经由这些过程的条件，可以生产原油，称为成熟。

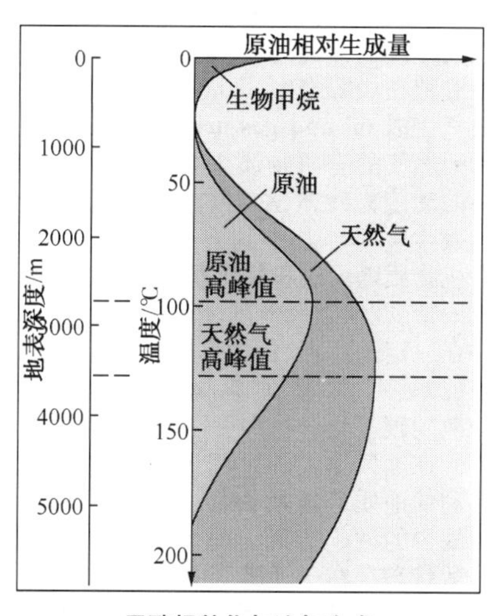

干酪根熟化与油气生成

熟化开始在不断沉积的富含有机质的沉积层。经过一系列的低温反应，包括厌氧菌降低干酪根中的氧、氮和硫，导致增加烃类浓度。这个阶段持续到烃源岩达到约 50℃。此后，由于有机物质反应速度和溶解度增加，温度升高影响更加显著。

因为温度随着地层深度而增加，烃源岩熟化过程到一定程度就自然结束。在一定深度所达到的实际温度取决于温度随着深度(即地热梯度)增加的速率。

"干酪根熟化与油气生成"图说明，在地热梯度约 35℃/km 的条件下，由干酪根Ⅱ型生成的油气比例。从"干酪根熟化与油气生成"图可以估计，获得原油高峰值和天然气高峰值的的地下温度和深度。

大量的原油只在超过50℃时开始生成，随着干酪根热至60~150℃，形成大量的原油。若温度继续升高，原油热稳定性变差，分解或“断裂”成天然气。即使成熟后，某些干酪根仍然保留有未被改变的含碳残留物。

干酪根熟化后生成大量的原油和天然气经过运移到储层，成为常规油气；如果滞留在烃源岩中，即成为非常规油气。

油气生成 oil and gas origin　生成石油和天然气的有机物质来自于海洋、湖泊中的动植物残体，如各种水生浮游生物和微生物等。其中约有0.02%~2%的有机物质随同沉积物沉积于海洋中的低洼地带，在缺乏氧气的环境中得以保存，并在一定的物理、化学作用下进行分解，完成“去氧、加氢、富集碳”的过程，形成分散的碳氢化合物——石油和天然气。

在油气生成的过程中，有机物质和有利的地质环境及物理、生化条件是不可缺少的两个方面。而生成之后，就以分散状态存在于烃源岩中。

碳酸盐岩油气藏 carbonate reservoir of oil and gas　具有孔隙性和渗透性的碳酸盐岩层形成的油气聚集。包括介壳灰岩、礁灰岩、块状灰岩、白云岩等储油气层。它主要是次生的裂缝或孔洞构成的储集空间，或以孔隙为主的储集空间，或以裂缝为主要流动通道和储集空间的油气藏。

碳酸盐岩油气藏是以其孔隙性和渗透性能好为特征的，油气经过运移而形成油气聚集的典型的常规油气藏。

油气运移与聚集

石油地球化学 petroleum geochemistry　利用化学原理研究地质体中生成石油天然气的成因和运移，并将这些知识应用到石油天然气勘探的一门学科。

石油地球化学是由地质学（特别是沉积学和石油地质学）、有机化学和生物学互相渗透而迅速发展起来的。

油气运移 migration of oil and gas　在存在压力差和浓度差的条件下，石油和天然气在地壳内任意移动的过程。石油和天然气都是流体，自生成时起就开始了运移，导致油气聚集，甚至逸散和油气藏的破坏。

油气运移所受的力较为显著的有上覆地层岩石的静压力、水动力、流体（油、气）自身的重力、分子扩散作用等。另外，岩石孔隙的毛细管压力、细菌的活动、岩石再结晶作用等，都能促使油气运移。

根据油气运移的方向分为：

（1）垂直运移。即油气运移的方向与地层层面近于垂直的上下移动。

（2）侧向运移。即油气运移的方向与地层层面近于平行的横向移动。

露出地表的各种油气显示是人类最早认识油气运移的直接证据。这些显示大多沿着一些可以作为流体运移的通道分布，如断层、裂隙、不整合面等，也有一些是从地层孔隙中渗出或是随地下水一起流出来的。

通常把运移作用划分成两个主要阶段：

（1）初次运移。油气由生油气层到储集层中的运移；

（2）二次运移。初次运移到储集岩层或运载层中呈分散状态的油气，在浮力、水动力等作用下，通常多沿上倾（低势）方向运移，遇圈闭条件而聚集。在不利的条件下，则可通过断裂或其他因素运移到地表面而被破坏，表现出油气显示。

运移滞留 migration stranded　油气在烃源岩中生成后，产生运移，运移到储层内的成为常规油气。没有进入储层而束缚在致密岩中的油气，称为运移滞留，而成为非常规油气。非常规油气只是运移滞留，形成分散的无明显边界的储层，如致密气、致密油、页岩气。

低渗透地层 low permeable stratum 也称“致密地层”。气藏储气层段平均渗透率等于或小于 0.1 mD 的致密储层。根据致密储层的渗透率,可分为致密气层、页岩气层和致密油层、煤层气层、天然气水合物地层。

在低渗透地层中,油气不是运移而是油气运移滞留。

油气聚集 oil and gas aggregation 在油气运移过程中,如果受到某一遮挡物的阻挡而停止,则油气被聚集起来。聚集起来的油气即生成常规油气,而未聚集的油气即为非常规油气。

常见的遮挡物如储集层上覆的不渗透盖层、断层等。在储集层中,这种遮挡物存在的地段或区块,称为“圈闭”。油气聚集取决于生油层、储集层、盖层、运移、圈闭和保存 6 个条件。其中最重要的两个条件是充足的油气来源和有效的圈闭。

油气聚集带 oil and gas accumulation zones 在同一构造带或地层岩相变化带中,油气聚集条件相似的全部油气藏或油气田的总和。通常在不是油气生成的地区,聚集带内的油气是由邻近生油区提供油气源,然后运移至此形成的。

油气聚集带是石油勘探中的重要部分,它受控于油气运移的方向,是有利的油气聚集区。聚集带中的油气田有成群成带的分布规律,因此在一个地区发现油气田之后,很可能不是孤立的油气田,需根据油气聚集带的分布特点,确定最有利的含油气地段,以便加快发现更多的油气田。

油田 oil field 狭义是指一个储油构造控制下的一组油藏的总和;广义是指在一定区域内受相同构造控制的多组油藏的总和。

世界上最大的陆上油田是加瓦尔油田(Ghawar field),最大的海上油田是萨法尼亚油田(Safaniya oil field)。

煤成油 coal formed oil 含煤岩系内的煤层和岩层中的有机质在煤化作用过程中生成的原油。

在特定的地质条件下,部分煤成油从烃源岩中排驱,储集于适宜的储层内,成为油藏。有些国家已发现了一些煤成油的油藏。

残余油 irreducible oil 在油层条件下,经各种动力作用后,岩石中仍不能驱替出来的原油。

低热值燃料 low heat value fuel 一般指热值较低的燃料。如石煤、油页岩、煤矸石等。广义的还包括低热值的煤种,如泥炭、褐煤和风化煤等。有些低热值煤含有较宝贵的有机质组分如腐植酸、蜡等,可通过各种加工方法制成工农业的原材料加以综合利用。

原油分类

API 标准 API standard 由美国石油学会制定的标准。主要指石油机械设备标准,共有 5 个类别:(1)生产类标准(共 13 类约 50 项);(2)炼油类设备标准;(3)输油类标准;(4)科学与术语类标准;(5)标记类标准。检索工具为《API 出版物与资料》。

API 还在许多国家实行质量认证和标志制度,凡采用 API 标准的国家和企业,其产品经 API 检验、认证,在国际石油工业中通行。【http://www.api.org】

美国石油学会原油重度标准 API gravity 美国石油学会采用的石油分类指标。石油 API 重度在 40~45 之间,45° 以上的分子链变短,炼制价值降低。根据原油测量的 API 重度,可分为轻质原油、中质原油和重油。

(1) 轻质原油定义为重度高于 31.1API 度(密度小于 $870kg/m^3$);

(2) 中质原油定义为重度在 22.3~31.1API 度(密度 $870\sim920kg/m^3$);

(3) 重质原油定义为重度低于22.3API度(密度920~1000kg/m^3)。

超重质原油定义为重度低于10.0API度(密度大于1000kg/m^3)。

原油重度低于10API度被认为是超重质原油或沥青。沥青可由加拿大艾伯塔油砂沉积提炼出来,其重度约8API度。沥青可用较轻的烃类稀释,其重度低于22.3API度,或进一步"升级"到合成原油,其重度为31~33API度。

分馏 fractionation 也称"精馏"。在一个设备中进行多次部分汽化和部分冷凝,以分离液态混合物,如将原油经过分馏可以分离出汽油、柴油、煤油和重油等多种组分。

烃类价值层次 hydrocarbon value hierarchy 指在常规石油和非常规石油的提取和转化中,对所获得的烃类价值划分层次。

常规原油的烃类价值层次最高。而在非常规石油生产和转化中需要更多热量,因此,促使其能源强度增大。生产常规石油只需本身6%的能量,而生产超重原油需20%~25%、油砂需30%、油页岩需30%,但生产非常规天然气所需能量相对较少。

在对非常规石油的提取和转化中,伴随的二氧化碳排放量取决于采用的生产工艺。油砂和超重原油的生产中,二氧化碳排放量为9.3~15.8 gCO_2/MJ,油页岩为13~50 gCO_2/MJ。

与非常规石油相比,非常规天然气生产因所需能源较低,所以二氧化碳排放也较低。

总的来说,开采非常规石油因额外能量的补充和碳排放导致其提取和转化过程的价值损失,因而烃类价值层次很低。见"烃类价值层次"图。

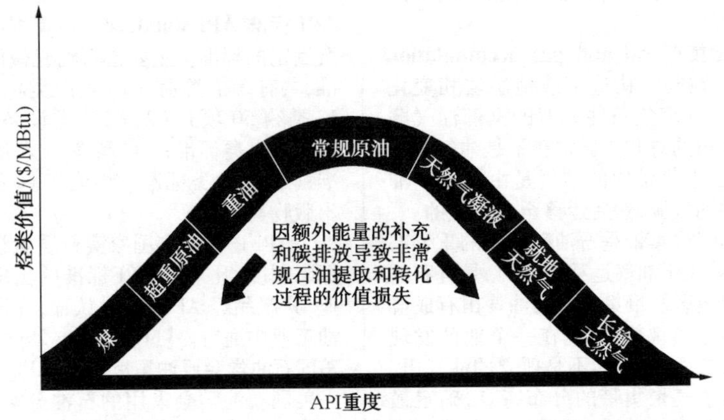

烃类价值层次

法　律

俄罗斯非常规石油法 Russian unconventional oil law 2013年7月俄罗斯总统弗拉基米尔·普京(Vladimir Putin,1952年生)签署了"关于降低非常规石油开采的税率"的法规。这项法律将根据集油区的渗透率和油田的枯竭程度以及含油地层的大小,对非常规石油生产实施差别化税率。

差别化税率的系数范围为0~0.8。

俄罗斯政府对税法的修订为新的非

常规石油投资项目引进了税收减免。而表示含油地层渗透率的大小将由政府决定的新规则来制定。根据非常规石油法,俄罗斯政府内阁将获得为计算非常规石油出口关税税率制定公式的权利。

组织机构

世界石油理事会 World Petroleum Council(WPC) 1933年以欧洲为中心成立的一个民间国际石油技术组织,总部设在英国伦敦。规定每四年举行一次世界石油大会。目前参与国已有80多个,常任理事国由美国和俄罗斯等18个国家组成。【http://www.world-petroleum.org】

阿拉伯石油输出国组织 Organization of Arab Petroleum Exporting Countries (OAPEC) 是阿拉伯石油生产国为维护自身利益、反对西方石油公司的垄断而建立的组织。1968年1月9日,由科威特、利比亚和沙特阿拉伯三国在贝鲁特创建了阿拉伯石油输出国组织。总部设在科威特城。【http://www.oapecorg.org】

美国石油工程师学会 Society of Petroleum Engineers(SPE) 1871年成立的美国矿业和冶金工程师学会(AIME)于1913年任命了一个油气委员会,专门指导解决美国石油工业发展过程中所遇到的技术问题。这是美国石油工程师学会的雏型。1957年正式称为现名(SPE)。总部于1959年迁往达拉斯。1979年SPE正式脱离AIME。

美国石油工程师学会的宗旨是收集、传播并交流石油和天然气工业技术的公益服务的所有技术信息,制定计划,培训人员,保持和提高会员的技术和创新能力,推动石油和天然气科技事业的发展。【http://www.spe.org】

美国石油学会 American Petroleum Institute(API) 美国石油工业的重要组织,也是国际石油界的重要组织之一,1919年成立于华盛顿。宗旨是研讨与石油工业有关的科学技术问题,促进会员间的技术交流与进步,并提供行业与政府间的合作方式。API也是一个公证机构,凡符合API标准的机械设备,可申请API证书,并得到国际上的公认。【http://www.api.org】

非常规天然气和石油学会 Unconventional Natural Gas and Oil Institute(UNGI) 是美国科罗拉多矿业学院所属的非常规天然气和石油研究所(UNGI),为非常规油气的勘探开发各领域提供的多学科研究平台。该研究所汇集了众多研究人员,鼓励与先进技术塔桥,以解决勘探开发的复杂问题。【http://ungi.mines.edu】

加拿大非常规资源学会 Canadian Society for Unconventional Resources(CSUR) 是2002年在艾伯塔省登记的营利性学会。该学会关注本国的非常规烃资源的开发,聚焦于页岩气、轻质致密油、天然气水合物、煤制气、致密砂岩气等的开采。【http://www.csur.com】

加拿大石油学会 Canadian Petroleum Institute(CPI) 由加拿大石油技术专家组成的学会组织。从事石油天然气技术和国际市场研究,并提供管理咨询服务和国际短训班。该学会卓有成效的密集型专业发展方向已成为全球能源经济的主要力量。【http://www.cpican.com】

墨西哥石油协会 Instituto Mexicano del Petroleo(IMP) 墨西哥从事石油管理、勘探、开发和生产等相关单位组成的协会组织。【http://www.imp.mx】

巴西石油天然气协会 Brezilian Petroleum and Gas Institute(IBP) 巴西石油天然气生产、运输、分配和消费的非营利性组织,1957年建立,协会设在里约热内卢。目前会员有187个,包括石油、天然气、石油化工企业和有关单位。【http://www.ibp.org.br】

日本石油协会 Petroleum Association of Japan(PAJ) 日本18个公司的同业协

会，1955年11月1日成立，设在东京。其任务是促进会员间的信息交流，向政府提出能源和公用事业发展的建议，研究进口石油的情报、供应和需求的预测以及影响。【http://www.paj.gr.jp】

日本石油技术协会 Japanese Association for Petroleum Technology（JAPT） 从事技术工作的公司和研究单位的协会组织，1933年5月25日成立。收集最新情报和技术，参与石油天然气勘探和开发，提供交流和论坛，促进各领域广泛合作。【http://www.japt.org】

澳大利亚石油学会 Australian Institute of Petroleum（AIP） 1976年成立，设在堪培拉。其宗旨是通过各种形式，包括培训教育、安全指导、信息传播，促进澳大利亚石油工业的发展。【http://www.aip.com.au】

中国石油学会 Chinese Petroleum Society（CPS） 1978年创立，设在北京。其任务是推动石油、天然气和石油化工科学技术的发展并迅速转化为生产力；普及石油、天然气和石油化工科学技术知识；出版学术期刊；开展对石油、天然气和石油化工发展战略及经济建设重大决策的咨询服务。【http://www.cps.org.cn】

媒　体

非常规油气资源杂志 Journal of Unconventional Oil and Gas Resources（JUOGR） 由宾夕法尼亚州大学主办的，Elsevier出版公司发行。提供世界上非常规油气资源最新的报道，涵盖致密气、页岩气、致密油、煤层气和天然气水合物等，并包括石油经济政策、岩石力学、地质研究、储量评估、生产工艺、钻井、完井、增产措施等。

亚洲石油 Oil Asia 是印度石油界的核心刊物。1981年创刊。报道以印度为主的亚洲地区的石油天然气勘探、生产和消费状况。【http://www.oilasia.com】

油气杂志 Oil & Gas Journal（OGJ） 世界油气工业的重要期刊，由美国彭韦尔出版公司出版。栏目有石油天然气工业的一般问题、勘探与开发、钻井与生产、加工、输送等。【http://www.ogj.com】

烃加工 Hydrocarbon Processing 美国海湾出版公司出版的一种刊物，1922年创刊。报道和评述世界碳氢化合物包括石油、天然气等各种石油化工产品的生产技术、方法及设备的进展。【http://www.Hydrocarbonprocessing.com】

欧亚油气杂志 Oil & Gas Eurasia 是俄罗斯发行面很广的油气技术与油气新闻杂志。【http://www.oilandgaseurasia.com】

化学周刊 Chemical Week 由Chemical Week Associates主办，编辑部设在美国纽约和英国伦敦。提供世界化学工业现况和发展趋势的信息，有主题论文、短讯、周内热点、业务与会议、建设项目、新闻通信等。【http://www.chemweek.com】

独联体油气杂志 CIS Oil&Gas 是GDS国际出版公司的出版物，覆盖俄罗斯油气勘探、开发与生产、管输、炼制等。【http://www.cisoilgas.com】

《石油的形成与成藏》Petroleum Formation and Occurrence 由B. P. Tissot和D. H. Welte合著，1978年由纽约柏林海德堡出版社出版。重点论述有机质转化为干酪根，然后又转化为石油天然气及成藏的形成机理。即“干酪根晚期热降解生烃”理论模式。在指导油气勘探中发挥了重大作用，成为油气地球化学发展的里程牌。

俄罗斯石油天然气网 Neftegaz.ru 用英文和俄文发表的信息网站，介绍俄罗斯联邦的石油天然气状况。【http://neftegaz.ru】

7.1 油砂与超重原油

油砂和超重原油都是油气藏在遭受破坏的过程中经次生变化而形成的固体或半固体物质。加拿大油砂和委内瑞拉超重原油是最重要的非常规石油资源。仅加拿大的阿萨帕斯卡油砂矿储量远比沙特阿拉伯境内的世界上最大的常规油田加瓦尔油田还要多。

油砂和超重原油迈过了价格和环境的准入门槛,支撑着北美洲能源市场,已经发展成为激励世界经济发展的重要能源。

沥 青

沥青 bitumen; asphalt 主要由碳氢化合物组成,也含有少量的氧、硫或氮的化合物。沥青主要可以分为煤焦沥青、石油沥青和天然沥青三种:

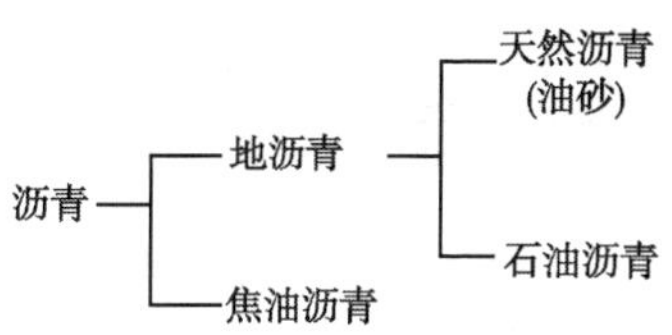

其中,焦油沥青是炼焦的副产品。石油沥青是原油蒸馏后的残渣。天然沥青则是油气藏在遭受破坏过程中经次生变化而形成的固体或半固体物质,储藏在地下,有的形成矿层或在地壳表面堆积。

天然沥青 natural bitumen; oil sands; bituminous sands; tar sands 也称"油砂"、"焦油砂",技术上更多称为"沥青砂"。天然沥青是油气藏在遭受破坏过程中经次生变化而形成的固体或半固体物质。原油形成后,在运移、聚集过程中,由于地壳运动的影响,在地壳表面或埋藏很深的岩层中,长期受到自由氧或热力的作用或由于物理分异作用,形成一系列与石油有关的衍生物,即天然沥青。

天然沥青的产出状态,可以是浓集的单独矿体,如美国犹他州的地沥青矿和南美洲特立尼达的地沥青湖,可作为矿藏单独开采。也可呈脉状、丘状、渗杂状、颗粒状和薄膜状等分散状态存在于地表或岩石孔隙和孔洞中,如中国克拉玛依的沥青丘。

天然沥青是复杂的有机混合物,没有固定的化学成分和物理常数,并且许多油矿物以过渡形式构成连续系列。

根据形成天然沥青的主导因素分类如下:

(1) 由于物理分异作用而形成的地蜡。它是在石蜡基石油和石蜡-环烷基石油运移过程中,因温度降低而结晶析出的,主要呈脉状产出或充填于岩石孔隙或裂缝中。

(2) 由于氧化作用形成的软沥青、地沥青、石油沥青。这是氧化程度由弱到强的一系列油矿物。是由半固态到具有明亮光泽的、硬度稍大的固态物。与原油相比,其特征是:碳含量相对增高,氢含量相对降低,非烃化合物相对增高。

(3) 由变质作用形成的碳质沥青、碳沥青、次石墨。这是变质深度由浅到深的一系列油矿物。它们的碳含量由88%到接近于100%,氢含量由6%~8%到接近于零。其光泽由明亮到金刚石光泽,硬度由1增至2~3。碳沥青、次石墨在任何有机溶剂中都不溶解。碳沥青只在二硫化碳中有少量溶解。

天然沥青除了具有开发的工业意义外,还是用来追溯、研究古油藏形成的重要矿物。

石油沥青 petroleum asphalt 是原油加

工过程的一种产品，即原油经蒸馏后的残渣。由石油残渣油、沥青或重油经焦化而制得的固体焦炭。在常温下是黑色或黑褐色的黏稠液体、半固体或固体。其元素组成基本上仍以碳、氢为主，主要含有可溶于三氯乙烯的烃类及含有氧、氮、硫等的非烃类衍生物，而非烃类的含量比石油高。其性质和组成随原油来源和生产方法的不同而变化。

石油沥青中的各组分是不稳定的。在阳光、空气、水等外界因素作用下，各组分之间会不断演变，即油分、树脂质会逐渐减少，沥青质逐渐增多，这一演变过程称为沥青的“老化”。沥青老化后，其流动性、塑性变差，脆性增大，使沥青失去防水、防腐蚀性能。

石油沥青用来制造电极、绝缘材料等，也可用作燃料。

焦油沥青 tar bitumen 是煤炼焦的副产品，即焦油蒸馏后残留在蒸馏釜内的黑色物质。它与精制焦油只是物理性质有区别，没有明显的界限。一般的划分方法是规定软化点在 26.7℃（立方块法）以下的为“焦油”，26.7℃以上的为“沥青”。

焦油沥青中主要含有难挥发的蒽、菲、芘等。这些物质具有毒性，由于这些成分的含量不同，焦油沥青的性质也因此不同。

温度的变化对焦油沥青的影响很大，冬季容易脆裂，夏季容易软化。加热时有特殊气味，加热到 260℃在 5h 以后，其难挥发的成分就会挥发出来。

焦油沥青色黑而具有光泽，呈液态、半固态或固态。黏结性、抗水性和防腐蚀性能良好。常用于铺筑路面；作为防水和防腐蚀材料；也用作制造炭素材料的原料等。

沥青质 asphaltene 指石油中不溶于非极性低分子正构烷烃而溶于苯的物质。沥青质外形为固体无定形物，黑色，相对密度大于 1。加热时不熔化，温度升高到 300~350℃以上时，分解为气态、液体产物及缩合结焦。沥青质集中于减压渣油中。

原油渗出 petroleum seep 指自然存在的液态烃或气态烃以低流速和低压逸散到大气和地面。这种渗出发生在有原油聚集的陆地或海洋。烃类沿着烃源岩的盖层破坏或裂缝窜出，在地面形成沥青坑。早在旧石器时代，人类已经认识。

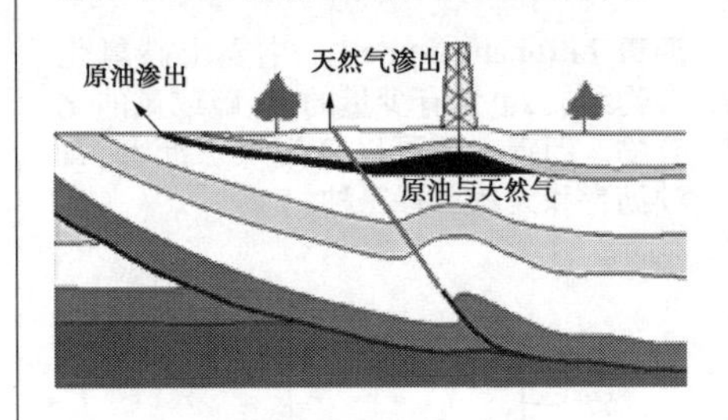

原油天然气渗出示意图

原油渗出表明：

（1）在地层有潜在的烃类资源，全球石油勘探通常利用渗出的指示。

（2）地层有裂缝，用于研究石油地质结构并评价石油系统。

（3）表明地质危险性：甲烷爆炸、硫化氢中毒、土壤和基岩退化。

（4）温室气体的天然排放源，即甲烷排放到大气。

沥青坑 asphalt pit/tar pit 又名“焦油坑”。是约 5000 万年前由海底生物腐烂后的残余物质所形成的，它们渗入岩层后，由于地层的移动而浮出地表，轻质组分蒸发掉，在凹陷地域形成坑。大的则为沥青湖。

沥青湖 asphalt lake; pitch lake 沥青湖的形成是由于古代地壳变动，岩层断裂，地下石油和天然气涌溢出来，经长期与泥沙等物化合而变成沥青，以后又不断地在海床上逐渐堆积和硬化，形成了如今的沥青湖。世界上最大的沥青湖是彼奇湖。

彼奇湖 Pitch lake 是世界上最大的自然沉积的沥青湖，位于拉贝亚，在特立尼达岛西南方。面积约有 0.4km²，湖深 75m，但是钻到 90～100m 深仍然都是沥青，所以深度没人确定，湖中沥青存量达 12Mt。

彼奇湖处于两个断层的交界处，深层的沥青被挤压上涌，经常有些史前动物化石涌现出来。

帕里亚湾 Gulf of Paria 加勒比海南部一海湾，位于特立尼达岛和委内瑞拉东北部海岸之间，北部通过龙口海峡与加勒比海相接，南部通过蛇口海峡通往大西洋，奥里诺科河即注入该湾。帕里亚湾是重要的石油和沥青产地。

地沥青湖 asphalt lake 具有大规模的固态或半固态地沥青的水平沉积，称为"地沥青湖"。它是因为位于其地下的大型油田被破坏后，沥青基原油中的轻质成分已大量逸散殆尽，其残留物再经氧化和聚合作用后而形成。

沥青的技术指标 bitumen technical index 沥青的性质和组成随原料来源和生产方法的不同而变化，它的三个主要成分沥青质、胶质和矿物油所占比例也不同，这将影响到使用范围。根据不同用途，对沥青的质量要求也不一样。沥青的技术指标繁多，实际应用中主要测定沥青的针入度和软化点等。

(1) 针入度。是以标准针在一定的荷重、时间及温度条件下垂直穿入沥青试样的深度来表示，单位为 1/10mm。非经另行规定，标准针、针连杆与附加砝码的合重为(100±0.1)g，温度 25℃，时间为 5 s。针入度越大，表示黏性越小，即沥青越软；反之则表示黏性越大，即沥青越硬。

石油沥青的牌号主要根据针入度、延度和软化点等指标划分，并以针入度值表示。同一品种的石油沥青材料，牌号越高，则黏性越小，针入度越大，塑性越好，延度越大，温度敏感性越大，软化点越低；反之，牌号越低。

(2) 软化点。在控制条件下对沥青试样进行加热，沥青逐渐变软，直至流淌的温度。软化点高，沥青的热稳性好。

分类标准

UNITAR 稠油和油砂分类标准 UNITAR standards on Heavy Crude and Tar Sands

UNITAR 是联合国培训与研究组织(United Nations Institute for Training and Research)的缩写。稠油和油砂是该组织关注的内容之一，并组织国际稠油和油砂会议(International Conference on Heavy Crude and Tar Sands)。

UNITAR 推荐的分类标准：

(1) 将原油黏度作为第一指标，将原油相对密度作为辅助指标。

(2) 原油黏度，采用脱气原油的黏度。

(3) 稠油黏度下限为 100mPa·s，上限为 10000mPa·s，超过 10000mPa·s 称为沥青。

UNITAR 推荐的分类标准

分类	第一标准	第二标准(60℉)	
	黏度/mPa·s	密度/(kg/m³)	API 度
稠油	10^2～10^4	934～1000	20～10
沥青	>10^4	>1000	<10

中国稠油分类标准 China's heavy oil classification standards 稠油是一种复杂的多组分的均质有机混合物，主要由烷烃、芳烃、胶质和沥青质组成。烷烃是石油中相对分子质量较小、密度较低的组分。芳烃是石油中相对分子质量中等、密度较大的组分。胶质和沥青质为高分子化合物，并含有硫、氮、氧等杂原子。尤其沥青质是原油中结构最复杂、相对分子质量最大、密度最大的组分。

稠油分类的标准：

(1) 将原油黏度作为第一指标，将原油相对密度作为辅助指标。以黏度为主的分类方法有利于石油生产，因为它表明了油藏中原油流动性及产油潜力大小。

(2) 原油黏度统一采用油藏温度下脱气油黏度，用油样测定。油层中的溶解气，可以降低原油黏度。稠油井井下取样非常困难。在取岩心或油样时，往往会损失地层中的溶解气。为了测定方便，采用脱气油样测定来分类。

(3) 稠油黏度下限为 100mPa·s，上限为 10000mPa·s，超过 10000mPa·s 称为沥青。

中国稠油分类标准

稠油分类			主要指标	辅助指标	开采方式
名称	类别		黏度/mPa·s	相对密度(20℃)	
普通稠油		Ⅰ	50*(或100)~10000	>0.9200	
	亚类	Ⅰ-1	50*~150*	>0.9200	先注水
		Ⅰ-2	150*~10000	>0.9200	热采
特稠油		Ⅱ	10000~50000	>0.9500	热采
超稠油/天然沥青		Ⅲ	>50000	>0.9800	热采

注：* 为油层条件下的黏度；没有 * 为油层条件下的脱气原油黏度。

油　砂

油砂 oil sands　即指“天然沥青”。是非常规石油沉积的一种类型。油砂是由沉积在浅海和湖沼中的腐泥转变而成的。它的原始物质除古代水生植物、孢子和花粉之外，还有若干动物质。在地壳不断下降和在深水缺氧的条件下，经厌氧菌的作用，使腐泥中的有机物质发生还原与分解反应，形成含有丰富碳氢化合物的沥青基原油，在运移过程中失掉轻质组分后的产物。

根据加拿大艾伯塔油砂发现中心(Oil Sands Discovery Centre)的数据，油砂中所含的烃类物质，可以是重油、固体沥青、轻油等，且烃类含量不低于 3%。

油砂的一般组成为：碳 83.2%、氢 10.4%、氧 0.94%、氮 0.36%、硫 4.8%。

世界能源理事会(WEC)沿用的油砂定义是：油砂是指原油重度小于 10API 度和在储层温度的条件下黏度大于 10000mPa·s 的石油。

油砂是黏土、石沙、水和地沥青的混合物。对于小部分处于表层的油砂，可以直接运到工厂加工，但对于大部分地表深层的油砂矿，必须要通过向地下注入高压蒸汽使沉积物液化，再将它提升至地面。

约 2t 油砂才能提炼出 1bbl 原油，现代非常规石油生产至少有 10% 来自油砂，约有 $270\times10^8m^3$(1700×10^8bbl)。

油砂资源量 oil sands resource　根据世界能源理事会(WEC)2010 年引用美国地质勘测局(USGS)的报道，23 个国家中的 598 个沉积层中都有油砂，其中最大的沉积分别在加拿大、哈萨克斯坦和俄罗斯联邦。

世界油砂资源量

（单位：10^6bbl）

国　家	地质总储量	已发现的地质储量	原始可采储量
加拿大	2434221	1731000	176800
哈萨克斯坦	420690	420690	42009
俄罗斯	346754	295409	28380
世界总计	3328598	2511326	249670

注：1bbl=0.159m^3。

国际能源署（IEA）估计，加拿大油砂的原始可采储量为 178000×10^6 bbl（$2.83\times10^{10}m^3$）。

加拿大草原三省 Canadian prairies 是一个位于加拿大中部和西部的地域，一般泛指艾伯塔、萨士卡川和曼尼托巴。草原三省的艾伯塔盛产焦油砂。

艾伯塔省油砂矿床 Alberta oil sands deposits 是世界上最大的油砂沉积层。艾伯塔省油砂矿床有四个大矿床：阿萨帕斯卡（Athabasca）、和平河（Peace River）、冷湖（Cold Lake）和沃帕斯卡尔（Wabasca），其总资源量估计为（1.7～2.5）$\times10^{12}$bbl。其中阿萨帕斯卡尔油砂矿是加拿大艾伯塔省最大的且最容易获得的沥青资源，它在面积为 30000km^2 区域富集了 1×10^{12} bbl 沥青。（注：1bbl=0.1364t）

阿萨帕斯卡油砂矿藏 Athabasca oil sands 是世界上最大的油砂矿藏，位于加拿大艾伯塔省东北部，集中在麦克默里堡。

1848 年发现，1967 年开始开采，矿区面积 $1.41\times10^5km^2$，砂岩多为淡水及半咸水相，属白垩系，矿藏埋藏深度 0～750 m。油砂可采储量 0.17×10^{12}bbl（$27\times10^9m^3$），其中深度小于 120m 的适宜露天开采储量为 $7.3\times10^9m^3$。深度 120～750m 的矿藏采用钻井注蒸汽开采。【http://www.atha.com】

麦克默里地层 McMurray formation 是在加拿大西部沉积盆地中形成的白垩纪时代的一个地层单位，以麦克默里堡（Fort McMurray）地名命名。1917 年 F. H. McLearn 首次描述麦克默里地层。阿萨帕斯卡油砂来自麦克默里地层，采用露天采矿，地表下采用蒸汽辅助重力泄油法（SAGD）技术。

和平河油砂矿藏 Peace River oil sands 是加拿大艾伯塔省四大油砂沉积之一。和平河位于艾伯塔省西北部。

阿萨帕斯卡油砂矿接近地表，可以露天开采，并在中心位置加工，而和平河油砂矿埋得很深，采用注入过热蒸汽就地加热，降低沥青黏度，使其抽出到地面。

冷湖油砂矿藏 Cold Lake oil sands 是靠近艾伯塔省冷湖的最大的油砂矿沉积。冷湖油砂沉积低，不适合露天开采，而是采取钻井开采。

沃帕斯卡尔油砂矿藏 Wabasca oil sands 是加拿大艾伯塔省四大油砂矿之一。位于最大的阿萨帕斯卡油砂矿藏的西南部。

梅尔维尔岛油砂矿藏 Melville Island oil sands 梅尔维尔岛是加拿大北极群岛主要岛屿之一，面积 42149km^2，无常住人口。20 世纪上半叶，已经确认梅尔维尔岛有很大的石油天然气资源沉积，并有油砂、煤和油页岩沉积。

梅尔维尔岛有加拿大北极群岛中的最大的油砂沉积。1961 年加拿大在梅尔维尔岛开发石油沉积。1962 年在玛丽湾地区勘探石油发现油砂沉积。

加拿大西部沉积盆地 Western Canada Sedimentary Basin（WCSB） 是加拿大西部巨大的盆地，沉积盆地面积为 $1.4\times10^6km^2$，包括马尼托巴省西南部、萨斯喀徹温省南部、艾伯塔省、不列颠哥伦比亚省东北部和西北地区的西南角。

20 世纪 90 年代加拿大西部沉积盆

地天然气生产快速增长，十年间增加60%。艾伯塔省占加拿大天然气生产总量的80%。

加拿大西部沉积盆地是世界上油砂蕴藏最多的地区，也是页岩气储量最多的地区。

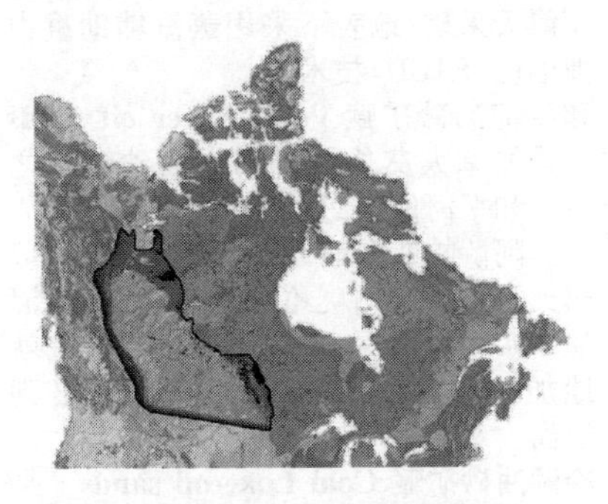

加拿大西部沉积盆地轮廓图

梅尔克维莱佩谢尔布龙市镇 Merkwiller-Pechelbronn 位于法国东北部下莱茵省是世界上最早开采油砂的地方。

1745年开始开采，1857年建立了现代化油砂炼厂，同时开办了第一所石油技术学校。佩谢尔布龙油田一直开采到1970年。

卡尔·克拉克 Karl A. Clark （1888~1966年）是加拿大化学家和油砂研究的先驱，20世纪石油工业的杰出人物。在美国伊利诺大学获化学博士学位，教授。1925年在艾伯塔研究理事会从事研究工作，用热水从油砂中提取石油获得成功，1929年取得专利。目前基本上仍然采用此方法。

超重原油

重油 heavy oil 指在地质盆地边缘发现的并用常规方式开采的沥青质致密黏性原油。

按地理分布，西半球拥有全球重油技术可采储量的69%，而东半球拥有全球轻质石油的85%。

世界各地区重油和油砂的技术可采资源量

（单位：Mt）

地　区	重油	油砂
北美洲	4770	7243
南美洲	36300	10
欧洲	680	20
非洲	960	5870
中东	10640	0
亚洲	4090	5870
俄罗斯	1770	4640
世界总计	59200	88800

为了维持商业井开采速度，必须采用过热蒸汽喷注以降低重油黏度。每3~4t超重原油输送需要1t稀释剂。超重原油在作为炼油厂原料前，必须化学裂解。

原油沥青 crude bitumen 是天然存在的黏性混合物，主要是比戊烷重的烃类，含有硫。原油沥青由于天然呈黏性状态，不能自然流入井筒。

合成原油 synthetic crude 是油砂或超重原油经由油砂升级衍生得到的类似原油的烃类混合物。也可用油页岩热解生成的页岩油。

合成原油的性质取决于升级加工过程。加工后的产品称为“升级原油”，一般含硫低，重度约为30 API度。合成原油是非常规石油经升级为中间产品以便于运输。然后，合成原油装运到炼油厂，进一步加工成最终产品。

合成原油作为稀释剂与重油混合，混合后的液体称为“synbit”。Synbit比合成原油更黏性，但可以廉价地将重油输送到常规炼油厂。

合成原油加拿大公司（Syncrude Canada）、森科尔能源公司（Suncor

Energy Inc.)和加拿大天然资源有限公司(Canadian Natural Resources)是世界上最大的合成原油生产商。

奥里诺科河 Orinoco 南美洲主要河流之一,全长 2410km,流域面积 88×10^4 km^2。奥里诺科河河口地区是重要的石油和沥青产区。

奥里诺科重油带 Orinoco Belt 是委内瑞拉奥里诺科河盆地东部南边的条状地带。从东到西 600km,从北到南 70km,其面积为 $55314km^2$。奥里诺科重油带由储量巨大的超重原油(油砂)组成,即奥里诺科油砂或奥里诺科焦油砂。

奥里诺科油砂是世界上最大的油砂储层,仅次于加拿大艾伯塔省阿萨帕斯卡油砂矿。委内瑞拉非常规石油沉积约 1.9×10^{11} m^3,主要在奥里诺科重油带,估计相当于世界常规石油可采储量。

委内瑞拉国家石油公司估计,奥里诺科重油带可采储量为 3.74×10^{10} m^3。2009 年美国地质勘测局增加了估计技术可采储量为 8.16×10^{10} m^3。

目前,奥里诺科重油带划分为四块开发生产区,其面积约为 $11593km^2$。

奥里油 Orimulsion 全称“奥里乳化油”。是委内瑞拉国家石油公司(PDVSA)注册的商标。一种专用于燃烧发电的乳化油,因主要的原料——奥里诺科沥青(环烷基超重质原油)产于委内瑞拉奥里诺科河流域。其成分是70%奥里诺科沥青,30%水。制作方法是在沥青和水中加入乳化剂,使用机械混合成水包油的乳化液。

油砂和重油可采储量 oil sands and heavy oil reserves 加拿大油砂和委内瑞委内瑞拉奥里诺科重油带的可采储量约占世界石油总可采储量的 1/4。委内瑞拉奥里诺科重油带 2013 年起才开始开发。其重油可采储量见下表。

加拿大和委内瑞拉非常规石油的变化

(单位:Gt)

年份	加拿大油砂		委内瑞拉奥里诺科重油带可采储量
	可采储量	开发量	
2007	24.7	—	—
2008	24.5	—	—
2009	23.3	—	—
2010	23.3	—	—
2011	27.5	4.2	35.3
2012	27.3	4.2	35.3
2013	27.3	4.2	35.4

登录 http://www.bp.com,进入《Statistical Review of World Energy》,依次点击《Review by energy type》、《Oil》、《proved reserves》的下方,可查阅以后年份数据。

开采方式

采油方法 oil well production methods 靠油藏本身或人工补给的能量把石油从井底举升到地面的方法。

19 世纪 50 年代末出现了专门开采石油的油井。早期油井很浅,用吊桶汲取,后来井深增加,采油方法逐渐复杂,分为“自喷采油法”和“机械采油法”两类。

在非常规石油生产中,由于地层压力低,从致密油、浅层油砂和重质原油生产原油,均采用机械采油法井口出油。

机械采油法 mechanical oil production method 亦称“人工举升采油法”。对不能自喷的油井靠人工补充能量将原油举升到地面的采油方法。

按举升原油的方式可分为:

(1) 气举采油法。补充高压气源以形成人工自喷井;

(2) 深井泵抽采油法。简称“泵抽采油法”。分有杆泵(抽油杆作为传递能量工具）和无杆泵（用电缆或动力液作为传递能量工具）。无杆泵又分活塞泵、电缆轴流泵、射流泵等。每种机械采油法各有其适用范围。

油砂矿开采 oil sands production　油砂是黏土、石砂、水和地沥青的混合物。对油砂矿的开采，浅层的可采取就地露天开采的方法，深层矿脉必须附设地下开采设备。因此，开采油砂矿可分为：露天开采和钻井开采。

对油砂矿地下开采通常使用热采、冷采和化学药剂法。热采法又细分为：蒸汽吞吐、蒸汽驱和火烧油层等方法。

露天开采 open - pit mining; open - cut mining; opencast mining　从敞露地表的采矿场采出有用矿物的过程。当矿体埋藏较浅或地表有露头时，应用露天开采最为优越。

露天开采可分为热碱水抽提、热碱水结合表面活性剂抽提、有机溶剂抽提和焦化法。

露天开采主要包括穿孔爆破、采装、运输和排土。首先除去草、土壤和岩石等杂物，挖掘机铲出油砂，再用 400 t 大型运输车运至加工厂。收集油砂后，再用加入温水（或其他溶剂）的萃取方法移除砂，然后加以搅拌将沥青分离出来。

与地下开采相比，优点是资源利用充分、回采率高、贫化率低，适于用大型机械施工，建矿快，产量大，劳动生产率高，成本低，劳动条件好，生产安全。缺点是需要剥离岩土，排弃大量的岩石，尤其较深的露天矿，往往占用较多的农田，设备购置费用较高，故初期投资较大。此外，露天开采，受气候影响较大，对设备效率及劳动生产率都有一定影响。

加拿大艾伯塔省的油砂约 90% 采用露天开采，加拿大阿萨巴斯卡的油砂矿早在 1967 年就已进行商业性开采。

钻井开采 drilling mining　指开采较深的沉积层需经由垂直井或水平井注入蒸汽，这样可以在地底下的储存区将沥青从砂中分开来，然后将液体泵送至地面上，再做进一步处理。

稠油开采 viscous crude production　在地层条件下，黏度高、密度大的原油，称为“稠油”。

稠油流动阻力大，从油层流入井筒或从井筒举升到地面都很困难。对于已流入到井筒中的稠油，采用降黏法或稀释法；对于油层中的稠油，采取热力开采法采出。

泵抽冷流技术法 cold flow　只是将油层中的油用螺杆泵简单地抽出。但前提条件是工作井所处油层应有足够的流动性，如委内瑞拉超重油层温度为 50℃，其次还有加拿大艾伯塔省沃巴斯卡油砂、冷湖油砂和和平湖南部油砂等。其优点均是开采成本低，就地油回收率可达 5%~6%。

冷重油砂蚓孔生产技术 cold heavy oil production with sand (CHOPS)　从难以提取重质原油的疏松储层提高采收率的一种方法，是“泵抽冷流技术法”的改进。

泵出的重质原油在油砂层形成“蚓孔”网络，再从地面注入溶剂使其重质原油溶解，再使用“泵抽冷流技术法”，让更多的原油进入井眼，其优点是回收率提高 10%。在加拿大有数千口井在疏松储层采用此法。

冷重油砂蚓孔生产技术

热力采油法 thermal recovery method 指向油藏注入热流体或使油层就地发生燃烧形成移动热流，将重质原油开采出来的方法。即主要靠利用热能降低原油黏度，以增加原油流动能力的方法。

地下热力采油法可分为：蒸汽注入法（又分为蒸汽吞吐法和蒸汽驱）、火烧油层法。

蒸汽注入法 steam injection 是提取重质原油的常见方法。它是一种提高油收率的方法，是原油储层热增产的主要类型。

蒸汽注入法有几种不同的类型，但主要的有两种：蒸汽吞吐法和蒸汽驱。两者都常用于埋深浅和黏度大的原油储层。在美国加利福尼亚州圣华金河谷、加拿大艾伯塔省北部油砂矿和委内瑞拉马拉开波湖地区广泛应用。

蒸汽注入法在提高油收率的同时，蒸汽清洗了井筒。在这种情况下，当蒸汽进入蒸馏出原油中的轻烃，并因蒸汽降低了界面张力，石蜡和沥青涌到岩石表面，清除了被束缚的油。

蒸汽吞吐技术 huff and puff technology 是一种相对简单和成熟的注蒸汽开采油砂的技术。

蒸汽吞吐原理是加热近井地带原油，使其黏度降低，当生产压力下降时，为地层束缚水和蒸汽的闪蒸提供气体驱动力。该工艺技术施工简单、收效快。

实施蒸汽吞吐的关键是加入注入剂，注入剂主要有天然气、溶剂（轻质油）及高温泡沫剂（表面活性剂）。

蒸汽吞吐技术的发展主要在于使用各种助剂改善吞吐效果。

蒸汽驱 steam flooding 是稠油油藏经过蒸汽吞吐采油之后，为进一步提高采收率而采取的一项热采方法。因为蒸汽吞吐采油只能采出各个油井附近油层中的原油，在油井与油井之间还留有大量的死油区。蒸汽驱即由注入井连续不断地往油层中注入高干度的蒸汽，蒸汽不断地加热油层，从而大大降低了地层原油的黏度。注入的蒸汽在地层中变为热的流体，将原油驱赶到生产井的周围，并被采到地面上来。采收率一般为18%~26%。

蒸汽循环增产法 cyclic steam stimulation (CSS) 是蒸汽吞吐技术的拓展。通过注入高压蒸汽，加热地层，降低沥青的黏度，使其流动。其方法是：

(1) 注入蒸汽。通过垂直井筒注入高压蒸汽；

(2) 关井浸泡。接着关闭油井数周或数月，以便在300~340℃的温度下充分地热浸泡地层；

(3) 开井生产。然后再休整一段时间，重复操作。

注入的高压蒸汽除了加热地层外，还可以在储层中产生裂缝，改善流体的流动状况。为了防止蒸汽的热量散失到油层上部的井筒周围，需要有一套隔热管柱。因井筒和井口要承受高温、高压，要求有特殊的完井方法。

蒸汽循环增产法是目前大规模工业化应用的热采技术，其机理主要是降低油砂层中原油的黏度，提高原油的流度。优点是回收率可达20%~25%，缺点是注入蒸汽的成本太高。

蒸汽辅助重力泄油法 steam assisted gravity drainage (SAGD) 浅层稠油地层的一种强化采油法。其机理是采用水平分支井，向井中注入蒸汽，蒸汽向上超覆在地层中形成蒸汽腔，蒸汽腔向上及侧面扩展，通过多孔介质与油砂层中的原油接触并发生热交换，然后逐渐冷凝，加热后的原油和蒸汽冷凝水靠重力作用，在重力驱替下泄向生产井（或水平井）并经由生产井产出。

蒸汽辅助重力泄油与水平井技术相结合被认为是近10年来所建立的最著名的油藏工程理论。

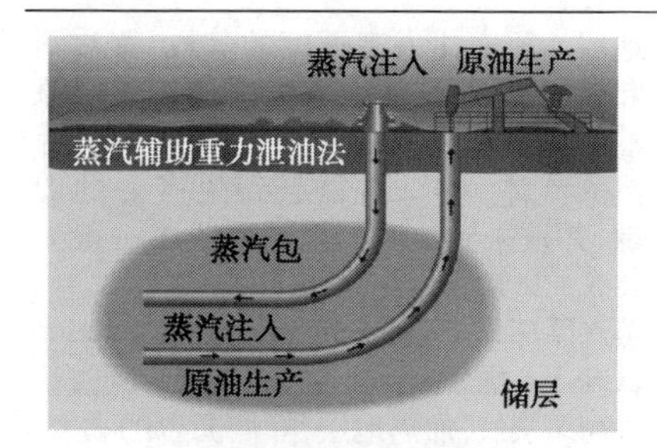

蒸汽辅助重力泄油法

蒸汽辅助重力泄油法比蒸汽循环增产法开发成本低，而且产油率高，回收率可达 60%。

由于蒸汽辅助重力泄油法在经济上的可行性，适用于大面积的油砂开发。这种开采方法使北美石油储备翻了两番，并使加拿大在世界石油可采储量中居世界第三位。

蒸汽提取法 Vapor Extraction Process (VAPEX) 类似蒸汽辅助重力泄油法(SAGD)，只是取消蒸汽而采用溶剂。是一种深层开采技术，适合从高黏度的重质油和沥青回收的资源。蒸发的烃溶剂用于降低黏度，稀释原油并排出。在没有产生蒸汽的能源或缺水的地区，这种溶剂萃取法是有利的。

采用蒸发的烃类溶剂可以是气体如甲烷、二氧化碳、丙烷、丁烷，也可以是液体。混合比例则根据储层和岩性而定。溶剂注入井的上部，以稀释油砂，油砂中较轻的组分被注入的溶剂抽提出来，形成的稀释液其流动性比原油和沥青更好，因而使得沥青流入井下部而油浮于上部。

该方法的优点是所需设备便宜、操作简单，能量消耗低，比蒸汽注入法的能源效率高，环境污染小，就地升级，投资少，油层适用范围广。

联合回收法 combined recovery methods 蒸汽循环增产法(CSS)、蒸汽辅助重力泄油法(SAGD)和蒸汽提取法(VAPEX)这三项是提取油砂和重质原油的常用技术，但彼此并不是孤立使用，通常在生产周期中，先采用 CSS 法关井浸泡地层一段时间，然后再采用 SAGD 或 VAPEX 方法，以改进收率和降低生产成本。

电热法 electric heating method 用井下电炉加热油层来降低原油黏度的方法。此法耗电量大，加热井筒周围地层的范围有限，工艺复杂，应用范围小。

火烧油层法 in-situ combustion 用电热法或化学方法使油层温度达到原油燃点，并向油层注入空气或氧气使油层原油持续燃烧的一种热力采油法。

该法适用于开采高黏度稠油或沥青砂。其优点是可把重质原油开采出来，并通过燃烧部分地裂解重质油分，采出轻质油分。这种方法的采收率很高，可达 80% 以上。它的难点是实施工艺难度大，不易控制地下燃烧，同时高压注入大量空气的成本昂贵。

注空气火烧油层技术 toe to heel air injection(THAI) 注空气火烧油层技术按字面翻译为“脚趾脚跟空气喷射”。这是一项重力辅助的火烧油层工艺，并结合了水平井先进技术以获得很高的回收率；通过热裂解实现原地深层提高原油品位、开采出改质的原油。实施 THAI 过程点燃储层中的油，创建了燃烧的垂直壁，从水平井“脚趾”朝向垂直燃烧油砂层推移，油砂层不断裂解出轻组分的油流，涌向生产井“脚跟”产出。
该工艺利用重力稳定性原理限制向狭窄的可流动区域泄油，这样就可以使已经处于流动状态的流体直接进入生产井的裸露井段。在生产中使用较少的淡水，并使温室气体排放减少约 50%。虽然目前还处于试验阶段，但已经可以控制地实施，并且不需要额外的能源就可以获得蒸汽。

火驱架空重力泄油 combustion overhead

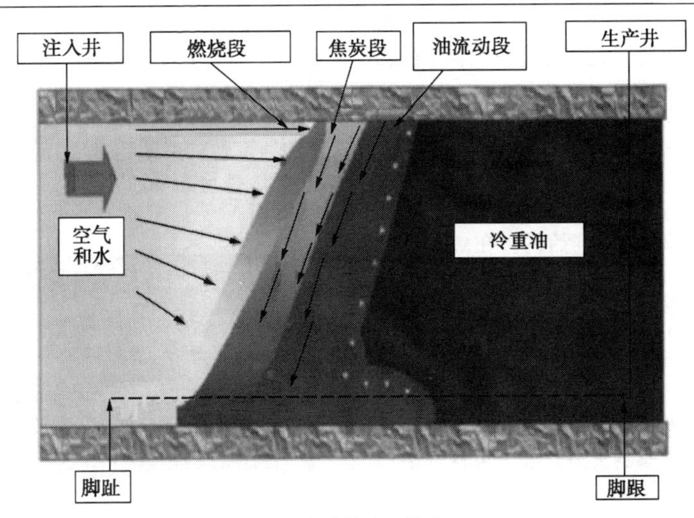

注空气火烧油层技术

gravity drainage(COGD) 在油砂层的水平生产井上面的注入井,注入大量空气让其垂直进入井中,在一定的部位点火,使其燃烧,最初的蒸汽循环类似于蒸汽循环激励法,利用燃烧产生额外的热量将油砂层加热,达到将油采出的目的。

采用火驱架空重力泄油法开采高黏度稠油或油砂层,其优点是能够把重质原油开采出来,通过燃烧使部分重质油分裂解,采出轻质油分。这种方法的采收率很高,可达80%以上。与蒸汽辅助重力泄油法比较,估计火驱架空重力泄油将节约80%的水。其难点是实施工艺难度大,不易控制地下燃烧,而且高压注入大量空气的成本太高。

稠油处理工程 thickened oil processing project 指为促进稠油油田开发,以短距离管输稠油为原料的加工工程,包括稠油的一次加工和为提高油品收率、质量而建设的二次加工装置及相应的生产配套设施。

磁采油技术 magnetic oil production technology 利用永磁性材料产生磁场,让原油经过磁场处理,降低黏度和凝固点,提高流动性,降低原油在油管中的流动阻力,从而提高油井的产量。

降黏法 reduction viscosity method 在水中加入一定量的水溶性环氧乙烷、环氧丙烷、十二醇醚、烷基苯磺酸钠等活性剂,配成活性水溶液,按一定的比例注入井内,靠机械作用使活性水溶液与井内的稠油形成不稳定的、黏度较低的水包油乳化液,再用常规的方法开采。降黏法仅适用于开采在地温下可流入井筒但无能力举升到地面的稠油。

稀释法 dilution method 向井内注入一定量的稀油与井筒内的稠油互溶,以降低稠油的黏度,即可用常规的方法开采。稀释法仅适用于开采在地温下可流入井筒但无能力举升到地面的稠油。适用于有稀油资源的地区。

产品升级 upgrading 指重油或油砂经加工转化为合成原油的过程。

运 输

管道运输 pipeline transportation 是一

种以管道输送货物的方法，而货物通常是液体或气体。凡是在化学上稳定的物质都可以用管道运送。

管道运输是输送石油天然气最经济的重要途径。现代管道运输始于19世纪中叶，1865年在美国宾夕法尼亚州建成第一条原油输送管道，但管道运输的发展是从20世纪开始的。在二次大战后，随着石油工业的迅速发展，各产油国开始大量修建油气管道。

管道长度 length of pipelines　指报告期内石油天然气管线的长度。

每隔2~3年在《美国中央情报局世界实用年鉴(The World Factbook)》上报道124个国家的管道长度。可在网络上查阅，登录 http://www.cia.gov，在搜索框内输入"pipelines"即可查询；也可登录谷歌网，在搜索框内输入"List of countries by total length of pipelines"查阅。

超重原油管线 extra heavy crude pipelines　指重油和超重原油的输送管道。来自井口的重油和超重原油输送到炼油厂越来越重要，其原因是世界上石油产量需靠它们来提升。这种石油以API重度低(< 20)和黏度高(在298.15 K为> 10^3mPa·s)为特征，导致难以通过管道流动。

对于轻质和中质原油，可用常规技术管输，但重油和超重原油由于高黏度、沥青质和石蜡沉积，并增加地层水、盐度和腐蚀问题，使得输送显得很困难。因此，必须采用减少黏度和管壁摩擦的技术。

目前世界上超重原油管线集中在南美洲，因为南美洲富产重质原油。超重原油管线主要在：厄瓜多尔527km、秘鲁786km、委内瑞拉981km。

Synbit　一般是指50%沥青和50%合成原油(是由油砂升级衍生得到的类似原油的烃类混合物)的掺混物。为了符合管输黏度和密度的规定，洁净的原油沥青必须与合成原油掺混，以利于管输要求。

矿山卡车 mining trucks　在开采油砂矿和油页岩矿中使用的专用卡车，也是世界上载重最大的卡车。一般载重为400t。

世界上最大的载重卡车

组织机构

彭比纳研究所 Pembina Institute　其宗旨是关注油砂开采，通过研究、教育、咨询和宣传，寻求可持续发展的未来能源。设在加拿大艾伯塔省卡尔加里。【http://www.pembina.org】

油砂咨询委员会 Oil Sands Multi－stakeholder Committee(MSC)　为开采加拿大艾伯塔省的油砂而成立的公共咨询单位，其中有专家小组进行特殊咨询。设在艾伯塔省埃德蒙顿。

油砂发现中心 Oil Sands Discovery Centre　该中心设在加拿大艾伯塔省麦克玛瑞。呈现世界上最大的石油沉积物—油砂，展示了发现史、科学史和技术开发史。【http://www.oilsandsdiscovery.com】

加拿大重油协会 Canadian Heavy Oil Association(CHOA)　1985年成立，设在艾伯塔省卡尔加里。其宗旨是为油砂和重油工业提供适用技术、教育和论坛。【http://www.choa.ab.ca】

OTS 重油科学中心 OTS Heavy Oil Sci-

ence Centre(LloydminsterHeavyOil) 加拿大专门从事重油研究的中心,设在劳埃德明斯特。任务是技术和操作现场问题讨论的论坛,促进石油天然气工业技术人员和操作人员的友好合作,并与其他协会和学会协作。【http://www.lloydminsterheavyoil.com】

油砂安全协会 Oil Sands Safety Association(OSSA) 由加拿大合成油、太阳能、油砂等公司和加拿大天然资源局以及各地方的承包商、教育单位等组成。关注油砂开采的安全供应和安全生产等问题。是非营利性组织,设在艾伯塔省麦克默里堡。【http://www.ossa-wb.ca】

GSI 能源公司 GSI Energy, Inc.(GSI) 美国朝向能源独立而开发运输化石燃料的公司,设在科罗拉多州大章克辛。

开发地下气化技术从北美洲储量丰富的油页岩、油砂和重质原油中回收石油天然气,如欧门尼页岩干馏法(Omnishale process)。开发技术与环境和谐,可持续及经济有吸引力,使美国降低石油进口量。【http://www.gsienergy.com】

艾伯塔省研究局 Alberta Research Council(ARC) 是加拿大政府资助的艾伯塔省应用研究和技术开发单位,1921年成立。1921~1940年进行地质勘查和能源资源研究包括煤和油砂研究。40年代由卡尔·克拉克(Karl A. Clark, 1888~1966年)研究油砂的提取。2010年1月更名为艾伯塔省创新技术和未来技术所。【http://www.albertatechfutures.ca】

油砂开发集团 Oil Sands Developers Group(OSDG) 专注于阿萨帕斯卡地区油砂开采研究和出版集团,非营利性的工业资助的组织,设在加拿大艾伯塔省姆默里市。【http://www.oilsandsdevelopers.ca】

阿萨帕斯卡油砂公司 Athabasca Oil Corporation 是加拿大的一个石油公司,专注于加拿大艾伯塔省北部阿萨帕斯卡地区常规石油和油砂资源的可持续性开采。【http://www.atha.com】

加拿大油砂有限公司 Canadian Oil Sands Limited 是从艾伯塔省北部阿萨帕斯卡地区开采油砂矿合成原油的公司,1978年开始生产。【http://www.cdnoilsands.com/】

合成原油加拿大公司 Syncrude Canada Ltd. 是世界上最大的从油砂生产合成原油的公司之一,也是加拿大最大的油砂生产公司。设在埋有阿萨帕斯卡油砂矿藏的麦克默里堡。额定生产能力为$5.6\times10^4m^3/d$($3.5\times10^5bbl/d$)油,相当于加拿大消费量的13%。约有$8.1\times10^8m^3$(5.1×10^8bbl)探明储量。目前该公司在阿萨帕斯卡油砂矿藏有3处81个租赁地,可供90年开采。【http://www.syncrude.ca】

阿尔边油砂能源公司 Albian Sands Energy Inc. 是加拿大苔藓河油砂矿的生产商,位于艾伯塔省麦克默里堡北面75km处。总部设在艾伯塔省卡尔加里市壳牌塔。苔藓河的油砂矿资源是阿尔边海的遗留物,资源丰富。苔藓河油砂矿满负荷生产可日产达$2.46\times10^4m^3$呈半固态的原油。【http://www.albiansands.com】

森科尔能源公司 Suncor Energy Inc. 是加拿大的综合性能源公司,也是世界上最大的从油砂生产合成原油的公司之一。1917年成立,设在艾伯塔省卡尔加里,雇员13000人。该公司最大的特点是从油砂制取合成原油。【http://www.suncor.com】

日本加拿大油砂有限公司 Japan Canada Oil Sands Limited(JACOS) 1978年成立,设在加拿大艾伯塔省卡尔加里,采用蒸汽吞吐法从油砂中提取石油。【http://www.jacos.com】

7.2　油页岩与页岩油

按干酪根熟化的程度，烃源岩又分为未成熟的烃源岩（即油页岩）和成熟的烃源岩（即页岩油）。页岩油是从富含干酪根的油页岩中提取的，产油率高于 4 % 的油页岩，称为“油页岩矿”。因为油页岩不含原油而含干酪根，为了获得石油必须加热干馏，使生油的有机前体——干酪根转化为页岩油，因此，页岩油属于人造石油的一种。

由于油页岩含不同的化学组分，随干酪根含量和提取技术的不同，定义页岩油储量很困难。页岩油提取的经济可行性很大程度上取决于常规石油的价格，即页岩油价格高于常规石油价格，就没有经济价值。

油页岩干馏技术繁多，但仍然以地面干馏为主。页岩油生产国主要是中国、爱沙尼亚、巴西和澳大利亚。

油页岩

富含有机质的沉积岩 organic-rich sedimentary rocks　是沉积岩的一种特殊类型，含有大于 3% 的有机碳。最常见的类型有煤、褐煤、油页岩或黑页岩。有机碳可以浸染整个岩石，使岩石呈均匀的黑色，或以离散形式存在于油砂、沥青、石油、煤或含碳物质之中。富含有机质的沉积岩是生成烃类的烃源岩。

在自然界中富含有机质的沉积岩层可以分为三大类：腐殖煤、油页岩及沥青浸渍岩石。

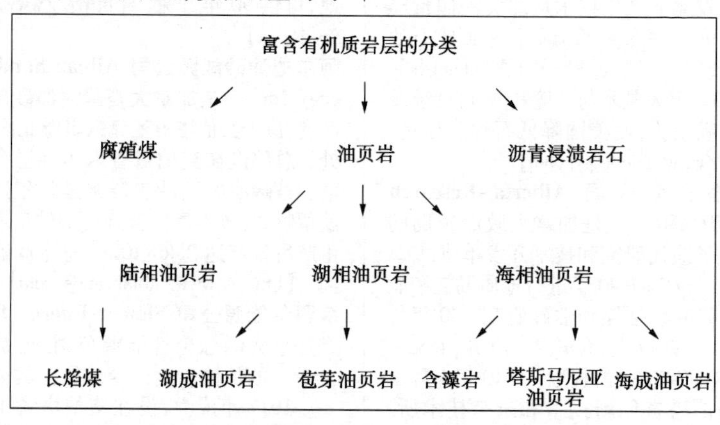

富含有机质的岩石分类

油页岩 oil shale; kerogen shale　或称“干酪根页岩”。是一种富含有机质、具有微细层理、可以燃烧的细粒沉积岩。油页岩中绝大部分有机质是不溶于普通有机溶剂的成油物质，俗称“油母”。因此，又称为“油母页岩”。油页岩的含油量一般为 4%～20%，有的高达 30%，可以直接提炼石油。

油页岩的用途主要有三种：

（1）干馏制取页岩油及相关产品。将油页岩打碎并加热至 500℃ 左右，可以得到页岩油。通常称页岩油为“人造石油”。一般 1t 油页岩可提炼出 38～378 L（相当于 0. 3～3. 2 bbl）页岩油。页岩油加氢裂解精制后，可获得汽油、煤油、柴油、石蜡、石焦油等多种化工产品。

(2) 油页岩作为燃料用来发电、取暖和运输。利用油页岩发电的方式有两种：

① 直接把油页岩用作锅炉燃料，产生蒸汽发电；

② 把油页岩低温干馏，产生气体燃料，然后输送到内燃机燃烧发电。

目前普遍采用前一种方式。其次，可以利用油页岩燃烧供暖。再次，可以利用油页岩燃烧带动发动机，用于长途运输。

(3) 生产建筑材料、水泥和化肥等附加品。油页岩干馏和燃烧后的页岩灰用于生产水泥、砖等建筑材料。

油页岩矿 oil shale mine 是一种能源矿产，属于低热值固态化石燃料，归属于腐泥燃料类。世界上常以每吨能产出0.25bbl(即0.034 t)以上页岩油的油页岩或者将产油率高于4%的油页岩，称为“油页岩矿”。

油页岩矿是富含有机质的沉积岩，含有大于3%的有机碳。最常见的类型有煤、褐煤、油页岩或黑页岩。有机碳可以浸染整个岩石，使岩石呈均匀的黑色，或以离散形式存在于油砂、沥青、石油、煤或含碳物质之中。富含有机质的沉积岩是生成烃类的烃源岩。

油页岩没有明确的地质学定义及特定的化学式，其矿层也不一定有分隔的边界。

油页岩的矿物组成、时代、油母质类型及沉积史等亦存在多种情形。油页岩与沥青岩类(焦油砂与油层岩)、腐殖煤及炭质页岩都不相同。

油页岩的组成一般如下：

(1) 无机基质。石英、长石、黏土(主要是伊利石和绿泥石)、碳酸盐(方解石和白云石)、黄铁矿和其他；

(2) 沥青。能溶于二硫化碳(CS_2)；

(3) 干酪根。不溶于二硫化碳。

有些油页岩还含有铀、铁、镍、钒、钼等。

在烃源岩中，未成熟的称为“油页岩”，而成熟的称为“页岩油”。

油页岩工业 oil shale industry 指开采和加工油页岩的工业。即从含有大量干酪根(即有机化合物的混合物)的油页岩制取液态烃。

17世纪初开始开采矿石，随后油页岩已经工业应用。自19世纪以来，已经利用油页岩的油含量并作为发电的低品位燃料。除非国家有特别多的油页岩沉积，否则用于发电并不普遍。同样，油页岩作为生产合成油的来源，被视为增加国内石油生产以减少依赖进口的一种解决方案。

中国和爱沙尼亚的页岩油产量占世界总产量的很大比例，德国和俄罗斯也有发展。

油页岩地质

沉积岩 sedimentary rocks 又称为“水成岩”。组成地球岩石圈有三种岩石：沉积岩、岩浆岩和变质岩。其中，沉积岩对化石燃料最为重要。

沉积岩处于地表，将其他岩石的风化产物和一些火山喷发物，经过水流或冰川的搬运、沉积、成岩作用形成的岩石。在地球地表，有70%的岩石是沉积岩，但如果从地球表面到16km深的整个岩石圈算，沉积岩只占5%，因此沉积岩是构成地壳表层的主要岩石。沉积岩主要包括有石灰岩、砂岩、页岩等。沉积岩中所含有的矿产极为丰富，占全世界矿产蕴藏量的80%。

沉积岩的特征是有层理，某些含有动植物化石，所以可以断定其地质年代。相较于岩浆岩及变质岩，沉积岩中的化石所受的破坏较少，也较易完整保存，因此对油气生成的研究来说十分重要。

蒸发岩 evaporite　是水溶性矿物质沉积物。由于水溶性矿物质的水溶液蒸发,其结果浓缩和结晶生成蒸发岩。

蒸发沉积可分为两种类型:(1)海洋沉积;(2)湖泊沉积。蒸发岩被认为是沉积岩。

油页岩地质学 oil shale geology　是研究含有大量干酪根的油页岩细粒沉积岩的形成和组分。油页岩的形成发生在多种沉积环境中,其组分变化相当大。

油页岩中很多有机物来自藻类,而且还包括陆地植物的残体。油页岩中的三种主要有机物类型是结构藻类体(telalginite)、层状藻类体(lamalginite)和沥青质体(bituminite)。有些油页岩沉积还含有钒、锌、铜和铀等金属。

沉积环境 sedimentary environment　岩石在沉积和成岩过程中所处的自然地理条件、气候状况、生物发育状况、沉积介质的物理化学性质和地球化学条件。

沉积环境主要可分为大陆环境、海陆混合环境和海洋环境三大类。此外,还有若干小环境,如沙漠、三角洲、海底扇、陆棚、深海平原等,都是沉积环境的单位。

油页岩沉积 oil shale deposit　指大量干酪根沉积在细粒沉积岩。根据油页岩沉积环境和基本成因,油页岩可以分为三种基本类型:陆相油页岩、湖相油页岩和海相页岩油,见下表。

油页岩分类

陆相油页岩	湖相油页岩	海相油页岩
长焰煤	湖成油页岩	库克油页岩
	苞芽油页岩	塔斯马尼亚油页岩
		海成油页岩

油页岩质量评价的主要指标为有机碳、产油率和油转换比。油页岩沉积可发生在许多不同的环境,因此,主要指标会有很大的变化,见表"油页岩沉积性质"。

油页岩类型及性质

陆相油页岩 terrestrial oil shale　陆相油页岩中的有机质是由富含脂质的有机物组成,主要有树脂、袍子、蜡质表皮和那些常见于成煤湿地或沼泽的陆源植物根径的软组织,它们埋藏后经过煤化作用,形成油页岩中的有机质;因此,这种油页岩也是一种含有较高矿物质的腐泥煤。

长焰煤 cannel coal　是烟煤的一种类型,属于陆相油页岩,其中含有大量氢,容易燃烧,发出强光并留下少量灰分。长焰煤由碎片体和膜煤素组的煤素质及无机物组成,通常在煤层的顶部或底部。

湖相油页岩 lake oil shale　湖相油页岩中的有机质主要是指生活在淡水、咸水和盐湖的低等浮游生物藻类,藻类埋藏后经腐化和煤化作用后形成油页岩中的有机质。

湖成油页岩 lamosite　属于湖相油页岩。是橄榄灰棕色或暗灰色至棕黑色的湖相油页岩,其主要有机组分是由湖泊浮游藻类衍生出来的。从微观来说,湖成油页岩由镜质体、惰煤素、结构藻类体和沥青组成。

除了海相油页岩以外,湖成油页岩沉积是最丰富最大的油页岩沉积,一般都是在大型湖泊。最大的湖相油页岩是在美国西部怀俄明州和犹他州的绿河地层沉积。还有许多沉积在澳大利亚昆士兰州东部以及加拿大艾伯塔省新布伦瑞克。

苞芽油页岩 torbanite; boghead coal　也称为"藻煤"。属于湖相油页岩。由许多细粒的黑色油页岩组成,通常存在于二叠纪煤之中。苞芽油页岩以早期产地苏格兰巴思盖特附近的 Torbane 丘陵命名。

苞芽油页岩中的有机质(结构藻类体)是来自脂质丰富的微观植物残体,外观类似淡水绿藻——丛粒藻。

苞芽油页岩一般由88%的碳和11%的氢组成。苞芽油页岩蒸馏可得到烷烃油,1851年詹姆斯·杨(James Young,1811~1883年)发现了该工艺过程并获得专利。

苞芽油页岩最大的沉积是在澳大利亚格伦戴维斯和加拿大新斯科舍省。其他主要沉积在美国宾夕法尼亚州和伊利诺斯州、南非德兰士瓦省和澳大利亚新南威尔士州悉尼盆地。

海相油页岩 marine oil shale 海相油页岩中的有机质主要是指生活在海洋的低等浮游生物藻类、未知单细胞微生物和海生鞭毛虫。它们埋藏后经腐化和煤化作用后形成油页岩中的有机质。海相油页岩可以分为三大类:库克油页岩、塔斯马尼亚油页岩和海成油页岩。

油页岩沉积性质

国家	位置	类型	地质年代	有机碳/%	产油率/%	油转换比/%
澳大利亚	格伦戴维斯	块煤	二叠纪	40	31	66
	塔斯马尼亚	塔斯曼油页岩	二叠纪	81	75	78
巴西	爱让梯	海成油页岩	二叠纪	—	7.4	—
	帕拉伊巴山谷	湖页岩	二叠纪	13~16.5	6.8~11.5	45~59
加拿大	新斯科舍	湖成油页岩	二叠纪	8~26	3.6~19	40~60
中国	抚顺	烛煤,湖页岩	始新世	7.9	3	33
爱沙尼亚	爱沙尼亚沉积	含藻岩	奥陶纪	77	22	66
法国	圣伊莱尔省 欧丹	苞芽油页岩	二叠纪	8~22	5~10	45~55
	塞维拉克 克雷维利	—	侏罗纪早期	5~10	4~5	60
南非	埃尔默洛	苞芽油页岩	二叠纪	44~52	18~35	34~60
西班牙	普埃尔托利亚诺	湖页岩	二叠纪	26	18	57
瑞典	卡维尔脱珀	海成油页岩	下古生界	19	6	26
英国	苏格兰	苞芽油页岩	石炭纪	12	8	56
美国	阿拉斯加	—	侏罗纪	25~55	0.4~0.5	28~57
	绿河沉积	湖成油页岩	始新世	11~16	9~13	70
	密西西比	海成油页岩	泥盆纪	—	—	—

库克油页岩 Kukersite 又称"含藻岩"。属于湖相油页岩。是奥陶纪[同位素年龄(443.7±1.5)~(488.3±1.7)百万年]的海洋型石油页岩,在位于爱沙尼亚和俄罗斯西北部的波罗的海油页岩盆地中发现。1917年由俄罗斯古植物学家米哈伊尔·扎勒斯库(Mikhail Zalessky)命名。

爱沙尼亚的库克油页岩沉积是世界上最高品质的油页岩沉积,含有机质大于40%,其中66%可转化为页岩油和页岩油气。库克油页岩产油率为页岩质量的30%~47%。

爱沙尼亚的库克油页岩沉积通常钙

质层厚 2.5~3m。沿着海岸，库克油页岩从地面滑向南部深海，沉积在 7~100m 深处。

塔斯马尼亚油页岩 tasmanite 由命名为“prasinophyte alga（绿藻类）”的藻类组成的一种岩石类型。它通常存在于高纬度营养丰富的塔斯马尼亚边缘海。

塔斯马尼亚油页岩属于海相油页岩，它也存在于许多含油烃源岩中，是潜在的生油质。

海成油页岩 marinite oil shale 属于海相油页岩。是来源于海洋的、呈灰色至深灰色或黑色的油页岩。其主要有机组分为层状藻类体和海洋浮游植物衍生来的沥青质体，并不同程度地掺合沥青、结构藻类体和镜质体。

海相油页岩是最丰富的油页岩沉积，广布于海洋，但很薄，通常受到经济的制约。海相油页岩沉积的典型环境在陆缘海（即广大的浅海大陆架或海浪冲击不到的内陆湖）。最大的海相油页岩沉积在美国和加拿大，其次在巴西、中东和北非。

黏土岩 claystone 英文也称“dictyonema argillite”。是爱沙尼亚两种主要油页岩之一，属于海相油页岩沉积。

油页岩储量

页岩油地质资源量 shale oil in-place resources 指地下埋藏的页岩油地质资源总量。目前已知的有 600 多个油页岩沉积。美国是全球油页岩资源最丰富的国家，储量约占全球储量的 70% 以上。

最近的评价是世界能源理事会 2010 年报告中，引用 2008 年底由美国地质调查局（USGS）评价，世界页岩油总量为 6892×10^{12}t，中国页岩油地质资源量跃居为世界第二位，占世界总量的 6.9%，而美国占世界总量的 77.9%。

世界前 9 位国家的页岩油地质资源量

	国　家	资源量/Mt	占世界总量/%
1	美国	536931	77.9
2	中国	47600	6.9
3	俄罗斯联邦	35470	5.1
4	刚果民主共和国	14310	2.1
5	巴西	11734	1.7
6	意大利	10446	1.5
7	约旦	5242	0.8
8	澳大利亚	4531	0.7
9	爱沙尼亚	2494	0.4
世界总计		689277	100

油页岩储量 oil shale reserves 指在一定的经济限制和技术有能力的条件下可回收的油页岩资源量。油页岩沉积从无经济价值的小型沉积到有商业开发价值的大型沉积均有。由于不同的油页岩有不同的化学组分，因而干酪根含量差别很大，所采取的提取技术也随之不同，因此，定义油页岩储量很困难。

由于许多油页岩沉积埋藏很深，以致开发在经济上并不合算，但仍在世界各国均有发现。许多沉积需要经过勘探才能确定潜在储量，有经济价值的才归于可采储量。包括美国西部的绿河沉积、澳大利亚昆士兰第三纪沉积、瑞典和爱沙尼亚沉积、约旦埃尔兰君（El-Lajjun）沉积以及法国、德国、巴西、中国和俄罗斯的沉积。

中国油页岩是非常规石油的重要来源。估计中国油页岩资源量约为 7200×10^8t，相当于 480×10^8t 页岩油，分布在 47 个油页岩盆地中的 80 个沉积。中国油页岩主要分布在抚顺和茂名。

中国在 20 世纪 20 年代已经建立了油页岩工业。随后生产衰退，到 21 世纪初才有所回升。已有几家公司生产页岩油和用于发电。

2005年后,中国成为世界上最大的页岩油生产国之一。2011年中国约生产65×10^4t页岩油。许多生产采用抚顺干馏法。

抚顺油页岩沉积 Fushun oil-shale deposit 位于沈阳以东的抚顺地区,东西长达18km,南北宽2~3km。抚顺油页岩属于新生代第三纪,赋存于含煤地层中。含煤地层上覆第四纪地层,下伏白垩纪地层,白垩系之下为花岗片麻岩层,构成了煤田的基底。油页岩直接覆盖在煤层之上,而油页岩上层为绿页岩。抚顺油页岩的含油率为2%~10%,平均为5.5%左右。油页岩矿层的厚度变化大,为20~145m,平均厚度55m,中部夹有0.5~0.8m厚的煤层。抚顺油页岩储量按含油率4.7%以上的油页岩计算,探明地质储量为36×10^8 t。

茂名油页岩沉积 Maoming oil-shale deposit 属于第三纪。矿藏50km长、10km宽、20~25m厚。油页岩地质储量50×10^8t,其中8.6×10^8t为金塘煤矿。费歇尔产油率4%~12%,平均6.5%。油页岩矿石呈黄褐色,体积密度约为$1.85g/m^3$。油页岩含72.1%灰分、10.8%水分和1.2%硫,其热值7300kJ/kg(干基)。年开采约3.5×10^6t油页岩。

农安油页岩 Nong'an oil shale 农安油页岩矿区地处中国松辽盆地东南隆起区,位于吉林省农安市。油页岩产于白垩纪底层中,矿区产状平缓,全区由东至西有两排结构线,四个主要隆起带,主要为青山口,公主岭、登娄库和韩小铺,形成四个构造系统。

油母页岩矿床在农安县域内均有分布,农安区共分三个矿区。地质资源量160×10^8t,油页岩赋存稳定,矿层平均倾角3°,厚度2~3m,赋存深度100~300m,费歇尔产油率4.5%。

龙口油页岩 Longkou oil shale 地处中国山东,地质资源量1×10^8t,费歇尔产油率为14%。由山东龙口矿业集团投资建设的龙福油页岩炼油厂,2008年建成投产,日处理油页岩2000t,年产页岩油2400t。

桦甸油页岩 Huadian oil shale 中国吉林桦甸油页岩资源量约为3×10^8t,费歇尔产油率为10%。属吉林桦甸市丰泰油页岩有限公司管理,始建于2002年。当前主要产品为油页岩,页岩油,4#船舶燃油。年开采量约为15×10^4 t。【http://www.hdfengtai.com】

世界上最大的页岩油沉积层

沉积层位置	国　家	时 期	页岩油地质资源/$10^6\times$bbl	油页岩地质资源/10^6t
皮申斯盆地	美国	白垩纪	1525157	
绿河地层	美国	早第三纪	1444992	213000
因塔盆地	美国	早第三纪	1318964	
含磷地层	美国	二叠纪	250000	35775
东部泥盆纪	美国	泥盆纪	189000	27000
健康地层	美国	早石炭世	180000	25578
奥列尼奥克盆地	俄罗斯	寒武纪	167715	24000
刚果	刚果共和国		100000	14310
伊拉梯地层	巴西	二叠纪	80000	11448

皮申斯盆地 Piceance basin 位于美国科罗拉多州西北部的白垩纪地质结构盆地,含有丰富的煤、天然气和油页岩。皮申斯盆地有世界上最厚最丰富的油页岩,聚集了美国研究和开发的项目。

皮申斯盆地估计有 1525Gbbl 油页岩地质资源量,也含有 43.3G 苏打石($NaHCO_3$)地质资源。这种矿物在许多地区嵌在油页岩中。

绿河地层 green river formation 是古近纪的地质沉积,处于美国科罗拉多州、怀俄明州和犹他州之间的三个盆地。绿河油页岩属于湖相油页岩,其有机物质来自始新世时代的蓝绿色藻类(蓝藻)。

绿河地层是世界上最大的油页岩沉积,估计油页岩储量含有 $4800 \times 10^8 m^3$ 页岩油,其中超过半数可采用页岩油提取技术回收。绿河油页岩资源实际上比沙特阿拉伯石油资源还要多,而美国常规石油可采储量只有沙特阿拉伯的 1/10。

油页岩加工

页岩油 shale oil 从油页岩生产的石油,称为页岩油。页岩油是在烃源岩中滞留的干酪根,未经历过油气运移。油页岩实际上是未成熟的烃源岩,必须经过人工加热,通过干馏提炼出类似于原油的油页岩油,又称人造石油。

油页岩没有明确的地质学定义及特定的化学式,其矿层也不一定有分隔的边界。油页岩的矿物组成、时代、油母质类型及沉积史等亦存在多种情形。油页岩与沥青岩类(焦油砂与油层岩)、腐殖煤及炭质页岩都不相同。

不能混淆页岩油与致密油的概念。致密油是天然存在于页岩中的常规原油,目前是在美国开采页岩气时随同采出的。

页岩油提取 shale oil extraction 是一种从油页岩生产页岩油的工业生产过程。即将油页岩通过热裂解、加氢或固体化石燃料的热熔法而获得的非常规石油。这些工艺过程将油页岩中的有机物质转化成合成油和合成气。所得的油气可直接用作燃料、发电、供热用或加氢和脱除杂质如硫和氮等,炼制出满足炼油厂需要的合格原料。从油页岩和原油炼制的产品均有相同的性能。

目前对油页岩提取步骤是:把油页岩矿石粉碎成规定的尺寸,经过加热处理或者化学处理,便可从油页岩中获得原油。油页岩开采有两种方法:露天表面蒸取法和钻井蒸取法。

初期页岩油提取通常在地面上采矿,然后矿物进入加工厂处理。随着技术发展,出现了地下加工,即是将热量注入地下从油井中提取页岩油。

页岩油提取的经济可行性,很大程度上取决于常规石油的价格,如果每桶页岩油的价格比每桶原油的价格高,那就不经济了。

油页岩气 oil shale gas 是油页岩热裂解产生的合成气的混合物。通常也称为页岩气,但要区别于页岩生产的页岩气。

氢化 hydrogenation 是一种化工单元过程,是有机物和氢发生反应的过程。由于氢不活跃,通常必须有催化剂的存在才能反应。无机物和氢之间的反应,如氮和氢反应生成氨,一氧化碳和氢反应生成甲醇,在化工过程中,不称为氢化,而称为“合成”。

氢化在化工生产中分为两种:

(1) 加氢。单纯增加有机化合物中氢原子的数量,使不饱和的有机物变为相对饱和的有机物,如将苯加氢生成环已烷以用于制造锦纶;将鱼油加氢制作硬化固体油以便于储藏和运输。制造合成润滑油、肥皂、甘油的过程也是一种加氢过程。

(2) 氢解。同时将有机物分子进行

破裂和增加氢原子。如将煤或重油经氢解,变成小分子液体状态的人造石油,经分馏可以获得人造汽油。

热分解 thermal decomposition;thermolysis 指温度高于常温或只有在加热升温情况下才能发生的分解反应。

螺旋输送机 screw conveyor 在页岩油生产工艺中,用来将油页岩颗粒与热灰边混合边输送的机械设备。

旋转的螺旋叶片将物料推移而进入螺旋输送机输送。螺旋输送机旋转轴上焊接的螺旋叶片,其叶片的面型根据输送物料的不同有实体面型、带式面型、叶片面型等型式。螺旋输送机的螺旋轴在物料运动方向的终端有止推轴承以随物料给予螺旋的轴向反力,当螺旋输送机较长时,应加中间吊挂轴承。

滚筒 trommel 用于旋转并分离不同尺寸的颗粒。在页岩油工业多斯科Ⅱ法中分离页岩废渣和陶瓷球。粉碎的页岩废渣从滚筒孔落下,而陶瓷球送入球加热炉。

流化床 fluidized bed 当空气自下而上地穿过固体颗粒呈随意填充状态的料层,而气流速度达到或超过颗粒的临界流化速度时,料层中的颗粒呈上下翻腾,并有部分颗粒被气流夹带出料层的状态。该状态所处的床层,称为流化床。

填充床 packed bed 具有大表面(包括内表面)的填料所组成的床层。流体在填料所组成的不规则孔道中流动,其实际运动的流道较床层高度大得多,流动常呈湍流状态。填充床主要用于吸收、蒸馏、抽提等传质过程。

湍流 turbulence 也称"紊流",是流化床和填充床中常见的流体流动状态。当流速很小时,流体分层流动,互不混合,称为"层流";逐渐增加流速,流体的流线开始出现波浪状的摆动,摆动的频率及振幅随流速的增加而增加,此种流况称为"过渡流";当流速增加到很大时,流线不再清楚可辨,流场中有许多小漩涡,称为"湍流"。

陶瓷球 ceramic balls 陶瓷制成的球体。在页岩油工业中,在地面干馏法中的热循环固体法如壳牌颗粒热交换法和多斯科Ⅱ法中,陶瓷球作为热载体。

干馏 dry distillation;retorting;carbonization 又称碳化或炭化或者焦化。是有机物质在隔绝空气条件下经由热解或分解蒸馏转化为碳或含碳残留物。

干馏在有机化学中通常指从原煤制取煤气和煤焦。干馏也应用于煤热解生成焦炭。化石燃料是动植物残体干馏的产物。

干馏是人类很早就熟悉和采用的一种生产过程,如干馏木材制木炭,同时得到木精(甲醇)、木醋酸等。在非常规油气生产中,干馏常在页岩油和煤化工中应用。

油页岩干馏技术 oil shale retorting technology 油页岩是一种不透水的含油岩石。油页岩干馏技术可分为:地面干馏法和地下干馏法。

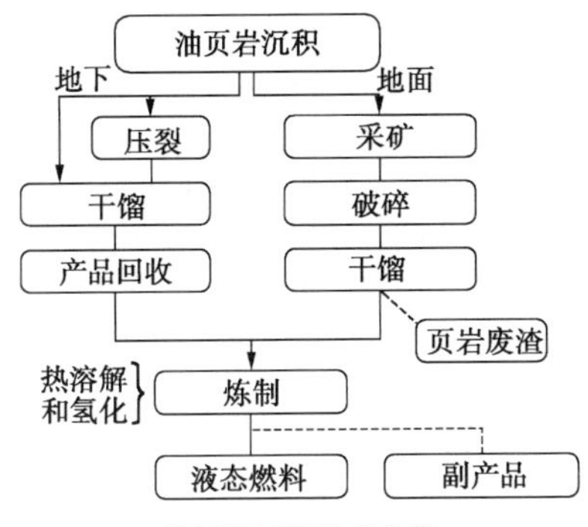

油页岩干馏技术分类

(1)地面干馏。是指油页岩经露天开采或井下开采,输送至地面,将油页岩破碎分选后,放入干馏炉内,在隔绝空气的条件下,在干馏段干燥、预热、然后加热到 450～600℃干馏后，页岩油被裂解释放出来。所剩余的页岩半焦进入汽化段并进行氧化还原反应，生成的页岩废渣排出炉外。

地面干馏法可分为内部燃烧法、固体热载体循环干馏法、隔壁传热法、外部注入热气法和反应流体法。目前主要利用内部燃烧法和热循环固体法。

(2) 地下干馏。是指埋藏于地下的油页岩不经开采，直接在地下加热干馏，生成页岩油导至地面。地下干馏生成的油气容易向地下岩层串漏，故收率不高，且易导致污染。

地下干馏法，又称为原地干馏法，也可分为内部燃烧法、隔壁传热法、外部注入热气法、反应流体法和体积加热法。

查阅油页岩生产技术可登录 http://en.wikipedia.org，在搜索框内输入"Category:Oil shale technology"即可。

油页岩干馏炉 oil shale retort 指油页岩干馏技术中专用于将油页岩加热到一定温度干馏后，页岩油被裂解释放出来的干馏炉。早期采用的油页岩干馏工艺如卡里克工艺，油页岩干馏炉如普胡斯顿干馏炉、柯克干馏炉。

卡里克工艺 Karrick process 指煤、油页岩、褐煤或任何含碳物质的低温炭化。在缺乏空气的条件下，将上述物料加热到 360～750℃，蒸馏出石油和天然气。该工艺是 1920 年在美国矿务局工作的油页岩技术人员卡里克(Lewis Cass Karrick，1890～1962 年)提出的，因此，称为卡里克工艺。

普胡斯顿干馏炉 Pumpherston retort 也称"布赖森干馏炉(Bryson retort)"，是苏格兰在 19 世纪末至 20 世纪初流行的一种干馏炉。普胡斯顿是苏格兰西洛锡安的一个小村庄。原来只是开采油页岩矿的小工业村，在 20 世纪 60 年代建造普胡斯顿干馏炉，生产增长快速超过邻近村庄。干馏炉以苏格兰主要的油页岩产地——普胡斯顿镇命名，并由普胡斯顿石油公司运作。该干馏炉的出现，标志着油页岩干馏炉的特殊设计，此后油页岩工业从煤炭工业中分离出来。

普胡斯顿干馏炉有 11m 高，是包含两部分组成的立式炉。上部由铁制成，下部由耐火砖制成。油页岩原料从干馏炉顶部进入，在上部温度为 399～482℃，蒸馏出页岩油和油页岩气；在下部温度上升到 704℃并加入水蒸气生产氨。工艺过程耗水量大，每吨油页岩需要 160t 水。干馏炉每 24h 加工 15 t 油页岩。开始时燃烧煤，后来改用产出的油页岩气。

柯克干馏炉 Alexander C. Kirk's retort 亚历山大·卡内基·柯克在 19 世纪中后期创建的一种油页岩干馏炉。它是一座立式油页岩干馏炉，在 19 世纪末至 20 世纪初应用。

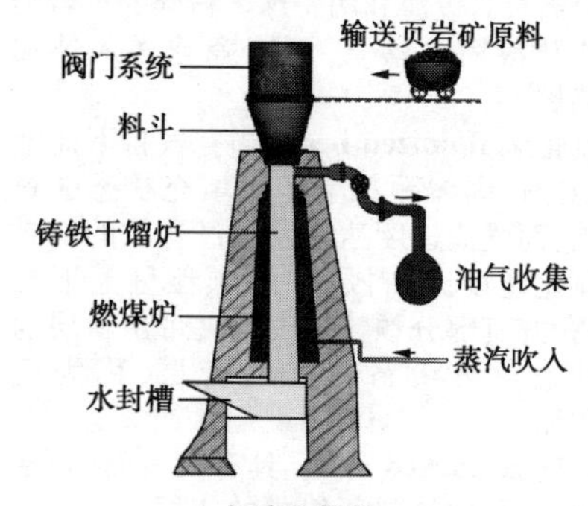

柯克干馏炉

油页岩地面干馏

油页岩地面干馏法分类 classification of above-ground oil shale retorting technology 阿兰·伯纳姆(Alan Burnham)按照加热方式、热载体和位置，对油页岩进行地面干馏提取页岩油的技术进行分类，其方法见下表。尽管都是干馏原理，但工艺流程种类繁多。

油页岩地面干馏法分类

内部燃烧干馏法	燃气燃烧干馏法
	NTU 干馏法
	基维特干馏法
	抚顺干馏法
	联合 A 法
	帕拉厚直接干馏法
	超级多矿物直接干馏法
热循环固体干馏法	ATP 干馏法
	噶咯特干馏法
	鲁奇-鲁尔法
	多斯科Ⅱ法
	雪佛龙 STB 法
	劳伦斯 HRS 法
	壳牌颗粒热交换法
	肯塔基Ⅱ法
隔壁传热干馏法	提油技术法
	红叶资源法
外部注入热气法	皮特罗克息干馏法
	联合 B 法
	帕拉厚间接法
	超级多矿物间接干馏法
反应流体技术法	IGT 加氢干馏法
	蓝旗技术干馏法
	查塔奴格干馏法

• 内部燃烧法

内部燃烧干馏法 internal combustion retort process 是油页岩地面干馏法中最常用的一种方法，即直接加热油页岩层，采用热裂解提取页岩油的技术。常见的内部燃烧法有：燃气燃烧干馏法、NTU 干馏法、基维特干馏法、抚顺干馏法、联合 A 法、帕拉厚直接干馏法、超级多矿物干馏法。

燃气燃烧干馏法 gas combustion retort process 属于页岩油地面提取技术中的内部燃烧干馏法的一种。是帕拉厚干馏法和皮特罗克息干馏法的改进并结合现代直接加热油页岩干馏技术。该法在 20 世纪 40 年代末由美国矿物局开发，采用立式干馏炉进行油页岩热裂解。

碾碎的油页岩颗粒从干馏炉顶部进料，依重力自上而下落动。当其落动时，上升的循环热气流加热油页岩，使岩石崩裂。循环热气从底部进入干馏炉。气体在干馏炉下部被下落的废页岩加热。在气体经由途中，气体通过燃烧段，喷入空气和稀释气体，造成气体和废页岩碳质残渣燃烧。燃烧热使干馏炉的温度比所需的温度高。页岩油蒸汽和页岩气从顶部冷却收集。

此法主要优点是不需要冷却水，适合半干旱地区使用。

NTU 干馏法 Nevada - Texas - Utah retort 属于页岩油地面提取技术中的内部燃烧干馏法的一种。油页岩在密封的干馏炉内加热，使其热裂解生成页岩油、油页岩气和废渣。

此法于 1923 年由 NTU 公司发明，在美国和澳大利亚应用。操作 NTU 干馏炉的额定容量为 40t 油页岩料，全过程循环约 40h，按费歇尔评价法页岩油产率为 80%～85%。

基维特干馏法 Kiviter process 属于页岩油地面提取技术中的内部燃烧干馏法的一种。基维特技术最早于 1921 年在爱沙尼亚试验成功，1924 年利用基维特技术建立了第一套商业规模的装置。1955～2003 年间基维特技术在俄罗斯斯兰齐应用。

基维特法由爱沙尼亚能源集团所属子公司（VKG Oil）操作。每年生产 250kt 页岩油。有好几座干馏炉，其中最大的每小时加工 40t 油页岩原料。

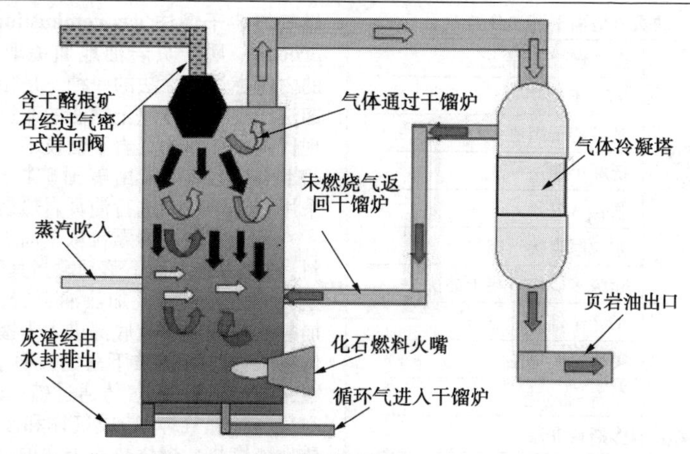

基维特干馏法

抚顺干馏法 Fushun process　属于页岩油地面提取技术中的内部燃烧干馏法的一种。是以中国油页岩的主要产地抚顺命名的。是一种在 20 世纪中叶中国开发的页岩油提取技术。1930 年以“炼厂 1 号”的名称开始商业规模的运行。抚顺干馏法仅限于在中国使用。

抚顺干馏法属于内部燃烧干馏技术，但也可以归入外部气体加热法。它采用的垂直圆柱型干馏炉，其外部是钢板，内衬耐火砖。干馏炉高 10m，内衬直径 3m。油页岩颗粒为 10～75mm，从干馏炉顶部进料。

在干馏炉上部，油页岩采用上升的热气干燥并加热，导致油页岩崩裂破碎。在 500℃ 热解。产生的油蒸汽和气体从干馏炉顶部出来；从底部出来的油蒸气和气体直接到顶部。

在热裂解过程中，油页岩解体为页岩焦（炭），它和上升气流在干馏炉底部燃烧。这些气体再循环；离开干馏炉后，在冷凝系统内冷却，页岩油被冷凝，而气体在加热炉内再加热至 500～700℃，重新返回干馏炉。

抚顺法的优点是投资低，操作稳定。此法以热效率高为特点，空气加入到干馏炉内，氮气稀释热解气体。但干馏炉中过剩的氧气会燃烧一部分产生的页岩油，从而降低了页岩油产率。抚顺干馏炉的油产率按费歇尔评价法约为 65%。

此法的缺点是用水量大，每产 1t 页岩油约需 6～7 t 水，而且产生大量的废页岩渣。当油页岩颗粒小且含油量低于 5%时，表现出操作不稳定。

抚顺矿业集团有 180 座干馏炉，每座干馏炉每小时加工 4 t 油页岩。

联合 A 法 Union process　属于页岩油地面提取技术中的内部燃烧法的一种。由油页岩生产页岩油，即合成原油。利用立式干馏炉加热法，油页岩分解成页岩油、油页岩气和废渣。此法是 20 世纪 40 年代由美国油品公司研制，并经几十年开发。最大的干馏炉是联合 B 型干馏炉。

联合法分为两种不同的燃烧类型：直接型和间接型。联合 A 法（直接法）类似燃气燃烧技术，归于内部燃烧法；而联合 B 法（间接法）属于外部注入热气法。

联合法均为立式干馏炉，但区别于

其他干馏炉如基维特干馏法、皮特罗克息干馏法、帕拉厚直接干馏法和抚顺法。其特点是碾碎的油页岩从干馏炉底部而不是顶部进料。油页岩块尺寸为3.2~50.8mm,按固体泵(岩石泵)形式,从底部上升到顶部。

当油页岩下落时,由内部燃烧或经由干馏炉顶循环产生的热气分解油页岩。热裂解发生的温度在510~540℃。冷凝的页岩油和油页岩气从干馏炉底部排出。一部分气体再循环作为燃料燃烧,另外一部分气体作为产品气销售。废渣从干馏炉顶部排出,用水冷凝后作废物处理。

联合干馏炉在设计上的优点是:干馏炉中的还原气氛使含硫和含氮化合物生成硫化氢和氨而排出;油蒸气用原料油冷却,从而减少了烃馏分中的聚合物生成。

帕拉厚直接干馏法 Paraho direct process 帕拉厚干馏法有两种不同的加热形式:直接法和间接法。帕拉厚直接干馏法归类于内部燃烧法。帕拉厚直接法在爱沙尼亚和中国有应用。它采用立式干馏炉,类似于基维特法和抚顺法的干馏炉。然而,对比早期的燃气燃烧干馏炉,帕拉厚干馏炉在油页岩原料进料机理、燃气分配器和卸料篦板均有不同的设计。

在帕拉厚直接干馏法中,碾碎并经筛选的油页岩原料经由旋转分配器进入干馏炉顶部。油页岩以移动方式落在干馏炉内。利用干馏炉底部上升的燃烧气流加热油页岩,油页岩中的干酪根在500℃分解为油蒸气、油页岩气和废渣。

帕拉厚干馏法的主要优点是工艺过程和设计简单,只有几个活动部分。因此,与其他复杂工艺相比较,显得结构简单,操作费用低。帕拉厚干馏炉不需要水,对于缺水地区,这点特别重要。主要缺点是油页岩颗粒要求小于12mm。其细粒要占碾碎进料的10%~30%。

超级多矿物干馏法 Superior multimineral process 也称“麦克道尔·威尔曼工艺过程(McDowell - Wellman process)”或“圆炉篦过程(circular grate process)”。根据加热方式不同,超级多矿物干馏法分为直接法(内部燃烧干馏法)和间接法(外部注热气干馏法)。油页岩在密封水平干馏炉内加热,使其分解为页岩油、油页岩气和残渣。此法的特点是从油页岩中回收盐类矿物。此法适合加工富含矿物的油页岩如美国皮申斯盆地油页岩。

超级多矿物干馏法由美国石油公司的子公司Superior开发,可靠性高、产油率高。该方法在皮申斯盆地生产页岩油,同时从苏打石和片钠铝石生产碳酸氢钠、碳酸钠和铝。此法的干馏炉需严格控制温度,因此在燃烧阶段需要控制好片钠铝石的溶解度。

此法的优点是:在干馏期间,油页岩没有相对移动,避免了粉尘飞扬,因此提高了产品质量。

此法有相当高的可靠性,按费歇尔评价法油收率大于98%。该工艺过程的密封系统可有效地防止油气雾点流失,对环境保护有利。

● 热循环固体干馏法

热循环固体干馏法 hot recycled solids 是油页岩地面干馏法中常用的一种方法。即采用油页岩残灰加热油页岩,通常是采用干馏炉或流化床。油页岩细粉进料,一般直径小于10mm。循环颗粒在单独容器内加热到800℃,然后与油页岩原料混合,导致油页岩约在500℃分解。固体分离出油蒸气和油页岩气,冷却并收集油。在热循环固体之前,从燃烧气体和油页岩灰回收的热量用于干燥和预热油页岩原料。

该技术的优点是由于粒子小,混合

均匀，接触表面积大，可以达到较快的加热速度，油收率高。同时，在干馏炉中加工不限制最小颗粒尺寸，这样就允许利用碎末。缺点是要使用较多的水处理出窑的油页岩细粉。

常用的热循环固体干馏法有 ATP 干馏法、噶咯特干馏法、鲁奇-鲁尔法、多斯科Ⅱ法、雪佛龙 STB 法、劳伦斯 HRS 法、壳牌颗粒热交换法、肯塔基Ⅱ法。

ATP 干馏法 Alberta Taciuk process (ATP) 属于地面干馏法中的热循环固体干馏法。按开发公司的名称命名的。ATP 干馏法的特点是油页岩干燥和热裂解或其他进料，以及燃烧、循环和废渣冷却等，所有这些都是在一个单一多室的水平干馏炉中发生。

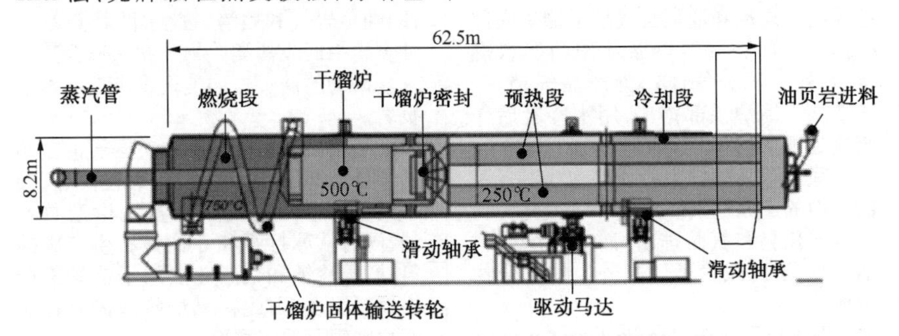

ATP 干馏法

ATP 干馏法在页岩油生产应用中，要求进料的油页岩颗粒小，直径约为 25mm，进料到干馏炉的预热管，采用油页岩热灰和燃料热气间接干燥和预热到 250℃。

在热裂解段，油页岩颗粒与油页岩热灰混合，在温度 500～550℃进行热裂解。产生的页岩油蒸气经由蒸汽管从干馏炉中流出，在其他设备冷凝回收。

残渣与灰混合，移入燃烧段，燃烧至 800℃生成页岩灰。一部分页岩灰送入热裂解段，作为热固体载体循环加热；另一部分页岩灰和燃烧气采取热传递给进料的油页岩颗粒，然后它们在冷却段排出并冷却。

在美国、加拿大、中国、约旦等国家均建有 ATP 干馏炉。加拿大卡尔加里的中型装置每小时加工 5t 油页岩。中国抚顺矿业集团 2010 年建成 ATP 装置，每小时加工 250 t 油页岩。按费歇尔评价法产油率为 85%～90%。

ATP 干馏法的优点是设计稳健、操作简单，自身能耗，耗水很少，能够处理细颗粒，产油率高。

噶咯特干馏法 Galoter process 属于地面干馏法中的热循环固体干馏法。此法采用油页岩原料与油页岩热废渣混合来分解油页岩，油页岩分解成页岩油、油页岩气和废渣。20 世纪 50 年代开发，并在爱沙尼亚商业生产页岩油。随后此法在约旦和美国发展应用。

噶咯特干馏法采用水平圆型旋转窑炉，稍有倾斜，类似于多斯科Ⅱ法。

在干馏前，油页岩粉碎成细粒，其直径约为 25mm。粉碎的油页岩与热气接触，在流化床中干燥。在干燥时预热到 135℃以后，采用气旋分离使油页岩颗粒与热气分开。油页岩送入混合室，与用分离炉中的废渣燃烧产生的 800℃热灰混合。热灰与油页岩颗粒的比例为

(2.8～3)：1。然后，这些混合物送入密封旋转炉。来自热灰的热量传递到油页岩颗粒原料，在缺氧环境下开始热裂解（化学分解）。裂解温度保持在520℃。产生的油蒸汽和气体在旋风分离器中分离出固体物，然后送入冷凝系统（精馏塔），进行油气分离。然后，油页岩废渣输入分离炉产生热灰以供原料加热用。一部分热灰采用旋风分离器分离出炉气，循环到干馏炉供热解。采用多级旋风分离器从燃烧气体中分离出剩余的热灰，随后用水冷却并处理。清洁的热气返回油页岩干燥段。

噶咯特干馏法设备投资少、热效率高、产油率高，比内部燃烧法污染小，生成的二氧化碳以二硫化碳和硫化钙形式收集。按费歇尔评价法产油率为85%～90%，干馏气产率$48m^3/t$.。

1980年爱沙尼亚能源公司所属纳尔瓦公司建立了两套噶咯特干馏法装置生产页岩油，每小时加工125t油页岩。年产页岩油13kt，年产油页岩气$4000\times10^4m^3$。此外，在约旦和芬兰也建有装置。

爱纳法特干馏法 Enefit process 是由爱纳法特技术公司改进噶咯特干馏法的一种方法。仍然属于地面干馏法中的热循环固体干馏法。在此工艺过程中，噶咯特干馏法与燃煤电厂和矿物加工常用的成熟的循环流化床（CFB）燃烧技术相结合，充分利用废热转化为电力。在爱沙尼亚、约旦和美国都建有装置。【https://www.enefit.com】

鲁奇-鲁尔法 Lurgi - Ruhrgas process 属于地面干馏法中的热循环固体干馏法的一种。此法也可利用煤生产成燃料。粉碎颗粒为6.4～12.7mm，与过程废弃的热炭灰混合。在此过程中，粉碎的煤或油页岩颗粒进入干馏炉顶部。在干馏炉内，它与550℃热炭灰在机械搅拌器（螺旋输送机）中重混合。热量从废弃的热炭灰传递到煤和油页岩原料使其热裂解。其结果，油页岩分解成页岩油蒸气、油页岩气和废弃页岩渣。在送入冷凝器之前，油蒸气和产品气经由热旋风分离器分离出废渣。在冷凝器中，页岩油与产品气分离。废弃页岩渣仍然含有残余碳，可在提升管燃烧室内燃烧，如果需要，再补充燃料油燃烧，用以提高进料的温度。在燃烧过程中，从管底鼓入的热空气把热固体颗粒推入储料仓。在储料仓中，固体与气体分离，固体颗粒送入混合段与油页岩原料接触发生热裂解。

此法的缺点是，产生的页岩油蒸气与页岩灰混合，造成页岩油含杂质。与其他矿物灰尘相比较，页岩灰难以收集，对保证页岩油质量增加了麻烦。

多斯科II法 TOSCO II process 属于地面干馏法中的热循环固体干馏法。此法的特殊性是采取陶瓷热球在干馏炉和加热炉之间传递热量。干馏炉为卧式。在此过程中，油页岩粉碎为小于13mm的颗粒，通过气动提升管进入系统，油页岩采用热气流预热至260℃。进入干馏炉后，油页岩与温度高达650～870℃的热陶瓷球混合。当热裂解发生时，油页岩温度增加到480～590℃。在热裂解过程中，干酪根分解为油页岩气和油蒸气，而油页岩剩余物生成废页岩渣。蒸气送入冷凝塔（分馏塔）分离出干燥馏分。在旋转分离鼓的通道，废页岩与陶瓷球分离。粉碎的页岩废渣从滚筒孔落下，而陶瓷球送入球加热炉。可燃的油页岩气在球加热炉中燃烧，再加热陶瓷球。

多斯科II法的总热效率低，因为废页岩渣的热量不能回收，产生的油页岩气被过程本身消耗。热效率靠燃烧炭（废页岩中的碳质残渣）来增加，而不是靠用作陶瓷球加热炉燃料的油页岩气。此法的另一个缺点是机械设备复杂并有大量活动部件。还有陶瓷球寿命有限。

处理废渣时涉及环境问题,因为页岩灰很细容易飞扬。

雪佛龙 STB 法 Chevron STB process 也称为“分级湍流床干馏过程(Staged turbulent bed retorting process)”,属于地面干馏法中的热循环固体干馏法的一种。1978 年由雪佛龙公司试验室开发。热载体使用分离段的油页岩废渣燃烧产生的油页岩灰。在此过程中,粉碎的油页岩从干馏炉顶部进入,与油页岩热灰混合。油页岩颗粒经由干馏炉向下移动进入流化床。在降落的过程中,热量从油页岩灰传递到油页岩原料,导致热裂解。其结果,油页岩分解成页岩油蒸气、油页岩气和废渣。从干馏炉底部插入汽提气,携带的油蒸气进入固液分离段。细粒送入燃烧段,而油蒸气进入冷凝段。在冷凝段中,页岩油与水蒸气和产品气分开。在干馏炉底部,废渣送入燃烧段。

劳伦斯 HRS 法 LLNL HRS process 属于地面干馏法中的热循环固体干馏法的一种。此法由美国劳伦斯·利弗莫尔国家实验室于 1984~1987 年间开发。

劳伦斯 HRS 法采用油页岩废渣作为热载体。油页岩原料与废渣在流化床混合段混合。流化床混合段使其混合均匀,从而提高了产油率并增加了油页岩吞吐量。油页岩从流化床混合段出来散落到填充床热裂解段。热量从油页岩废渣传递到油页岩原料,发生热裂解反应。其结果,油页岩分解为页岩油蒸气、油页岩气和废渣。从热裂解段收集油蒸气。油页岩废渣仍然含残余碳,采用从气动提升管到延迟散落燃烧室,用燃烧废渣中的残余碳来加热过程。此过程采用的延迟散落燃烧室比提升管燃烧室的燃烧过程容易控制。油页岩灰和残渣从延迟散落燃烧室进入流化床分配器,最细的油页岩灰被清除,页岩热渣送入流化床混合段。

壳牌颗粒热交换法 Shell Spher process 属于地面干馏法中的热循环固体干馏法的一种。Spher 是 Shell Pellet Heat Exchange Retorting 的缩写。

油页岩原料粉碎成细颗粒。利用直径 6~8mm 的载热陶瓷球将热量传递给油页岩。油页岩原料在流化床中预热,在有氧的条件下,预热到 320℃;如果没有氧化性气体,预热到 340℃。然后热陶瓷球逆向散落到流化床上。预热过的油页岩在干馏炉中进一步加热,热裂解出页岩油、油页岩气和残渣。冷陶瓷球再用油页岩废渣加热,循环使用。

肯塔基 II 法 KENTORT II 属于地面干馏法中的热循环固体干馏法的一种。由肯塔基大学应用能源研究中心于 1982 年开始开发。

肯塔基 II 法干馏炉有 4 个流化床,呈串联形式。油页岩原料进入热裂解段进行热裂解,来自气化段的水蒸气和油页岩气的混合物来流化。采取流化气体和气化段来的循环废热渣相混合,把热量传递给油页岩原料。热裂解温度保持在 500~550℃。热裂解的油页岩受重力作用散落在气化段。

气化段产生 750~850℃ 高温,把废渣中的残余炭转化为油页岩气。来自冷却段的蒸汽用于流化送来的油页岩,而来自燃烧段的油页岩热灰传递热量。油页岩废渣送入燃烧段燃烧以加热过程,而在离开干馏炉前,油页岩灰进入冷却段。

● 隔壁传热干馏法

隔壁传热干馏法 conduction through a wall 是将热量通过炉壁传导给油页岩的地面干馏方法。其特点是干馏炉蒸汽不与燃烧排放气混合,油页岩进料通常是细颗粒。在油页岩燃烧过程中喷入氢气到干馏炉中,进行加氢精制,热气环绕着外壳加热。也可采用电加热。该法的优点是可模块化设计,提高适应性和可换性。缺点是外壳采用耐高温的合金,价格昂贵。

隔壁传热干馏法主要有提油技术干馏法和红叶资源干馏法。

提油技术干馏法 Oil-Tech process 是属于地面干馏法中的隔壁传热法的一种。在提油技术干馏法中,粉碎的油页岩用传输系统送入立式干馏炉,并从顶部卸料到干馏炉内。干馏炉边由一系列的加热室组成,彼此连接。热棍插入这些燃烧室中心。由于热棍向下插入干馏炉,导致下部温度达到 540℃,进料的油页岩逐步加热到较高的温度。燃气和油蒸气吸进冷凝段。页岩废渣用作预热油页岩进料。此法的优点是可模块化设计,提高了灵活性和适应性。用水量较低,热效率高,所获得产品的质量较高。

艾伯利能源有限公司是澳大利亚生产煤和页岩油的公司,设在布里斯班和盐湖城。该公司利用提油技术干馏法生产页岩油,约离美国犹他州维尔纳东南部 64km 租赁 140km^2 建立中试装置。

红叶资源干馏法 Red Leaf resources 属于地面干馏法中的隔壁传热法的一种。红叶资源公司是页岩油提取技术——EcoShale In-Capsule process 的开发者,2012 年建立生产装置。

在红叶资源公司 EcoShale In-Capsule 干馏法中,采用燃烧天然气或热裂解气来产生热气。然后,产生的热气流过与碎油页岩相平行的管道。通过管壁传递热量而不是直接传递到碎油页岩,因此避免了烃产品被热气稀释。油页岩碎石在一个封闭的低成本陶制结构中进行,防止了环境污染,并提供了更快速更轻松的碎石收集过程。冷气经由管道,吸收来自油页岩废渣的热量以达到回收热量的目的,从而提高了过程的效率。【http://www.redleafinc.com】

• 外部注入热气干馏法

外部注入热气干馏法 externally generated hot gas 属于地面干馏法中的一种。在油页岩干馏中是从干馏炉外部注入热气,以提高油收率。此法主要有皮特罗克息干馏法、联合 B 法、帕拉厚间接法、超级多矿物间接干馏法。

皮特罗克息干馏法 Petrosix 属于地面干馏法中的外部注入热气干馏法之一。该法是从油页岩生产页岩油的五个商业化技术之一。

在采矿后,页岩用卡车运输去粉碎和筛选。碎石在 12~75mm 之间。这些碎石经皮带传输到立式干馏炉,干馏炉上部是热裂解段,下部是页岩焦冷却段。油页岩碎石从干馏炉顶部进入,热气从干馏炉中部喷入,热气加热碎石并不断下落。其结果,油页岩加热到 500℃ 进行热裂解,油页岩中的干酪根分解,产生油蒸气和油页岩气。冷气从干馏炉底部喷入,冷却并回收油页岩废渣的热量。油页岩冷渣用传送带从炉底清除。油雾和冷气经由炉顶排出,进入湿式静电沉降器,油滴聚集并收集。

从沉降器来的气体被压缩并分为三部分。一部分压缩炉气在炉内加热至 600℃,并返回到干馏炉中部供油页岩加热并热裂解;另一部分冷气循环到炉底,冷气在冷却废渣,同时本身升温,提升作为加热油页岩碎石的补充热源。第三部分气体进一步冷却成轻油(石脑油)并排出水,然后送入气体处理装置,生产燃料气和回收硫黄。

此法的缺点是,页岩含炭燃烧的潜在热不能利用。另外,在皮特罗克息干馏炉中,油页岩碎石不能粉碎到小于 12mm。这种碎石约占进料的 10%~30%。

皮特罗克息干馏炉 Petrosix retort 是世界上面积最大的油页岩裂解干馏炉,其直径为 11m 的立式干馏炉。干馏炉由卡梅隆工程公司(Cameron Engineers)设计。由巴西能源公司——Petrobras 运作,建在巴西南里奥格兰德州圣马特斯。

皮特罗克息干馏炉提取页岩油是采取外部注入热气的干馏技术。1992 年有两座干馏炉在运行。

皮特罗克息干馏炉的生产能力为 6200t 油页岩/d(一般 11t 油页岩可生产 1t 页岩油),额定日产 550t 页岩油(即 3870 bbl 页岩油)、132t 油页岩气、50t 液化油页岩气和 82t 硫黄。

联合 B 法 Union process 属于地面干馏法中的外部注入热气干馏法之一。此法是 20 世纪 40 年代由美国油品公司研制,并经几十年开发。

联合法分为两种不同的燃烧类型:直接型和间接型。联合 A 法(直接法)类似燃气燃烧技术,归于内部燃烧法;而联合 B 法(间接法)属于外部注入热气法。两法均为立式干馏炉,只是燃气喷入的方式不同。最大的干馏炉是联合 B 型干馏炉。

帕拉厚间接干馏法 Paraho indirect process 有两种不同的加热方式:直接法和间接法。帕拉厚直接干馏法属于地面干馏法中的内部燃烧干馏法之一。帕拉厚间接干馏法属于地面干馏法中的外部注入热气干馏法之一。

帕拉厚间接干馏法类似于帕拉厚直接干馏法,但喷入干馏炉的气体不用空气,除了来自分离段加热至 600 ~ 800℃的压缩段的部分热气以外,帕拉厚间接干馏炉本身没有发生燃烧。这样,帕拉厚间接干馏炉出来的气体没有被燃烧气稀释,含碳残渣仍然保留在废渣之中。

帕拉厚干馏法的主要优点是工艺过程和设计简单,只有几个活动部分,因此,与其他复杂工艺相比较,显得结构简单,操作费用低。帕拉厚干馏炉不需要水,对于缺水地区,这点特别重要。主要的缺点是油页岩颗粒要求比 12mm 小。细粒要占碾碎进料的 10%~30%。

• 反应流体技术法

反应流体技术法 reactive fluids 是一种油页岩地面干馏的方法。在油页岩中,由于干酪根被页岩紧密束缚并抗拒许多溶剂的溶解,因此,将油页岩进行氢化处理,即是将油页岩在高压氢气氛围中控制加热速率,使 80%的碳转化。氢与焦炭前体(在干馏过程还没有形成焦炭前的油页岩中的化学结构)反应,这样,油回收率可增加一倍。

此法有 IGT 加氢干馏法、蓝旗技术干馏法和查塔奴格干馏法。

IGT 加氢干馏法 Hytort process 属于油页岩地面干馏法中的反应流体技术法的一种。由美国天然气技术研究院(IGT)开发,采用油页岩氢化生产页岩油的方法。

当加工含少量氢的油页岩,如美国东部泥盆纪油页岩时,IGT 加氢干馏法显示出优点。在此过程中,在高压氢气环境中,以可控的加热速率加工油页岩,使其碳转化率约达 80%。

1980 年 HYCRUDE 公司建立了商业化的 IGT 加氢干馏法装置。

蓝旗技术干馏法 Blue Ensign technologies 属于油页岩地面干馏法中的反应流体技术法的一种。由澳大利亚兰旗科技有限公司开发,商业名称为"仁达尔干馏法(Rendall Process)"。

在仁达尔干馏法中,油页岩与石油基液体燃料混合,在进入第二阶段干酪根氢化之前,在密封容器中加压至约 600PSI(4137kPa),混合物加热至 450℃。通过氢化,提取及蒸馏过程生产出合成石油,并捕获页岩气蒸汽。在该法的加工装置还生产氢气并生产热量和电力。【http://www.blueensigntech.com.au】

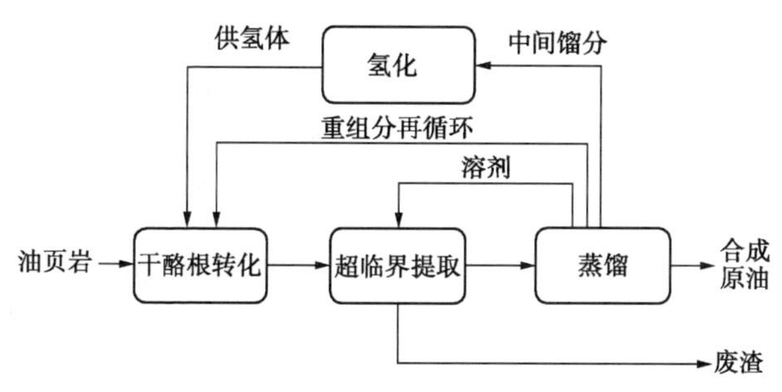

蓝旗技术干馏法

查塔奴格干馏法 Chattanooga corporation

属于油页岩地面干馏法中的反应流体技术法的一种。此法加入氢使得获取更高的采油率。该法是采用流化床反应器和伴有喷入氢的加热器。在此过程中,干馏炉在相对较低的温度540℃的条件下,经由油页岩热裂解和氢化反应,生成烃蒸气和废渣,然后油蒸气冷凝,同时由此逸出油页岩气。剩余的氢气、气态烃和酸气通过氨汽提系统,脱除硫化氢并转化为硫黄。然后,清洁过的氢气和气态烃返回系统,浓缩或进入氢加热器,为流化床提供热量。该系统几乎是封闭的,所需能源几乎全由来源材料供应。

加拿大艾伯塔省的示范工厂每千吨油页岩生产约130t页岩油,其API重度在28~30之间。如果氢化处理(油与高压氢反应)页岩油的API重度得以改善到38~40°。【http://www.chattanooga-corp.com】

油页岩地下干馏

• 内部燃烧法

地下干馏的内部燃烧法 internal combustion of shale oil in situ retorting 埋藏于地下的油页岩层从外部鼓入氧气,在地下内部自行燃烧,逸出页岩油蒸气和页岩气的方法。此法有劳伦斯RISE地下干馏法和里奥布兰科地下干馏法。

劳伦斯RISE地下干馏法 LLNL RISE process 由美国劳伦斯·利弗莫尔国家实验室开发的地下页岩油提取的试验方法。

在劳伦斯RISE地下干馏法中,一部分油页岩沉积采用常规的采矿技术处理(约占总量的20%)。剩余部分沉积用炸药爆破,以增加沉积的孔隙度。其结果,创建了一个很大的地下干馏炉,长20~100m,高100~300m。在此地下干馏炉顶部点火。向顶部喷入氧气,燃烧段不断向前推移。干馏过程产生的热量将油页岩中的干酪根转化为油页岩气和页岩油蒸气。在干馏炉底部收集一些页岩油,此外,在地面还收集油蒸气。

该工艺试验装置日处理6t油页岩,目前尚未商业化。

里奥布兰科地下干馏法 Rio Blanco Oil Shale process 由美国里奥布兰科油页岩公司开发的油页岩地下干馏法中的内部燃烧技术。1977年该公司开始准备并论证改良的地下提取工艺。论证程序包括两个地下干馏炉构造,采用该公司发展的技术,经由地表钻孔对油页岩层鼓风和点火。此工艺过程采用的采矿和爆破创建了40%的孔隙度,使得干馏炉可获得更高的产油率。按费歇尔评价法可获得68%的产油率。

● 隔壁传热法

地下干馏的隔壁传热法 conduction through a wall of shale oil in situ retorting　在对油页岩层进行地下干馏时，首先钻垂直井作为加热井，同时也要钻生产井。即热流通过加热井给油页岩层传导热量，油气从生产井逸出。必要时还要进行水力压裂，扩充孔隙度，让页岩油和油页岩气从解热井流入生产井。

此法有壳牌 ICP 干馏法、美国 AMSO 干馏法和 IEP 干馏法。

壳牌 ICP 干馏法 Shell's in situ conversion process (Shell ICP)　属于油页岩地下干馏法中隔壁传热法的一种。20 世纪 80 年代由壳牌石油公司开发。巨大的油页岩矿场加热段就在原地下，从油页岩矿中释放出的页岩油和油页岩气，泵出地面，制成燃料。

在此过程中，首先构筑冷冻壁，用以隔离干馏区与周围的地下水。为了冷冻壁功能最大化，相邻的工作区需陆续开发。在工作段的范围内，钻机钻出间隔为 12m 的加热井和回收井。电加热部件降落到加热井内，使其油页岩被加热到 340～370℃。油页岩中的干酪根缓慢地转化为页岩油和油页岩气，然后通过回收井流到地表面。在该法中，一个生产周期为 4 年。1996 年用 440MW · h 电力，生产了 37toe（吨油当量）的页岩油和页岩油气。

美国 AMSO 干馏法 American Shale Oil, LLC　属于油页岩地下干馏法中隔壁传热法的一种。由美国油页岩有限公司（AMSO）开发。此过程有两个水平井。一个用井眼加热器或其他方式加热；另外一个是用垂直井或水平井收集生成的页岩油。加热过程开始之初，注入油以改善热传递。采用水力压裂，使其岩层充分流通。AMSO 干馏法加热油页岩耗费能量少，井数少，而且比壳牌

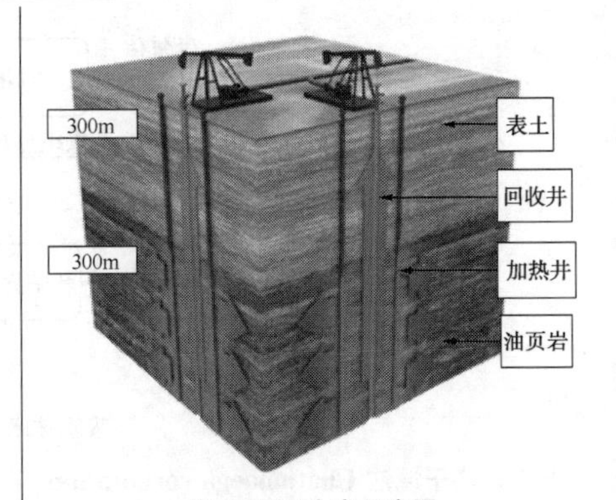

Shell ICP 生产示意图

ICP 干馏法加热快速，生产周期只需 3～12 个月。

IEP 干馏法 Independent Energy Partners (IEP)　属于油页岩地下干馏法中隔壁传热法的一种。由设在美国科罗拉多州帕克的美国油页岩公司开发的地热燃料电池法，也是原地下页岩油提取法。在 IEP 干馏的地热燃料电池法中，高温堆燃料电池放入地层。在预热初期，用天然气外部燃烧电池。随后，此法利用本身废热产生的油页岩气作为燃料。在加热段内，上升的流体压力压裂开地层。或者将地层预先压裂开，这样就提高了加热井与生产井之间的页岩油流动。

在此方法中，首次回收利用残渣气化所获得的油页岩气。用 1 个单位能源可生产 18 个单位能源。【http://www.iepm.com】

● 外部注入热气法

外部注入热气法 externally generated hot gas　在对油页岩进行地下干馏时，从外部鼓入天然气进入地下油页岩层，即从地下外部供热燃烧，逸出页岩油蒸汽和页岩气的方法。此法有雪佛龙 CRUSH 地下干馏法、欧门尼页岩干馏法和西部山区能源干馏法。

雪佛龙 CRUSH 地下干馏法 Chevron CRUSH 属于油页岩地下干馏法中的外部注入热气法的一种。由雪佛龙公司与美国洛斯阿拉莫斯国家实验室联合开发。

为了分解油页岩中的干酪根,雪佛龙 CRUSH 地下干馏法采用加热过的二氧化碳。此过程包括钻进垂直井到油页岩层,并诱导二氧化碳经由钻开井到水平压裂的缝隙,随后借有裂缝间隔的地层压力进入生产段。可以使用加速碎石方法或炸药进一步打开孔隙度。然后,所使用的二氧化碳可返回气体发生器待再热和循环使用。在先前的加热段和贫化段中剩余的有机物在原地下燃烧,产生所需热气,使其过程连续推进。然后这些气体从贫化段加压进入到地层新压裂的缝隙,过程重复。烃类流体进入常规垂直油井采出。此过程在实施中必须隔离地下水。

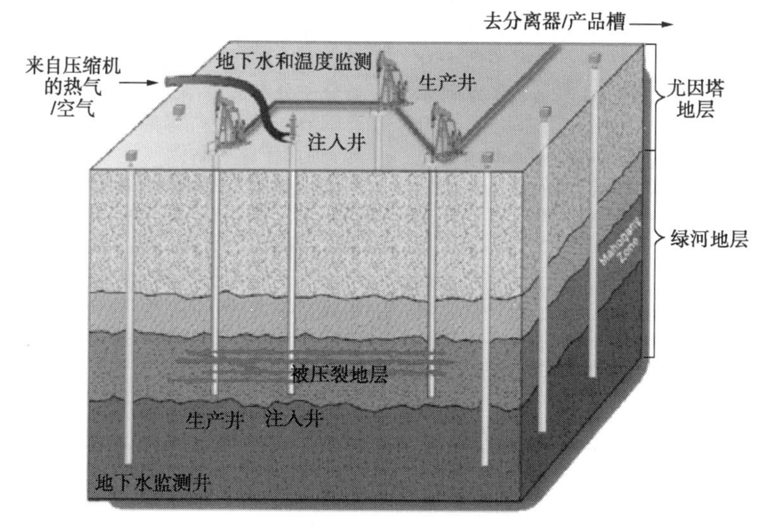

雪佛龙 CRUSH 地下干馏法

欧门尼页岩干馏法 Omnishale process 属于油页岩地下干馏法中的外部注入热气法的一种,也称"石油探查地下干馏法(Petro Probe process)"。由合成燃料国际总公司(General Synfuels International)所属地球探测科学公司开发。

在此方法中,钻井眼延伸到油页岩层,进气管道也伸入井眼中。地面燃烧炉加热过热的加压空气从进口导管直接进入油页岩层。其结果,加热了油页岩中的干酪根,转化为气态烃。

西部山区能源干馏法 Mountain West Energy 属于油页岩地下干馏法中的外部注入热气法的一种。由美国西部山区能源公司开发。

在此法中,为了将油页岩中的干酪根转化为页岩油,采用了高温蒸汽,通过注入井喷入井内。在油页岩层中,蒸汽造成热裂解,释放出页岩油蒸汽。这些油蒸汽经由提取井到达地面。

此法的特点是提高了油收率。此法也适合于从油砂和重质原油中提取石油。【http://www.mtnwestenergy.com】

其他干馏法

等离子体 plasma 通常被视为物质除固态、液态、气态之外存在的第四种形态。如果对气体持续加热,使分子分解为原子并发生电离,就形成了由离子、电子和中性粒子组成的气体,这种状态称为等离子体。

等离子体与气体的性质差异很大,等离子体中起主导作用的是长程的库仑力,而且电子的质量很小,可以自由运动,因此等离子体中存在显著的集体过程,如振荡与波动行为。等离子体中存在与电磁辐射无关的声波,称为阿尔文波。

等离子气化法 plasma gasification 是利用等离子体将有机物转化为合成燃料、电力和残渣的方法。利用电弧驱动的等离子体喷枪用于电离气体和催化有机物生成合成气和固体残渣,已经有废物处理的商业模式。该法已试验过生物质和固体烃类如煤、油砂和油页岩等的气化,气化产率达99%。但目前仅处于试验阶段,尚未商业化。

等离子体喷枪使用惰性气体如蒸汽。电极有不同形式,材质有铜、钨至铪或锆以及其他各种合金。高压电和高电流激发两个电极产生电弧。加压的惰性气体经由电弧而电离,创建等离子体。等离子体喷枪温度在2200~13900℃的范围。调整等离子体反应的温度使其等离子体生成气体。副产品如二氧化碳、氮和水的产出,减少了油页岩荷载量,使得过程推进。

在这种条件下,分子键断裂产生分子离解。所得基本元素组分为气体。复杂分子分解成单个原子。利用等离子体离解分子被称为“等离子体气化”,又称为“等离子体热解”。

等离子体喷枪 plasma torch 或称“等离子弧”、“等离子焰炬枪”,是直接产生等离子体流的生产设备。等离子体喷射可以用于等离子切割、等离子喷涂、等离子弧废物处置。在油页岩和油砂提取石油的过程中,是使用等离子体喷枪产生等离子体气化来提取石油。

世界上商业化油页岩干馏技术的比较

干馏法	抚顺法	基维特法	噶咯特法	皮特罗克息法	ATP 法
开发公司	抚顺矿业集团	Viru Keemia	Narva Power	Petrobras	SPP
公司所在国家	中国	爱沙尼亚	爱沙尼亚	巴西	澳大利亚
干馏方式	内部燃烧法	内部燃烧法	热循环固体法	外部注入热气法	热循环固体法
热量来源	燃气	燃气	废渣灰	燃气	废渣灰
油页岩处理量/(t/d)	100	1000	3000~1600	6200	6000
碎石尺寸/mm	10~75	10~125	0~25	6~50	0~25
干馏炉型	立式	立式	卧式	立式	卧式
产油率/%	65	75~80	85~90	90	85~90

油页岩评价

油页岩资源量评价 oil shale resource evaluation 对油页岩资源量的评价关键参数主要有:

(1) 矿层可采厚度。是油页岩能否工业开采的界定指标,又是油页岩资源量估算的参数。单层矿体最小可采厚度至少为0.7m。

（2）矿体有效面积。是在油页岩可采边界线确定后测定的，可分为水平投影面积、立面投影面积和斜面积。

（3）矿体体重。是油页岩估算资源量的基本参数，主要取决于油页岩的灰分、水分及有机组分。

（4）矿体资源类型。是表明矿体地质可靠程度、可行性研究程度及其经济意义的重要参数。

油页岩质量评价 oil shale quality evaluation 对油页岩质量评价的关键参数主要有：

（1）含油率。指油页岩中的页岩油所占的质量分数，既是界定油页岩矿产资源概念的指标，也是油页岩品位评价的关键参数。

油页岩矿产含油率边界品位定为$\omega>3.5\%$，并根据含油率将油页岩资源分为低中高三个品级：$3.5\%<\omega\leqslant5\%$、$5\%<\omega\leqslant10\%$、$\omega>10\%$。含油率越高，油页岩品位越好。

（2）干燥基的灰分。是指1g油页岩分析样品在（800±10）℃条件下完全燃烧后剩余的残渣质量。它既是区别高含碳油页岩与煤资源的关键指标，又是衡量油页岩质量的参数。该参数越低，油页岩质量越好。当高含碳油页岩的灰分产率≤40%时，则归为煤资源系列的含油煤。为避免油页岩样品因含水程度的差异而使灰分数据发生改变，所以油页岩灰分值采用无水干燥样为基准来度量，并用A^g表示。

（3）干燥基的低位发热量。是指单位质量的油页岩完全燃烧后所释放的全部热量。主要采用干燥基的低位发热量来衡量其工业燃料价值。参数越大，其工业燃料价值越高。一般油页岩的低位发热量高于4.18MJ/kg。

（4）干燥基的全硫含量。是指油页岩中各种硫分的总和。这是评价油页岩生产时潜在环境污染程度的重要指标。

费歇尔评价法 Fischer assay 是用油页岩按常规提取页岩油的方式来评价油页岩产油率的标准实验室方法。即100g油页岩试样粉碎至<2.38mm的颗粒，在铝制小甑中以12℃/min的速度加热到500℃，并在此温度下维持40min，蒸馏出的油、气、水等蒸气通过用冰水冷却的冷凝器，然后进入到有刻度的离心管，进行油水分离，从而计算出油页岩的产油率。

国际上通常将产油率高于4%的油页岩，称为“油页岩矿”。

组织机构

● 中　国

抚顺矿业集团有限责任公司 Fushun Mining Group Co.,Ltd.（FMG） 位于辽宁省抚顺市区，主要生产煤炭、页岩油、矿用机械、煤层气。它是世界上最大的页岩油生产企业。有干馏炉120座，设计年产页岩油28×10^4t。【http://www.fsmg.com.cn】

抚顺矿业集团有限责任公司页岩炼油厂 Shale oil refinery factory of Fushun Mining Group Co.,Ltd. 是抚顺矿业集团公司所属企业，是中国目前唯一从事油母页岩炼油综合利用的国有中型企业。拥有“抚顺式干馏工艺”和“抚顺式E部新工艺”以及引进加拿大尤玛塔克公司开发的“ATP新工艺”三套生产工艺设施，具有干馏炉120座，设计年产页岩油28×10^4t。【http://www.fkyyy.com】

新疆宝明矿业有限公司 Bao Ming mining co.,Ltd. 成立于2005年6月，现控股股东为辽宁成大股份有限公司。公司总部设在大连市。经营范围：油页岩及其他矿产资源勘查、开采，矿产品购销，页岩油生产、储存、运输、销售。

北票煤业有限公司 Beipiao Coal Mining

Company　以煤炭采选、油页岩采炼、机械制造和加工为主业。位于辽宁北票。利用内部燃烧法(抚顺法)从油页岩生产页岩油。

• 爱沙尼亚

爱沙尼亚能源公司 Eesti Energia AS　是爱沙尼亚公共事业公司,属于国有企业,1939 年成立,总部设在首都塔林。主要业务在爱沙尼亚、拉脱维亚、立陶宛、芬兰和美国。该公司在爱沙尼亚使用"爱沙尼亚能源公司"名称,在国际上使用品牌名称"Enefit(爱纳法特)"。该公司从所持有的油页岩矿中提取页岩油。【https://www.energia.ee】

爱沙尼亚能源集团 Viru Keemia Grupp(VKG)　是爱沙尼亚国有集团,从事页岩油工业、电力工业和公用事业。页岩油由所属的子公司操作,年产 25×10^4t 页岩油。【http://www.vkg.ee】

爱沙尼亚油页岩公司 Eesti Energia Kaevandused　属于爱沙尼亚能源公司(VKG)的子公司,国有企业。1945 年成立。该公司拥有目前世界上最大的油页岩矿藏之一,在爱沙尼亚东北部开采油页岩,主要用于发电。

爱纳法特技术公司 Enefit Outotec Technology　是世界上最大的油页岩生产公司,设在爱沙尼亚首都塔林。该公司发展迅速。采用噶咯特干馏法的改进方法生产页岩油,年产量约为 1.3×10^6bbl($21.28\times10^4m^3$)页岩油。【https://www.enefit.com】

• 美　国

美国国家油页岩协会 National Oil Shale Association(NOSA)　是美国关于油页岩公共教育组织,于 20 世纪 70 年代成立。【http://oilshaleassoc.org/ http://www.oilshaleassoc.org】

红叶资源公司 Red Leaf Resources, Inc.　该公司是页岩油提取技术——EcoShale In-Capsule process 的开发者。该技术属于油页岩地面干馏法中的隔壁传热法的一种。公司总部设在美国犹他州盐湖城。【http://www.redleafinc.com】

独立能源合伙公司 Independent Energy Partners(IEP)　是美国非常规石油资源和技术公司,设在科罗拉多州帕克。研究油页岩地下干馏法中的隔壁传热法,采用高温堆燃料电池加热油页岩。【http://www.iepm.com】

燃烧资源公司 Combustion Resources, Inc.　是美国一家咨询公司,1995 年成立,设在犹他州普罗沃。提供燃料和燃烧领域的服务,如流动和混合系统试验、反应器设计、气体和颗粒取样、气化模型以及页岩油提取方法设计与试验。【http://www.combustionresources.com】

西部山区能源公司 Mountain West Energy, LLC　是美国非常规石油开采与研究的技术公司。设在犹他州奥瑞姆。该公司在犹他州育因塔县育因塔盆地租赁了 $3.6km^2$ 含油页岩地区,开发了一种油页岩地下干馏法中的外部注入热气法提取页岩油。【http://www.mtnwestenergy.com】

美国页岩油有限公司 American Shale Oil, LLC(AMSO)　公司总部在美国科罗拉多州赖夫。采用油页岩地下干馏提取技术生产页岩油。该法称为美国 AMSO 干馏法,属于地下干馏法中的隔壁传热法的一种。【http://amso.net】

查塔奴格公司 Chattanooga Corporation　是美国非常规石油,特别是从油砂和油页岩提取石油的开发公司。采用查塔奴格干馏法从油页岩提取石油,其装置建立在加拿大的艾伯塔省。该法采用氢化处理(油与高压氢反应),使页岩油性质得到改善。【http://www.chattanooga-corp.com】

页岩技术有限公司 Shale Technologies,

LLC 是美国私营的油页岩公司，总部设在科罗拉多州赖夫。它持有帕拉厚油页岩干馏技术（帕拉厚间接法和帕拉厚直接法）专利。

2000 年 6 月，该公司购买了帕拉厚开发公司关于页岩油提取技术专利，在美国赖夫建有中试装置，应用立式干馏炉（类似基维特干馏法和抚顺干馏法），从油页岩中提取页岩油。【http://www.shaletechnologies.com】

里奥布兰科油页岩公司 Rio Blanco Oil Shale Company 是美国油页岩研究和开发技术公司，1974 年成立，设在科罗拉多州里奥布兰科。公司以地名命名。该公司从事油页岩地下干馏法中的内部燃烧技术的开发。

劳伦斯利弗莫尔国家实验室 Lawrence Livermore National Laboratory（LLNL） 是美国能源部所属的国家研究机构，与洛斯阿拉莫斯国家实验室是美国的两个为了核武器设计而建立的部门。至 2007 年 9 月 30 日为止，管理者为加州大学。在 1984～1987 年间开发了劳伦斯 HRS 法，即从油页岩生产页岩油的地面干馏法，属于热循环固体法的一种。另外，还开发了劳伦斯 RISE 地下干馏法，属于地下干馏法中的内部燃烧法。

洛斯阿拉莫斯国家实验室 Los Alamos National Laboratory（LANL） 隶属美国能源部的国家实验室，位于新墨西哥州的洛斯阿拉莫斯。

1945 年 7 月，该实验室研制了首枚原子弹，是曼哈顿计划的所在地，也是在二战时美国军事研究的重要基地。该实验室是目前全球最大的跨学科研究机构之一。

曾与雪佛龙公司联合研制雪佛龙 CRUSH 地下干馏法，对地下油页岩层从外部鼓入天然气，在地下燃烧，逸出页岩油蒸汽和页岩气。

• 俄罗斯

扎沃德·斯拉特苏公司 Zavod Slantsy OAO 位于俄罗斯列宁格勒州斯拉特苏的一个石油化工公司，1945 年成立。采用油页岩热裂解生产油页岩气和合成气，以供应列宁格勒市。1952 年建立第一套 75MW 采用油页岩燃烧的发电厂，这标志着第一阶段油页岩气提取装置的建成。在 1955～2000 年间，页岩油生产采用基维特干馏法。此外，还从油页岩生产其他化工产品。由列宁格勒矿业公司供应油页岩。1970 年公司开始处理石油焦。1993 年公司重组，1998 年 75MW 热电厂从油页岩生产转化为生产天然气。2003 年继续生产页岩油。目前，生产聚合石油树脂、蒸馏产品、石油焦和天然气凝液。

• 澳大利亚

艾伯利能源有限公司 Ambre Energy Limited 是澳大利亚和美国生产煤和页岩油的公司，设在布里斯班和盐湖城。【http://www.ambreenergy.com】

兰旗科技有限公司 Blue Ensign Technologies Limited 是澳大利亚的油页岩公司，设在新南威尔士省双湾。拥有自己的知识产权——仁达尔干馏法（Rendall Process）。【http://www.blueensigntech.com.au】

媒 体

油页岩（杂志）Oil Shale（journal） 由爱沙尼亚科学院出版的英文季刊杂志。1984 年开始出版。内容覆盖地质研究，特别是油页岩，包括涉及油页岩的地质、采矿、地层、组分、加工方法、燃烧、经济和环境保护问题等。【http://www.kirj.ee/oilshale】

7.3　致　密　油

致密油是采用非常规方式开采的轻质原油。任何从低孔隙和低渗透的岩层(即非常规储层)中开采出来的轻质原油都是致密油。

致密油中的原油品质与常规油藏相同,都属于成熟的原油;不同的是致密油储层致密,渗透性极差,用常规技术不能经济开发,需要利用水力压裂,甚至多段压裂技术才能经济开采。在美国,致密油随同页岩气一起开采。

在术语上,从富含干酪根的油页岩生产的石油,称为页岩油;从富含轻质原油的页岩生产的石油,称为致密油,有时也称为页岩油。因此,谈及页岩油时,要分清楚来源,这两种石油的生产方式大不相同。

基本概念

致密油 tight oil; light tight oil(LTO); tight shale oil　也称“轻质致密油”。是指以吸附或游离状态赋存于相当低的孔隙度和渗透率的烃源岩中,或与烃源岩互层、紧邻的致密砂岩、致密碳酸盐岩、页岩等储集岩中,未经过长距离运移的轻质原油聚集。具有源储共生、连续分布、资源规模大的特点。

任何从低孔隙和低渗透的岩层(即非常规储层)中开采出来的石油都是致密油。致密油中的原油品质与常规油藏相同,都属于成熟的原油;不同的是致密油储层致密,渗透性极差,用常规技术不能经济开发,需要采用多分支钻井,利用水力压裂,甚至多段压裂技术才能经济开采。

致密油含义可分为两种:

(1) 广义致密油。即从致密岩和页岩开采出来的原油,均称为致密油。目前多数研究机构、学者使用的“致密油”均指广义致密油。

(2) 狭义致密油。仅指来自页岩之外的致密储层(如粉砂岩、砂岩、灰岩和白云岩等)的石油资源,即只指致密岩中的致密油。目前,北美地区多数致密油区带都可归纳为狭义致密油的范畴。

含油页岩 oil-bearing shale　与油页岩不同,含油页岩是指含轻质原油(致密油)的页岩沉积。这种致密油可从钻井的井筒产出,如美国的页岩气层——巴肯地层(Bakken Formation)、皮埃尔页岩(Pierre Shale)、尼奥布拉拉地层(Niobrara Formation)和鹰福特地层(Eagle Ford Formation)。

储量与生产

致密油储层 tight oil reservoir　致密油是束缚在低孔隙和低渗透的非常规储层中的常规石油。

致密油概念不应与页岩油混淆,致密油是常规轻质原油,而页岩油是由富含干酪根的油页岩生产的,其区别是流体的 API 重度和黏度不同以及提取方式均不同。

致密油的来源可划分为两种类型:

(1) 致密油束缚在烃源岩的页岩中,与页岩气共存。由于页岩的渗透性差,且其中的微孔隙不能很好地连通,故致密油藏的储层物性很差。这种致密油的开采方式与页岩气相同。这种致密油的开采必须采用水平钻井,特别是分支井,而且需要采取多段压裂。在美国,致密油通常是在开采页岩气层时携带出来的。

(2) 致密油从烃源岩中排出,并运移至附近或远处的致密砂岩、粉砂岩、灰岩或白云岩等地层中。这种致密油与致密气类似,但这类油藏的储层物性比页岩的好很多,通常只需采用水力压裂,就可以随着致密气的开采而附带产出。

致密油储存在非常规储层中,致密油储层具有 4 个明显的特征:

(1) 大面积分布的致密储层,其孔隙度<10%、基质覆盖渗透率<0.1mD、孔喉直径<1μm;

(2) 广覆式分布的成熟优质烃源岩;

(3) 连续性分布的致密储层与烃源岩紧密接触的共生关系,无明显圈闭边界,无油"藏"概念;

(4) 致密储层内原油重度大于 40API 度或密度小于 0.8251g/cm^3,油质较轻。

致密油技术可采资源量 technically recoverable tight oil resources 技术可采资源量是指采用现行的勘探开发技术可回收的油气量,而不考虑地质资源量中人为估计的技术可采资源量的开发成本。

根据美国能源情报署资助的先进资源国际公司于 2013 年的评价,俄罗斯致密油技术可采资源量最多,居世界第一,其次为美国和中国,三个国家的致密油技术可采资源量之和占世界总量的 43.6%。

全球致密油技术可采资源量

序号	国　家	技术可采资源量		百分率/%
		10^8bbl	10^8t	
1	俄罗斯	750	102.3	21.1
2	美国	480	65.5	13.5
3	中国	320	43.7	9.0
4	阿根廷	270	36.8	7.6
5	利比亚	260	35.5	7.3
6	澳大利亚	180	24.6	5.1
7	委内瑞拉	130	17.7	3.7
8	墨西哥	130	17.7	3.7
9	巴基斯坦	90	12.3	2.5
10	加拿大	90	12.3	2.5
世界总计		3350	456.94	100

注:1bbl=0.1364t。

与国外不同,中国将致密油气与常规油气资源放在一起统计。中国致密油分布广泛,目前在鄂尔多斯盆地三叠系延长组长 6-长 7 段、准噶尔盆地二叠系芦草沟组、四川盆地中-下侏罗统、松辽盆地白垩系青山口组、泉头组等获得了一些重要的勘探发现。

分析未来致密油发展前景,运用资源丰度类比法初步预测中国致密油地质资源总量为(106.7~111.5)×10^8t,是中国未来较为现实的石油接替资源。【http://www.adv-res.com】

致密油生产 tight oil production 致密页状砂岩和碳酸盐致密岩是非常规石油的来源,但储层岩必须实施增产措施或压裂措施以提高石油的流动性。

随着水力压裂技术的进步和成熟有助于从致密油层释放出大量石油。下图说明,常规钻井是垂直井,而致密油井是水平井并结合多段压裂。

实际突破是引入长驱的水平钻进(高达 2~3km),结合多段水力压裂,并能够系统分隔和压裂的地带。

工艺过程的实质是泵送流体,流体可以是水、气体(如氮、二氧化碳)或支撑剂(如砂或陶瓷珠)下到井筒,以增加压力直到地层裂开,建立微裂状的交错网络。

随后,在压裂地层,注入支撑剂留在裂缝中撑开使缝隙不合拢,致密油流入井筒。如果没有支撑剂,上面岩石的压力会使细小裂缝关闭,影响石油流动。

页岩气和致密油都是非常规储层中的常规烃类。在美国开采页岩气时,同时产出致密油,因此,致密油开采具有页岩气开采相同的特点:井多、井距小、产量衰减快。

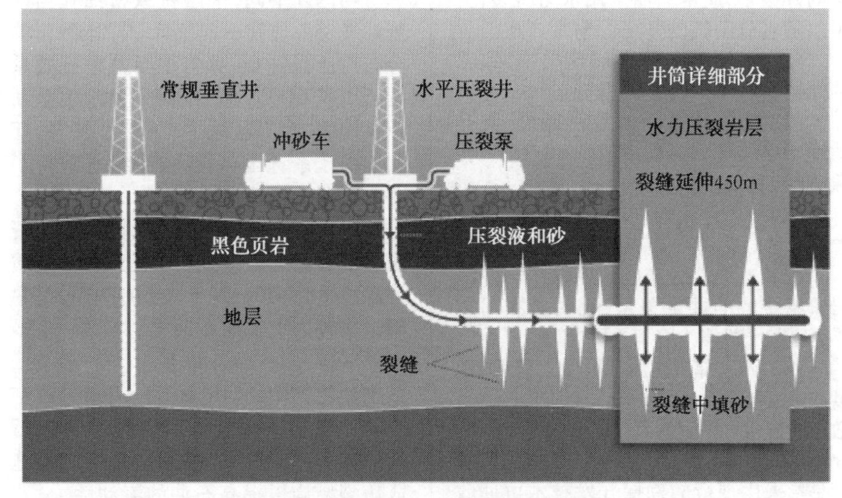

常规钻井与水平井多段压裂技术的区别

致密油层回收率 recovery factor of shale gas reservoir　即致密油层采收率。是指致密页岩经水力压裂等增产措施后,从致密油层地质储量中可回收的致密油估计量,用百分比(%)表示,计算公式:

回收率=(估计可回收量/原始地质储量)×100%

致密油回收率比页岩气气井低,一般在1%~6%之间。其原因是致密油的分子远比甲烷大,逸出不及甲烷快速。

致密油地层

巴歇尔油田 Parshall oil field　是美国著名的致密油田,地处北达科塔州芒特雷尔县巴歇尔市附近,属于威利斯顿盆地的贝肯岩层和三叉岩层。

2006年发现,由EOG Resources公司钻井并运作。采用水平钻井并实施强力的水力压裂。截至2013年,巴歇尔油田200多口井生产了65×10^6bbl(1bbl=0.1364t,余同)石油和8.5×10^8 m^3天然气。

巴肯地层 Bakken formation　位于美国蒙大拿州和北达科他州、加拿大萨斯喀彻温省和曼尼托巴省的威利斯盆地。是从晚泥盆世到早密西西比世的岩石单元。早在1953年被被地质学家罗德曲斯特(J. W. Nordquist)描述过,地层完全埋于地下,没有表面露头。该地层由北达科他州泰奥加村农民(Henry Bakken,1914~2004年)命名,因为他在那里有块土地并发现有石油。

巴肯地层是美国致密油储量最多的地层之一。致密油原始地质储量为4.13×10^{11}bbl,油田占地面积17000km^2,埋深945~3360m,厚度23~40m。2000年开始生产,井距5.2km^2,估计可回收石油5.0×10^9bbl,回收率1.2%。平均单井开采费用为550~850万美元。

鹰福特地层 Eagle Ford formation　也称"鹰福特页岩",是在美国得克萨斯州南部晚白垩世时代的一种沉积岩地层,是富含有机质的海洋页岩。

鹰福特地层的致密油原始地质储量为3.0×10^{11}bbl,占地面积为5700km^2,埋深

762~4600m,厚度15~110m,井距$13km^2$,估计可回收油$3.0×10^9$bbl,回收率1.0%。平均每口井的开采费用为400~650万美元。【http://eaglefordshale.com】

蒙特利地层 Monterey formation 是美国加利福尼亚州富含石油的中新世石油地质沉积地层。致密油原始地质储量为$5.0×10^{11}$bbl,占地面积4532 km^2,埋深2500~4300m,厚度300~900m,井距31 km^2,估计可回收石油$1.4×10^{10}$bbl,回收率2.8%。平均单井开采费用为500~700万美元。

致密油井衰减速率 decay rate of tight oil well 致密油井口气流衰减快速是致密油井的特点,因为致密油是束缚在致密层的渗透率小于0.1mD以下(储存在致密气层),甚至小于1μD(储存在页岩气层),必须采用水平钻井并分段压裂开采出来。

最初致密油井口气流衰减速率取决于水力压裂深度和广度。从致密油开采成功的美国来看,第一年衰减速率达60%~90%。

致密油井衰减速率

页岩名称	最初井口速率/(bbl/d)	第一年井衰减速率/(%/a)
巴涅特页岩	2.0	70
榆树深谷页岩	425	65
巴肯地层	2000	65~80
鹰福特页岩	1340~2000	70~80
奈厄布拉勒页岩	400~700	80~90
蒙特利页岩	623	80
阿瓦隆等页岩	534	60

组织机构

致密油研究组织 Tight Oil Consortium (TOC) 由加拿大卡尔加里大学和印第安纳州地质调查局组成的致密油研究单位。注重研究低渗透(致密)油层开发面临的多学科领域的问题。研究人员主要从事地球科学和石油工程学科。【http://www.tightoilconsortium.com】

8. 非常规天然气

非常规天然气是滞留在低渗透地层的天然气,分布广,开采难度大,开采成本高。

从商业价值来看,目前非常规天然气资源仅指致密气、煤层气和页岩气。这三种天然气通过政府的优惠政策,可获得经济效益。其次,属于非常规天然气的还有水中的天然气,包括天然气水合物、水溶性天然气和地压气。这类天然气目前尚无经济价值。

非常规天然气开采难度与所处地层的孔隙度和渗透率有密切关系,依下列顺序开采难度增加:

常规天然气→致密砂岩气→煤层气→页岩气→天然气水合物

降低生产成本、减少投资风险以及降低环境足迹是非常规天然气能否进入市场的关键。

基本概念

常规天然气 conventional natural gas 指通过常规的钻井方式,从圈闭的地下储层中开采的天然气。

这种天然气在成分上以烃类为主,含有一定的非烃类气体。非烃类气体大多与烃类气体伴生,但在某些气藏中可以成为主要组分,形成以非烃类气体为主的气藏。常规天然气主要来自煤生气和油型气。

登录百度网或 http://en.wikipedia.org,在搜索框内输入"Category:Natural gas",即可查阅有关天然气产量、设备、发电、汽车、液化天然气、组织等资料。

非常规天然气 unconventional natural gas 指在地下的赋存状态和聚集方式与常规天然气藏具有明显差异的天然气聚集;若不采用大型水力压裂、水平井或多分支井等技术,就不能经济有效开采的气藏。非常规天然气不含或极少含油田伴生气。

非常规天然气储层的孔隙度和渗透率按此顺序递降:常规天然气→致密砂岩气→煤层气→页岩气。页岩气的开采难度远比致密砂岩气和煤层气困难。

天然气生产成本按此顺序递增:常规天然气→致密砂岩气→煤层气→页岩气→天然气水合物。页岩气的生产成本远比致密砂岩气和煤层气高。

非常规天然气对环境的污染程度按此顺序递增:常规天然气→致密砂岩气→煤层气→页岩气→天然气水合物。页岩气开采属于严重污染范围。

从商业价值来看,目前非常规天然气资源仅指致密气、煤层气和页岩气。这三种天然气通过政府的优惠政策,可获得经济效益。其次,非常规天然气还有水中的天然气,包括天然气水合物、水溶性天然气和地压气。这类非常规天然气目前尚无经济价值。

登录百度网或 http://en.wikipedia.org,在搜索框内输入"Category:Unconventional gas",即可查阅各种非常规天然气。

天然气资源金字塔 resource pyramid for natural gas 是说明当开采常规天然气时,还有数量巨大的非常规天然气作为基础存在。常规天然气资源体积小,容易开采;而非常规天然气资源体积大,难以开采。

天然气储层级别越低,就意味着渗透率降低,开采程度越困难。这种低渗透气藏的渗透率按致密气→煤层气→页岩气→天然气水合物顺序递降;其储量却按此顺序增加,都比高渗透的常规天然气藏丰富得多。而天然气水合物广泛分布在海底,虽然开采难度远比前三者难,但储量极为丰富。

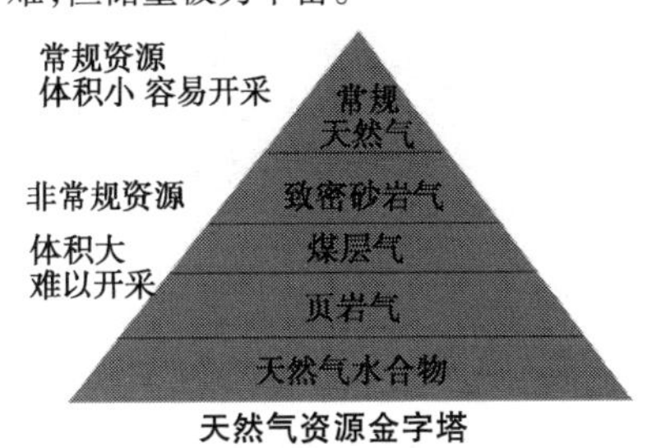

天然气资源金字塔

非常规天然气资源量 unconventional gas resources 根据美国能源情报署引用 H-H. Rogner"世界油气资源评价(An Assessment of World Hydrocarbon Resources)"对全球非常规天然气资源的估计。见表"全球非常规天然气资源"。

除了天然气水合物以外,全球非常规天然气地质资源约为 899×10^{12} m^3。从天然气资源金字塔可见,页岩气最多,为 448×10^{12} m^3、煤层气为 255×10^{12} m^3、致密砂岩气 196×10^{12} m^3。

非常规天然气资源约为常规天然气的两倍。常规天然气最大资源量在前苏联和中东地区,而最大的非常规天然气资源在北美洲,其次在亚洲和澳洲。

全球非常规天然气资源 (单位:10^{12} m^3)

地区	页岩气	煤层气	致密气	非常规	常规天然气
亚洲/澳洲	165	49	36	250	38
北美洲	109	85	39	233	43
前苏联	18	112	26	156	177
非洲/中东	80	0	46	126	132
拉丁美洲	60	1	37	98	18
欧洲	16	8	12	36	14
世界总计	448	255	196	899	422

天然气开采

天然气开采 natural gas extraction 指天然气生产的各工艺单元的总称。为执行天然气合同而进行的勘探、开发和生产作业及其有关的活动。

依天然气分布的特点可分为聚集型和分散型。

聚集型天然气可以是气顶气(在油藏顶部聚集成气顶)、气藏气(由游离天然气聚集形成的气藏)和凝析气(在超过临界温度和压力下,液态烃逆蒸发而形成的天然气藏)。

分散型天然气即非常规天然气可以是致密气、煤层气和页岩气,开采技术要求高,开采成本高,环境污染大。

随着水平井技术和压裂技术的进展,非常规天然气资源也逐步进入技术可采和经济可行的范围。致密砂岩气、煤层气、页岩气和天然气水合物都比常规天然气丰富,其分布见"天然气的分布"图。

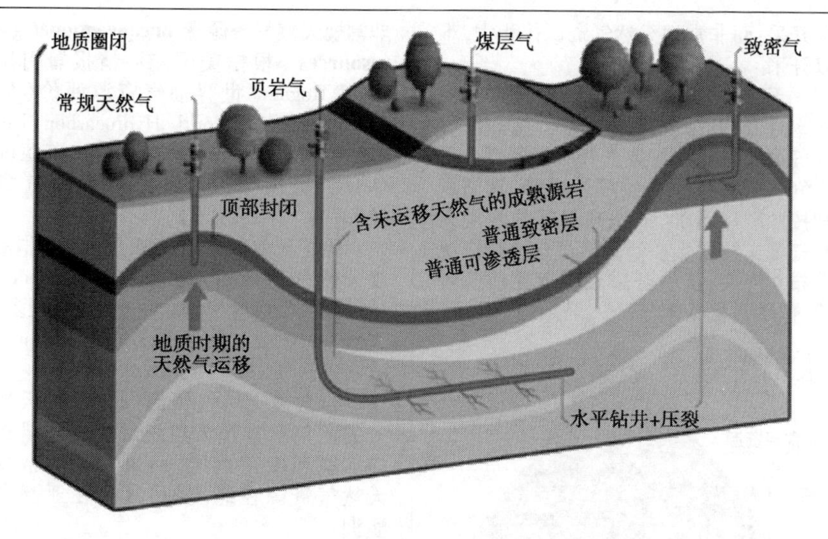

天然气的分布

页岩气属于分散型的非常规天然气,开发难度大,开采成本高。随着水平钻井和地层压裂的技术突破,使得页岩气经历革命性的变化,使其成为具有商业价值的能源。目前市场上供应的天然气有相当部分来自于非常规天然气。

无论是常规天然气或非常规天然气,能否开采取决于三个因素:

(1) 技术可采。是指按照现行技术可以开采出来的。

(2) 经济可行。是指价格合理,市场上能够销售得出去。

(3) 环境容许。是指符合环境保护法规要求,允许开采的。

常规天然气藏 conventional gas reservoirs 指能够以经济方式开采,无需大规模增产措施或任何特殊的开采工艺,即可获得经济的天然气流量的气藏。

常规气藏基本上是高中度渗透气藏,可以钻垂直井,生产层段射孔,可以大规模开采,并可获得经济的天然气产量。

查阅世界上最大的前 20 位非伴生气田可登录百度网或 http://en.wikipedia.org,在搜索框内输入“List of natural gas fields”,即可查阅。

非常规天然气藏 unconventional gas reservoirs 指那些无法以经济方式开采或不采用大规模增产措施或特殊的开采工艺和技术(如水力加砂压裂、水平钻井等),就无法获得经济的天然气流量的气藏。

典型的非常规气藏有致密砂岩气藏、煤层气藏、页岩气藏。

非常规天然气藏具有孔隙度低、渗透性低的特点,且不是均质的,而是经常具有各向异性渗透性的天然裂缝、层状气藏。另外,在很多含气油页岩或煤层甲烷气藏中,气体解吸和扩散是很重要的机理。这些气藏有一个共同的特点,即地层厚度可达数百甚至数千米。要开采这类气藏需要多层完井、定向射孔、大型水力压裂、先进测井等技术,以获得采收率最大化,成本最小化。见“非常规天然气储层特性”表。

非常规天然气储层特性

参　数	常规天然气储层	致密气砂岩储层	煤层气储层	页岩气储层
天然气生成	气源外部运移	气源外部运移	天然割离裂缝发育	自生自储
天然气状态	游离气	游离气	吸附气为主	游离气+吸附气
成因	生物成因、热成因	生物成因、热成因	热成因、生物成因	热成因
储存	圈闭储存	圈闭储存	不需圈闭,吸附在煤基质上	不需圈闭,吸附在有机质上
储层孔隙	>10%	3%~10%	3%~6%	0.5%~12%
基质渗透率/mD	10~1000	0.001~0.1	0.01~0.1	0.001~0.01
生产方式	钻井至圈闭	压裂、酸化、注水	排水和压裂以降低煤层水压释放天然气	水平钻井、多段压裂
流速	依靠自然压力涌出	压裂后自然涌出	自然释放、排水抽取	自然释放、抽取
产量	稳定期长	产量递降较快	产量递降快	产量递降快

气层压力 gas reservoir pressure　指气层中的流体(包括气和水)都承受的压力。它是推动气层中流体流动的动力,是气藏开采所依靠的自然能量。

在非常规天然气藏中,由于天然气束缚在低渗透地层之中,就不产生气层压力。当其低渗透地层压裂后,释放出天然气,其压力很小,自然流动速度很慢,不会造成井喷事故。

气藏束缚水饱和度 irreducible water saturation of gas pool　包括(永远不能流动的)束缚水饱和度和可动水饱和度两个部分。

在常规气藏中,原始含水饱和度基本上就是束缚水饱和度。但在过渡带气藏或高含水气藏中,原始含水饱和度包括束缚水饱和度和可动水饱和度两部分。

气层水 gas layer water　在气田范围内,直接与气层连通的地下水。它和气层组成统一的压力系统。气层水有三种存在形式:

(1) 吸附水。吸附在岩石颗粒表面,不能够流动;

(2) 毛细管水。存在于地层毛细管中的水,当外力大于毛细管压力时才能流动;

(3) 自由水。在重力作用下能自由流动的水。

对勘探开发有意义的是后两种存在形式。气层水和天然气一样存在于储集层的孔、洞、缝中。它们在油气层中,通常都包含有油、气和水。按照重力分异原理,通常水汽在上,油居中,水在下,因此产生油-气、油-水或气-水界面。按气水相对位置,将气层水分为底水和边水。在天然气储集层下部含气部分下面的水,若水位于整个储集层下部,称为底水;若水只是出现在储集层的边缘,称为边水。

气井 gasser 指生产天然气的井筒,供开采有商业价值的天然气用。在常规气田中指专门生产天然气的井,在非常规天然气中指生产页岩气或致密气的井。

采气 gas production 指天然气从地层采出至地面的作业。在探明的气田上,钻井并经过诱导气流,使天然气依靠自身的压力沿着井内的自喷管道从井底流至井口的工艺过程。

登录百度网或 http://en.wikipedia.org,在搜索框内输入"Category:Natural gas technology",即可查阅水力压裂、天然气储存和天然气加工的资料。

采气工程 Gas Production Process 是以气藏工程为基础的复杂的系统工程,指常规或非常规的天然气流入井筒后至进入天然气集输管网之前的全部作业。

采气速度 gas production rate 是指常规或非常规气藏在稳产阶段内,年采气量占原始可采储量的百分比率。

天然气市场

商品天然气 commercial natural gas 指能在能源市场进行交易的天然气。商品天然气的质量必须符合天然气气质标准。国外所指的天然气产量不是井口产量,而是进入市场的销售量,即商品天然气量。

中国天然气气质标准 China's natural gas quality standard 2012 年 9 月 1 日起实施修订的国家标准《GB 17820—2012 天然气》。将一类气质指标的高位发热量由原来大于 31.4MJ/m^3提高到大于 36 MJ/m^3,二氧化碳由小于或等于 3.0%提高为小于或等于 2.0%,总硫由不大于 100mg/m^3 提高到不大于 60 mg/m^3。

中国天然气气质标准(GB 17820—2012)

项 目	一类	二类	三类
高位发热量[a]/(MJ/m^3)≥	36.0	31.4	31.4
总硫(以硫计[a])/(mg/m^3)≤	60	200	350
硫化氢[a]/(mg/m^3)≤	6	20	350
二氧化碳/% ≤	2.0	3.0	—
水露点[b c]/℃ 在交接点压力下,水露点应比输送条件下最低环境温度低 5℃			

a 本标准中气体体积的标准参比条件是 101.325kPa,20℃。

b 在输送条件下,当管道管顶埋地温度为 0℃时,水露点应不高于-5 ℃。

c 进入输气管道的天然气,水露点的压力应是最高输送压力。

天然气市场 natural gas market 进行商品天然气交易的市场。按天然气供需区域及关联的密切程度,天然气市场可以分为本地市场和国际市场;按交易方式,又可以分为常规市场、现货市场、期货市场和期权市场;按消费行业分类,可以划分为工业用气市场、化肥用气市场、商业用气市场和民用气市场等。

天然气国际市场 international gas market 天然气通常都是以地区为基础来发展市场,市场的需求主要由当地的供应来满足。目前不存在全球性的天然气市场,但地区市场之间的相互联系和联动正在加强。天然气的国际市场有:北美洲市场、欧洲市场、亚洲太平洋市场和拉丁美洲市场。

天然气常规市场 conventional gas market 天然气工业发展初期建立的、至今仍然正常运行的天然气贸易市场。天然气工业是资金密集型行业,从勘探开发到输配管道建设以及市场开发都需要巨额的投资,因此需要稳定的用户群体和合理的管道利用率来回收投资。

天然气常规市场的交易形成了市场垄断特性,政府对天然气价格实行了严格管制,并根据国民经济的结构特性对不同的用户实行不同的价格。

常规市场的购销双方签订长期合同,一般为 30 年,按照“照付不议”条款付款。

亚洲的天然气市场是常规市场。

天然气现货市场 gas spot market 指供需双方之间的场外直接交易。分为短期(最长一个月的即期市场)和长期(远期市场)交易两种。

天然气现货市场是天然气行业放松管制、引入竞争或允许第三方进入输气管网的结果,同时也要有天然气供应过剩和连接供需双方输气管道的输气潜力尚有可挖掘作为前提条件。目前只有美国、英国和加拿大有天然气现货市场。在液化天然气国际贸易中,现货交易量也在逐渐上升。

天然气市场自由化 gas market liberalization 指商品天然气在市场上自由交易。天然气市场自由化的目的是藉由市场重组改善效率及降低成本。在天然气市场中引入竞争机制的国家有美国、加拿大、英国、新西兰、阿根廷和澳大利亚。通过实行管道和储存设施“第三方准入”制度,实现天然气市场自由化。

天然气市场价格 gas market price 由于天然气产地不同以及各地区经济状况不同,又有管道和液化天然气贸易的区分,世界上没有统一的国际天然气价格。天然气市场价格是随着石油价格的波动而升降。

天然气国际贸易只占生产量的30%左右,石油国际贸易可达 66%左右,其原因是天然气贸易必须经由管道到达最终用户。天然气国际贸易有三大市场,每个市场都有自己独特的定价方法和特点。

(1) 北美洲市场。北美洲天然气管线密集,2013 年全球天然气管线总长 2863207km,美国有 1984321km,占全球总量的 69%。

市场竞争高度自由化,液化天然气的竞争能源是管输天然气,其价格主要参照亨利管网中枢(Henry Hub)天然气现货和期货价格。以现货供应占主导,价格波动频繁,幅度也较大。

(2) 欧洲市场。天然气价格通常参考其他竞争燃料的价格,如低硫民用燃料油、汽油等。在一些新的贸易合同中,也开始引入其他指数(如电力库价格指数),以反映天然气在新领域中的竞争;同时由于短期合同的增长,现货市的场天然气价格也成为影响贸易合同价格的主要因素。欧洲液化天然气价格相对较低,波动也较小。

(3) 亚洲市场。亚洲市场是液化天然气最大的市场,也是进口管输天然气较多的市场。其价格与进口原油综合价格挂钩,同时实行长期稳定的“照付不议”合同,价格水平偏高。

倒算井口价格法 netbacks to wellhead 亦称“净值回推定价法”,指确定天然气价格的一种方法,即从实现天然气市场价值的价格(一般指与石油价格相比较)中减去到终端用户之间管输费和净化费等各项费用,得出天然气井口价格的方法。采用以下公式可以计算井口天然气的净值回推价格:

井口的净值回推价格=市场替代价值
-输气费用
-配气及管理费用

1960 年荷兰发现格罗宁根气田,采用与石油和煤的价格相联系的新费率结构,即倒算井口价格。此法后来一直是欧洲较多国家天然气定价的基础。

天然气输送价格 Gas Transmission Price 输气公司供应的商品天然气的费用由两个部分组成:

(1) 进输气干线价格。生产公司销售给输气公司的价格。该价格为井口价格与净化费用之和,中国称为“出厂价格”。由于井口价格是波动的，因此，进输气干线价格是可变费用；

(2) 天然气输送价格。提供天然气输送能力的价格。天然气输送价格是固定费用。由于供气规模、方式和投资的不同，销售公司对不同用户和不同供气其价格不同。

压缩天然气与液化天然气

压缩天然气 compressed natural gas (CNG) 指作为车用燃料的压缩天然气，其质量应符合国家规定的气质标准。

压缩天然气可由两种方式获得：

(1) 从管输天然气压缩成压缩天然气(CCNG)。天然气经脱硫和脱水(水露点降至-70℃左右)后，通常被压缩至20~25MPa并储装于高压钢瓶内专供汽车使用；

(2) 从液化天然气气化获得压缩天然气(LCNG)

与燃油汽车相比，汽车使用压缩天然气具有噪音小、汽缸不积炭、大修时间延长、节省运行成本(约减少1/3)，减少对环境污染(二氧化碳减少24%、一氧化碳减少97%、氮氧化合物减少39%、二氧化硫减少90%、颗粒物减少40%)等优点，被称为“绿色燃料”。

压缩天然气的主要缺点是车载高压储气钢瓶自身质量大、装载燃料少、行驶距离短、压缩天然气加气站的建设受到供气管网的限制等。

液化 liquefaction 物质由气相转变为液相的相变过程。临界温度以下的气体都可液化。可通过冷却或加压或冷却加压并用的方法来实现。在通常压强下气体的临界温度很低，因此液化与低温技术是分不开的。液氮、液氢、液氨等已经广泛应用于几乎所有需要极低温的科学技术部门。

甲烷液化 methane liquefaction 指甲烷在气相与其非气相达到平衡状态时的饱和蒸气压下，并在临界温度以下，由气相转变为液相的相变过程。

在工业上，甲烷液化实际上是指天然气液化，即生产液化天然气。

天然气液化是天然气适合于海运的一种形式。由于液化成本高，液化工艺又要多消耗约10%的能量，所以天然气液化只是在国际贸易中运用，而在国内运输中通常不采用。

随着非常规天然气的开采，如煤层气、页岩气也开始液化成为液化天然气，以便储存和运输。

液化天然气 liquefied natural gas (LNG) 在一定的温度和压力条件下被液化了的以甲烷为主的天然气。天然气液化的相变过程一般要消耗能量约为10%。

液化天然气是储存与运输天然气的经济方式，主要适用于开采偏远地区的常规天然气，采取天然气液化，然后通过海运到消费地区。这种天然气为常规天然气，但也有非常规天然气如煤层气、页岩气。液化天然气的单位换算见下表。

液化天然气的单位换算

	LNG/t	LNG/m^3	Scm
1 t LNG=	1	2.22	1360
1 m^3 LNG=	0.45	1	615
1 Scm* =	7.35×10^{-4}	1.626×10^{-3}	1

注：*表示Scm(基准立方米)是在15℃和101.325kPa条件下测量的基准立方米，1Scm=40MJ。

液化天然气的储罐为低温容器，常用特殊制造的铝合金或铬镍合金制作。有些储罐的容积高达$4.8\times10^4m^3$。海上运输船可以装载$(13\sim15)\times10^4m^3$液化天然气。$1m^3$液化天然气气化后可获得$620m^3$(20℃，101.325kPa)天然气。

登录 http://en.wikipedia.org，在搜

索框内输入“Category:Liquefied natural gas plants”,即可查阅世界上重要的液化天然气生产厂。

组织机构

天然气输出国论坛 Gas Exporting Countries Forum(GECF) 全球天然气输出国以追求利益所组成的非正式组织,2001年成立于德黑兰。其目标是代表和促进相互间的共同关注的问题。论坛成员控制了世界上73%的天然气可采储量和41%的天然气产量。【http://www.gecf.org】

联合国欧洲经济委员会天然气中心 Gas Centre of United Nations Economic Commission for Europe(GasCentre) 是欧洲天然气工业技术的协作团体,1994年成立。其宗旨是促进和发展欧洲天然气市场经济,关注欧洲天然气市场发生的深刻变化,为政府和天然气行业之间搭建了沟通的桥梁。【http://www.gascentre.unece.org】

气体加工者协会 Gas Processors Association(GPA) 由美国天然气加工业的生产公司组成的协会,非营利性组织,1921年成立,设在俄克拉何马州塔尔萨市。从事天然气加工和天然气凝液方面的工作,提供从井口到市场的有价值的信息传播,组织会议,出版刊物等。【https://www.gpaglobal.org】

加拿大非常规资源学会 Canadian Society for Unconventional Resources(CSUR) 非营利性组织,2002年成立,设在卡尔加里。关注加拿大煤层气、致密砂岩气、页岩气和天然气水合物的增长。【http://www.csur.com】

燃气联盟 Gas Union 德国天然气协会组织,设在埃森。宗旨是为推动德国天然气高效利用,传播天然气利用的最新技术。【http://www.gas-union.de】

美国燃气协会 American gas association (AGA) 由187家地方公用能源公司组成,是美国最大的燃气行业组织。成立于1918年,总部在华盛顿。其宗旨是成为国内实力最强、影响力最大的能源贸易协会,为会员创造最大的价值。【http://www.aga.org】

国际储气罐和接收站操作协会 Society of International Gas Tanker & Terminal Operators(SIGTTO) 国际液化天然气贸易和公司的非营利性组织,设在伦敦。宗旨是在协会会员中交换情报和经验,以提高天然气储罐和港口的安全操作可靠性。【http://www.sigtto.org】

液化天然气进口公司国际组织 International Group of Liquefied Natural Gas Importers(GIIGNL) 由法国天然气公司主办的非营利性组织,1971年12月建立。成员有42个公司和组织,来自北美洲、亚洲和欧洲等进口液化天然气的公司和协会。【http://www.giignl.org】

液化天然气中心 Center for Liquefied Natural Gas(CLNG) 设在华盛顿。拥有60多个成员单位。包括生产、操作、输送、终端利用等业务,涉及到市场销售、政策研究、拓展市场等领域,【http://www.lngfacts.org】

俄罗斯天然气及技术科学研究院 Scientific-Research Institute of Natural Gas and Gas Technologies(VNIIGAZ) 俄罗斯天然气工业股份公司隶属的基础科学和应用技术研究中心,1948年建立。从事先进技术、研究发展和项目工作的技术解决方案的研究,包括天然气和天然气凝液的资源开发、生产、输送、加工、环境和工业安全等。从业人员2000人,其中75%的人参与开发新技术和设备、设计、研究、中试实验等工作。【http://www.vniigaz.gazprom.ru】

美国天然气工艺研究院 Gas Technology Institute(GTI) 是美国独立的非营利

性能源和环境研究、开发、教育及信息服务中心。2000年6月30日由芝加哥的两个著名的气体研究院(GRI)和气体工艺技术研究院(IGT)合并而成。有总计500多个生产天然气的公司和国内外协会组织参加工作。该研究院的主要职能是完成资助的室内研究、开发和论证项目;提供教育计划和服务以及传播科技信息。主要研究领域有能源利用、能源供应、环境保护和补救、天然气储运、配气和应用。【http://www.gastechnology.org】

国际天然气和气态烃信息中心 International Association for natural Gas (Cedigaz) 是天然气工业重要的非营利性协会组织,成立于1961年,设在巴黎。该中心提供天然气和液化气(LNG和LPG)的信息。每年6月出版"Natural Gas in the World"(世界天然气报告),报道世界各国天然气状况,其数据在全世界享有权威性,广泛被采用。【http://www.cedigaz.org】

国际天然气联盟 International Gas Union (IGU) 非营利性组织,创建于1931年。设在丹麦荷尔绍姆。它代表了全世界绝大部分天然气生产和消费地区。其宗旨是促进世界天然气行业的技术和经济进步,支持天然气供应链每一环节的革新,推动会员国之间和国际组织之间的交流。【http://www.igu.org】

媒 体

俄罗斯天然气 РОССИЙСКИЙ ГАЗ 信息网站,介绍俄罗斯的石油、天然气和石油化工的情况。【http://www.gazexport.ru】

俄罗斯天然气工业 Gas Industry of Russia 是俄罗斯天然气工业的重要刊物,月刊,编辑部设在莫斯科。提供科学与进步、经济组织与管理、能源保障、生产与节能、人员培训、环境控制等信息。【http://gasoilpress.com】

欧洲非常规天然气 Europe Unconventional Gas 网站。是埃克森美孚公司在欧洲开采致密气、煤层气和页岩气等工艺过程、开采现况的报道。欧洲拥有丰富的非常规天然气资源,试图开采资源以减少从俄罗斯进口天然气,促进经济发展。【http://www.europeunconventionalgas.org】

8.1 致 密 气

致密气是储存在非常规储层中的常规烃类,是自然产能达不到工业气流标准的气藏。由于致密气层的渗透率比页岩气层大,在通常情况下,只需经过水力压裂就能产出工业气流。

致密气藏在非常规天然气中是较为可采的天然气,已成为天然气勘探开发的重要领域。

致密砂岩储层

致密地层 tight formation 又称"低渗透地层",指孔隙度低(<12%)、渗透率较低(<0.1mD)、含气饱和度低(<60%)、含水饱和度高(40%)、一般无自然产能或自然产能低于工业油气流下限,但在采取增产措施后可以获得工业气流的地层。

致密气储层是一种分层系统,其碎屑沉积层可以由砂岩、沙泥岩、泥岩、页岩等组成。页岩地层属于致密地层的一种。富含有机质的致密地层通常束缚有致密气、致密油和页岩气。

致密储层评价的重要参数有总厚度、有效厚度、渗透率、孔隙度、水饱和度、压力、地应力和杨氏模量。致密地层是非常规天然气勘探开发的重点。

致密储层天然气 gas of tight reservoir 从低渗透致密气藏采出的一种非常规天然气,包括致密气和页岩气。由于需要钻定向井并进行压裂、酸化及其他处理工艺,才能够从低渗透储层中采出,故开采费用高。这种天然气的开采通常要得到政府的优惠政策。

致密储层气藏有三个特点:

(1) 分布的隐蔽性,常规的勘探方法难以发现;

(2) 短期内难以认识并作出客观评价;

(3) 产能发挥程度的大小或是否能够进行工业性开采,必须经过当前技术经济条件的特殊工程处理,方可成为可采储量。

致密储层渗透率 tight reservoir permeability 是指处于致密储层之中的致密气和页岩气的渗透率,其渗透率差异很大。见"常规天然气与非常规天然气的渗透率差异"图示。

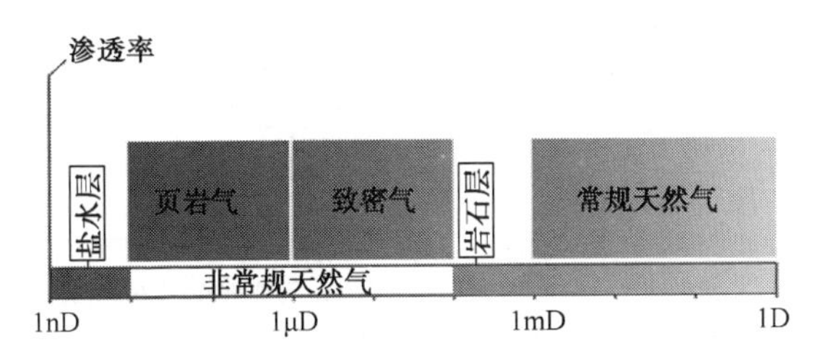

常规天然气与非常规天然气的渗透率差异

(1) 常规天然气与非常规天然气的渗透率差异。常规天然气的渗透率在1mD(毫达西)~1D(达西)之间;而非常规天然气的渗透率更小,在1nD(纳达西)~1mD(毫达西)之间。

(2) 在非常规天然气中,致密气层与页岩气层的渗透率差异。致密气层的渗透率在1μD(微达西)~1mD(毫达西)之间;而页岩气层比致密气层的渗透率更小,仅为1nD(纳达西)~1μD(微达西)之间。

致密砂岩气储层 tight sands gas reservoir 是非常规气藏的一种低渗透储集层。致密砂岩气层具有特定的性质:

(1) 基质渗透率0.001 ~0.1mD之间。

(2) 有效孔隙率在(3%~5%)~(15%~20%)之间。

(3) 通常在实施增产措施之前,没有或有限自然流动。最初流动少于15.0m^3/d。

单井一般无自然产能或自然产能低于工业气流下限,只有经过水力压裂改造措施,才能获得具有经济价值的产量。

根据致密成因可以将致密砂岩储层划分为4种类型:

(1) 由自生黏土的大量沉淀所形成的致密砂岩储层;

(2) 由胶结物浸出改变原生孔隙形成的致密砂岩储层;

(3) 高含量塑性碎屑因压实作用形成的致密砂岩储层;

(4) 粒间孔隙被碎屑沉积时的泥质充填形成的致密砂岩储层。

国外把致密砂岩气归入非常规天然气,而中国仍将其列入常规天然气。

水锁效应 water lock effect 在地层作业中,外来相为水时在多孔介质中滞留的现象。

在油气层中，当另外一种不相混溶相渗入储层；或者多孔介质中原有不相混溶相饱和度增大，都会损害相对渗透率，使储层渗透率及油气相对渗透度都明显降低。

当不相混溶相为水相时，这种现象称为“水锁效应”；当不相混溶相为烃相时，称为“烃锁效应”。

致密砂岩封闭 tight sandstone seal 指致密砂岩所具有的水锁现象增大了微细孔喉的毛细管压力使其形成气层封闭。

（1）当气体的运移力小于或等于上覆致密砂岩的毛细管压力时，天然气得以保存而形成气藏。

（2）当气体的运移力大于上覆致密砂岩的毛细管压力时，气藏中的气体则会向上运移扩散，此时如果有持续的气源供给补充，则可使气藏相对保持一定的压力和储量，这样就形成了动态平衡的气藏。

含水饱和度 water-bearing saturation 指在油气层中，所含水的体积与岩石孔隙体积之比。流体饱和度是最重要的储层参数之一。

在致密砂岩地层中，当含水饱和度在50%以下时，束缚水饱和度比较低，储层以产气为主；当含水饱和度在50%~90%区间时，具有较高的束缚水饱和度，此时，储层不产气也不产水，反映为渗透率瓶颈（具有盖层性质）；当含水饱和度大于90%以上时，由于束缚水饱和度很高，致密砂岩储层仅微量产水。

致密砂岩地层具有较宽的含水饱和度范围，处于气体和水的渗透率瓶颈区，它可以构成区域性的油气盖层，这种性质非常有利于在区域上大范围分布的致密砂岩低渗透储层中寻找大气藏。

致密砂岩气资源量

致密气资源量 tight gas resource 根据美国能源情报署（EIA）引用 H-H. Rogner“世界油气资源评价”对全球致密砂岩气资源的估计如下表。

世界致密砂岩气资源约 $196\times10^{12}m^3$，占全球非常规天然气资源的22%，主要分布在非洲和中东。

全球致密气资源

（单位：$10^{12}m^3$）

	致密气	占世界总量/%
亚洲/澳洲	36	18.4
北美洲	39	19.9
前苏联	26	13.3
非洲/中东	46	23.5
拉丁美洲	37	18.9
欧洲	12	6.1
世界总计	196	100

中国气藏标准 China gas reservoir standards 根据中国石油天然气行业标准SY/T 6168—2009《气藏分类》规定的划分，有效渗透率≤$0.1\times10^{-3}\mu m^2$（$1mD\approx10^{-3}\mu m^2$）为致密气藏。这种划分与美国联邦能源管理委员会的标准相同。

中国气藏按储层物性的分类

类	高渗气藏	中渗气藏	低渗气藏	致密气藏
有效渗透率/mD	>50	>5~50	>0.1~5	≤0.1
类	高孔气藏	中孔气藏	低孔气藏	特低孔气藏
孔隙度/%	>20	>10~20	>5~10	≤5

致密气开采

致密气藏界定 definition standard of tight gas 致密气藏是需经大型水力压裂改造储层的措施，或采用水平井、多分支井才能产出工业气流的气藏。

美国能源部于1973年对可工业开

采的致密气层的界定标准为：

(1) 采用常规方式不能进行工业性开采，无法获得工业规模的可采储量；

(2) 含气砂岩的有效厚度下限为30m，含水饱和度低于65%，孔隙度5%～15%；

(3) 目的层埋深1500～4500m；

(4) 产层总厚度至少有15%为有效厚度；

(5) 可供勘探面积不少于31 km^2；

(6) 产气砂岩不与高渗透的含水层互通。

致密气藏开采 tight gas development 与常规天然气开采不同，致密气藏的开采特征如下：

(1) 增产改造是发现气藏并形成工业性气流的重要手段。低渗透致密气藏由于储集岩的岩相、岩性变化大，产层的厚度极不稳定，很难找准产层部位。即使钻井通过产层，也因渗透率太低而往往被错过。

(2) 具有边勘探边开发的特性。致密砂岩气藏初期多为"有气无田"，往往由探井发现有气显示，经大型压裂产出工业性气流后再转入开采，然后在此井的周围加大布井密度，随着资料的积累，加深对储层的认识，逐步向外扩大含气面积和增加储量，形成不同的井组和区块，最后才形成气田。

(3) 自然能量补给缓慢。由于孔隙度和渗透率太低，致密气藏的单井产量也很低。经酸化和水力压裂增产后，产气量递减很快。

(4) 基质孔隙与裂缝之间流体窜流。在裂缝－孔隙型储气层中，基质孔隙与裂缝之间的流体窜流是渗流过程的主要特性。

(5) 天然气价格是控制开发速度的决定因素。低渗透致密气藏由于勘探开发费用远远高于常规气田，因此除了勘探开发技术进步外，天然气价格是控制开发速度的决定性因素。

致密气层回收率 recovery factor of tight gas 即致密气层采收率。是指致密气层经水力压裂等增产措施后，从致密气层地质储量中可回收的致密气估计量，用百分比表示，计算公式：

回收率=(估计可回收量/原始地质储量)×100%

致密气回收率取决于水力压裂的广度和深度，其波动范围较大。美国开采致密砂岩气的回收率比页岩气高，其范围在6%～10%之间。沙特阿拉伯对致密气藏进行垂直钻井后，再进行300m水平钻井，其致密气的回收率在17%～25%之间。

苏里格气田 Sulige gas field 是中国最大的陆上气田。苏里格气田位于鄂尔多斯盆地中北部。

蒙语"苏里格"是"半生不熟"的意思。传说成吉思汗大军西征到此，在羊肉煮到半生不熟的时候，打了一场大胜仗，苏里格因此而得名。

苏里格气田以低渗透、低压力和低丰度为特征。面积40000km^2，储层埋深3200～3500m，含气层主要在二叠纪砂岩。其储层的空气渗透率为0.1～2.0mD。地质储量约$1.68\times10^{12}m^3$，可采储量$0.5336\times10^{12}m^3$，2001年发现，2006年投产。

8.2 煤层气

煤层气是非常规天然气的一种，亦称"煤层甲烷气"。这是一种储存在煤层的微孔隙中的、基本上未运移出生气母岩的天然气，属典型的自生自储式气藏。煤层气在适当的地质条件下聚集亦可形成工业性常规气藏。

由于煤层一般致密，透气性差，吸附性强，因此不易解析出气体，有时有部分呈游离状态集中在煤层中,采煤时形成瓦斯,造成突发性灾害。

煤层气生成

成煤时代 coal-forming age 指在地质时期中形成具有工业开采价值的煤矿床的时期。在地球历史最早的地质年代——太古宙(太古代)时期,已发现的可靠的化石记录有晚期出现的菌类和低等的蓝藻。从此地球上出现了植物,便有了成煤的物质条件,但具有工业开采价值的煤始于早古生代,是以藻类为主的低等生物形成的腐泥无烟煤演变而成的石煤。

由于古气候、古地理和古构造条件不同,各时代的聚煤作用发育程度也不同。聚煤作用最强的时期有晚石炭世-早二叠世、晚三叠世、早侏罗世-中侏罗世、晚侏罗世-早白垩世四个成煤时代。

煤层 coal seam 植物残体经过复杂的生物化学作用和地质作用而形成的层状固体可燃矿产,赋存于顶板和底板之间。

煤层的层数、厚度、产状和埋藏深度等受到古构造、古地理和古气候条件的制约。

成煤作用 action of coal-firming 指高等植物在泥炭沼泽中持续地生长和死亡,其残骸不断堆积,在地壳运动的影响下,随同含煤岩系沉降到地下深处,经过长期而复杂的生物化学、地球化学、物理化学作用和地质化学作用逐渐演化成泥炭、褐煤、烟煤和无烟煤的过程。即:

泥炭→褐煤→烟煤→无烟煤→石墨、天然焦

泥炭化作用 peatification 当高等植物残体在沼泽中堆积,在有水存在和微生物参与下,经过分解、化合等复杂的生物化学变化,向泥炭(泥煤)转化。

泥炭化阶段主要是植物残体菌导致的分解过程。当原始物质为低等植物和

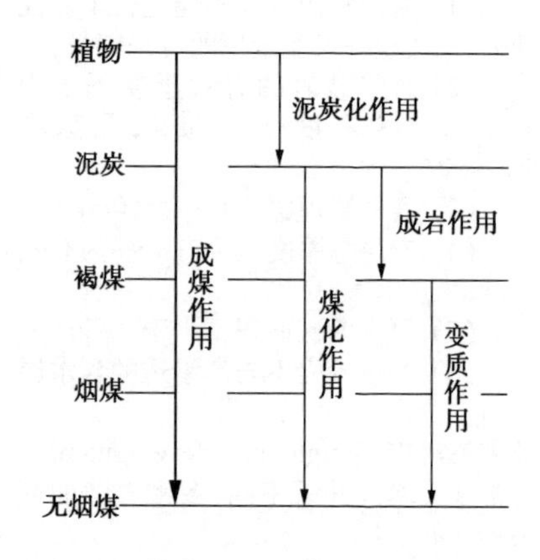

成煤作用阶段示意图

浮游生物时则形成腐泥,称为“腐泥化作用”。

煤化作用 coalification 是指从泥炭化作用转变为褐煤、烟煤、无烟煤的过程。煤中碳含量不断富集,氧、氢和氮不断减少的过程。成岩作用和变质作用是煤化作用的两个阶段。煤化作用是成煤作用的第二阶段,以物理化学作用为主。

古植物、古气候、古地理和古构造条件是影响成煤作用发生和强度的重要因素。

成岩作用 diagenesis 指被埋藏的沉积物与上覆水体脱离后,由疏松的沉积物转变为坚硬的沉积岩的作用。不包括沉积岩继续遭受变化的后生作用。

成岩作用是烃源岩形成之前的一段漫长时期。当动植物残体在沉积时被埋葬,有机质在比变质岩形成的温度和压力小的情况中被裂解。这种裂解发生在地表下几百米,形成干酪根。按照生物成因学说,干酪根通过化学过程如裂化或后生作用会分解形成烃类。

煤的成岩阶段发生植物残骸向泥煤的转化,其甲烷主要来自微生物的分解,

生成的甲烷不具有工业价值。而在煤的变质作用时期,由煤生成常规天然气(煤生气)和非常规天然气(煤层气)。

变质作用 metamorphism 指经成岩作用后的煤层,在地壳运动的影响下,随同含煤岩系沉降到地下深处,在温度和压力的进一步作用下发生不同程度的变质,经由褐煤转变为烟煤和无烟煤。

按变质的热源和作用方式,可将煤的变质作用划分为:

(1) 深成变质作用。指煤层沉降到深处,由于地热和上覆岩层的静压力的影响而导致煤的变质,其变质程度随深度而增加;

(2) 岩浆变质作用。指由于岩浆侵入或靠近煤层时,因岩浆的高温、挥发性气体和压力的影响而导致煤的变质;

(3) 动力变质作用。指因地壳构造运动,构造应力作用于煤、岩层而产生的大量摩擦热导致煤的变质。

煤成气 coal generated gas 含煤岩系中腐殖型有机质经煤化作用生成的烃类气体,是天然气的重要组成部分。

由煤生成天然气有两种生成机理:生物成因和热成因,这主要取决于煤化作用的程度,即又可分为成岩作用和后生作用两个阶段:

(1) 成岩作用。成岩阶段发生在植物残骸向泥煤的转化时期,温度不超过50℃,其甲烷主要来自微生物的分解,称为生物成因甲烷气,一般不具有工业价值。

(2) 后生作用,即变质作用。大部分甲烷形成在后生阶段。随着埋深增加,煤层温度和压力不断增高。其甲烷主要来自有机物的深成热解作用,因而形成热成因甲烷气。在适当的地质条件下亦可形成工业性气藏。

从煤层向其他地层初次运移,于是煤成气出现两种情况:

(1) 煤生气。聚集部分可形成工业气藏,为常规天然气。

(2) 煤层气。吸附保留在煤层中,为非常规天然气。

煤成气是以甲烷为主的气态烃,它在成分上与石油伴生的天然气(即伴生气)不同。

煤层气(1) coal bed methane(CBM) 亦称“煤层甲烷气”。煤层气是一种非常规天然气。是一种储存在煤层的微孔隙中的、基本上未运移出生气母岩的天然气。属典型的自生自储式的气藏。由于煤层致密,透气性差,吸附性强,一般不易解析出气体。有时有部分气体呈游离状态集中在煤层中,采煤时形成瓦斯,造成突发性灾害。煤层气在适当的地质条件下亦可形成工业性气藏。

(2) coal seam gas(CSG) 这是澳大利亚专属的对煤层气富沉积的称呼。

煤缝气 coal seam methane(CSM) 指煤层之间的气体。这种气体是煤层游离出来的以甲烷为主的煤层气。

吸湿水 hygroscopic water 又称“吸着水”。被分子引力和静电引力牢固地吸附在泥土或岩石颗粒表面的水。具有许多异常特性,如溶解盐类能力很弱,导电性低,-78℃仍不冻结。吸湿水不传递静水压力,不能流动,只有转化为水蒸气后才能脱离吸附它的颗粒表面移动。不能为植物根系所吸收。

残余气 irreducible gas 在气层条件下,经各种动力作用后,岩石中仍不能驱替出来的天然气。

残余气饱和度 residual gas saturation 在边水或底水气藏中,由于水侵而导致气藏内部形成两相流动区,使气相有效渗透率不断降低直至为零,此时残留在岩石中的气相饱和度,称为残余气饱和度。

残余气饱和度是衡量有水气藏开发

效果的一个重要指标。降低储集层岩石的残余气饱和度是提高气藏采收率的有效方法。

报废矿井瓦斯 abandoned mine methane（AMM） 指报废矿井的煤层气。报废矿井的煤层气勘探被认为是一项重要的煤层气开发工作。在欧洲尤其是英国，报废矿井瓦斯生产处于世界前列。英国报废矿井的勘探在商业化煤层气生产中占主导地位。

煤矿瓦斯

瓦斯 gas；firedamp 泛指可燃性气体；特指从煤矿中泄漏出来的煤层气。

爆炸 explosion 均相的燃气-空气混合物在密闭的容器内局部着火时，由于燃烧反应的传热和高温燃烧产物的热膨胀，容器内的压力急剧增加，从而压缩未燃的混合气体，使未燃气体处于绝热压缩状态，当未燃气体达到着火温度时，容器内的全部混合物就在一瞬间完全燃尽，容器内的压力猛然增大，这种现象称为爆炸。

爆炸极限 explosive limit 可燃气体（或粉尘）与空气或其他气体混合后，遇到火花时发生爆炸的浓度上限和下限。在上下限之间的范围称为“爆炸范围”，常用可燃气体（或粉尘）含量的百分数（或每立方米中的克数）表示。甲烷和空气混合的爆炸极限为5.3%～13.9%，但天然气作为一种混合物，其实际爆炸极限应按各组分的爆炸极限和含量加权平均求得。

瓦斯爆炸 gas explosion 属可燃性气体的爆炸，但通常是指煤矿中的煤层气（主要是甲烷）爆炸。当空气中甲烷浓度为5%～16%时，遇明火（如：电灯开关的火花、采煤工具和运煤车辆产生的火花以及人为活动产生的静电火花）爆炸，并产生冲击波的现象。瓦斯爆炸具有强大的机械破坏作用，并产生有毒气体（如一氧化碳等）和爆炸火焰，导致重大灾害。这在煤矿和使用天然气的用户均可发生。

矿井甲烷气 coal mine methane（CMM） 指生产矿井中的煤层气。主要成分是甲烷，易燃易爆，聚集在孔隙中并夹在地层裂缝中，当其渗出释放可以触发爆炸。是矿井着火爆炸事故的常见诱因之一。有些矿井甲烷气在适当的条件下也可抽吸引出加以利用。

在煤层气进入矿井空气流之前，进行抽放通常是所有生产矿井采取的措施。为了生产安全，甲烷在矿井中的释放量必须控制在一定浓度之下。

瓦斯矿井等级 classification of coal mine methane 按矿井平均每产1t煤所涌出的瓦斯（煤层气）量和涌出的形式来划分矿井等级。中国《煤矿安全规程》规定，只要有一个煤层或岩层中发现过一次瓦斯，该矿井即为“瓦斯矿井”，并依照瓦斯矿井的工作制度进行管理。瓦斯矿井等级划分为：

（1）低瓦斯矿井。平均每产1t煤涌出瓦斯量$10m^3$及以下，或者只有一个煤（岩）层发现过瓦斯的矿井。

（2）高瓦斯矿井。平均每产1t煤涌出瓦斯量$10m^3$以上，或者定为煤（岩）与瓦斯突出的矿井。

绝对瓦斯涌出量 absolute gas emission rate 单位时间内从煤层和岩层以及采落的煤（岩）体所涌出的瓦斯量，单位采用m^3/min。

煤（岩）和瓦斯突出 coal/rock and gas burst 从煤层内向采掘空间突然喷出大量碎煤和瓦斯（甲烷或二氧化碳）的异常动力现象。强烈的煤和瓦斯突出会导致冒顶、窒息和人员伤亡等严重事故。

1834年法国鲁阿雷煤田伊萨克矿井发生了世界上第一次有文字记载的煤和瓦斯突出。

有三种情况下可发生煤和瓦斯突出：

（1）地压作用，促使煤体的破坏和移动过程发展速度十分迅速；

（2）压缩瓦斯（压力可达几个兆帕）的膨胀和煤体内吸附瓦斯的解吸，能形成一股气流将煤或煤矸石抛出；

（3）由煤层的物理化学性质引起。松软煤层或有松软小分层的煤层，机械强度低，易破碎，瓦斯的解吸速度很大，能迅速释放瓦斯。

煤和瓦斯突出可分为三种类型：突出、压出和倾出。可采取保护层开采、合理布置巷道和回采工作面、瓦斯抽排、超前支架、震动性放炮等措施来防止突出事故。

低浓度瓦斯 low concentration mine gas 指甲烷体积浓度小于30%经矿井瓦斯抽放系统抽出或排出的瓦斯。

高浓度瓦斯 high concentration mine gas 指甲烷体积浓度大于或等于30%经矿井瓦斯抽放系统抽出或排出的瓦斯。

瓦斯梯度 gas gradient 又称“瓦斯递增率”。在瓦斯风化带以下，开采深度每增加1m时相对瓦斯涌出量增加的数量。

瓦斯抽放 gas drainage 采用专用设备和管路把煤层、岩层或采空区瓦斯抽出的措施。

瓦斯抽放系统 gas drainage works 采用专用设备和管路把煤层、岩层或采空区瓦斯抽出或排出的系统工程。

残存瓦斯 residual gas 经过一段时间的瓦斯释放后，煤或煤体中残留的瓦斯。

白坑气 whitedamp 指通常在煤矿密封环境中煤燃烧生成的一种有毒气体混合物。有毒气体主要由一氧化碳和硫化氢组成。

煤层气资源量

煤层气可采资源量 CBM recoverable resource 根据先进资源国际公司（Advanced Resources International 缩写ARI）估计，全世界煤层气可采资源量达$24\times10^{12}m^3$。俄罗斯煤层气资源量居世界第一位，美国居第二，中国煤层气可采资源量居世界第三位。美国是目前进行煤层气商业开采中产量最高的国家。

世界煤层气资源量

（单位：$10^{12}m^3$）

国　家	原始资源量	可采资源量
俄罗斯	12.7~56.6	5.66
中国	19.8~35.9	2.83
美国	14.2~42.5	3.96
澳大利亚/新西兰	14.2~28.3	3.40
加拿大	10.2~13.0	2.55
印度尼西亚	9.6~12.7	1.42
南非	2.5~6.2	0.85
西欧	5.7	0.57
乌克兰	4.81	0.71
土耳其	1.42~3.11	0.28
印度	1.98~2.55	0.57
哈萨克斯坦	1.13~1.70	0.28
南美/墨西哥	1.42	0.28
波兰	0.57~1.42	0.14
总计	100~216	24

中国的煤层气分布在约42个盆地，但主要分布在9个盆地，其中鄂尔多斯盆地、沁水盆地和准噶尔盆地最多，遍及$415000km^2$。这些盆地含有$36.8\times10^{12}m^3$煤层气，包括可采储量和近期还未探明的资源量。其中，$10.9\times10^{12}m^3$煤层气的埋深在1500m内属于

可采储量。

沁水盆地 Qinshui basin 位于山西省沁水县一带，是中国尚未大规模开采的煤田，煤炭资源量为 3200×10^8t。已初步探明与煤相伴生的煤层气储藏量达 $1000\times10^8\ m^3$。

在山西沁水盆地南部发现并探明了一个大型煤层气田——沁水煤层气田。该煤层气田产气区含气面积为 164.2km^2，探明煤层气地质储量为 $402.19\times10^8m^3$，可采储量为 $218.39\times10^8\ m^3$，可以建设形成 $10\times10^8\ m^3/a$ 的生产能力。

韩城煤层气田 HanCheng CBM field 位于陕西省。地质构造比较简单，地层平缓，煤层分布相对稳定，埋深多在地平面以下 300~900m 左右，技术可采储量为 $25.05\times10^8m^3$，经济可采储量为 $22.55\times10^8m^3$。

煤层气开采

煤层气回收率 coal bed methane recovery 指从煤层气资源中可回收的煤层气的数量。煤层属性直接影响煤层气回收率。影响煤层气回收率的主要因素有：

(1) 煤层孔隙度。通常很小，一般范围为 3%~6%。

(2) 煤层吸附能力。是很重要的因素。煤的吸附能力定义为每质量单位的煤所吸附的气体体积，通常用"标准 m^3 天然气/t 煤"来表示。吸附能力取决于煤级和煤品质，许多煤层吸附能力的范围在 2.5~22.5m^3/t。

当煤层开采时，裂缝空间的水分首先泵出，导致压力降低从而提高天然气从母岩的脱附能力。

"煤层气产量与抽水量的关系"图说明，随着煤层气井抽水量降低，煤层气从产量增加→稳定生产→产量衰退的阶段。

(3) 裂缝渗透率。裂缝渗透是煤层

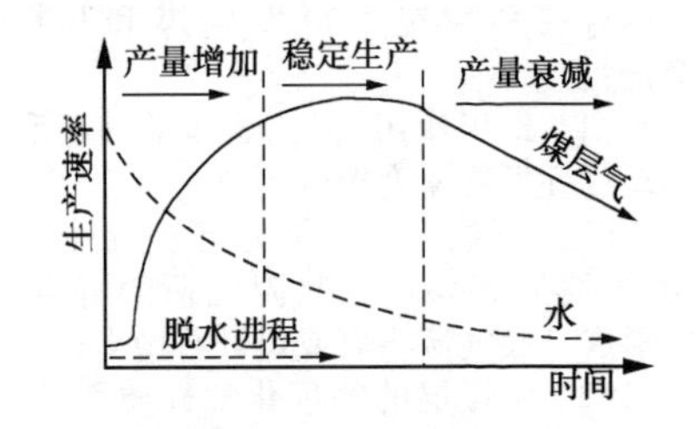

煤层气产量与抽水量的关系

气进入主流的通道。渗透率越高，煤层气产量就越高。美国的煤层气其渗透率范围是 0.1~50mD。储层裂缝的渗透率随着开采应力而变化。工艺过程和应力敏感的储层裂缝渗透率对煤层气增产起着重要作用。

其他影响参数还包括煤层厚度、煤密度、初始气相浓度、临界气饱和度、束缚水饱和度、相对渗透率等条件。

煤层气排采 production of coal bed methane 由于煤层气主要以吸附态为主，因此煤层气的生产过程通常是先排水降压，使得吸附在煤基质孔隙内表面的煤层气解吸，经扩散和渗流而产出。

在煤层气排采中，煤层气的产出过程比较复杂，可将其分为三个过程：

(1) 煤层气解吸过程。通过排水降压，在井筒附近形成一定的压降漏斗。在地层压力低于临界解吸压力的区域，被吸附的甲烷开始从煤的基质孔隙内表面解吸，由吸附态变为游离态；

(2) 煤层气扩散过程。煤层气的扩散是煤基质孔隙内的甲烷气体在浓度差的作用下，甲烷从高浓度区向低浓度区的运动过程。由于排采作用所导致的裂隙内的煤层气浓度低于基质，此过程则是甲烷由基质向煤层割理扩散；

(3) 煤层气渗流过程。煤层割理中的甲烷气体在流体势(压力差)的作用下,通过裂隙系统流向压裂裂缝及生产井筒的流动。

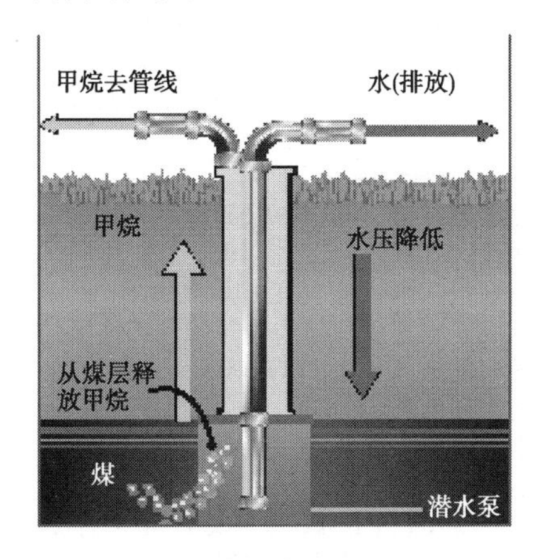

煤层气抽排

煤层气抽放 coal bed methane discharge 指抽出煤矿矿井中的煤层气(习惯上称为"瓦斯"),以防止事故并供利用。煤矿矿井中煤层气的涌出量很大,靠通风难以稀释排除时,可采用抽放的方法。

抽放工艺是在地面建立瓦斯泵站,经井下抽放瓦斯管道系统与抽放钻孔连接,泵运转时造成负压,将瓦斯抽放,送入瓦斯罐或直接供给用户。

煤层气按瓦斯来源不同,可分为三种抽放方式:

(1) 抽放煤层本身的瓦斯。开采瓦斯含量高的厚煤层时,瓦斯主要来自开采层本身,可从底板岩石巷道钻孔穿透煤层,钻孔中插入钢管并将孔口周围密封,瓦斯从插管中抽出。因抽放超前于掘进、回采,使采掘工作减少了瓦斯的威胁,此法又称"钻孔预抽瓦斯"。

(2) 抽放邻近煤层中的瓦斯。在多煤层矿井,用长壁工作面回采时,顶底板岩层和煤层(包括可采层和不可采层)卸压,瓦斯流动性增加,大量涌入工作面,危及生产。通常在回采前打钻孔到顶板或底板的邻近煤层,回采后瓦斯大量流入钻孔,通过孔口插管,将瓦斯抽出。

(3) 抽放采空区的瓦斯。有的矿井采空区大量涌出瓦斯,可在采空区周围密闭墙上插入钢管;也可以从巷道向采空区打钻孔,抽放瓦斯。

吸附甲烷 adsorbed methane 指地下煤层对甲烷的吸附能力。煤吸附甲烷的能力随着煤的变质程度增高而增大。

煤的吸附特性很大程度上取决于煤的孔隙结构。煤的孔隙结构是煤的物理结构的主要组成部分,一般用孔隙体积、比表面积、孔径分布、孔隙模型来表征。

随着气体压力增大,吸附量增加,但到3MPa时,趋于平稳。首先满足吸附气体量,多余的游离出来。见图。

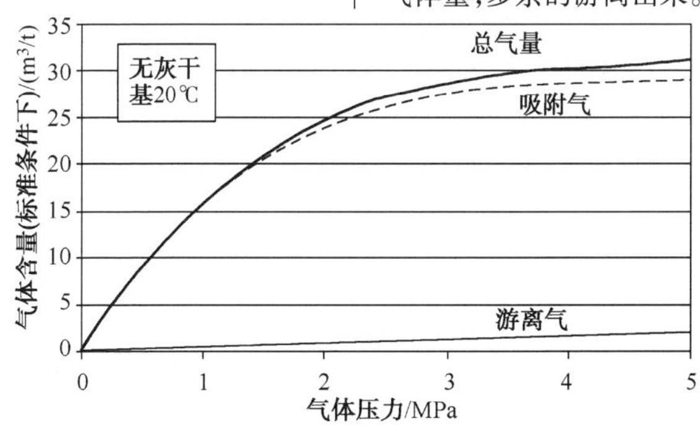

烟煤的气体压力与吸附量的关系

烟煤在25℃时,随着气体压力增加,吸附最多是二氧化碳,其次为甲烷和氮气。说明可用二氧化碳驱赶煤上吸附的甲烷。

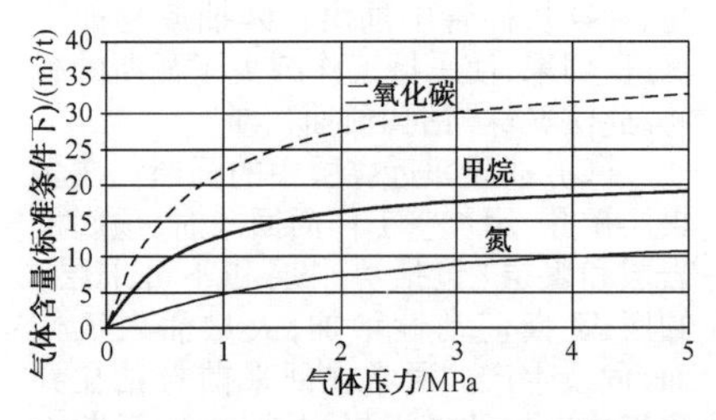

烟煤在25℃对二氧化碳、甲烷和氮的等温吸附

二氧化碳驱煤层气 CO_2 enhanced CBM(CO_2-ECBM)　二氧化碳(CO_2)注入烟煤层中占据孔隙空间并吸附在煤上,又以两倍速度排挤甲烷,使二氧化碳具备潜在提高煤层气收率的能力。在提高煤层气采收率的同时实现二氧化碳的地质封存,带来经济效益的同时也实现了对环境的保护。但这种方法如果没有政府的经济优惠措施,增加的收率仍然不足以抵消成本。

煤层气超越计划 coal bed methane outreach program(CMOP)　美国环境保护署实施的"煤层气超越计划",其目标是减少煤层气开采过程中的甲烷气排放。从1994年开始"煤层气超越计划"就开始通过提供技术来帮助煤矿公司及相关企业提高甲烷气体的生产率,减少温室气体排放,改善煤矿安全和生产,并提高效益。【http://www.epa.gov/cmop】

组织机构

阿拉巴马州煤层气协会 Coal bed methane association of Alabama(CMAA)　美国阿拉巴马州煤层气资源丰富,该协会设在阿拉巴马州伯明翰市。专门从事煤层气的研究、讨论和报道,以及生产和回收利用状况。【http://coalbed.com】

德国煤层气协会 German Coal Mine Methane Association　1999年成立。德国的煤层气分布在北莱茵-威斯特法伦州。该协会专注于煤层气的开发利用,组织会议,保护能源和环境。【http://www.grubengas.de】

煤层气联盟 Coal Bed Natural Gas Alliance(CBNGA)　是美国蒙大拿州和怀明俄州从事煤层气工作者的组织,2001年成立。其宗旨是沟通并传递该地区的粉河盆地(Powder River Basin)煤层气的技术和信息。

中国煤炭学会煤层气专业委员会 Coalbed Methane Specialized Committee(CBMSC)　2005年7月29日成立。它隶属中国煤炭学会。设在北京市。从事中国煤层气的研究、开发和协调工作并组织会议,推广技术等。【http://www.ccs-cbm.org.cn】

大猫能源公司 Big Cat Energy Corporation　公司设在美国怀俄明州。采用一种称为"含水层再注入设备"的新技术,将产出水再注入地层,驱出煤层气,其操作费用比现行的方法低。【http://www.bigcatenergy.com】

三叉戟勘探公司 Trident Exploration Corp.　是加拿大一个私营的独立的天然气生产公司,也是加拿大曼恩维尔煤层气最大的生产商。公司设在艾伯塔省卡尔加里。该公司主要在加拿大西部沉积盆地,进行勘探开采非常规天然气,在艾伯塔省核心产区开采煤层气。【http://www.tridentexploration.ca】

中联煤层气有限责任公司 China United Coalbed Methane Co.,Ltd.　简称中联公司,1996年3月成立,设在北京市。是国家煤层气产业的骨干企业。主要任务是从事煤层气资源勘探、开发、生产、输送、销售和利用,享有对外合作进行煤层气勘探、开发、生产的专营权。【http:

//www. chinacbm. com】

格拉德斯通液化天然气 Gladstone LNG 在澳大利亚昆士兰省格拉德斯通建设的液化天然气生产厂。它是世界上第一个从煤层气生产液化天然气的项目。2007年建成。最初生产能力为3~4Mt液化天然气。【http://www. santosglng. com】

8.3 页岩气

页岩气是从致密页岩层中采用水平钻井并分段压裂开采出来的非常规天然气。它束缚在渗透率和孔隙度极低的致密层,开采难度极大,耗水量极大,环境污染严重,开采成本高。

在解决技术可采、环境允许并获得政府的优惠条件下,如仍不能达到用户能够接受的价格,就没有经济价值。但页岩气在美国获得了成功的开采,推动了美国天然气工业的进程并影响到全世界。

页岩气特性

页岩 shale 是一种沉积岩,成分复杂,但都具有薄页状或薄片层状的节理,主要是由黏土沉积经压力和温度形成的岩石,但其中混杂有石英、长石的碎屑以及其他化学物质。

根据其混入物的成分,可分为钙质页岩、铁质页岩、硅质页岩、炭质页岩、黑色页岩、油母页岩。其中,油母页岩可以提炼石油,黑色页岩可以作为含油(原油)地层的指示。

页岩形成于静水的环境中,泥沙经过长时间的沉积,所以经常存在于湖泊、河流三角洲地带,在海洋大陆架中也有页岩的形成。页岩中也经常包含有古代动植物的化石,有时也有动物的足迹化石,甚至古代雨滴的痕迹都可能在页岩中保存下来。

页岩层渗透率低,属于致密层的一种。页岩层包括砂岩和碳酸盐岩以及含致密油的页岩。从页岩层采出的天然气,称为“页岩气”;从页岩层采出的轻质原油,称为“致密油”。

页岩气 shale gas 指赋存于富含有机质的页岩层段中,以吸附气、游离气和溶解气状态储藏的天然气,主体是自生自储成藏的连续性气藏,必须采用水平钻井并分段压裂才能开采出来的一种非常规天然气。

这种页岩气是束缚在页岩层的渗透率小于1μD,属于热成因气,它可以在有机成因的各种阶段生成,以游离状态存在于裂缝、孔隙及其他储集空间;以吸附状态存在于干酪根、黏土颗粒及孔隙表面上;极少量以溶解状态储存于干酪根、沥青质之中。

页岩气层吸附在有机质上,没有圈闭,没有明显的气层边界。页岩气层的特点是具有吸附气体的能力,与煤层一样,但孔隙中有自由空间,这不同于煤层没有大孔隙。页岩气层的吸附气与页岩有机质成比例。游离气与有效孔隙率和孔隙中的气体饱和度成比例。

登录 http://en. wikipedia. org,在搜索框内输入“Category:Shale gas”,即可查询主要国家的页岩气状况。

页岩气地质 shale gas geology 指页岩气特殊的地质特征,主要表现在以下两方面:

(1) 页岩气为连续型聚集。页岩气是连续生成的生物化学成因气、热成因气或两者混合而成的富含有机质(0.5%~25%)的石油源岩气。

页岩气具有普遍的地层饱含气性、隐蔽聚集机理、多种岩性封闭和运移距离短的特点，即页岩气在天然裂缝和孔隙中为连续型气藏。以游离气与吸附气并存，其中部分页岩气含少量溶解气。

（2）页岩气为烃源岩层系聚集。页岩气是天然气生成之后在烃源岩层内就近聚集的结果，表现为典型的“原地”成藏模式。

页岩气藏是天然气生成后，未排出源岩层系，大规模滞留在源岩层系中形成的。由于储集条件特殊，天然气在其中以多种相态存在。

烃源岩层系油气聚集除页岩气外，还包括致密气、煤层气、页岩油和致密油。

烃源岩区的油气聚集都是连续型油气聚集，属于非常规油气。分布广、资源丰度低、开发难度大、技术要求高是其普遍的特点。

页岩气储集空间 reservoir space of shale gas　指页岩气在页岩层中储集的状况，包括孔隙和微裂隙。页岩中的孔隙以有机质转化为烃所形成的孔隙为主，如果页岩有机质含量（质量分数）为 7%，则体积分数为 14%。若这些有机质有 35%发生转化，则会使岩石增加 4.9%的孔隙空间。

页岩在生烃的过程中，随着烃类生成量的增加，内压增大，当达到突破压力后，会形成大量的微裂隙，为烃类排出提供通道，同时也形成新的储集空间。在成岩过程中，矿物相的变化也会使微裂隙形成。构造活动过程中也会形成大量的微裂隙。但页岩气层的渗透率从 1nD~1μD，要比致密气藏的渗透率约小数百倍。因为没有足够的渗透率，大量流体不能流入井眼。因此，页岩气层不经过压裂处理不具有商业价值。

页岩含气量 gas content of shale　指每吨页岩中所含的天然气折算到基准温度和压力条件下（101.325kPa，25℃）的天然气总量，包括游离气、吸附气、溶解气等。

富有机质页岩含气量的大小取决于生烃量和排烃量，即：

页岩含气量=生烃量-排烃量

其中，生烃量受有机质的类型、含量和成熟度的控制；排烃量主要受排烃门槛高低的控制，突破压力大，排烃门限高，则在相同的生烃条件下，页岩含气量高。

影响页岩含气量的因素有：

（1）压力、温度。富有机质页岩含气量总体随压力的增加而增加。其中，吸附气在低压条件下增加较快，当压力达到一定程度后，增加速度明显减缓，而游离气仍然在明显地增加，并成为页岩气的主体。温度升高会降低富有机质页岩的吸附能力，任何富有机质页岩在高温条件下吸附能力都会明显下降，温度升高 1 倍，吸附能力下降近 2 倍。即随着地温的不断升高，富有机质页岩的吸附能力不断下降，游离气的比例不断增加。

（2）有机质含量。有机质含量直接影响含气量，有机质含量越高，含气量越大。两者具有近似线性的相关关系，相关程度很高。

（3）其他因素。如岩石的湿度、有机质类型、黏土矿物含量、地层水矿化度等，对富有机质页岩的含气量也有不同程度的影响。其中，干岩石的含气量明显高于“湿”岩石。伊利石的吸附能力高于蒙脱石，高岭石的吸附能力最弱。而地层水矿化度对生物成因页岩气的含气量有明显的影响。

页岩气资源

巴涅特页岩 Barnett Shale　巴涅特页岩气层是位于美国得克萨斯州沃斯堡盆地的一种富含页岩气地层，它由密西西比世时代（3.54 万~3.23 万年前）沉积岩组成。其地层在沃思堡市之下，面积 17000km^2，埋深 1500~2400m，厚度 30~150m，跨越 17 个县。原始地质储量估

计为 9.25×10^{12} m^3,其中可回收气量估计为 5400×10^8m^3,采收率为 5.8 %。

1999 年开始生产,单井平均开采费用为 350 万美元,井距 15.6 km^2,产量为 1.5×10^8m^3/d。【http://www.the-barnettshale.com】

马塞勒斯地层 Marcellus Shale Formation 是美国最大的页岩气储层,位于阿巴拉契亚盆地。面积 240000 km^2,埋深 1200~2600m,厚度 15~60m。

原始地质储量估计为 42.45×10^{12} m^3,其中估计可回收气量 24000×10^8m^3。采收率为 5.6 %。

2008 年开始生产,平均单井开采费用为 600 万美元,井距 20.8 km^2,产量为 0.42×10^8 m^3/d。【http://www.marcellusshaleformation.com】

海恩斯维尔页岩 Haynesville Shale 分布在美国路易斯安那州西北部和东得克萨斯州的一种富含页岩气的、由大小不均的黏土组成的地层。成岩时期是 1.7 亿年前的上侏罗纪。面积 24000km^2,埋深 3000~4100m,厚度 60~90m。原始地质储量估计为 20.29×10^{12}m^3,其中可回收气量估计为 9600×10^8m^3。采收率为 4.7 %。

2008 年开始生产,平均单井开采费用为 950 万美元,井距 20.8 km^2,产量为 1.20×10^8 m^3/d。【http://www.gohaynesvilleshale.com】

费耶特维尔页岩 Fayetteville Shale 位于美国阿肯色州的页岩气层。面积 23000 km^2,埋深 300~2100m,厚度 6~60m。原始地质储量估计为 1.47×10^{12} m^3,其中可回收气量估计 1400×10^8 m^3。采收率为 10 %。

2006 年开始生产,平均单井开采费用为 850 万美元,井距 20.8km^2,产量为 0.69×10^8m^3/d。

伍德福德页岩 Woodford Shale 位于美国俄克拉荷马州的页岩气层。面积 7770km^2,埋深 1800~3300m,厚度 36~68m。原始地质储量估计为 4.25×10^{12} m^3,其中可回收气量估计 2800×10^8 m^3。采收率为 6.6 %。

2006 年开始生产,平均单井开采费用为 700 万美元,井距 10.4 km^2,产量为 0.31×10^8m^3/d。

涪陵页岩气田 Fuling shale gas field 是位于中国重庆市的非常规天然气田。2014 年发现,由中国石化(Sinopec)开发。涪陵探明储量 2.1×10^{12}m^3,2014 年底达到 1.8×10^8m^{3}天然气,2015 年达到 5×10^8m^{3}天然气。

页岩气开发

页岩气开发 shale gas development 指采用水平井、多段水力压裂等有异于常规油气生产的技术对页岩气藏进行开发。页岩气属于低品位资源,具有高技术、高投入、高风险的特点。

页岩气开发与致密油开发相同。页岩气开发先是采用水平钻井,钻杆延伸到页岩层横向长度约 3000m,然后采用多段水力压裂,约分为 10 段压裂,接触面积约扩大了 400 倍,创建了井眼与页岩接触的最大表面积。

页岩层系打水平井的技术关键是准确钻遇目的地层并保持井眼完整,便于后续固井和压裂。

水平井分段压裂技术的关键是实现页岩层系的体积压裂,这种压裂要求尽量在页岩层系中形成网状裂缝,增加泄气面积。这与常规油气储层改造中要求尽量造长缝的理念完全不同,两者在压裂的技术细节方面差别较大。

页岩气井 shale gas well 指开采页岩气的井筒。开采页岩气可分为 6 个阶段:定井位→水平钻井→水力压裂→完井→生产加工→堵井废弃。

由于页岩气是束缚在致密岩层中,与常规天然气井开采有很大差异。页岩气井开采的特点是:

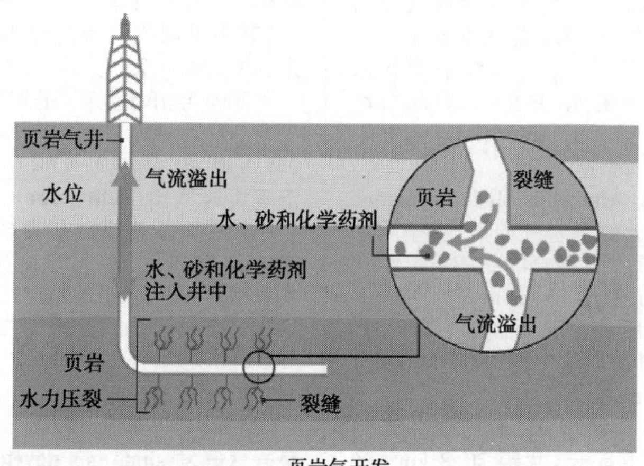

页岩气开发

(1) 必须通过水平钻井并分段压裂才能采出天然气。水平钻井通常采取水平分支钻井,以扩大可压裂体积;

(2) 页岩气井开采用水量大,特别是在分段压裂。根据地质状况不同,用水量也不相同。美国页岩气约在地下2000m,每口井用水量最低也要10000t;

(3) 压裂液中必须加入小于1%的化学药剂,以辅助页岩气脱除进入井筒;

(4) 压裂液中化学药剂的比例虽小,但由于用水量大,药剂的绝对量巨大,对地下水质会造成影响;

(5) 为了维持页岩气产量,页岩气井密集。一般井距小于$20km^2$;

(6) 根据地质状况的不同,页岩气井的开采费用随之不同,但页岩气井的开采费用高于常规气井。美国每口页岩气井开采费用为300万~1000万美元。

页岩气井生产与常规天然气井生产也有很大的区别,其特点是:

(1) 页岩气井经由分段压裂后,最初产量与常规天然气井区别不大,显示高产,但随后产量衰减较快,年衰减60%~80%不等;

(2) 常规天然气井生产寿命长,采收率可达约60%,页岩气井在10%以下,一般为5%。

因此,为了维持页岩气产量,必须多钻井。

页岩气层采收率 recovery factor of shale gas stratum　即页岩气层回收率。是指页岩经过水平钻井和分段水力压裂后,从页岩气层地质储量可回收的页岩气估计量,用百分比(%)表示。计算公式:

采收率=(估计可回收量/原始地质储量)×100%

页岩气井的采收率比常规天然气井低,一般在4%~10%之间。

沉沙池 sedimentation basin　用来沉积泥沙的水池。在页岩气开采中,采用的水力压裂技术,其用水量很大,为使返回地面的水流中的泥沙沉淀下来,让返回的页岩井水清澈。沉沙池的面积必须很大,足以让进入池中的水流速减缓,泥沙才会慢慢沉淀下来。

蒸发塘 evaporation ponds　是人工挖掘的大面积的池塘,处理页岩气井排除的废水。利用日光和暴露在环境温度下蒸发池塘中的水分。蒸发塘在蒸发量高、降雨量少而且有足够廉价土地的地区是一种比较实用的处置方法。蒸发残余固体要定期清理,送到垃圾填埋场处置。

组织机构

德拉瓦河谷马塞勒斯协会 Delaware Valley Marcellus Association 是美国最大的页岩气藏——马塞勒斯地层的研究开发组织。该协会关注马塞勒斯地层页岩气与费城的输送管道,促进页岩气工业的贸易和发展。【http://www.marcellusdelval.org】

得克萨斯州铁路委员会 Railroad Commission of Texas 是美国得克萨斯州油气生产的监管机构,管理巴涅特页岩气和其它得克萨斯州油气田获批的统计数据。登录该网站后,在搜索框内输入"shale gas",即可查询到巴涅特页岩气和美国其他页岩气的状况和数据。【http://www.rrc.state.tx.us】

灰岩能源公司 Greyrock Energy Inc. 是北美洲从页岩提取页岩气和致密油的一家公司,2006 年建立,设在西萨克拉门托,加利福尼亚州。采用独特的催化剂技术、先进的控制系统和关键过程创新,开发了从页岩气商业性生产运输柴油的技术,并提供全包工程使得合作者容易从天然气制取柴油。【http://www.greyrock.com】

澳大利亚页岩气研究中心 CSIRO Shale Research Centre 隶属于联邦科学与工业研究组织(Commonwealth Scientific and Industrial Research Organization,缩写:CSIRO),是澳大利亚联邦最大的国家级科技研究机构,页岩气研究中心坐落在西澳大利亚珀斯的澳大利亚资源研究中心(ARRC),从事富有机质沉积岩的理论和实践的研究,使其页岩气从非常规储层中开采成为工业化。

媒 体

页岩气情报平台 shale gas information platform(SHIP) 是欧洲页岩气开采的技术研究平台,2011 年 12 月在荷兰代尔夫特成立。宗旨是促进并加快欧洲的页岩气开采并维护环境。【http://www.shale-gas-information-platform.org】

欧洲页岩气 Gas Shale in Europe 是欧洲第一个跨学科的 研究组织,2011 年成立,有挪威国家石油公司、埃克森美孚公司、法国燃气-苏伊士公司、温沙天然气公司、朱砂能量、马拉松石油、雷普索尔、斯伦贝谢等组成。【http://www.gas-shales.org】

天然气情报 Natural Gas Intelligence (NGI) 是北美洲天然气工业解除管制的天然气、页岩气和市场情报的主导信息提供商。1981 年创刊,提供美国、加拿大和墨西哥以及中南美洲、欧洲和亚洲的数据和关键价格。【http://www.naturalgasintel.com】

8.4 天然气水合物

天然气水合物是在一定的条件下由水和天然气组成的类似冰状的水合物,因其遇火即可燃烧,所以也被称为"可燃冰"。海底蕴藏着极为丰富的天然气水合物资源,还有水溶性天然气,还有陆地和海洋的地压气。这类天然气均属于非常规天然气。

储存在天然气水合物中的碳估计至少有 10 万亿吨,约为当前已探明的所有化石燃料中碳含量总和的两倍。由于天然气水合物储层的渗透率和孔隙度极低,与页岩气比较,更难以开采。目前对水溶性天然气和地压气还认识不足。虽然目前尚未开发,但它们蕴藏着巨大的天然气资源,已引起人们极大的关注。

天然气水合物的生成

天然气水合物 natural gas hydrates（NGH） 是在一定条件（即合适的温度、压力、气体饱和度、水的盐度、pH 值等）下由水和天然气组成的、类似冰状的、非化学计量的笼形结晶化合物，因其遇火即可燃烧，所以也被称为“可燃冰”。可用化学式 $M \cdot nH_2O$ 来表示，其中 M 代表水合物中的气体分子，n 为水合指数（即水分子数）。

天然气组分如甲烷、乙烷、丙烷、丁烷等同系物以及二氧化碳、氮、硫化氢等均可形成单种或多种天然气水合物，但形成天然气水合物的主要气体为甲烷。对甲烷分子含量超过 99% 的天然气水合物，通常又称为“甲烷水合物”。

“天然气水合物相图”表示了天然气水合物生成的水深-温度-压力的关系。温度越低，水越深，水压力越大，天然气水合物越利于生成。

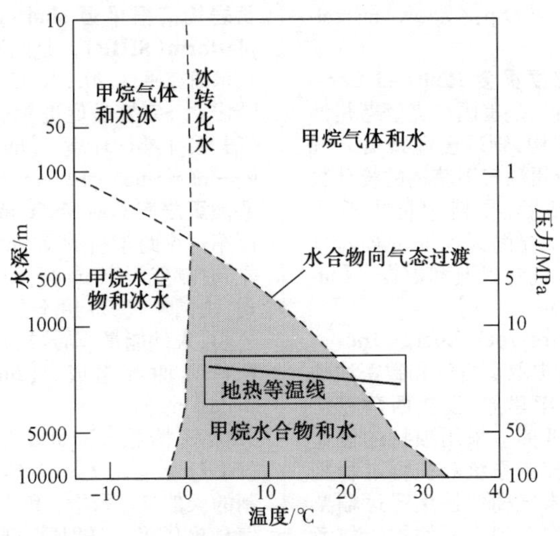

天然气水合物相图

甲烷水合物 methane clathrate; methane hydrate 指甲烷分子含量超过 99% 的天然气水合物，也称为“甲烷气-水包合物”。甲烷水合物在海洋浅水生态圈中是常见的成分，通常出现在深层的沉淀物结构中或在海床处露出。

在标准状况下，$1m^3$ 的甲烷水合物分解，最多可产生 160~170 m^3 的甲烷气体，因此，甲烷水合物是一种重要的潜在资源。

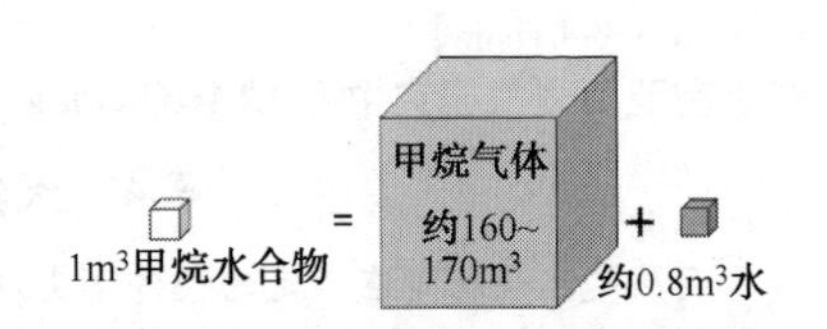

海洋雪 marine snow 指在深海中，由有机物所组成的碎屑像雪花一样不断飘落。海洋雪主要由有机物碎屑所组成，起源于海洋上部透光层的有机物生产活动。

海洋雪的组成包括：已死或将死的动植物（浮游生物）、原生生物（如硅藻）、细菌、粪便颗粒、泥沙和尘土等。

"雪花"(多成团或丝)是较小的颗粒被含多糖的黏性物质黏在一起形成的大的聚集体。这种多糖称为"透明胞外聚合物颗粒",是由细菌或浮游生物产生的天然聚合物。随时间推移,这些聚集体直径可长到几厘米,需要几周时间才能飘到海底。

海洋雪是形成储量巨大的天然气水合物的基础。

天然气水合物稳定带 gas hydrate stability zone(GHSZ) 也称"水合物稳定带基地(Base of the Hydrate Stability Zone,缩写 BHSZ)"。这些天然气水合物矿床存在于海洋的中深区域,其来源于:

(1) 热成因气。有机物沉积热裂解转化为天然气,这种气体是伴随石油而成的,称为"首级"热成因气;另外,原油在高温热裂解转化成天然气,称为"次级"热成因气。

这两种热成因生成的天然气流沿着地理断层的深处上升迁移,与海洋深处的冷水接触,形成天然气水合物;

(2) 生物成因气。在地球形成后46亿年来,海洋死亡动植物残体,以"海洋雪"的形式纷纷降落到海底,在浅层经低温厌氧被甲烷菌分解形成甲烷,与海洋深处的冷水接触形成天然气水合物。

海洋天然气水合物的生成是以生物成因气为主,热成因气为次。

在天然气水合物稳定带内,水越深,天然气水合物就容易呈冰状。甲烷若呈溶解形式存在,则越靠近沉积物表面,甲烷浓度逐步降低。而在天然气水合物稳定带区域之上,甲烷是呈气态的。

冻土层 tundra 指0℃以下,并含有冰的各种岩石和土壤。可分为短时冻土(数小时、数日以至半月)、季节冻土(半月至数月,至夏季全部融化)以及多年冻土(冻结时间达数年至数万年以上)。

冻土层处于水的结冰点以下超过两

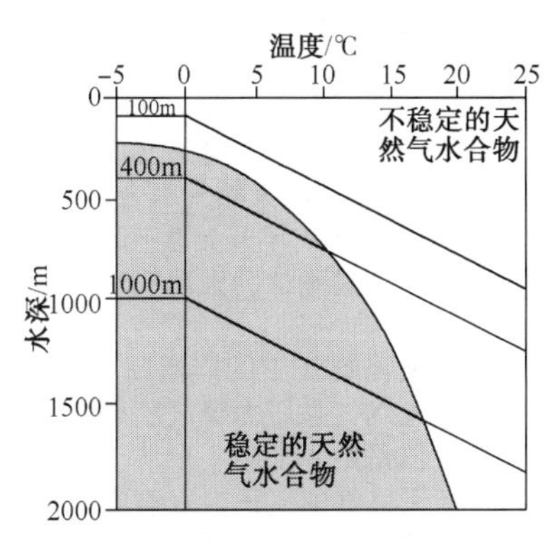

天然气水合物稳定带

年的状况,称为永久冻土。地球上多年冻土、季节冻土和短时冻土区的面积约占陆地面积的50%,其中,多年冻土面积占陆地面积的25%。

俄罗斯和加拿大近一半的领土都是冻土层,美国阿拉斯加有85%的土地都是冻土层,赤道附近的乞力马扎罗峰顶也发现有多年冻土。

永久冻土 permafrost 指冻土层处于水的结冰点0℃以下超过两年的状况,这种冻土层称为永久冻土层,简称"永冻层"。永冻层一般分布在地下30~40cm处,通常又分为上下两层,上层夏季融化,下层仍处于冰冻状态。

一般的冻土层在气候回暖或受到强压时,冻土内的冰会溶解成为水;但永久冻土的所在之处,即使在天气回暖时,气温仍然在结冰点以下,使冻土内的冰不能再次溶化成为水分,因而使冻土的组成不变。其持续冰冻时间可长达1000年以上。

永久冻土地带的水分长期结冻,一般植物难以生长。大多数永久冻土都位于高纬度的地区如北极和南极附近的陆土,唯一的例外是位于青藏高原的冻土带,是因为高度而使土地变成永久冻土。

永久冻土是天然气水合物的储藏库。

麦索雅哈气田 Messoyakha gas field 位于俄罗斯西西伯利亚盆地北部永久冻土带地区，是典型的天然气水合物气藏。1968 年发现，1970 年开始生产，该气田的一部分气藏被确认为天然气水合物稳定地带。

对麦索雅哈气田的广泛研究，确认了一部分天然气是压力释放获得的。麦索雅哈气田是世界上第一个从天然气水合物生产天然气的气田。麦索雅哈气田生产的天然气供应给诺里尔斯克（西伯利亚西北部城市），离麦索雅哈市 250km。1978 年该气田关闭。

贝加尔湖天然气水合物 gas hydrates in Lake Baikal 位于俄罗斯西伯利亚伊尔库茨克州及布里亚特共和国境内。它是世界上最深的湖泊之一，水深约 1700m。20 世纪 90 年代发现贝加尔湖有天然气水合物，估计技术可采资源量约为 $1\times10^{12}\,m^3$。贝加尔湖的天然气水合物禁止开采，只允许研究。

青藏高原 Tibetan plateau 是中亚一个高原地区，它是世界上最高的高原，面积 $2500000km^2$，平均海拔高度 4500m，有“世界屋脊”和“第三极”之称。

中国境内的青藏高原，占全中国 23%的面积，位于北纬 25°~40° 和东经 74°~104° 之间。青藏高原冰川覆盖面积约 $47000km^2$，占全国冰川总面积的 80%以上。

在青藏高原祁连山脉已经发现天然气水合物储层。

天然气水合物资源

总有机碳量 total organic carbon (TOC) 指用以碳含量来表示有机物总量的一个指标。在非常规油气资源中测定烃源岩的总有机碳量，以判断是否有开采价值及其计算采出率是一项重要的指标。

总有机碳量的典型分析有总碳量分析和无机碳量（IC）分析两种，后者表示二氧化碳溶解量和碳酸盐量。从总碳量减去无机碳量得出有机碳量。另外还可以在测定前先除去无机碳，然后测定剩余的碳量，即获得有机碳量。

有机碳在地球上主要分布在海洋、陆地、大气圈、化石燃料和可燃冰（天然气水合物）之中。

有机碳在地球储层中的分布

储 层	储层细分			总计/Gt
海洋	海洋生物系		3	983
	溶解有机物	表层水	30	
		中层水	250	
		深层水	700	
陆地	陆地植物系		830	2790
	土壤		1400	
	泥炭		500	
	地表岩屑		60	
大气圈				3.6
化石燃料				5000
可燃冰				10000
分散碳	含在岩石和沉积物中 约 20000000			

注：Gt，即吉吨，$1\ Gt=10^9 t$

天然气水合物资源量 natural gas hydrates resources 天然气水合物在世界范围内广泛存在。在地球上约有 27% 的陆地是可以形成天然气水合物的潜在地区，而在世界大洋水域中约有 90% 的面积也属潜在区域。

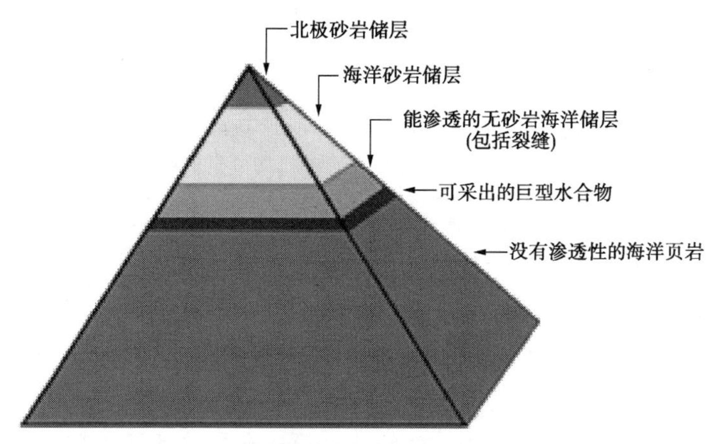

天然气水合物资源金字塔

国际应用系统分析研究所(IIASA)下属组织—水合物能源国际(HEI)评价了全球天然气水合物资源潜力。这个分析证实,全球丰富的天然气水合物集中在砂体,并含有巨大的天然气储量。

全球天然气水合物在砂体中的地质资源量为 $1226\times10^{12}m^3$,其中,中国为 $5\times10^{12}m^3$。

海底砂体中的天然气水合物地质资源量

地区/国家	资源量/$10^{12}m^3$
美国	198.5
北冰洋	187.4
拉丁美洲和加勒比海	139.8
前苏联	108.4
西非和中非	90.0
南非	88.8
南冰洋	73.3
加拿大	63.1
东非	51.7
其他亚太地区	46.8
西欧	40.3

续表

地区/国家	资源量/$10^{12}m^3$
印度	26.4
大洋洲	23.0
其他南亚	15.8
中东	16.2
中国其他东亚	10.5
日本	6.0
北非	6.2
中国	5.0
总计	1225.7

探测与开采

天然气水合物探测 exploration of natural gas hydrates 是指寻找天然气水合物的方法。探测天然气水合物的主要方法有:

(1) 震测(海底仿拟反射测绘)。利用海域地震测量调查技术,常发现有大量沉积物堆积的陆缘海床下数百米处,有近乎平行海床地形面的反射面,称为"海底仿拟反射",这有助于物体分布的地震测量调查。

（2）钻探及电测。利用地质钻探是获得各项地质资料最直接有效的方法。若能采得天然气水合物岩心，更可直接测量天然气水合物储层的各项物理和化学性质，但此法所需工程费用相当昂贵而且费时。此外，由于天然气水合物储层具有高电阻系数、高声波传播速度、高孔隙率及高气泥比的特性，因此目前缆线电测的应用项目，主要有井径电测、伽玛射线电测、自然电位电测、电阻系数电测、声波电测、中子电测等。

（3）岩心的物理和化学性质检测。天然气水合物的离解和气体解压膨胀均属于吸热反应，若岩心中含有水合物，则岩心温度会降低，因此由这些物理和化学性质的异常现象，均可指示天然气水合物的存在。

（4）海床表征。利用水下摄影或声纳等技术以观察海床表征，如气体喷柱、泥火山、隆锥、烟柱及特有的微生物群等现象，均可直接或间接指示有天然气水合物存在。

天然气水合物开采 exploration of natural gas hydrates　利用温度-压力、溶质-溶剂等效应来改变天然气水合物共存的相界平衡关系，使得地表下水合物能先行解离产生甲烷，再将甲烷导出地表加以开采和利用。

下图表示甲烷水合物的压力-温度-水深的关系。处于稳定带的游离态甲烷如采用高温或减压很容易逸出。

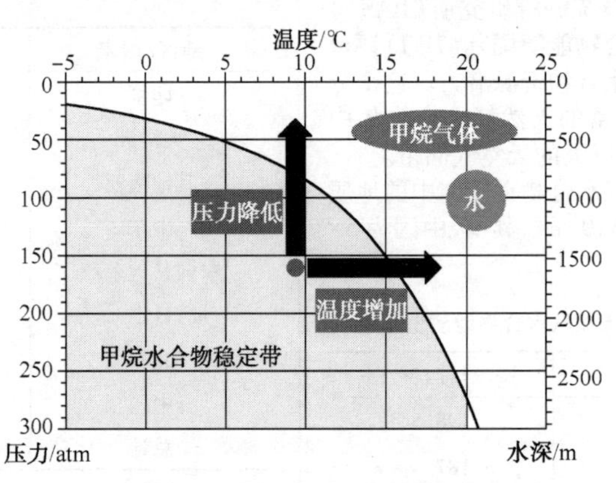

甲烷水合物的压力-温度-水深的关系

天然气水合物的开采方法目前主要有三种：热激发法、化学药剂激发法、减压法。

单独采用任何一种方法来开采天然气水合物都是不经济的，只有结合不同方法的优点才能达到对水合物的有效开采。如将减压法和热开采技术结合使用，即用热激发法分解天然气水合物，而用减压法提取游离气体。

热激发法 thermal excitation technique　是开采天然气水合物的一种方法。能促使温度上升达到水合物分解的方法，均可称为“热激发法”。此法是将水蒸气、热水、热盐水或其他热流体泵入水合物地层，也可采用开采重油时使用的火驱法或利用钻柱加热器。其缺点是造成大量的热损失，效率很低。特别是在永久冻土区，即使利用绝热管道，永冻层也会降低传递给储集层的有效热量。

为了提高热激发法的效率，可采用

井下装置加热技术,如井下电磁加热方法。

井下电磁加热技术 down-hole electromagnetic heating technique 是开采天然气水合物的热激发法技术的一种。此法是在垂直(或水平)井中沿井的延伸方向在紧邻水合物带的上下(或水合物层内)放入不同的电极,再通以交变电流使其生热直接对储层进行加热,储层受热后压力降低,通过膨胀产生气体。电磁热还很好地降低了流体的黏度,促进了气体的流动。在热激发法中井下电磁加热技术的效率较高,特别是其中的微波加热技术。

注入化学药剂激发法 injecting chemical reagent stimulation technique 是开采天然气水合物的一种技术。某些化学药剂如盐水、甲醇、乙醇、乙二醇、丙三醇等可以改变水合物形成的相平衡条件,降低水合物稳定温度。将上述化学试剂从井口泵入后,就会引起水合物的分解。化学药剂法较热激发法作用缓慢,而且最大的缺点是费用太昂贵。在海洋中由于天然气水合物的压力较高,因而不宜采用此方法。

减压法 decompression technique 是开采天然气水合物的一种技术。通过降低压力而引起天然气水合物稳定的相平衡曲线的移动,从而达到促使水合物分解。

一般是通过在水合物层之下的游离气聚集层中,“降低”天然气压力或形成一个天然气“囊”(由热激发或化学试剂作用人为形成),使与天然气接触的水合物变得不稳定并且分解为天然气和水。开采水合物层之下的游离气是降低储层压力的一种有效方法,另外通过调节天然气的提取速度可以达到控制储层压力的目的,进而达到控制水合物分解的效果。

减压法最大的特点是不需要昂贵的连续激发,因而可能成为今后大规模开采天然气水合物的有效方法之一。但是,只单独使用减压法开采天然气水合物的速度很慢。

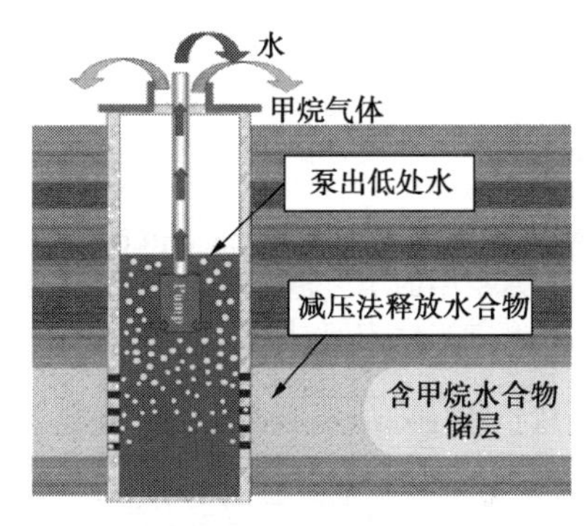

减压法开采天然气水合物

海域天然气水合物储层计划 Submarine Gas Hydrate Reservoirs (SUGAR) Plan 这是德国莱布尼兹海洋研究中心(IFM-Geomar)研究采用二氧化碳置换出海域天然气水合物中的甲烷的项目,以达到获得能源和温室气体减量的双重目标。

水溶性天然气

水溶气藏 water-soluble gas reservoir 是溶于水中的天然气处于未饱和状态而被圈闭形成的气藏。可以是单一气源成藏,也可以是不同程度混源气藏。

水溶性天然气 water-soluble natural gas 简称“水溶气”。是指地层压力大于饱和压力的条件下,以溶解状态存在于地下水中的天然气,是一种非常规天然气。

地下水的溶解气量取决于天然气的压力、水的温度和含盐量。当这种地下水到达地表后,随着压力降低,溶解气鼓泡产出。

水溶性天然气可分为:

(1) 低压水溶性天然气。每吨水中溶解几立方米天然气,不具有开采价值;

（2）高压水溶性天然气。每吨水中可溶解几十至数百立方米天然气，具有开采价值。

地压气

地层压力 geopressure 也称“地压”。由上覆地层包括岩石及所含的流体的重量而产生的压力。

高压含水层 geopressured aquifer 地下含水层中的压力超过该地区在该深度的正常静水压力时，即称该含水层为高压含水层。

地压页岩 geopressured shale 指具有异常压力的页岩。它是易塌地层类型之一，钻遇此种地层时，常常由于使用的钻井液密度低而引起严重的井塌。井塌容易引起卡钻。

地静压力 geostatic pressure 也称“岩层压力”。由上覆岩层柱质量所形成的压力。它是通过紧密接触的地层颗粒所传导出来的压力，即通过岩层所传导的压力。随着上覆岩层的厚度增加，地静压力增大。常见的封闭型异常高压油气藏，就是岩层压力传递到流体压力，流体压力变为异常高压，但它不会超过地静压力。

地压气 geopressured gas 是指深层超压含水带中的天然气。由于含水带压力极高，天然气处于溶解在盐水中的状态。“地压”意为含水带的流体压力高于正常的每米深度为 10495kPa 的静水压力梯度。由于埋藏较深，开采成本较高，故目前世界上开发利用的尚不多见。也有将地压气归入“非常规天然气”。

地压含水层 geopressured aquifers 指深层超压的含水层。这种含水层有溶解于盐水的甲烷，其甲烷浓度与含水层的压力和温度有关。一般来说，地压流体 $1m^3$ 盐水约含 $14m^3$ 天然气。

地压区域 geopressured zones 指在该地区深度存在异常高压的天然地层。这些区域由黏土层沉积形成，黏土随时间推移被压实，黏土中所含的水和天然气被挤出，进入多孔的砂或泥沙沉积中，使其天然气在高压（地压）下沉积在砂或泥沙中的含水带。

地压区域一般很深，通常在地表下 3000~7500m。综合这些因素使得提取地压区域中的天然气显得非常复杂。获得地压气的技术难度相当大。如钻井钻孔难以确定在什么深度达到高压区；预计的页岩井筒压力与砂中实际的井筒压力之差，导致钻井事故；若钻到目的层，高速气流过大的压力容易造成井壁塌落和钻孔堵塞等。

地压气储量 geopressured gas reserves 在所有非常规天然气中，估计地压区域拥有巨大的天然气量。地压区域的天然气是未来的天然气供应的潜在力量。

美国多数地压气存在于海湾地区，但天然气数量尚未确定，估计在此区域有 $(140\sim1400)\times10^{12}m^3$ 天然气。技术可采资源量约为 $31\times10^{12}m^3$ 天然气。

地压流体 $1\ m^3$ 盐水约含 $14\ m^3$ 天然气。为了生产天然气，地压热流体的高速流动必须是高孔隙和高渗透率的地层，因为大量地层水会产出，才可能回收有商业价值的伴生气，因此，目前从地压沉积中尚未有商业天然气生产。

组织机构

水合物能源国际 Hydrate Energy International（HEI） 是国际上主导的非常规天然气资源特别是天然气水合物的咨询公司，属于国际应用系统分析研究所的下属组织。该公司致力于研究和迅速发展新兴领域，在水合物高品质研究和工业实践方面是众所周知的。专注于从天然气水合物商业性提取天然气的安全性和环境可行性。评价出全球天然气水合物的分布。【http://www.hydrate-energy.com】

德国天然气水合物研究中心 IFM-Geomar 是德国莱比锡海洋科学研究所从事国家地球系统中的天然气水合物的研究工作中心。【http://www.geomar.de】

日本石油天然气与金属矿物资源机构 Japan Oil, Gas and Metals National Corporation(JOGMEC) 2004年2月29日本依法成立的公司。该机构联合日本产业技术综合研究所,在爱知县附近海域进行海底可燃冰钻探。这是在全球范围内首次成功分离海底可燃冰并采集气体,5天的试开采中日产气量约20000m^3。【http://www.jogmec.go.jp】

日本甲烷水合物研究组织 Research Consortium for Methane Hydrate Resources in Japan(MH21) 是工业-政府-学术合作的研究组织。根据2001年颁布"日本甲烷水合物开发发展计划"成立的。对日本周边海洋的天然气水合物的研究和开发进行研究。【http://www.mh21japan.gr.jp/english/】

关东瓦斯株式会社 Kanto Natural Gas Development Co. Ltd. 在日本关东地区从事水溶性天然气的开发、生产和分配,并且从事气田水提碘等卤水的处理。日本碘生产量占世界总量的50%。【http://www.gasukai.co.jp】

中国科学院广州能源研究所 GuangZhou Institute of Energy Conversion, Chinese Academy of Sciences 1978年成立,其前身为1973年成立的广东省地热研究室。中国科学院广州天然气水合物研究中心以广州能源研究所为依托单位,从事我国天然气水合物的勘探和研究工作。【http://www.giec.ac.cn】

9. 合成燃料

合成燃料是指以煤、天然气、油页岩、油砂或生物质为原料来制取的液体燃料，也可以是从有机废物如塑料、废橡胶轮胎及各种含碳废物制取的燃料。

合成燃料的生产有两种：直接转化法和间接转化法。直接转化法是煤或生物质无需经过中间步骤直接生产合成燃料；而间接转化法是原料经过气化过程生成合成气，再经由费歇尔–托普斯反应制成燃料。

从地下开采油砂、页岩油等非常规油气资源和煤制取的合成燃料，必然越用越少，在燃烧时均排放二氧化碳。这些排放的二氧化碳都进入现代的全球碳循环系统，都增加了大气中的二氧化碳含量，增强了全球气候暖化；但从生物质制取的合成燃料避免了这些弊病，则是可再生的、可持续发展的。

燃 料

燃料 fuel 指在使用时释放出热能的任何能够储存潜能的物质。燃料可以分为两类：

（1）化学燃料。是经过氧化过程释放出热量的物质，又可以分为两种：

① 化石燃料。原煤、原油和天然气；

② 生物燃料。由生物质制成的生物气、生物醇醚和生物油。

（2）核燃料。经过核聚变或核裂变释放热量的铀、钍矿物。

登录百度网或 http://en.wikipedia.org，在搜索框内输入“Category：Fuels”，即可查阅燃料的更多内容。

燃料工业 fuel industry 开采煤、原油、油砂、油页岩和天然气（含非常规天然气）等并进行初加工的工业部门。主要包括煤炭工业、石油工业、天然气工业和其他燃料加工等工业。

泥炭燃料 peat fuel 泥炭是一种缓慢生成的可再生燃料，其发热量超过 12.6kJ/kg 以上时，可以作为燃料。

随着工业的发展，能源需求量的剧增，泥炭燃料产品和燃烧技术有了很大发展。

泥炭燃料产品主要有三种类型：

（1）草皮泥炭（sod peat）。泥炭呈厚片状，可用手或机械切割开，在空气中干燥，主要用作家庭燃料；

（2）碎状泥炭（milled peat）。颗粒状泥炭，由特殊机械大规模生产，用作发电站燃料或生产煤饼的原材料；

（3）泥炭煤饼（peat briquettes）。小块干燥高度压缩的泥炭，主要用作家庭燃料。

利用方式包括泥炭气化、液化、制取沼气、发电、炼焦等。

固体燃料 solid fuel 以固体形式存在的燃料，包括木材、木炭、泥炭、煤炭、油页岩、乌洛托品燃料片、木材颗粒以及玉米、小麦、黑麦和其他谷物的秸秆。火箭技术也使用固体燃料推进剂。其中，煤是地球上储量最大的一种固体燃料。

随地质条件和埋藏年代的不同，由植物演变为煤的碳化程度也不相同。低等植物形成腐泥煤，如石煤、油页岩等，高等植物形成腐殖煤。随着碳化程度的加深，腐殖煤可分为泥炭、褐煤、烟煤和无烟煤等。

可登录百度网或 http://en.wikipedia.

org，在搜索框内输入“Category：solid fuel”，查阅各种固体燃料的内容。

液体燃料 liquid fuels 用来产生热量或动力的液态可燃性物质。液体燃料为碳氢化合物或碳氢化合物的混合物。主要分为四大类：醇类燃料、航空燃料、石油基液体燃料和合成燃料。

登录 http://en. wikipedia. org，在搜索框内输入“Category：Liquid fuels ”，查阅各种液体燃料的内容。

燃料气 fuel gas/ gas fuel 又称“气体燃料”，是在一般条件下呈现气态的任何燃料。

任何燃料气都由烃类（如甲烷或丙烷）、氢、一氧化碳及其混合物组成。存在于自然界的气体燃料有天然气、油田伴生气和矿井瓦斯（煤层气）等。人工生产的气体有高炉煤气、发生炉煤气、水煤气、焦炉煤气、炼厂液化石油气和人工沼气等。

这种气体是潜在的热能或光能的来源，从产地到消费地可以通过管道输送和分配。燃料气可压缩供储存或运输。燃料气难以查觉，若集中在一个空间容易引起爆炸。基于这个原因，需加入臭味剂到多种燃料气中，使其容易鉴别出燃料气的泄漏。

登录百度网或 http://en. wikipedia. org，在搜索框内输入“Category：Fuel gas”，即可查阅燃料气的更多内容。

碳基燃料 carbon-based fuel 指氧化或燃烧碳而获得能量的任何燃料。主要有两种：生物燃料和化石燃料。生物燃料来自不断生长的有机质，通过增长、收获、发酵而制取的燃料；而化石燃料是提取史前生物沉积的化石如煤、原油和天然气而制取的燃料。

从经济政策的角度来看，生物燃料和化石燃料的重要区别是，生物燃料是可持续获得能源，可再生的；而化石燃料是开采亿万年前沉积的生物质化石，最终会枯竭，不可再生。

从气候变化和生态来看，生物燃料和化石燃料的燃烧均产生二氧化碳，成为全球变暖和海洋酸化的主要影响。但其区别是生物燃料参与全球碳循环，生物从碳循环中吸收二氧化碳，燃烧时又释放出二氧化碳，二氧化碳达到平衡；而化石燃料燃烧只增加碳循环中的二氧化碳含量，促进气候变暖。

燃点 ignite point 指燃料在常压下在空气中加热时，从开始着火并保持连续燃烧的最低温度。通常以燃点作为衡量燃料燃烧的难易程度。

燃烧热 heat of combustion 亦称“热值”、“发热量”。指物质与氧气进行燃烧反应时放出的热量。它一般用单位质量或单位体积的燃料燃烧时放出的能量来计量。

燃烧反应通常是烃类在氧气中燃烧生成二氧化碳、水并放热的反应。

燃烧热可以用弹式量热计测量，也可以直接查表获得反应物、产物的生成焓（$\Delta_f H^0$）再相减求得。

燃料的发热量随组分不同而有很大差别，可分为：

（1）低位热值。也称为低位发热量。在大气条件下，单位容积含氢燃料燃烧时，全热量中减去不能利用的汽化潜热；

（2）高位热值。也称为高位发热量。在大气条件下，单位容积含氢燃料燃烧时，将所发生蒸汽的汽化潜热计算在内的热量。

常见燃料的热值

（单位：MJ/kg）

燃料	高位热值	低位热值	燃料	高位热值	低位热值
氢	141.8	121.0	天然气	54.0	
甲烷	55.5	50.0	乙烷	51.9	47.80

续表

燃料	高位热值	低位热值	燃料	高位热值	低位热值
丙烷	50.35	46.35	碳	32.8	
丁烷	49.5	45.75	乙醇	29.7	
乙炔	49.9		无烟煤	27.0	
戊烷		45.35	甲醇	22.7	
汽油	47.3	44.40	褐煤	15.0	
石蜡	46.0	41.50	木材	15.0	
煤油	46.2	43.00	干燥泥炭	15.0	
柴油	44.8				
丙醇	33.6		潮湿泥炭	6.0	

燃料效率 fuel efficiency　是热效率的一种形式,表示燃料所含化学潜在能转化为动能或做功过程的效率。

燃料总效率随着所采用的设备不同而变化,燃料转换途径不同,也会有很大的变化,特别是化石燃料发电厂或合成氨工业。

合成燃料

合成燃料 synthetic fuel　合成燃料的传统定义是由国际能源署规定的:合成燃料是由煤或天然气获得的任何液态燃料。但后来,美国能源情报署在《Annual Energy Outlook 2006(2006 年度能源展望)》中规定:合成燃料由煤、天然气或生物质原料经由化学转化成合成原油及产品。

生产合成燃料的原料种类很多,可以是煤、天然气、油页岩、油砂或生物质,也可以是固体废物如塑料、橡胶及含碳废物等。

合成燃料是经由化学转化过程来生产的,转化方法有直接转化法和间接转化法两种。基本转化法包括碳化和热解、氢化以及热熔解。

登录百度网或 http://en.wikipedia.org,在搜索框内输入"Category:Synthetic fuels"、"Category:Synthetic fuel companies"或"Category:Synthetic fuel technologies"即可查阅合成燃料的生产公司、生产技术等许多资讯。

xTL 燃料 xTL fuels　即指 BTL(生物质制液体燃料)、GTL(合成气制液体燃料)和 CTL(煤制液体燃料)的总称。它是利用含碳原料如生物质、煤和天然气生产有经济价值的液态燃料,包括汽油、柴油、乙醇和甲醇。

xTL 燃料生产有两种方法:

(1) 从煤和天然气生产液态燃料。煤经气化和天然气经蒸汽转化制成合成气,然后合成气经由费-托反应生产合成原油,再炼制成成品油如柴油、喷气燃料。煤热裂解也能制取合成原油。此法的缺点是如不进行碳封存,将增加温室气体排放;

(2) 从生物质生产液态燃料。此法的优点是,生物质利用生长吸收的二氧化碳与燃烧排放的二氧化碳相平衡。

从生物质生产液态燃料又分为两种方法:

① 气化。即生物质部分氧化生成合成气。生物质在有 1/3 氧存在的条件下燃烧生成合成气,制得的合成气含一氧化碳和氢,可供发电,也可转化为烃类(如汽油、柴油)、醇类、醚类和化工品。

② 热解。即生物质在缺氧的条件下生成液态油。这种液态油也称为生物油,可以作为燃料或进一步升级炼制成高品质的烃类燃料,也可生产化工品。

人造石油 man-made oil　由固体或气体燃料制成的类似石油的产品。人造石油的主要成分是各种烃类,其次,还有含氧、氮、硫等的有机化合物。制备方法有:

(1) 低温干馏法。由固体燃料(如

煤或油页岩)干馏而得到的低温焦油,再经加工制成各种液体燃料;

(2) 合成法。由氢和一氧化碳经由费-托反应在不同温度、压力及催化剂存在下合成,产品称为"合成石油";

(3) 加氢裂化法。由煤、煤焦油或石油重质馏分等在加温、加压及氢气和催化剂的存在下制成的各种轻质石油产品。

合成气 syngas; synthesis gas; synthetic gas 指从烃类或生物质原料生产的原料气。原料气的主要成分为氢和一氧化碳,此外,还含有二氧化碳、甲烷等。经由醇醚路线、费-托反应路线或合成氨路线可以生产各种化工产品。

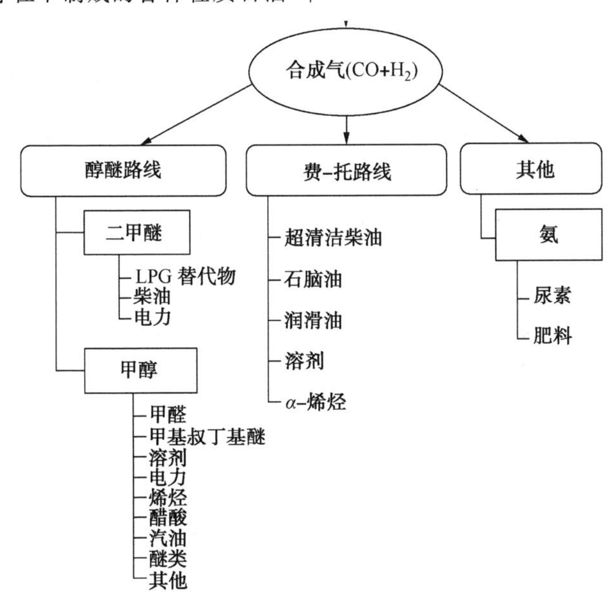

合成气生产的产品

合成醇 synthetic alcohol 用煤、天然气、生物质和有机填埋物等气化生产合成醇,其过程在高温高压的条件下并控制含氧气氛进行。经气化过程生成由一氧化碳和氢组成的合成气。然后,合成气经由费-托反应通过催化剂生成合成醇,其产品决定于过程使用的催化剂。

在化学性质方面,合成醇与生物醇相同,其差别是生物醇是糖类通过发酵、蒸馏制取的,与生产酒类相同;而生产合成醇的原料来源多,经由气化过程生成合成气制得合成醇。

合成气制取液体燃料 gas to liquids (GTL) 以合成气(一氧化碳和氢的混合气体)为原料制取液体燃料(合成油)的工艺过程。用煤和生物质制成合成气,或天然气经由蒸汽转化反应生成合成气,然后由合成气制取液体燃料。此过程主要包括合成气生产、费-托合成、合成液态油处理、反应水处理等四部分。

煤基醇醚燃料 coal-based alcohol ether fuel 由煤(包括原煤、煤层气、焦炉煤

气)通过气化合成低碳含氧燃料——甲醇、二甲醚(简称醇醚燃料)等车用清洁替代汽油、柴油的燃料。

碳中性燃料 carbon neutral fuel　指生物燃料,如纤维素乙醇、甘蔗糖乙醇、生物柴油等。因为生产这些燃料的原料在生长过程中通过光合作用吸收了大气中的二氧化碳,在生产和使用这些燃料的过程中又排放出等值的二氧化碳,即吸收多少,就排放多少,以达到二氧化碳的吸收排放平衡,这样就不会导致大气中温室气体的净增长,所以呈碳中性,即总碳量零释放。或通过排放多少碳就作多少抵销措施,来达到平衡。

气　化

气化 gasification　指含碳物质转化成合成气的过程。合成气主要由一氧化碳和氢组成,它用作燃料可以发电和生产蒸汽,也可以作为基本化工原料大量用在石油化工和炼制工业。气化是将廉价或蚀本的原料转化为有市场价值的燃料和产品。

燃料气化 fuel gasification　燃料的热加工方法之一。使固体或液体燃料(生物质、煤、石油等)与气化剂(空气、氧气、富氧空气、水蒸气、二氧化碳等)在一定温度和压力下作用而转变为燃料煤气或合成气的过程。因吹入的气体或气化方式的不同,可制得各种不同成分的煤气,如混合煤气、水煤气、半水煤气以及甲烷含量较高的煤气等,以适应各种不同的用途。

气化过程 processes of gasification　指合成气原料经由热解的过程。

气化是由4种不同的热过程组成:干燥、热解、燃烧和还原。这4种过程同时存在于火焰之中。最终获得的气体为氢和一氧化碳,再经过费-托反应制取合成油。最后一步的还原反应,生成合成气:

$$CO_2+C = 2CO$$

$$H_2O+C = H_2+CO$$

气化工艺 gasification process　也称为“间接液化法”,是指将含碳物质转化成合成气,用于发电和生产化工原料的工艺过程。

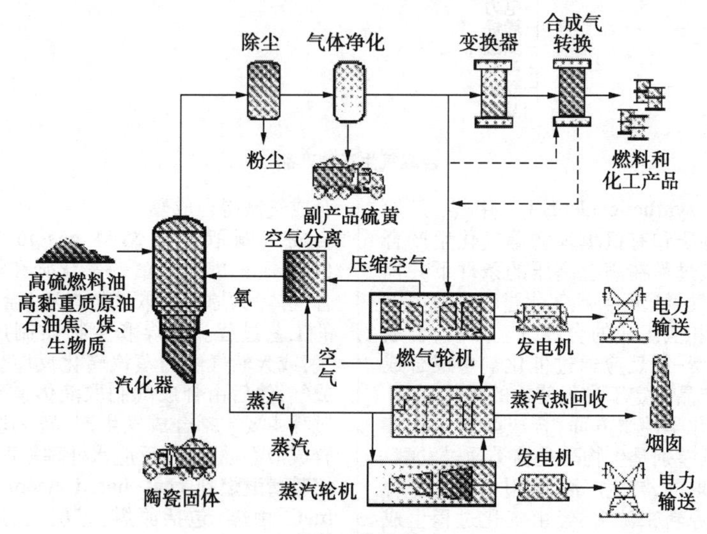

气化工艺流程

根据初始原料的来源,间接液化法生产合成燃料的过程通常指煤制合成油(CTL)、天然气制合成油(GTL)或生物质制合成油(BTL)。将煤和生物质结合作为原料,就成为煤和生物质制合成油(CBTL)。

用作气化的原料是煤、石油(包括原油、高含硫的燃料油、石油焦以及炼厂残留物)、生物质、泥炭等。制备原料并以干式或浆式进入气化炉,在气化炉中原料与蒸汽和氧在高温、高压下进行还原反应,生成合成气。

合成气主要为一氧化碳和氢(大于85%)及少量二氧化碳和甲烷。通过合成气生产柴油、汽油、甲醇、乙醇、氢、二甲醚及化学品,供汽车使用。

此外,气化炉中的高温还将原料中的无机物转化为玻璃砂状残留物,可用作建筑材料。硫黄以元素硫形式回收,用于生产硫酸。

气化技术理事会 Gasification Technologies Council (GTC) 由世界上50多个协会组织和公司组成,1995年成立,该理事会设在美国阿灵顿。气化技术是将含碳的原料转化成合成气,用于发电和生产化工原料的工艺过程。该理事会的宗旨是促进社会理解气化的作用,促使气化技术提供发电、生产化工品并与环境友好的技术发展。【http://www.gasification.org】

费歇尔-托普斯法

费歇尔-托普斯法 Fischer-Tropsch Process 由德国科学家费歇尔(Franz Fischer)和托普斯(Hans Topsch)于1923年发明的烃类合成法,因此而得名,简称费-托合成(F-T合成)。即一氧化碳在镍、铑、钴等催化剂存在下进行高温高压加氢生成烃类混合物的方法。可用以制备液体燃料和石蜡等。

反应过程表示为:

$$nCO+2nH_2 \longrightarrow -[CH_2]-n+nH_2O$$

副反应有水煤气变换反应:

$$H_2O+CO \longrightarrow H_2+CO_2$$

如用氢和一氧化碳的混合气体为原料,在0.1~2MPa(1~20atm)和钴催化剂(160~225℃)或铁催化剂(220~325℃)的作用下进行合成,可得到合成石油,主要成分是各种直链烃、大部分是烷烃,可经分馏为汽油、煤油和石蜡等,或经加工为化工产品等。

开发的费歇尔-托普斯工艺流程经过一段时间沉寂后,近年又受到重视,经改进发展出合成气制取合成液体(GTL)的工艺流程,并逐渐成为开采偏远地区天然气的另一项可行出路,更是近年世界主要跨国石油公司极力开发的工艺流程。

高温费-托过程 High-temperature Fischer-Tropsch (HTFT) 指在温度330~350℃并使用铁基催化剂的条件下运行的费-托过程。萨索尔公司(Sasol)广泛使用此过程于煤制油(CTL)。

低温费-托过程 Low-temperature Fischer-Tropsch (LTFT) 指在较低的温度并使用钴基催化剂的条件下运行的费-托过程。壳牌公司(Shell)在马来西亚民都鲁首次将低温费-托过程用于合成气制油(GTL)。

费歇尔-托普斯柴油 Fischer-Tropsch diesel (FTD) 指利用费歇尔-托普斯工艺生产的柴油。

重要的化学反应

水煤气变换反应 water-gas shift reaction (WGSR) 是可逆的化学反应。其中一氧化碳和水蒸气反应生成二氧化碳和氢。

$$CO+H_2O \longrightarrow CO_2+H_2$$

在298.15K时,$\Delta H^0_{reax}=-41.16kJ$

水煤气变换反应除了在制氢工业中广泛应用外,还在合成氨工业、甲醇合成、甲醇转化制氢中一氧化碳的脱除、汽车尾气的净化处理以及燃料电池汽车等方面都有着重要的应用。

甲烷转化 methane conversion　甲烷经部分氧化分解或与水蒸气(或与二氧化碳)作用转化为一氧化碳和氢的工艺过程。一般在高温和催化剂存在的条件下进行。转化后的气体可作合成氨、甲醇等产品的原料气。

蒸汽-甲烷转化反应 steam-methane reforming(SMR)　指在压力为 4 MPa 和高温约 850 ℃的条件下,甲烷与水蒸气在镍催化剂上反应,生成合成气,其反应式:

$$CH_4+H_2O \longrightarrow CO+3H_2$$

部分氧化法 partial oxidation(POX)　是化学反应的一种类型。当亚化学计量的燃料-空气混合物在转化器中部分燃烧时,生成含富氢的合成气,然后供后来应用,如合成油的制取、燃料电池等。部分氧化法有两种:

(1) 热部分氧化(TPOX)。热部分氧化反应取决于空气-燃料比,在1200℃以上加工。

(2) 催化部分氧化(CPOX)。利用催化剂将所要求的温度降低至800~900℃。

选择何种转化技术取决于燃料含硫量。如果含硫量低于 50μg/g,可采用催化部分氧化(CPOX)。含硫量较高可能使催化剂中毒,所以热部分氧化(TPOX)法可用于含硫量较高的燃料。但最近的研究表明,催化部分氧化法可用到高达 400μg/g 的含硫量。

自热转化 autothermal reforming(ATR)　指利用氧、水蒸气与甲烷反应生成合成气。自热转化有一个发生转化过程的固定床反应器。氧与蒸汽在火嘴处混合,进入在燃烧室发生部分燃烧反应,随后进行甲烷蒸汽转化反应,并在催化床上变换至平衡。

总反应是放热的,出口温度高,一般为 950~1100℃。压力也高达 10MPa。采用最佳的火嘴设计以及烟灰前体在催化床层上的催化转化可达到无烟灰操作。由于供氧的自热转化的紧凑型设计,使其工艺过程布局简单,占地少并降低了成本。

自热式转化制氢 autothermal reforming to hydrogen　将天然气或石脑油与蒸汽的混合物预热到 540~650℃,引入到自热反应器顶部,在此与另一股预热过的富氧空气与蒸汽的混合物混合,产生部分燃烧,使温度升高,并在镍(Ni)催化剂作用下完成蒸汽转化反应。温度为930~980℃的合成气通过废热锅炉降温后,再经过变换,二氧化碳脱除和甲烷化等过程,最后获得高纯度氢气。

自热重整法 auto-thermal reformer　指在用甲醇作重整燃料的车载质子交换膜型燃料电池时,水蒸气重整和部分氧化重整相结合的一种方法。即在汽车起动时采用部分氧化重整,以使重整器升温,待温度升到需要的高度时,自动转换为水蒸气重整。

PROX　是“PReferential OXidation”的缩写。PROX 过程是使一氧化碳和氧反应生成二氧化碳。这样就使一氧化碳的浓度从进料中的 0.5%~1.5% 降低到10μL/L。

$$2CO+O_2 \longrightarrow 2CO_2$$

此过程是在催化剂上优先氧化。采用陶瓷载体上异构催化剂优先氧化一氧化碳,使其完全反应。催化剂陶瓷类担体上有铂、铂/铁、铂/钌、金纳米颗粒以及氧化铜。

加氢脱氧反应 hydrodeoxygenation(HDO)　是从含氧化合物中脱除氧的氢化过程。在生物燃料中,从含氧的前体如糖类经由加氢脱氧反应生成生物燃料。在油页岩工业中,从含氧的干酪根经由加氢脱氧反应生成页岩油。典型的加氢脱氧反应通常采用 γ-氧化铝担体上镍-

钼或钴-钼催化剂。

萨巴捷反应 Sabatier reaction; Sabatier process 是指氢与二氧化碳在高温(最佳温度 300~400℃)高压下、在镍催化剂下生成甲烷和水。最佳催化剂是钌在氧化铝担体上。反应式如下:

$$CO_2+4H_2 \longrightarrow CH_4+2H_2O$$

此反应是法国化学家保罗·萨巴捷(Paul Sabatier ,1854~1941 年)发现的,他于 1921 年获得诺贝尔化学奖。

9.1 煤的化学转化

煤的化学转化是煤化工的基础。除了生产燃料气体外,也生产合成气、代用天然气、煤液化制合成油、碳一化学产品以及联合循环发电等。

由于中国经济的快速发展,依靠进口石油天然气来满足需求,因此,煤制合成油和煤制代用天然气成为关注的行业。

基本概念

原煤 raw coal 是古代植物埋藏在地下经历了复杂的生物化学和物理化学变化逐渐形成的固体可燃性化石燃料。从 18 世纪工业革命起,煤就成为人类的主要燃料之一。

原煤是指从煤矿生产出来的未经洗选、筛选加工而只经人工拣矸的产品,包括天然焦及劣质煤,但不包括低热值煤等。原煤主要作动力用,也有一部分作工业原料和民用燃料。

煤 coal 煤是由多种结构形式的有机物(或称为煤素质),与少量种类不同的无机物(或称为矿物质)组成的混合物。

希尔特规律 Hilt´s law 煤的变质程度随埋藏深度增加而增高的规律。反映为煤的挥发分随埋藏深度增加而减少。此现象 1873 年由希尔特(Carl Hilt)教授观察并研究总结得出。因而以他的名字命名为“希尔特规律”。

煤级 coal grade 也称“煤阶”。由植物形成煤的过程中,划分煤化程度的标志。从泥炭→褐煤→烟煤→无烟煤,反映出煤的成熟程度。

煤的岩石组成和成因类型取决于泥炭或腐泥形成时的成煤植物种类、堆积环境和堆积方式。煤的物理、化学和工艺性质在很大程度上取决于煤化作用阶段的有机质热演化程度,可用反射率、水分与挥发分含量以及化学参数与发热量作为鉴定参数。

煤的热值 heating value of coal 指单位质量的煤在完全燃烧时所产生的热量。常用 MJ/kg 表示。它是燃烧工艺过程的热平衡、耗煤量、热效率等计算的依据,也是按热值计价的基础指标。

煤的热值与煤的成因类型和煤岩组成有关。残殖煤和腐泥煤的发热量比腐殖煤高。腐殖煤的发热量随着煤化程度的不同而有规律地变化,以焦煤的发热量最高,而向低煤化阶段或高煤化阶段煤的发热量均有所降低。随煤中矿物质含量的增高,发热量也随之下降。

煤中固定碳含量 fixed carbon content in coal 煤中去掉水分、灰分、挥发分,剩下的就是固定碳。煤的固定碳与挥发分一样,也是表征煤的变质程度的一个指标,随变质程度的增高而增高。所以一些国家以固定碳作为煤分类的一个指标。固定碳是煤的发热量的重要来源,所以有的国家以固定碳作为煤发热量计算的主要参数。固定碳也是合成氨用煤的一个重要指标。

煤田 coalfield 在同一地质时代过程中

形成并连续发育的煤系分布的区域。煤田大多表现为盆地形态，又称“煤盆地”。同一煤田的煤系，可以是连续的，也可以是不连续的，不连续分布是由于煤系形成后长期受剥蚀的结果。

煤田由煤系、盖层和基底三部分构成。根据地质构造、地理环境、生产规模，一个煤田可划分为若干个煤矿区或煤产地；一个矿区又可分为若干个井田。

采煤 coal mining　即煤矿开采。与开采其他矿藏相比，采煤技术有其特点，开采方式可分为露天开采和地下开采两类。通常采用机械化开采，少数用水力采煤。尽管地下煤气化技术进展很快，但尚未大规模使用。

煤矿床呈层状赋存，分布范围广、储量大、煤质脆、易切割破碎，开采时常伴有水、火、瓦斯等灾害威胁。

风化煤 weathered coal　俗称“露头煤”。由在地表或离地表很近的煤受风化作用而发生化学变化和物理变化所形成的煤。

残殖煤 liptobiolith　主要由高等植物的皮壳组织和分泌物经泥炭化作用转变而成的富集壳质体组分的腐植煤。

泥炭 peat　亦称“泥煤”、“草煤”或“草炭”。它是煤的前体，是煤化程度极低的煤。由水、矿物质和有机质三部分组成，其有机质含量占30%以上。

泥炭中的有机质主要是纤维素、半纤维素、腐殖酸、沥青物质等。泥炭中腐殖酸含量通常为10%～30%，高者可达70%以上。

泥炭中的无机质主要是黏土、石英和其他矿物杂质。

泥炭呈块状，含水量一般为80%～90%，泥炭的相对密度1.20～1.60。中国泥炭发热量多数为9.50～15.0MJ/kg。

泥炭质地松软，容易燃烧。分解度较低的泥炭多呈浅棕色和浅褐色，含有大量植物残体；分解度较高的泥炭多呈黑褐色和黑色，质地较硬，腐殖酸含量增高，植物残体不易辨认。

泥炭是一种能源，又是工农业许多部门必需的原材料和化工原料，是一种宝贵的天然矿产资源。泥炭地还具有重要的自然保护功能。

褐煤 brown coal; lignite　煤化程度最低的煤，即所有煤中最低级的煤，处于烟煤和泥炭之间状态的煤。褐煤的成煤年代要比普通煤年轻，一般存在于第三纪的地层中。褐煤一般分为两种：木煤和真褐煤。

褐煤的颜色为深褐色。含碳量为25%～35%，水分含量高达66%，灰分含量为6%～12%。可燃基挥发分多在40%～60%；其发热量为10～20MJ/kg。

褐煤含有数量不等的原生腐植酸。元素组成中碳含量低，氧含量高，氢含量变化大。褐煤主要作为燃料及气化原料用，优质褐煤可作为化工原料。

烟煤 bituminous coal　煤化程度高于褐煤而低于无烟煤的各类煤的总称。其特点是可燃基挥发分多在10%～40%之间，由于挥发分范围宽，单独炼焦时从不结焦到强结焦均有，燃烧时常冒烟。烟煤的燃烧热值为24～35MJ/kg。煤层密度平均为1346kg/m^3。烟煤的堆积密度平均为833kg/m^3。随煤化程度增高而降低。

烟煤的用途十分广泛。按其用途，可分为：

（1）炼焦用煤。包括气煤、肥煤、焦煤、瘦煤和部分弱黏煤；

（2）非炼焦用煤。包括长焰煤、不黏煤、大部分弱黏煤和贫煤。

不黏煤和弱黏煤是由于成煤作用初期受到了不同程度的氧化而分别形成的。烟煤可作为动力用煤，也可作气化用煤。不黏结和弱黏结的烟煤除了可作为气化用煤生产城市煤气和合成气,还可以生产氮肥、甲醇、二甲醚等化工原料或采用间接液化方法生产人造石油。

无烟煤 anthracite 亦称“白煤”。是煤化程度最高的煤。但无烟煤的化学反应弱。外观呈钢灰色或古铜色,具有金刚光泽,多呈块状构造,条带构造一般不明显。

无烟煤的碳含量高,通常在90%以上,可达98%;氢含量低于4%。硬度高,密度1.4~1.8g/cm^3,着火点高,约360~420℃,热值为(3.3~3.6)×10^7 J/kg。

无烟煤主要作为气化原料(固定床气化发生炉)用于合成氨、民用燃料及型煤的生产等。一些低灰低硫的无烟煤也用于高炉喷吹的原料。某些优质无烟煤还可用于制造碳电极、碳化硅、碳纤维、单晶石墨以及电石等。

硬煤 hard coal 烟煤和无烟煤的总称。

煤化学与煤化工

煤化学 coal chemistry 是研究煤的成因、组成、结构、性质、分类、转化以及相互关系,并阐述煤炭作为燃料和原料利用中的有关化学问题的一门学科。

煤化学成为一个独立的学科,起源于18世纪后期的工业发展阶段。这一时期电力工业兴起,钢铁工业对焦炭的需求量大增。为了研究煤在电力和炼焦等工业中得到科学合理的利用,因而兴起了对煤分类的研究,如1924年英国赛勒尔(C. A. Seyler)等,按煤的有机质中的元素组成对煤进行分类,从而对不同性质的煤的合理的、有效的利用提供了一定的方向。

20世纪以来,煤化学的主要发展方向是研究煤的焦化、气化、液化等煤的转化技术和煤的燃烧等方面的特性以及对煤的各种洁净利用技术的基础性研究。特别是近20年来世界洁净煤技术的迅速发展更是与煤化学的发展密切相关。

煤化工 chemical processing of coal 以煤为原料,经化学加工使煤转化为气体、液体和固体燃料及化学品的过程。主要包括煤的气化 、液化 、干馏以及焦油加工和乙炔化工等。

煤中有机质的化学结构是以芳香族稠环为单元核心,由桥键互相连接并带有各种官能团的大分子结构,通过热加工和催化加工,可以使煤转化为各种燃料和化工产品。焦化是应用最早且至今仍然是最重要的方法,其目的是制取冶金用焦炭 ,同时副产煤气和苯、甲苯、二甲苯、萘等芳烃。

煤化工开始于18世纪后半叶,19世纪形成了完整的煤化工体系。进入20世纪,许多以农林产品为原料的有机化学品多改为以煤为原料来生产,因此煤化工成为化学工业的重要组成部分。

第二次世界大战以后,石油化工发展迅速,很多化学品的生产又从以煤为原料转移到以石油、天然气为原料,从而削弱了煤化工在化学工业中的地位。但随着世界石油价格上涨及煤气化技术的改进,煤化工仍有其发展前景。

煤转化 coal conversion 指以化学方法为主将煤转化为洁净的燃料或化工品。煤制液态燃料和化工产品经由三条路线:(1)煤直接液化;(2)煤间接液化;(3)焦炭生产。见“煤制液态燃料和化工产品的路线图”。

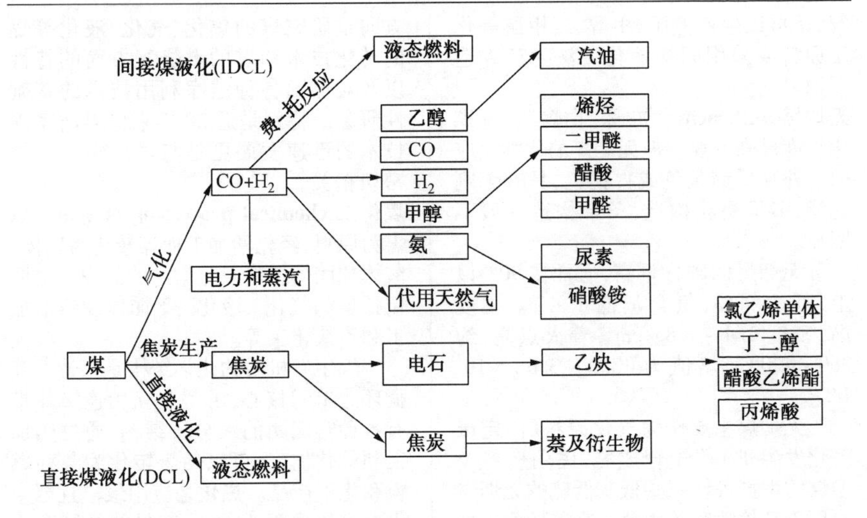

煤制液态燃料和化工产品的路线图

煤制取液态燃料 coal to liquids(CTL)

指将固体煤转化为液体燃料的技术。煤液化技术可分为:煤直接液化法和煤间接液化法。

煤直接液化法是指在没有氧气的环境下,煤直接转化为最终产品,无需通过合成气中间步骤。

煤间接液化法是指煤经由气化过程制取合成气,然后合成气再经过费-托反应转化成液态燃料。

与煤直接液化工艺相比较,煤间接液化工艺的特点是:

(1) 适用煤种比直接液化广泛;

(2) 可以在化肥厂已有气化炉的基础上实现合成汽油;

(3) 反应压力为3MPa,低于直接液化;反应温度为550℃,高于直接液化;

(4) 油收率低于直接液化,需5~7 t煤生产出1t油,所以产品油的成本比直接液化高得多。

煤的反应 coal reaction　煤在空气中长期堆放容易氧化,甚至导致自燃,使发热量、黏结性降低,这种现象称为“煤的风化”。煤在氧化剂存在下,经轻度氧化生成腐殖酸;深度氧化生成低分子有机酸;剧烈氧化(即燃烧)生成二氧化碳、一氧化碳和水。

煤在一定氢气压力下加热,会发生氢化反应,使煤增加黏结性和结焦性;煤在有机溶剂和催化剂存在下加氢,可以得到液化油;煤与氯、溴等卤素可以发生取代和加成反应;煤在碱性介质中水解,可得酚类、碱性含氮化合物;煤与浓硫酸作用可得到磺化煤。

煤的转化如干馏、气化、液化均包含有许多反应,如解聚、缩合、氧化、氧解、氢化、氢解等反应。通过这些反应过程,可以获得所需要的固态、液态和气态产物或热能。

煤的热分解 thermal decomposition of coal

在对煤的热解过程中,当煤料的温度高于100℃时,煤中的水分蒸发出来;温度升高到200℃以上时,煤中的结合水释放出来;高达350℃以上时,黏结性煤开始软化并进一步形成黏稠的胶质体(泥煤、褐煤等不发生此现象);在400~500℃

时大部分煤气和焦油析出,称为“一次热分解产物”;在450~550℃,热分解继续进行,残留物逐渐变稠并固化形成半焦;高于550℃,半焦继续分解,析出余下的挥发物(主要成分是氢气),半焦失重同时进行收缩,形成裂纹;温度高于800℃,半焦体积缩小变硬形成多孔焦炭。当干馏在室式干馏炉内进行时,一次热分解产物与赤热焦炭及高温炉壁相接触,发生二次热分解,形成“二次热分解产物”,即焦炉煤气和其他炼焦化学产品。

煤的加氢液化 coal hydro-liquefaction 将煤、催化剂和重油混合在一起,在高温高压下煤中的有机质被破坏并与氢作用转化成低分子液态和气态产物的工艺过程。进一步加工可得汽油、柴油等液体燃料。

煤的煤化程度越高,在溶剂中的溶解度越小,分解能力越低,液体产率越低。所以加氢液化用煤是以煤化程度低的褐煤、长焰煤、气煤为主。加氢液化用煤要求氢含量大于或等于5%,挥发分大于35%。由于丝煤难以液化,故煤中的丝煤含量应低于2%。

煤焦油 coal tar 是一种黑色或褐色黏稠液体。气味与萘或芳香烃相似。它是在干馏煤制焦炭和煤气时的副产物。成分复杂,主要是酚类、芳香烃和杂环化合物的混合物。有致癌性,属于IARC第一类致癌物质。

煤焦油主要用于分馏出各种酚类、芳香烃、烷类等,并可用于制造其他染料或药物等。目前煤焦油涉及的行业还包括作为燃料直接燃烧。

煤制乙醇 ethanol from coal 是用煤作为碳源生产乙醇。利用扨难梭菌(clostridium ljungdahlii,厌氧菌的一种)发酵生产乙醇并从一氧化碳、二氧化碳和氢生产乙酸。最早的研究表明,采用扨难梭菌发酵可以生产出相当高浓度的乙醇。

这个过程的主要步骤是:

(1) 气化。在温度高达1200℃低浓度氧的还原气氛下,将有机物转化为一氧化碳、二氧化碳和氢;

(2) 发酵。醋酸扨难梭菌将一氧化碳转化为乙醇;

(3) 蒸馏。乙醇与氢和水分离。

1t低品质褐煤可获得273L乙醇,该法被认为是先进的制取乙醇技术,正在引起关注。

煤干馏

煤的干馏 coal carbonization 指煤在隔绝空气条件下加热、分解,生成焦炭(或半焦)、煤焦油、粗苯、煤气等产物的过程。可分为:低温干馏、中温干馏和高温干馏三种类型。

(1) 低温干馏。煤或油页岩在500~600℃的温度下进行的干馏。用来制取低温焦油,同时生产半焦和低温焦炉煤气。主要的质量指标是焦油产率大于7%。

低温干馏的焦油产率高于高温干馏。焦油成分以烷烃、环烷烃为主,可用来制取高级液体燃料和化工原料。低温干馏煤气产率较低,所产生的煤气中含有大量的氢、甲烷和不饱和烃,但热值可达29.3×10^6 J/m^{3}左右。低温干馏用的煤主要是褐煤、长焰煤、气煤和油页岩等,煤质为弱黏结或不黏结。

(2) 中温干馏。煤在700~900℃温度下进行的干馏。通常在炭化炉中进行,故所得煤气称为“炭化炉煤气”。

(3) 高温干馏。煤在温度为900~1000℃下进行的干馏,产生煤气、焦炭和煤化学产品的过程。通常在焦炉中进行,因此也称为“炼焦”,所得煤气称为“焦炉煤气”,含氢量较高。

煤的干馏产物 carbonization product of coal 指煤经低温干馏、中温干馏、高温干馏所得产物的总称。煤干馏产物的产率和组成取决于原料煤质、干馏炉结构和加工条件(主要是温度和时间)。随着干馏终温的不同,煤干馏产品也不同。

低温干馏的固体产物为结构疏松的黑色半焦,煤气产率低,焦油产率高;高温干馏的固体产物则为结构致密的银灰色焦炭,煤气产率高而焦油产率低。中温干馏产物的收率介于低温干馏和高温干馏之间。

煤干馏过程中生成的煤气主要成分是氢气和甲烷,可作为燃料或化工原料。高温干馏主要用于生产冶金焦炭,所得的焦油为芳烃、杂环化合物的混合物,是工业上获得芳烃的重要来源;低温干馏的煤焦油比高温干馏的煤焦油含有较多的烷烃,是人造石油的重要来源之一。

干馏煤气 carbonization gas　在隔绝空气的条件下,对煤热加工制取的煤气。

粗煤气 raw coal gas　指从炼焦炉中出来的气体。其气体组分经过冷却和用各种吸收剂处理可提取氨、硫化氢、吡啶、粗苯、焦油等化合物并得到净煤气(焦炉煤气)。

净煤气可作钢铁厂高热值燃料,也可供民用。净煤气中含有占总体积约60%的氢和21%~28%的甲烷,是生产合成氨的廉价原料。

煤气 coal gas　也称为“城市煤气”或“照明气”。是一种由煤干馏制取的可燃性气体,含有氢、一氧化碳、甲烷和挥发性烃类以及少量非燃烧气体如二氧化碳和氮。

煤气最初来自英国和美国,通过市政管道分配系统为居民提供照明、取暖和烹饪。直到20世纪40年代后,天然气逐渐被世界广泛使用。煤气概念随着时代变迁,煤气成为人工煤气、天然气、液化石油气和代用天然气四大类的统称。随着天然气大量开采和城市化的进程,煤气概念也就转变为天然气。

高温焦油 high temperature tar　煤经过高温干馏得到的焦油。

煤　矿

煤矿 coal mine　生产原煤的矿山。狭义指矿井或露天矿场;广义指有完整独立的生产系统,经营管理上相对独立的煤炭生产单位。

北安特洛浦/罗切斯特煤矿 North Antelope Rochelle Mine　是世界上最大的露天煤矿。位于美国波德河煤田,属美国最大的煤炭公司——皮博迪能源公司。该露天煤矿由1983年投产的北安特洛浦矿和1985年投产的罗歇尔矿在1999年合并建成。该矿开采优质次烟煤,硫分低于0.5%,灰分小于10%,发热量20MJ/kg。开采近水平煤层,厚度超过20m,埋藏很浅。【http://www.peabodyenergy.com】

粉河煤盆地 Powder River Coal Basin　是世界上已开发的探明储量最多的煤田。在美国怀俄明州东北部和蒙大拿州东南部,面积达66800 km^2。预测储量7000×10^8t,探明储量1224×10^8t。埋藏第三纪次烟煤,煤质优良,原煤硫分仅0.5%,灰分小于10%,发热量19.5~20.5MJ/kg。煤层埋藏浅,厚度大,适于露天开采。【http://www.peabodyenergy.com】

神府-东胜煤田 Shenfu-Dongsheng Coalfield　是中国已探明的最大煤田,也是世界大煤田之一。位于陕西省西北部和内蒙古自治区南部,在中国最大的煤盆地——鄂尔多斯盆地腹地。世界上最大的矿井大柳塔煤矿及其紧邻的姐妹煤矿——活鸡兔煤矿坐落于此。面积31000km^2,含煤地层属侏罗纪。预测储量6690×10^8t,探明储量2236×10^8t。

塔班陶勒盖煤矿 Tavan Tolgoi　是蒙古国南部南戈壁省境内的一个大煤矿。也是世界上最大的未开采煤田。储量预计为60×10^8t,约有40%是高焦油煤,价值超过3000亿美元。

组织机构

英国煤炭管理局 Coal Authority 于1994年成立，是英国煤炭的管理部门，设在诺丁汉郡曼斯菲尔德。【http://coal.decc.gov.uk】

皮博迪能源公司 Peabody Energy 1895年由美国企业家弗朗西斯·皮博迪(Francis Stuyvesant Peabody，1858~1922年)建立的能源公司，命名为皮博迪能源公司，是美国及世界上最大的私营煤炭企业，煤矿主要集中在美国及澳大利亚。总部在美国密苏里州圣刘易斯。【http://www.peabodyenergy.com】

神华集团有限责任公司 Shenhua Group Corporation Limited 简称"神华集团"，是1995年成立的中国中央企业，总部设在北京。是世界第二大上市的煤炭企业，仅次于美国的皮博迪能源公司。它的业务集煤矿、电厂、铁路、港口、航运为一体。提供煤炭生产和销售，电力生产和供应，煤制油及煤化工，以及相关铁路、港口等运输服务。【http://www.shenhuagroup.com.cn】

印度煤炭有限公司 Coal India Limited 印度是世界上第三大煤炭生产国。该公司是印度从事煤炭开采的最大的公司，设在加尔各答。【http://www.coalindia.in】

世界煤学会 World Coal Institute (WCI) 由煤炭企业及协会组成的非政府的、非营利性学会。也是唯一在全球范围内代表煤炭行业的国际组织。1985年成立，设在英国里士满。该学会的关键目标之一是：在国际能源和环境政策及研究的讨论中，作为煤炭代言人。在这方面，该学会可进行宣传、发表相关资料以增进决策制定者对煤炭的了解并主办研讨会。

世界煤炭学会还通过各种推广活动，加强公众对于煤炭的优越性和重要性的认识。学会有一系列出版物并发行"新闻通讯"，还建有学会网站。【http://www.worldcoal.org】

美国燃料联盟 American Fuels Coalition 由美国有关煤的协会和公司组成的联盟。从事未来煤炭的政策研究以及提供煤制取合成油的安全性、经济性和环境友善的技术和信息。【http://www.americanfuelscoalition.com】

美国国家采矿协会 National Mining Association (NMA) 是国家贸易组织。由美国国家煤协会(NCA，1917年成立)和美国采矿大会(AMC，1897年成立)合并，于1995年成立，设在美国华盛顿。该协会反映了美国采矿工业的状况，涉及到代表大会、行政管理、联邦政府、司法部门和传媒等。【http://www.nma.org】

煤技术协会 Coal Technology Association (CTA) 该协会设在美国华盛顿，主持召开国际性的重要会议"煤利用和燃料系统国际技术会议"及"清洁煤会议"。【http://www.coaltechnologies.com】

美国煤炭基金会 American Coal Foundation (ACF) 该基金会成立于1981年，设在华盛顿。其宗旨是对教师和学生开展和传播有关煤炭教育，由煤生产商和采矿设备制造商资助。【http://www.teachcoal.org】

美国焦炭与煤化学品学会 American Coke and Coal Chemicals Institute (ACCCI) 该学会成立于1944年，设在美国华盛顿。由焦炭的生产商和批发商、综合性钢铁厂和加拿大的煤化工公司组成。着重于组织论坛和讨论共同关注的问题。【http://www.accci.org】

煤利用研究参议会 Coal Utilization Research Council (CURC) 是特设的工业集团，由美国各州、大学和商业等各种类型的部门组成，1997年成立，设在华盛顿。其宗旨是参议煤对电力的重要

性，促进清洁煤的研究及利用以及促进实施政策的出台。【http://www.coal.org】

加拿大煤协会 Coal Association of Canada 设在艾伯塔省卡尔加里市。会员有煤生产商、销售商、运输商以及公路和铁路企业。关注加拿大煤的勘探、开采、利用和运输。【http://www.coal.ca】

欧洲煤燃烧产物协会 European Coal Combustion Products Association e.V.(ECOBA) 1990年成立，设在德国埃森。代表了欧盟25个国家的86%煤燃烧产物生产商的利益。【http://www.ecoba.com】

中国煤炭工业协会 China National Coal Association(CNCA) 前身为中国煤炭工业企业管理协会，1999年3月18日更名为中国煤炭工业协会。是中国煤炭行业最大的社团组织之一。

该协会是全国性的、非营利性社会组织。是由全国煤炭行业的企事业单位、社会团体及个人自愿参加，会员不受部门、地区、所有制限制。协会设在北京市。【http://www.chinacoal.org.cn】

9.1.1 煤直接液化

煤直接液化方法

直接液化法 direct liquefaction method 指在没有氧气的环境下，煤、生物质及含碳废物等原料直接转化为最终产品，无需通过合成气中间步骤。

直接液化法一般可分为煤制(加氢)油和热解聚两大类。

煤直接液化 direct coal liquefaction(DCL) 指在没有氧气的环境下，煤直接转化为最终产品—合成油，无需通过合成气这个中间步骤。

煤直接液化法制取合成油分为两个步骤进行：碳化和加氢。

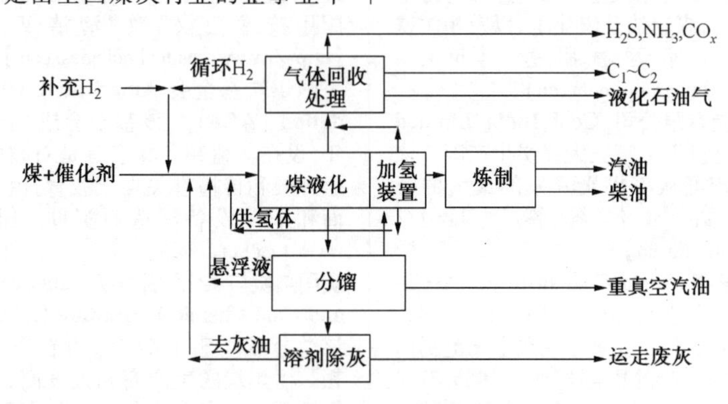

煤直接液化工艺流程图

(1) 碳化。是将有机物质通过热解聚或干馏转化为碳或含碳残渣。

(2) 加氢。通常是在有催化剂存在下氢分子(H_2)与其他化合物或元素进行化学反应。这样就可制得合成油。

直接液化的特点是热效率较高、液体产品收率也较高，但工艺条件复杂。

煤直接液化法又可分为两大类：一段煤直接液化法和两段煤直接液化法。

(1) 一段煤直接液化法。是第一代煤直接液化技术，于20世纪60年代发展起来的，现在多数项目和设施已被取代或废弃。

一段煤直接液化法试图在单个反应段将煤转化为液体油。这种过程包括一个综合性在线加氢反应器,以提高馏分。该技术包括:

① 煤加氢法/H-Coal Process-HRI;

② 埃克森供氢溶剂法/Exxon Donor Solvent(EDS) Process;

③ 海湾石油公司溶剂精炼煤法/Solvent Refined Coal Processes(SRC-Ⅰ和SRC-Ⅱ);

④ 美国康菲氯化锌法/Conoco Zinc Chloride Process;

⑤ 德国埃门哈森高压法/Imhausen High Pressure Process;

⑥ 日本NEDO法/NEDO Process。

(2) 两段煤直接液化法。是在20世纪70年代石油危机之际应运而生的。转化过程分为两段:第一段是煤热解,其中煤转化为高相对分子质量可溶形式,平均组分略有变化。第二段是将可溶产品提升到沸点较低的液体燃料并减少了杂环含量。

20世纪70~80年代期间,两段煤直接液化法在不同国家获得了不同程度的成功应用。主要的方法有:

① 两段催化液化法/Catalytic Two-Stage Liquefaction Process - DOE and HRI;

② 英国液体溶剂提取法/Liquid Solvent Extraction (LSE) Process-British Coal;

③ 日本褐煤液化法/Brown Coal Liquefaction(BCL) Process-NEDO;

④ 美国康索尔合成燃料法/Consol Synthetic Fuel(CSF) Process;

⑤ 美国鲁玛斯ITSL法/Lummus ITSL Process;

⑥ 美国雪佛龙煤液化法/Chevron Coal Liquefaction Process(CCLP);

⑦ 美国科麦奇ITSL法/Kerr-McGee ITSL Work;

⑧ 日本三菱溶剂分解法/Mitsubishi Solvolysis Process;

⑨ 英国超临界气体提取法/Supercritical Gas Extraction(SGE) Process;

⑩ 美国阿莫科GG-TSL法/Amoco GG-TSL Process。

煤直接液化制油的不同技术都可应用于合成燃料生产,即生物质制合成油或天然气制合成油,其工艺过程均相同。

世界上主要的煤直接液化工厂

国家	工艺过程	反应器	催化剂	生产能力/(t/d)	建造时间
美国	SRC-Ⅰ	煤浆溶解器	—	6	1974
	SRC-Ⅱ	煤浆溶解器	—	50/25	1974~1981
	EDS	气流床	Ni/Mo	250	1979~1983
	H-Coal	流化床	Co-Mo/Al_2O_3	600	1979~1982
	CTSL	流化床	Ni/Mo	2	1985~1992
	HTI	悬浮床	GelCat™	3	20世纪90年代
德国	IGOR	固定床	赤泥、Co-Mo/Al_2O_3	200	1981~1987
	PYROSOL	逆流床	—	6	1977~1988

续表

国家	工艺过程	反应器	催化剂	生产能力/(t/d)	建造时间
日本	BCL	固定床	Fe 基、$Co-Mo/Al_2O_3$	50	1986~1990
	NEDOL	流化床	—	150	1996~1998
英国	LSE	搅拌槽形流化床	—	2.5	1983~1995
苏联	CT-5	—	Mo	7	1986~1990
中国	Shenhua-Ⅰ	悬浮床	Fe 基	6	试验
	Shenhua-Ⅱ	悬浮床	Fe 基	3000	2008 年底

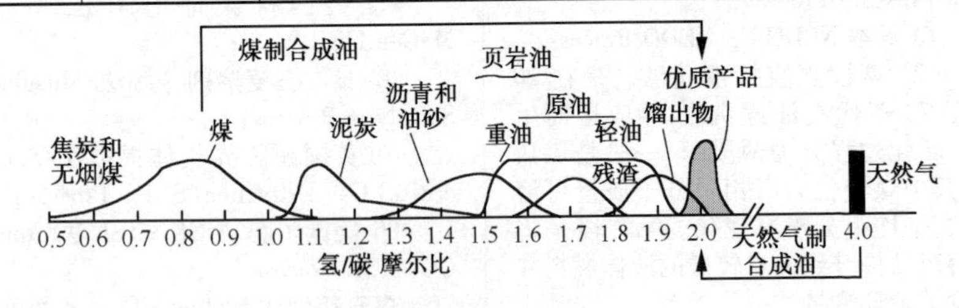

各种燃料的氢/碳比

溶剂精炼煤法　Solvent Refined Coal Processes(SRC)　煤直接液化法的一种。是将煤用溶剂制成浆液送入反应器,在高温加氢的条件下,裂解成较小的分子。此法首先由美国斯潘塞化学公司于20世纪60年代开发,继而由海湾石油公司的子公司匹兹堡-米德韦煤矿公司进行研究试验,建有日处理煤50t的半工业试验装置。

按加氢深度的不同,该法又分为SRC-Ⅰ和SRC-Ⅱ两种。

SRC-Ⅰ法以生产固体、低硫、无灰的溶剂精炼煤为主,用作锅炉燃料,也可作为炼焦配煤的黏合剂、炼铝工业的阳极焦、生产碳素材料的原料或进一步加氢裂化生产液体燃料。

SRC-Ⅱ法用于生产液体燃料,但因当时的石油价格下降以及财政困难,开发工作处于停顿状态。

两种方法的工艺流程基本相似。最初用石油的重质油做溶剂,在运转过程中以自身产生的重质油做溶剂和煤制成煤浆,与氢气混合、预热后进入溶解器,从溶解器所得产物有气体、液体及固体残余物。先分出气体,再经蒸馏切割出馏分油。釜底物经过滤将未溶解的残煤及灰分分离。SRC-Ⅰ法将滤液进行真空闪蒸分出重质油,残留物即为产品——溶剂精炼煤(SRC);SRC-Ⅱ法则将滤液直接作为循环溶剂。固液分离采用过滤,设备庞大,速度慢。

近年试验采用超临界流体萃取脱灰

法，操作条件：压力10~14MPa、温度450~480℃。以烟煤为原料，SRC-Ⅰ法可获得约60%溶剂精炼煤，尚有少量馏分油。SRC-Ⅱ法可获得10.4%气态烃、2.7%石脑油及24.1%中质馏分油和重质油。

埃克森供氢溶剂法 Exxon Donor Solvent (EDS) Process 美国埃克森研究和工程公司1976年开发的技术，是煤直接液化法的一种。原理是借助供氢溶剂的作用，在一定的温度和压力下将煤加氢液化成液体燃料。

该法建有日处理250t煤的半工业试验装置。其工艺流程主要包括原料混合、加氢液化和产物分离几个部分。首先将煤、循环溶剂和供氢溶剂(即加氢后的循环溶剂)制成煤浆，与氢气混合后进入反应器。反应温度425~450℃，压力10~14MPa，停留时间30~100min。反应产物经蒸馏分离后，残油一部分作为溶剂直接进入混合器，另一部分在另一个反应器进行催化加氢以提高供氢能力。溶剂和煤浆分别在两个反应器加氢是EDS法的特点。在上述条件下，气态烃和油品总产率为50%~70%(对原料煤)，其余为釜底残油。气态烃和油品中C_1~C_4约占22%，石脑油约占37%，中质油(180~340℃)约占37%。石脑油可用作催化重整原料，或加氢处理后作为汽油调合组分。中油可作为燃料油使用，用于车用柴油机时需进行加氢处理以减少芳烃含量。减压残油通过加氢裂化可得到中油和轻油。

氢化作用 hydrogenation 一种化工单元过程，是有机物 和氢起反应的过程。由于氢不活泼，通常必须要有催化剂的存在才能反应。但无机物和氢之间的反应，如氮和氢反应生成氨，一氧化碳和氢反应生成甲醇在化工过程中都不称为氢化，而称为“合成”。

氢化在化工生产中一般分为两种：

(1) 加氢。单纯增加有机化合物中氢原子的数目，使不饱和的有机物变为相对饱和的有机物，如将苯加氢生成环己烷以用于制造锦纶；将鱼油加氢制作硬化固体油以便于储藏和运输。制造合成润滑油、肥皂、甘油的过程也是一种加氢过程。

(2) 氢解。同时将有机物分子进行破裂和增加氢原子。如将煤或重油经氢解，变成小分子液体状态的人造石油，经分馏可以获得人造汽油。

氢/碳比 H/C ratio 是指烃分子中的氢与碳的比例。由于烃分子中氢/碳(H/C)比各不相同，当大分子烃裂解为小分子时，氢原子不够，就必须增加氢/碳比。

煤直接液化法必经氢解处理这一步，其原因是化石燃料均由碳氢化合物构成，其氢/碳比例不同。烟煤的氢/碳比为0.8左右，而原油的氢/碳比为1.76左右，汽柴油的氢/碳比约为2。

煤液化是让煤在高温高压条件下裂解，通过化学反应提高煤的氢/碳原子比，降低氧/碳原子比，转化成液态油(烷烃)和气态烃。根据初步测算，每3.4~3.5t煤可生产1 t油品，如果每桶原油价格保持在40美元以上，工业化煤制油生产就可以实现盈利。

贝吉乌斯工艺 Bergius Process 利用高挥发分烟煤加氢在高温加压下生产合成燃料的一种方法。1913年由贝吉乌斯(Friedrich Bergius，1884~1949年)提出。

组织机构

中国神华煤制油化工有限公司 China Shenhua Coal to Liquid and Chemical Co., Ltd. 该公司下属有鄂尔多斯煤制油分公司，是目前世界上最大的煤直接液化工厂。也是目前世界上现代化的大型煤直接液化工业生产的领先企业。厂址设在内蒙古鄂尔多斯伊金霍洛旗乌兰木伦镇。

该厂采用煤直接液化工艺，以煤为

原料，通过化学加工过程生产石油和石化产品。反应器为悬浮床，转化率能达到60%~70%，生产能力为3000 t/d，每生产 1t 成品油耗水 7t。【http://www.csclc.com.cn】

晋煤集团 Jincheng Anthracite Mining Group 天溪煤制油分公司属于该集团的下属单位，设在山西晋城市金村镇。设计生产能力为煤基合成油 100k t/a、液化石油气 13k t/a、硫磺 16k t/a，精甲醇 300k t/a。

该公司的甲醇项目建有世界上第一座煤基甲醇合成油工厂，选用具有自主研发的灰熔聚流化床粉煤加压气化技术和美国美孚公司的 MTG 生产工艺。【http://www.jccoal.com】

9.1.2 煤间接液化

煤气化

间接液化法 indirect liquefaction method 指煤、天然气、生物质经由气化过程制取合成气的方法。

合成气是由一氧化碳、氢、二氧化碳、水组成的混合物。合成气再经过费-托反应，将合成气转化成清洁的高品质的液态燃料和其他化学产品。

煤气化 coal gasification 指在高温下以空气或氧气并加入水蒸气，用部分氧化法将固体煤转变为一氧化碳、氢和甲烷等可燃性混合气体的过程。通过煤气化生成的合成气，可供发电、生产代用天然气、合成油及各种化工品如甲醇、氨、二甲醚、烯烃等。

煤气化工艺可归纳为五种基本类型：(1) 自热式水蒸气气化；(2) 外热式水蒸气气化；(3) 煤的加氢气化；(4) 煤的水蒸气气化和加氢气化结合制造代用天然气；(5) 煤的水蒸气气化和甲烷化相结合制造代用天然气。

新的气化方法广泛采用流化床技术、催化气化和加氢气化等方法，以提高煤气热值达到约 681.2k J/m^3，与天然气热值相当。

煤气化制得的产物视所用原料的煤质、气化剂种类和气化过程不同而具有不同的组成，可分为空气煤气、(发生)炉煤气、半水煤气和水煤气以及甲烷含量较高的煤气等，以适应各种不同的用途。

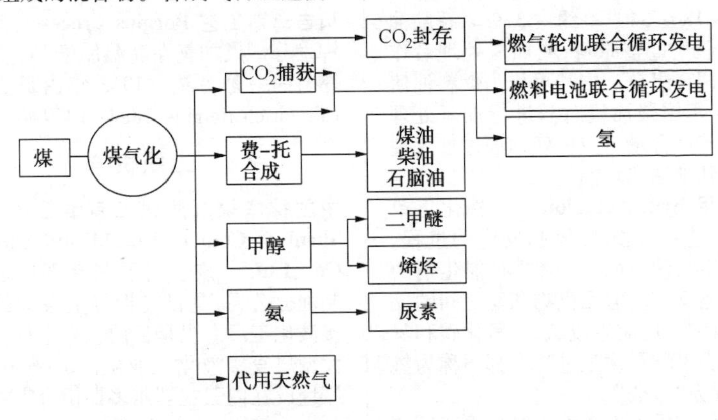

煤气化过程

煤间接液化 indirect coal liquefaction (ICL) 是专指以煤为原料经由气化过程制取合成气的方法。

首先煤与氧/水蒸气进入气化器，生成合成气。合成气主要由一氧化碳、氢组成。然后合成气在铁催化剂存在下经由费-托合成处理，将合成气转化成清洁的高品质的液态燃料和其他化学产品。费-托合成产生的蒸汽和尾气可供发电用。

煤间接液化法的优点是原料特别是煤种适应范围广，反应条件方面的要求比直接液化法低，缺点是理论产油率较低，约 60%~65%。

煤间接液化法主要有 6 种方法：

(1) 萨索尔法/Sasol

(2) 热恩技术法/Rentech

(3) 合成汽油法/Syntroleum

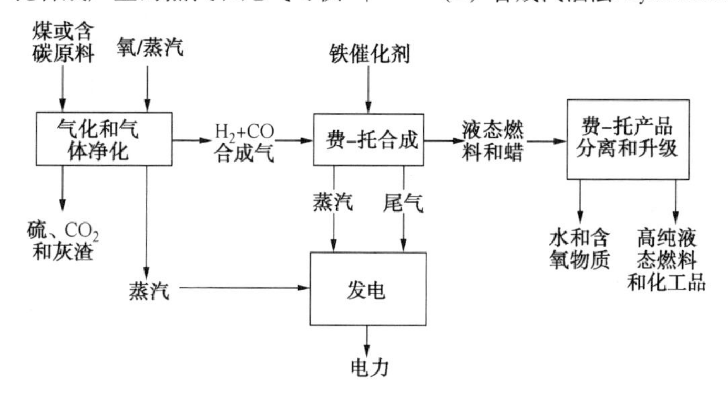

煤间接液化工艺流程

(4) 美孚甲醇制汽油法/Mobil Methanol to Gasoline (MTG) Process

(5) 美孚甲醇制乙烯法/Mobil Methanol to Olefins(MTO) Process

(6) 壳牌中间馏分合成法/Shell Middle Distillate Synthesis(SMOS)

这 6 种不同的煤间接液化方法都可应用于生产合成燃料，即生物质或天然气制合成油其工艺过程均相同。

整体煤气化联合循环 integrated gasification combined cycle (IGCC) 是將煤气化技术和联合循环相结合的动力系统。

典型的工艺流程为：燃煤磨制成干煤粉或水煤浆，与氧化剂(空分系统生产的氧气或空气)一起喷入气化炉，在高温贫氧的情况下，煤经气化成为中低热值煤气(其主要成分为一氧化碳和氢)；经过净化，除去煤气中的硫化物、氮化物、汞、粉尘等污染物，变为清洁的气体燃料；然后送入燃气轮机的燃烧室燃烧，加热气体工质以驱动燃气轮机做功。燃气轮机排气进入余热锅炉加热给水，产生的过热蒸汽驱动蒸汽轮机做功。

根据气化炉的料流形式，可分为固定床、流化床及气流床三大类。根据整体煤气化联合循环的特点和要求，大型化的气化技术中，目前应用最多的是气流床技术。

气化煤气 gasification gas 固体原料(如煤、焦炭或生物质)与气化剂在高温条件下通过化学反应转化成的可燃气体。

蒙德气体 Mond gas 即半水煤气。是以发明家蒙德(Ludwig Mond, 1839~

1909年)的名字命名的。用于燃料气和氨的生产。蒙德气体高含氢、一氧化碳、氨和挥发性焦油,热值达 3.35～6.28MJ/Nm^3(800～1500 kcal/Nm^3)。

煤、生物质和天然气混合能源制取合成油系统 Coal, Biomass, and Natural Gas to Liquid (CBGTL) Hybrid Energy System　是美国一种新颖的生产合成油的系统。以煤、生物质和天然气液体等混合能源为原料制取的汽油、柴油、煤油和丙烷,并符合美国运输燃料法规的燃料,同时获得电力和蒸汽的系统。

该系统的工艺过程是生物质和煤经过气化处理生成合成气,合成气经由费-托反应生成烃类。然后再加入天然气和丁烷并加氢精制对烃类升级。此过程可以使原料100%转化为含碳燃料产品,并回收二氧化碳。

煤气化反应床层

煤气化反应床层 coal gasification bed
在煤气化过程中,根据气化炉的料流形式,煤气化的反应床层可分为:固定床气化、流化床气化、气流床气化三大类。

各种气化技术均有其各自的优缺点,对原料煤的品质均有一定的要求,其工艺的先进性、技术成熟程度也有差异。

固定床气化 fixed bed gasification　固定床一般以块煤或焦煤为原料。煤由气化炉顶加入,气化剂由炉底加入。流动气体的上升力不致使固体颗粒的相对位置发生变化,即固体颗粒处于相对固定状态,床层高度亦基本保持不变,因而称为"固定床气化"。另外,由于煤从炉顶加入,含有残炭的炉渣自炉底排出,气化过程中,煤粒在气化炉内逐渐地并缓慢地往下移动,因而又称为"移动床气化"。

固定床气化的特点是简单、可靠。同时由于气化剂与煤逆流接触,气化过程进行得比较完全,且使热量得到合理利用,因而具有较高的热效率。

固定床气化炉常见的有间歇式气化(UGI)炉和连续式气化(鲁奇 Lurgi)炉两种。

流化床气化 fluid bed gasification　又称为"沸腾床气化"。其以小颗粒煤为气化原料,这些细颗粒在自下而上的气化剂的作用下,保持着连续不断和无秩序的沸腾和悬浮状态运动,迅速地进行着混合和热交换,其结果导致整个床层温度和组成的均一。

流化床气化能得以迅速发展的主要原因在于:(1) 流化床可以连续操作,生产强度较固定床大;(2) 直接使用小颗粒碎煤为原料,适应采煤技术的发展,避开了块煤供求矛盾;(3) 对煤种煤质的适应性强,可利用如褐煤等高灰劣质煤作原料。

流化床气化炉常见的有温克勒(Winkler)炉、灰熔聚(U－Gas)炉、循环流化床(CFB)、加压流化床(PFB 是 PFBC 的气化部分)等。

气流床气化 entrained flow gasification
指气体介质夹带煤粉并使其处于悬浮状态的气化过程。在煤气化技术中是使用最多的一种方法。以纯氧作为气化剂,在高温高压下完成气化过程,粗煤气中合成气($CO+H_2$)含量高,碳转化率高,不产生焦油、萘和酚水等,是一种环境友好型的气化技术。

气流床气化技术主要分为水煤浆气化技术和粉煤气化技术。

水煤浆气化技术的典型代表有:GE水煤浆加压气化技术、康菲石油公司的E-Gas水煤浆气化技术、华东理工大学的多喷嘴对置式水煤浆气化技术、清华大学的非熔渣-熔渣氧气分级气化技术以及西北化工研究院的多元料浆气化技术。

粉煤气化技术的典型代表有 Shell 的 SCGP 粉煤气化技术、西门子公司的 GSP 粉煤气化技术、西安热工研究院的两段式干粉煤加压气化技术和北京航天动力研究所的 HT-L 气化技术等。

代用天然气

代用天然气 substitute natural gas (SNG) 亦称“合成天然气”。用石脑油、油页岩、重油和煤做原料制成富含甲烷的可燃性气体。工艺流程是首先制得合成管，主要含一氧化碳、二氧化碳与氢，然后再通过甲烷化反应获得以甲烷为主要成分的高热值气体。

现代天然气工业是在煤气工业的基础上发展起来的。通过干馏制取的煤气与代用天然气的区别在于，代用天然气除含有一氧化碳和氢以外，还含有较多的甲烷，其热值较高。

代用天然气是城市燃气的一种补充。在生产代用天然气时，同时也可以发电并获得副产品硫黄。

煤制气 coal-to-gas (CTG) 是指用煤做原料制取的代用天然气。煤经过干馏生成可燃性气体，通常称为“煤气”。而现代“煤制气”是采用煤间接液化法来生产的，即煤经过气化过程生成富含一氧化碳、二氧化碳与氢的可燃性气体，然后再通过甲烷化反应，获得以甲烷为主要成分的高热值代用天然气。

地下煤气化 underground coal gasification (UCG) 将地下自然赋存的煤在煤层内燃烧、气化成煤气，输送到地面的一种能源采集方式。地下煤气化可以更大限度地利用煤资源，所生成的煤气，即代用天然气，可以广泛地应用于发电、煤化工和燃气供应。

地下煤气化，完全不同于现行的手工落煤、风镐落煤、机械化采煤等生产工艺。它通过相应的设备和运行系统在地下对煤进行可控的化学反应，把煤直接转变成二次能源输出，既可以通过管道使用清洁燃气，也可以直接使用煤气发电的电力。特别适用于用常规方法不可采或开采不经济的煤层，以及煤矿的二次或多次复采。

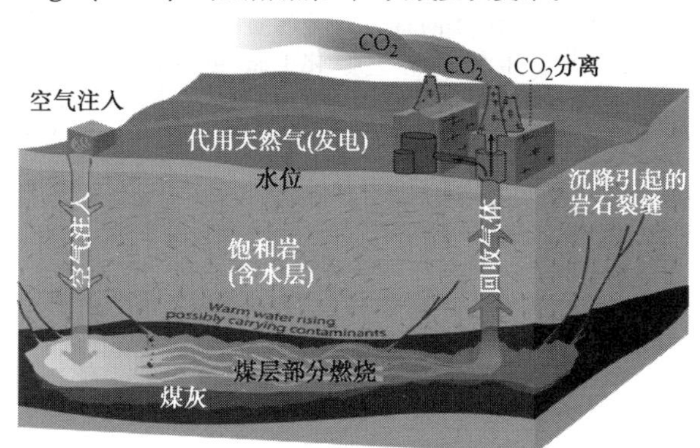

地下煤气化生产代用天然气

地下煤气化的优点是：(1) 可避免采煤的繁重劳动；(2) 可利用高灰的或薄层的煤矿；(3) 可节省铁路、轮船等的运输。

甲烷化 methanation 是含碳物质(如重质油、页岩油、煤和生物质等)经由热化学气化生成合成气后再产生甲烷的物理-化学过程。甲烷化是甲烷蒸汽转化的逆向反应。甲烷化是将以一氧化碳和氢为主要成分的合成气转化为甲烷，催化剂主要有钌、钴、镍和铁。甲烷化的主要反应为：

$$CO+3H_2 \longrightarrow CH_4+H_2O$$

这个过程用以生产代用天然气(SNG)，然后进入输气管网。

城市煤气 city gas 供应给城市居民生活用的气体燃料的总称。一般以煤为原料通过干馏或气化方法制得，由氢、一氧化碳、甲烷和氮等的混合物组成。也可利用由石油来源的可燃气(如液化石油气)，随着技术发展，现在有条件的地区都改用天然气作为城市煤气。

燃料煤气 fuel coal gas 用作燃料的煤气。一般分民用的城市煤气和工业加热用的煤气两种。前者主要采用煤的干馏或气化方法制得，后者通常是发生炉煤气。

木煤气 wood gas 是在石油大量使用前，由木材气化炉产生的一种合成气作为驱动汽车的燃料。在生产过程中，生物质或含碳物质在缺氧环境下燃烧生成以氢气和一氧化碳为主的合成气，然后在富氧的环境下燃烧产生二氧化碳、水和热量。

1901 年托马斯 · 休 · 帕克(Thomas Hugh Parker)首次将木煤气用于汽车。

木煤气气化炉 wood gas generator 是将木材或含碳物质转化为木煤气的气化装置。木煤气即合成气，由氮、一氧化碳、氢、少量甲烷和其他气体组成，随后经冷却过滤，作为内燃机动力燃料。

世界上第一个木材气化炉是在1839 年由德国化学家、波恩大学教授卡尔 · 古斯塔夫 · 毕索福(Karl Gustav Bischof，1792～1870 年)设计制造的。

组织机构

塞昆达煤制油厂 Secunda CTL 世界上最大的煤液化厂。它是由萨索尔公司(Sasol)在南非普马兰加省塞昆达镇(离约翰内斯堡 135km)建立的合成燃料工厂。采用煤间接液化从煤生产类似原油的合成石油。萨索尔公司采用的工艺基于费-托合成。塞昆达煤制油厂主要由两个生产装置组成。生产总能力为 21824t/d (160000bbl/d 或 25000 m^3/d)合成油。

热恩技术公司 Rentech, Inc. 1981 年成立的位于美国科罗拉多州丹佛的合成油技术开发公司。采用费歇尔-托普斯技术，从天然气、工业废气和含碳的固液体物质经由气化转化成价值高的燃料和化工品，包括清洁燃料的超低硫和超低芳烃燃料、石脑油和燃料电池的燃料。【http://www. rentechinc. com】

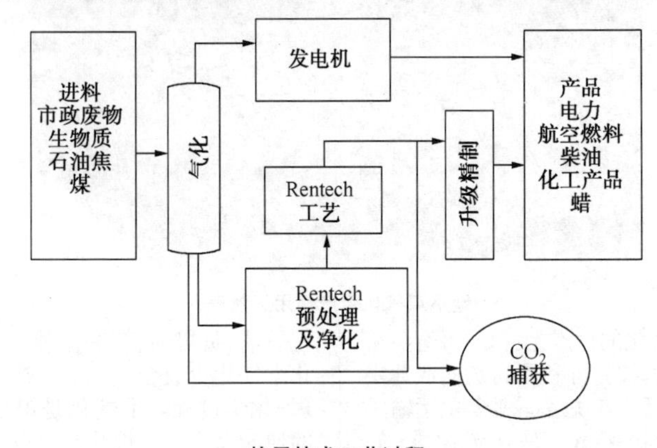

热恩技术工艺过程

美国达科他气化公司 Dakota Gasification Company 1984 年成立的位于美国北达科他州比乌拉的合成天然气生产公司。采用褐煤经由煤气化过程生产合成天然气,日处理 16000t 煤。煤氧化成煤气,然后一氧化碳、二氧化碳和氢在镍催化剂的存在下转化为甲烷。所制得的合成天然气含 95%的甲烷,热值为 36.32MJ/ m^3(975Btu/ft^3)。【http://www.dakotagas.com】

潞安集团 Lu'An Group 山西省五大煤炭生产企业集团之一。山西潞安煤及合成油有限责任公司属于该集团的下属单位,2006 年 7 月成立,位于山西省长治市屯留县余吾镇。采用间接煤液化法生产合成油,建设规模为 210kt/a 油当量。主要产品为柴油、石脑油、石蜡,并合理利用合成油装置富余氢气、排放的高纯度氮气和二氧化碳气,同期建设联产 180kt/a 合成氨、300kt/a 尿素装置。二氧化碳减排 270kt/a。【http://www.cnluan.com】

神华宁夏煤业集团有限责任公司 Shenhua Ningxia Coal Industry Group Co., Ltd 设在宁夏银川市。采用萨索尔(Sasol)煤间接液化技术,建立了 3Mt/a 的生产装置。【http://www.nxmy.com】

内蒙古伊泰煤制油有限责任公司 Inner Mongolia Yitai Cto Co., Ltd. 2006 年 3 月成立,设在内蒙古准格尔旗大路煤化工基地。一期工业化示范项目工程生产规模为 160kt/a。生产工艺主要有煤气化、合成气净化、费-托合成反应、油品加工等。项目主要产品有费-托合成柴油、石脑油、液体石蜡、液化气等产品。【http://www.yitaicto.com】

大唐能源化工有限责任公司 Datang Energy Chemical Company Limited 隶属于中国大唐集团公司。中国大唐集团是中国五大发电集团之一,是承担大唐国际能源化工产业前期、基建、生产、经营任务的法人实体。

大唐能源化工有限责任公司组建于 2008 年 12 月。主营业务范围包括煤制烯烃、煤制气等产品的生产与销售。业务领域涵盖能源化工、火电、水电、工程建设、营销等行业;兼营范围包括技术开发、技术转让、技术咨询、工程设计,化工及电力设备检修、安装、调试,货物进出口等业务。【http://www.dt-ec.com】

辽宁大唐国际阜新煤制天然气有限责任公司 Fuxing Coal to Gas Co., Ltd. 直属大唐能源化工有限责任公司。2011 年 7 月开始基建。项目装置总规模为 $40.0\times10^8 m^3/a$ 煤制气。采用英国戴维公司技术,即固定床加压气化技术、低温甲醇净化技术、甲烷化技术等成熟可靠的生产工艺。【http://www.dt-ec.com】

中国庆华集团 China Kingho Group 始建于 1998 年。该集团下设内蒙古庆华集团、青海庆华集团、宁夏庆华集团、新疆庆华能源集团。

伊犁庆华能源开发有限公司是新疆庆华能源集团下属全资子公司,2009 年 3 月建设,地址在伊宁县喀拉亚尕奇乡。采用丹麦托普索技术。建设项目包括:煤制气为 $55\times10^8 m^3/a$、煤焦油加氢项目 0.6Mt/a、合成氨项目、综合利用热电厂项目和粉煤灰制水泥项目 2Mt/a。整个煤制气项目建成投产后,需煤炭 21Mt/a。【http://www.chinakingho.com】

内蒙古汇能煤电集团有限公司 Inner Mongolia huineng group co., Ltd 成立于 2001 年。现已发展成为集煤炭、化工、金融、地产、水、电、路、运于一体的综合性股份制企业。设在鄂尔多斯东胜区。汇能集团将建成亿吨级的煤炭基地,$40\times10^8 m^3/a$ 煤制气、$10\times10^8 m^3/a$ 液化天然气、0.6Mt 氧化铝的大化工基地,电力总装机达 1410MW 的电力基地。【http://guhuineng.diyi.tv】

9.2 甲醇燃料

甲醇燃料是一种合成燃料,也是石油的重要替代燃料。如果由市政废物、废木材及秸秆来制取甲醇,那么这种甲醇制取的合成汽油属于可再生燃料,可以就地生产,供应安全,容易储存和运输,二氧化碳基本上是零排放。就目前而论,甲醇是生产合成汽油的前体,也是燃料电池供氢的原料,支撑着能源工业的清洁发展。甲醇在非常规石油中占有重要的地位。

甲醇经济是人类逐渐摆脱对日益减少的石油和天然气依赖的新途径,通过此途径,还可以减轻因为过量燃烧化石燃料所导致的全球变暖问题。

甲醇生产

甲醇 methanol　化学式 CH_3OH。甲醇是木材干馏的主要副产品,所以也称为"木醇"。甲醇是最简单的一元醇。无色易燃液体。燃烧时有蓝色火焰。甲醇毒性很强,对人体的神经系统和血液系统影响最大,其甲醇蒸气能损害人的呼吸道黏膜和视力。人误饮 5~10mL 甲醇就会严重中毒,造成双目失明,大量饮入会导致死亡。在有甲醇蒸气的现场短时间工作时,要配戴防毒面具。

世界甲醇生产中,可以用煤、生物质或天然气为原料。甲醇是优良的能源和车用燃料,它可直接用于发电站,或经 ZSM -5 分子筛的催化作用转化成汽油,或与汽油混合直接用作车用燃料,专为此而生产的甲醇,称为燃料甲醇。

甲醇生产途径 methanol production pathway　甲醇可以由煤、生物质和天然气来生产。大致可分为两类方法:

(1) 煤和生物质经气化,生成含氢和一氧化碳为主的合成气,然后净化,合成甲醇;

(2) 天然气经由甲烷蒸汽转化生成合成气,然后净化,合成甲醇。见图"合成气制取合成油过程"。

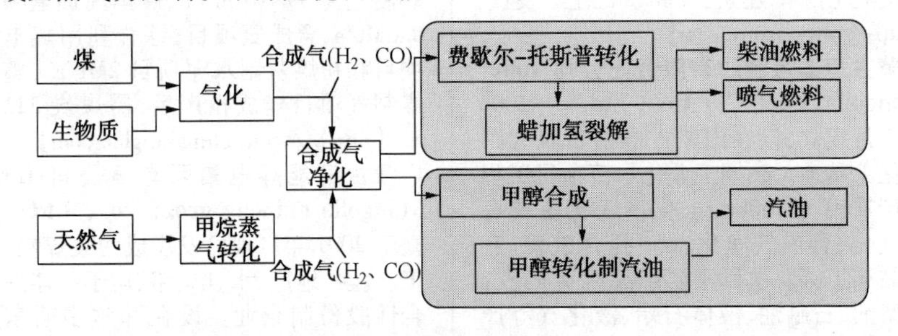

合成气制取合成油过程

合成气的应用很广泛,合成气可以:(1) 由合成气生成的甲醇,经脱水生成二甲醚;(2) 合成气生成的甲醇,经过美孚工艺过程即可生成汽油;(3) 生成的合成气经由费歇尔-托普斯工艺可生成柴油燃料和喷气燃料。

生物质气化合成甲醇系统 biomass gasification methanol synthesis (BGMS)

system 是将生物质转化为液体燃料，如甲醇或二甲醚(DME)的反应系统。

该系统可分为两大部分：

(1) 生物质热气化制取原料气，再经净化及调配氢比例等处理制成合成气；

(2) 合成气在一定压力和温度的条件下经由催化剂合成粗甲醇，粗甲醇经精馏后制得甲醇产品。

干生物质粉碎至 1mm，输送到常压气化炉。氧和水蒸气作为气化剂也输入气化炉。首先，部分生物质和氧燃烧，达到 800~1100℃，产生气化所需热量。其结果，剩余生物质和水蒸气气化，生成主要成分为氢和一氧化碳的气体。当这种合成气冷却时，气化产生的水蒸气经过热收回，这使得不必从外部获得热源。在除去灰分和剩余蒸汽后，气体净化，合成气加压至 3~8MPa 并经由铜-锌催化剂在温度 180~300℃ 的条件下合成甲醇。

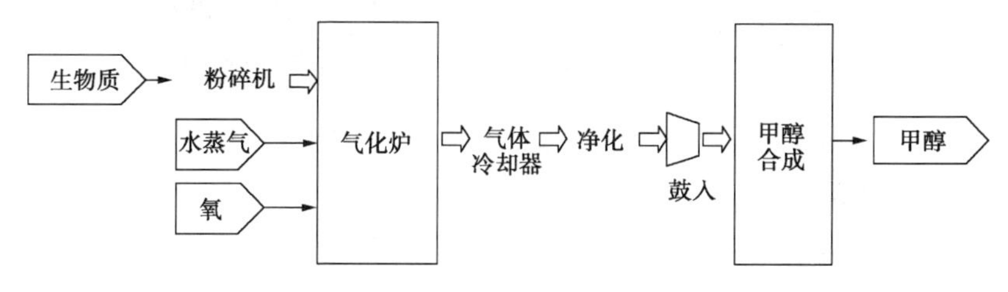

生物质气化合成甲醇系统流程

甲醇合成法 methanol synthesis method 即一氧化碳加氢合成甲醇的反应，该反应是一个可逆的放热反应。

$$CO+2H_2 \longrightarrow CH_3OH$$

工业上几乎全部采用一氧化碳加压催化加氢法生产甲醇。典型流程包括造气、合成气净化、甲醇合成和粗甲醇精馏等工序。

甲醇的平衡浓度随温度的上升和压力的下降而迅速降低。为了加速反应，必须采用催化剂，因此，合成甲醇的反应压力取决于催化剂的活性。锌-铬催化剂活性较差，需要较高的反应温度，必须采用高压。铜系催化剂活性较好、反应温度低，则所需压力也相应降低。因此，甲醇合成又分为：

(1) 高压法。使用氧化锌和氧化铬催化剂。反应温度 300~400℃，压力约为 30MPa。合成气加压后，与循环气混合进入合成塔底部，由热交换器加热到 330~340℃，然后沿着装有电加热器的中心管进入合成塔上部，再连续通过每层催化剂进行反应生成甲醇。反应热由送入塔内的冷循环气带走。高压法单程转化率为 12%~15%，能耗高，产品质量差，已不再发展此法。

(2) 低压法。20 世纪 70 年代以后，低压法(5~10MPa)是大规模甲醇工业化装置的发展主流。各种甲醇生产工艺大同小异，主要区别在于甲醇合成塔的设计、反应热的移走及回收利用方式的不同，此外采用的催化剂亦有差异。

液相甲醇合成工艺过程 liquid phase methanol(LPMeOH™) process 指由美国能源部化石能源局国家能源技术实验室开发的商业规模的液相甲醇合成工艺过程。该过程将合成气(由一氧化碳、氢和二氧化碳组成的混合物)在活性催化剂($Cu/Zn/Al_2O_3$)上反应生成甲醇。

绿色甲醇合成 green-methanol synthesis

绿色甲醇是指完全由可再生能源制得的甲醇。

绿色甲醇合成法与传统的甲醇合成法不同,氢可以通过电解水制取,而电解水的电能必须由可再生能源提供电力(风能、生物质能、太阳能等);二氧化碳可从工业废气中捕集到丰富量,并可防止排放到大气。

由下列合成反应制得甲醇:

$$CO_2 + 3H_2 \longrightarrow CH_3OH + H_2O$$

生产出来的甲醇可作为燃料电池供氢的原料,支撑着氢能时代,也可以生产烯烃、烷烃和许多化工品,这些均属于可再生产品。

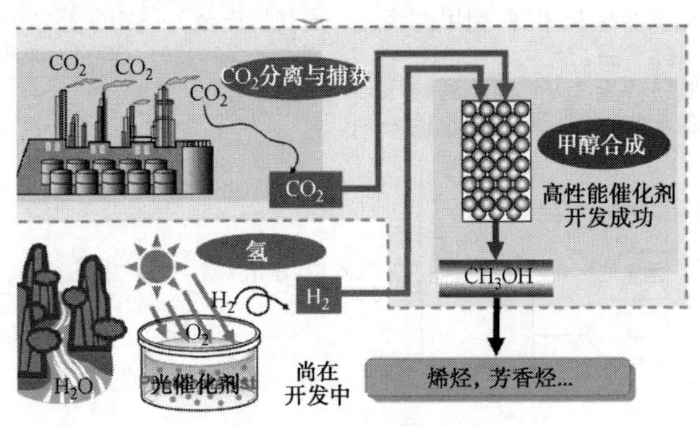

绿色甲醇的合成

燃料甲醇 methanol fuel　用天然气、煤或生物材料大规模、低成本生产的用作燃料的非化学纯甲醇。与化工用甲醇比较,在性质上没有多大差别。甲醇用作车用燃料时,与汽油掺合配成掺混型甲醇燃料或全部为燃料甲醇。用 M 加数字下角表示甲醇含量,如 M_{85} 表示 85%甲醇和 15%汽油的混合物,M_{100} 则表示全部用甲醇。

甲醇有良好的抗爆性能,马达法辛烷值为 92,研究法辛烷值为 106。但是掺混型甲醇燃料存在燃料分层问题,M_{100} 甲醇燃料存在发动机改装的问题。

甲醇汽车 methanol vehicle　指全部用甲醇或甲醇和汽油的混合物作发动机燃料的汽车。目前,世界甲醇产量约 80%是利用天然气生产的,使用甲醇汽油,除要求提高发动机的压缩比外,还应解决甲醇汽油对汽车零部件的腐蚀问题。未经过专门改造的汽车或发动机不宜使用甲醇汽油。尽管国内外已开发成功各种腐蚀抑制剂,但这类技术还不能完全解决甲醇汽油的腐蚀问题,只能部分抑制或减缓腐蚀的发生。

世界上运行的采用汽油直接掺烧甲醇的汽车很少,但是甲醇作为直接燃料电池的燃料,被认为是燃料电池汽车的主要燃料之一。

此外,在用甲醇作汽车燃料时,因甲醇为神经毒物,须小心使用。

掺混燃料汽车 Flex-Fuel Vehicles　汽车只有一套燃料供给系统。可以使用普通汽油,也可以使用汽油与醇类(乙醇或甲醇)的混合燃料,如 E_{85}(85%乙醇,15% 汽油)或 M_{85}(85%甲醇,15%汽油)或这些燃料的其他比例。

登录 http://en. wikipedia. org,在搜索框内输入“List of flexible-fuel vehicles by car manufacturer”,可查阅生产商

名录。

甲醇转化器 methanol reformer 是一种车载燃料电池使用的设备，用于甲醇与水（蒸汽）反应生成氢和二氧化碳。其反应式如下：

$$CH_3OH(气态)+H_2O(气态)\longrightarrow CO_2+3H_2$$
$$\Delta H^0_{R298}=49.2kJ/mol$$

甲醇在催化剂的存在下加压加热，生成氢和二氧化碳，所生成的氢为燃料电池的进料。

直接甲醇燃料电池 direct-methanol fuel cells（DMFCs） 是以甲醇直接入池，不设置甲醇制氢的重整器，以空气中的氧作为氧化剂，通过电催化剂的催化作用，将化学能转变为电能的装置。

直接甲醇燃料电池是质子交换膜燃料电池的一种，使用甲醇作为发电的燃料。主要优点是甲醇便于携带、能源密度高、在各种环境下都保持液态，并且不需要复杂的气化产生氢气的过程。

甲醇经济

甲醇经济 methanol economy 是一种现在提议的未来的经济模式。用甲醇制取合成烃类及其产品，作为能源储存、燃料和原材料以替代化石燃料并取代氢经济或乙醇经济。即无须预先制备合成气，利用对工业废气二氧化碳进行氢化来生产甲醇，但最终是以空气中的二氧化碳为碳源来生产甲醇。“甲醇经济”是用一种简单易处理的液态甲醇形式，实现能量储存和运送的安全性、方便性和可逆性的能源经济形式。同时，“甲醇经济”通过再循环大气中过多的二氧化碳将减轻人类给地球气候所造成的不利影响。

“甲醇经济”是人类逐渐摆脱对日益减少的石油和天然气（甚至煤炭）依赖的新途径，通过此途径，还可以减轻因为过量燃烧矿物燃料所导致的全球变暖问题。

甲醇制氢 methanol-to-hydrogen 由于 $1m^3$ 甲醇在常温和常压下含有 $1660Nm^3$ 氢，而 $1m^3$ 液态氢在 −253℃ 只含有 $788Nm^3$ 氢。因此，甲醇在燃料电池供给氢原料方面起着重要的作用。

从甲醇和水反应释放出的氢，供给车载燃料电池使用。甲醇蒸气转化制氢的反应式如下：

$$CH_3OH + H_2O \longrightarrow 3H_2 + CO_2$$

但因一氧化碳会使燃料电池催化剂中毒，所以对甲醇蒸气转化制氢技术的研究，聚焦在抑制一氧化碳的生成。

在欧洲，通过欧洲科学基金会的资助，支持欧洲学术界和工业界对此进行研究，促使甲醇蒸气转化制氢进入市场。【http://www.methanol-to-hydrogen.eu/】

甲醇价格 methanol price 生产甲醇的主要原料是天然气，而天然气价格又是随着石油价格而波动的，因此世界甲醇价格也是随着石油价格的涨跌而波动。

登录 http://www.methanex.com，依次点击“Products & Services”、“Marketing”、“Methanol Price”，即可查阅欧洲、北美洲和太平洋地区的甲醇价格。

乔治·安德鲁·欧拉 George Andrew Olah 美籍匈牙利化学家（1927 年生）。他在超强酸稳定碳正离子的研究中有杰出贡献。他曾获得 1994 年诺贝尔化学奖，并在不久后获得普利斯特理奖章—美国化学会所颁发的最高荣誉。

20 世纪 90 年代，他致力于研究和推广应用甲醇经济新概念，即将二氧化碳变成甲醇，再用甲醇转换成新能源，这是解决目前温室效应越来越严重的有效途径之一。著有《跨越油气时代：甲醇经济》等著作。总结了化石燃料和可替代能源的状态,即可用性和局限性,然后提出了新的解决方法,这就是所谓的“甲醇经济”。

组织机构

甲醇学会 methanol Institute (MI) 1989年建立的全球性甲醇工业的学会组织,设在美国弗吉尼亚州阿林顿。其任务是发展甲醇应用市场,开拓甲醇衍生的化学品,促进燃料电池的使用。【http://www.methanol.org】

国际甲醇生产者和消费者协会 International Methanol Producers and Consumers Association (IMPCA) 是活跃在全球甲醇市场的公司的组织,设在比利时布鲁塞尔。会员包括全球甲醇的生产、销售和消费的公司会员。协会关注甲醇工业的技术和进展以及市场发展。【http://www.impca.eu/en】

Methanex 公司 Methanex Corporation 是全球甲醇生产和销售的主导公司,也是世界上甲醇最大的供应商。该公司位于加拿大温哥华。【http://www.methanex.com】

亚洲甲醇市场服务公司 Methanol Market Services Asia (MMSA) 是一个甲醇咨询的私营公司。设在新加坡。该公司根据多年经验,专营亚洲市场甲醇事务。【http://www.methanolmsa.com】

BioMCN 是世界上最大的第二代生物燃料生产商,年生产能力为 2.5×10^8 L。BioMCN 创新的专利技术将动物脂肪和植物油脂获取的粗甘油转化为生物甲醇。生物甲醇普遍适用,已经作为 bio-MTBE(生物甲基叔丁基醚)、生物柴油和生物氢以及甲醇运输燃料的生产原料。生物甲醇可使二氧化碳减排78%。【http://www.biomcn.eu/】

燃料电池 2000 Fuel Cells 2000 是非营利性教育组织突破技术学会(BTI)的一项活动,设在美国华盛顿。旨在促进燃料电池早日商业化,其网络提供大量情报资料。【http://www.fuelcells.org】

燃料电池开发情报中心 Fuel Cell Development Information Center (FCDIC) 是开发燃料电池的情报交流中心,1986年7月成立,该中心设在日本东京。有194个集体成员,包括日本的主要公司和组织,其中有47个院校和35个外国集体成员。该中心的宗旨是从事燃料电池的情报交流,致力于燃料电池尽快地投入市场。该中心的网络提供大量的情报资料。【http://www.fcdic.com/eng】

9.3 二 甲 醚

二甲醚可以用煤和天然气为原料生产,也可以用生物质为原料生产生物二甲醚。

生物二甲醚是减少对石油和天然气依赖的新途径,通过以生物质为原料生产二甲醚,还可以减轻因为过量燃烧矿物燃料所导致的全球变暖问题。

通过再生能源发电,电解水生成氢,与排放的二氧化碳反应合成甲醇,然后甲醇脱水生成二甲醚,即被称为绿色二甲醚,成为人类最终解决燃料的途径。

二甲醚生产

二甲醚 dimethyl ether (DME) 化学式 CH_3OCH_3。在常温常压下呈气态,通常在中压(1.5~3MPa)下以液态储存。有令人愉快的气味,燃烧时的火焰略带光亮,无毒。具有优良的混溶性,能够同多数极性和非极性的有机溶剂混溶;与水能部分混溶,加入少量助剂后就可与水以任意比例互溶。

二甲醚可有多种来源,包括可再生物质(生物质、农业产品和家畜粪尿、下水污泥等发酵生成甲烷),也可以从化石燃料(天然气和煤)制取。

与采用天然气生产二甲醚相比较,采用再生物质生产的二甲醚,无论在所需的能源效率,或温室气体排放都少得多。

燃烧二甲醚时,不排放硫氧化物、氮氧化物、二氧化碳和颗粒。二甲醚能实现高效清洁燃烧,是一种纯净的富含氢的新型的二次能源。可广泛用于汽车、燃气轮机、锅炉、热电冷联供、发动机热泵、燃料电池及家庭灶具、热水器等。

二甲醚间接合成法 lndirect dimethyl ether synthesis 即两步法。其过程是先将生产二甲醚的原料转化成合成气,然后合成甲醇,再经甲醇脱水生成二甲醚。

按生成二甲醚的原料,两步法又可分为两种方法:

(1) 天然气经蒸气转化生成合成气,然后合成甲醇,再经甲醇脱水生成二甲醚;

(2) 由煤、生物质、市政废物等原料经由气化生成合成气,然后合成甲醇,再经甲醇脱水生成二甲醚。

两步法副产品少,二甲醚纯度达99.9%,工艺成熟,装置适应性强,后处理简单,可直接建造在甲醇生产厂,也可建在其他公用设施良好的非甲醇生产厂。但该法要经过甲醇合成、甲醇精馏、甲醇脱水和二甲醚精馏等工序,流程较长,因而设备投资较大,产品成本较高。

由生物质生产的二甲醚,称为生物二甲醚,属于第二代生物燃料。

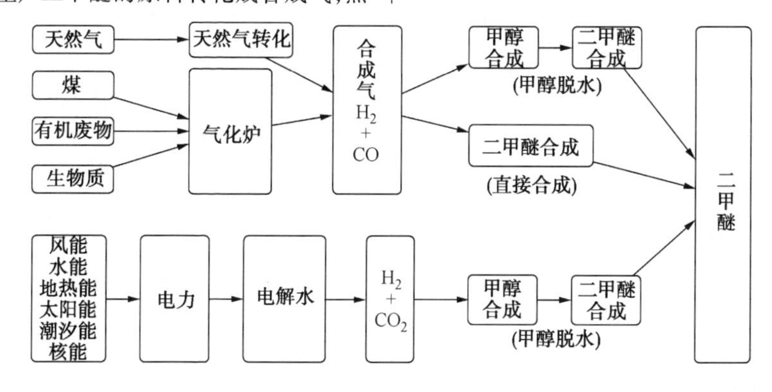

两步法合成二甲醚与绿色二甲醚合成

二甲醚直接合成法 direct dimethylether synthesis 是由日本 JFE 钢铁公司(JFE Steel Corporation)开发的天然气直接合成二甲醚的工艺。该过程主要由三部分构成:合成气制备(自热式转化器)、二甲醚合成(浆态反应器)和分离/净化塔(二氧化碳、二甲醚和甲醇蒸馏塔)。

天然气和氧(蒸气)及副产品二氧化碳在自热反应器中转化为合成气,然后合成气压缩进料到 DME 浆态反应器,反应器的馏出物经由分离净化,生成二甲醚和水,甲醇返回到二甲醚合成器,排出的二氧化碳返回到自热反应器。

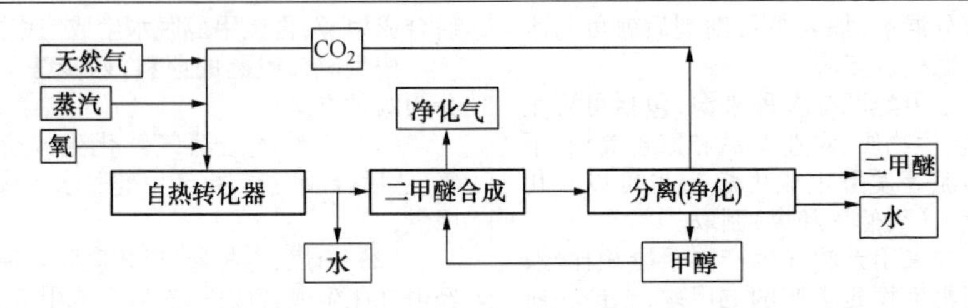

JFE 二甲醚直接合成工艺

液相二甲醚工艺过程 liquid phase dimethyl ether(LPDME) process 是由美国空气产品和化学品公司(Air Products & Chemicals, Inc.)1997 年开发的生产二甲醚的工艺流程。指合成气在单段液相中在 250 ℃ 和 1000 psi(1psi = 6.8948×10^3Pa)的条件下进行二甲醚合成。其反应式如下：

$$CO_2+3H_2 = CH_3OH+H_2O$$

$$CO+H_2O = CO_2+H_2$$

$$2CH_3OH = CH_3OCH_3+H_2O$$

生物二甲醚 synthetic second generation biofuel (BioDME) 是生物质经由气化生成合成气,合成气在催化剂上生成甲醇,然后甲醇脱水生成二甲醚。生物二甲醚的生产与环境友好,属于合成燃料,也可称为合成的第二代生物燃料。

绿色二甲醚 green-dimethyl ether 完全由可再生能源制得的二甲醚。即完全由可再生能源制得的绿色甲醇,然后再经由绿色甲醇脱水制取的二甲醚。绿色二甲醚生产尚未工业化。

造纸黑液 black liquor 指从植物体内能够用来造纸的纤维素提取分离后,剩下的碱性黑色液体。造纸黑液中的木质素和半纤维素不如纤维素细胞那样长而具有韧性,因而长期以来被认为是造纸废料。造纸黑液中经过提纯的木质素和半纤维素可以作为良好的化工原料。如把造纸黑液投放到燃烧炉中,利用黑液焚烧释放的热能,因此,造纸黑液可作为化石燃料的替代能源,也是生产二甲醚的原料。

二甲醚应用

二甲醚燃料 dimethyl ether fuel 指用二甲醚替代液化石油气(LPG)中的丙烷作为家庭和工业的燃料。在燃烧二甲醚时,不排放硫氧化物、氮氧化物、二氧化碳和颗粒。二甲醚能实现高效清洁燃烧,是一种纯净的富含氢的新型的二次能源。可广泛用于汽车、燃气轮机、锅炉、热电冷联供、发动机热泵、燃料电池及家庭灶具、热水器等。

二甲醚燃料电池 dimethyl-ether fuel cell 二甲醚燃料电池有三种类型:(1)用质子交换膜燃料电池,二甲醚重整制氢,替代甲醇或汽油;(2)二甲醚固体氧化物燃料电池(SOFC);(3)直接二甲醚燃料电池(DDFC)。

二甲醚燃料汽车 DME vehicle 指用二甲醚作车用燃料的汽车。由于二甲醚十六烷值大于 55,并具有优良的压缩性,其非常适合压燃式发动机,因此可用作柴油机洁净代用燃料。燃用二甲醚燃料的发动机,只需对原柴油机的燃油系统进行一些改造,喷射压力降低到 20~30MPa。在保持原柴油机高热效率和同样的输出功率、扭矩及燃油经济性的前提下,不用任何废气再循环系统和废气处理装置,并且氮氧化物能大幅降低,同时,碳烟排放为零。

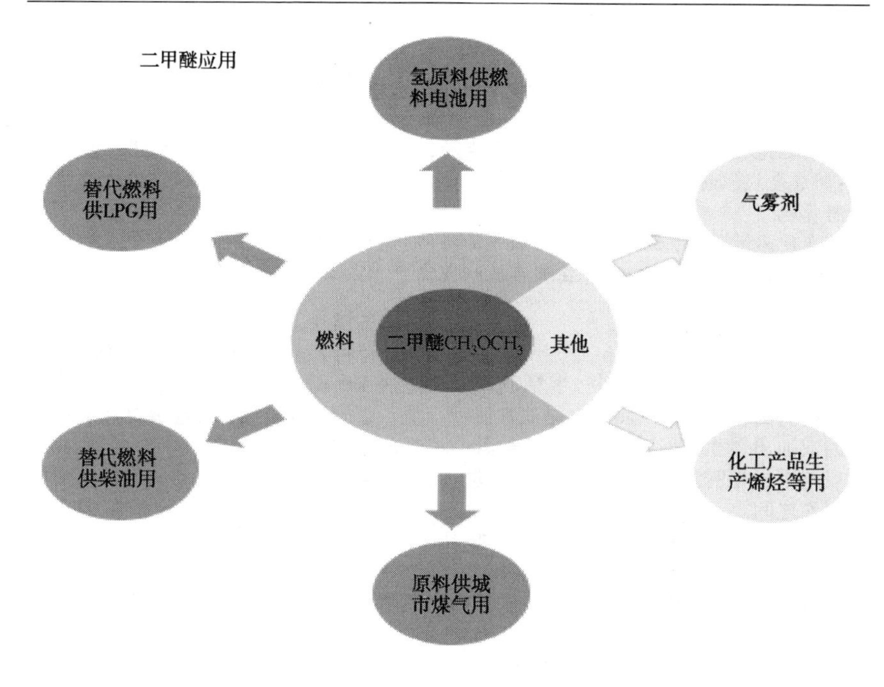

二甲醚的应用

组织机构

国际二甲醚协会 International DME Association (IDA) 是非营利性组织,2001年成立,设在美国华盛顿特区。其会员来自大学和单位及矿物油生产商、发电、发动机工业商等。专注于发展二甲醚生产和应用。【http://www.aboutdme.org】

日本二甲醚论坛 Japan DME forum 是国际二甲醚协会的会员,2000年9月成立,设在日本东京。主要进行二甲醚开发中的协调和交流,发展日本二甲醚的生产和利用。【http://www.dmeforum.jp/】

韩国二甲醚论坛 Korea DME forum 是国际二甲醚协会的会员,设在韩国仁川市。专注于发展韩国二甲醚的生产和利用。【http://www.koreadme.org/】

二甲醚普及促进会 DME Promotion Center (DPC) 设在日本东京。积极推广二甲醚技术的应用,为改善全球环境做出努力。包括二甲醚利用技术开发、调查研究、普及启发、情报收集和提供。【http://www.dmepc.jp】

荷兰阿克苏诺贝尔基础化学品有限公司 Akzo Nobel Base Chemicals BV 1964年建立,设在荷兰阿默斯福特。1990年开始生产二甲醚,现在年产二甲醚2mt。二甲醚生产工艺为间接合成法。【http://www.demeon.com】

山东久泰化工科技股份有限公司 Shandong Jiutai Chemical Industry Technology Co., Ltd 该公司成立于2002年,设在山东临沂高新技术产业开发区罗庄工业园区。其主导产品为二甲醚、甲醇。具有年产150kt二甲醚、250kt甲醇的生产能力。【http://www.chinajiutai.com】

9.4 天然气制取液态燃料

偏远地区的天然气难以进入能源市场,所以没有商业价值,它的利用有两条出路:制成合成燃料(如合成的石脑油、煤油和汽油等)或生产液化天然气,以方便运输到消费地。

在化石燃料中,石油比煤和天然气的经济价值高,因此,天然气制成合成燃料是一条具有商业价值的出路,并在非常规油气生产中占有重要的位置。

液态燃料

石脑油 naphtha 泛指精制、半精制或未经精制的轻质石油产品。由原油常压蒸馏或油田伴生气经冷凝液化而得,其沸点范围根据需要而定,一般介于汽油和煤油之间。

石脑油主要用作石油化工原料,如经过裂解可生产乙烯、丙烯和部分芳烃;60~165℃馏程的馏分经催化重整生产苯、甲苯、二甲苯等轻质芳烃。炼油工业采用宽馏分石脑油(80~180℃馏程)经催化重整生产高辛烷值汽油组分,未经转化的石脑油亦可直接用作车用汽油调和组分或化工溶剂油。

此外,石脑油也可以从非常规石油如焦油砂,页岩油矿床中提炼出来;还可以从煤气化或生物质气化产生合成气,然后经由费-托过程将合成气转化为液体的石脑油产品。

汽油 gasoline(美);petrol(英) 是从原油分馏或裂化、裂解出来的具有挥发性、可燃性的烃类混合物液体,可用作燃料。

汽油为无色液体(为方便辨识不同辛烷值的汽油,有时会加入不同颜色),具特殊臭味。易挥发,易燃。主要成分为 C_4~C_{12} 的脂肪烃和环烃类,并含有少量的芳香烃和硫化物。

稳定汽油 stabilized gasoline 通过稳定塔脱除碳三(C_3)、碳四(C_4)及部分碳五(C_5)的馏分,使蒸气压符合规格标准的汽油。有利于减少储存和输送中的损失。

煤油 kerosene 是轻质石油产品的一类。由原油或合成石油经分馏或裂化而得的烃类混合物液体。

煤油是馏程在180~310℃之间的馏分油,它在250℃温度下的体积馏出量至少为65%。

与汽油比较,煤油比较黏稠,也比较不易燃。其闪点在55~100℃之间。煤油的挥发性介于汽油和柴油之间的精炼石油馏分。煤油蒸气比空气重得多,与空气混合可能形成爆炸气。

根据用途,煤油可分为喷气燃料、动力煤油、照明煤油等。一般单称“煤油”,是指照明煤油。

天然气制汽油

天然气制取合成油 natural gas to liquid 以天然气为原料转化成合成气,然后以合成气制取合成油。

主要有3种方法:

(1) 甲醇制汽油过程(MTG);

(2) 天然气制取液态烃(GTL);

(3) 合成气制汽油工艺 (STG+)。

天然气制取合成油仍处于商业可行性的边缘。天然气制取合成燃料是否可行的关键取决于天然气价格、投资费用、运行成本,其次是产品溢价、税收优惠、航运费用、原油价格和环境保护费用。

对于管道输送缺乏经济效益的天然气储量,天然气制取合成油是可以代替管道输送和生产液化天然气的一种重要开发方式。

甲醇制汽油过程 methanol to gasoline process(MTG) 是天然气转化为合成气,随后将合成气在沸石催化剂上转化为烷烃的工艺过程。早在20世纪70年代由美孚公司(Mobil)开发。

美孚工艺过程(Mobil process)是将天然气转化成合成气,不经过费-托合成,由合成气制取甲醇,然后甲醇在沸石催化剂上制取合成汽油。

由天然气(甲烷)经过三个反应步骤制得甲醇:

(1)蒸汽转化:

$$CH_4+H_2O \longrightarrow CO + 3H_2$$

$$\Delta rH=+206\ kJ/mol$$

(2)水煤气变换反应:

$$CO+H_2O \longrightarrow CO_2+H_2$$

$$\Delta rH=-\ 41\ kJ/mol$$

(3)合成反应:

$$2H_2+CO \longrightarrow CH_3OH$$

$$\Delta rH=-92\ kJ/mol$$

采用美孚工艺,将甲醇转化为汽油。首先,甲醇脱水得到二甲醚:

$$2CH_3OH \longrightarrow CH_3OCH_3+ H_2O$$

然后,进一步在分子筛催化剂ZSM-5上脱水,获得80% C_{5+}烃类产品的汽油(按产品流中的有机物的重量计)。随着时间的推移,在甲醇转化为汽油的过程中,因ZSM -5催化剂结炭而失活。催化剂采用500 ℃热气流烧炭再活化,这样催化剂可继续使用。

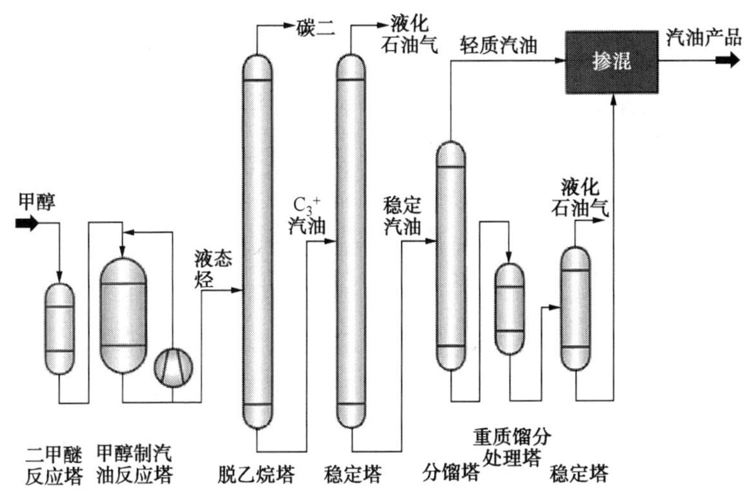

甲醇制汽油的工艺过程

天然气制取液态烃 gas to liquids(GTL) 以天然气制成合成气(一氧化碳和氢的混合气体)再制取液态烃的工艺过程。

天然气制取液态燃料可分为三个步骤:合成气生产、费-托合成和产品升级。

此法首先将甲烷(天然气)部分氧化生成二氧化碳、一氧化碳、氢和水,然后采用水煤气变换反应调节CO/H_2的比例,再用烷醇胺(或物理溶剂)水溶液脱除过量的二氧化碳,产生合成气并除去水，在铁或钴催化剂上进行化学反应，生成液态烃和其他副产品。产品有石脑油、煤油、柴油、溶剂、蜡和特殊产品。

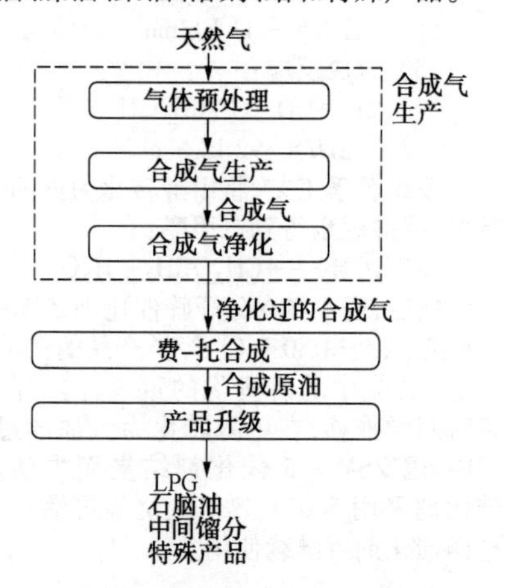

天然气制取液态烃的工艺过程

合成气制汽油工艺 syngas to gasoline plus process (STG+)　是将天然气制取的合成气，经由热化学单回路过程直接转化为合格的汽油和喷气燃料。合成气制汽油的工艺(STG+)是在一个单回路连续过程中进行4个基本步骤。这个过程由4个固定反应器串联组成，将合成气转化成合成燃料。

生产高辛烷值合成汽油的步骤如下：

(1) 甲醇合成。合成气进入反应器1，将许多合成气(CO 和 H_2)通过催化剂床层转化成甲醇(CH_3OH)。

$$CO+2H_2 \longrightarrow CH_3OH$$

(2) 二甲醚(DME)合成。来自反应器1的富含甲醇的气体然后进入反应器2。甲醇暴露于催化剂，脱水，并转化为二甲醚。

$$2CH_3OH \longrightarrow CH_3OCH_3+H_2O$$

(3) 汽油合成。然后反应器2的产品气进入反应器3，即产品气经由装有催化剂的反应器3将二甲醚转化为烃类，包括烷烃、芳烃、环烷烃和少量烯烃，主要是 $C_6 \sim C_{10}$ 的烃类。

(4) 汽油处理。反应器4提供来自反应器3产品的烷基转移和加氢处理。这种处理降低了具有高凝固点的杜烯(均四甲苯)/异杜烯及三甲苯成分。其结果，合成汽油产品具有高辛烷值和合格的黏度特性。

(5) 分离塔。最后，来自反应器4的混合物冷凝获得汽油。非冷凝气和汽油在常规冷凝分离器重分离。来自产品分离器的多数非冷凝气变成循环气，并返回到反应器1作为进料气。

Rentech 工艺 Rentech process　费-托合成工艺的一种。由热恩技术公司开发的工艺是采用悬浮态反应器和铁催化剂将天然气转化为液体烃。【http://www.rentechinc.com】

AGC-21 工艺 AGC-21 process　即 AGC-21Gas-to-Liquids Technology 的简称。属于费-托合成工艺的一种。其工艺过程是天然气、氧气和水蒸气在一个新型的催化部分氧化反应器中反应，生成 H_2/CO 接近2/1的合成气，然后在装有钴基催化剂的浆态反应器内，经费-托反应，生成以蜡为主的烃类产物，经固定床加氢异构改质为液态烃产品出售。

组织机构

珀尔天然气制合成油厂 Pearl GTL　建在卡塔尔拉斯拉凡港的天然气制合成油的工厂，也是世界上最大的天然气制合成油的工厂。由卡塔尔石油和壳牌公司出资兴建。

首次从珀尔天然气制合成油工厂商业船运合成油是在2011年6月13日。2012年生产能力达到满负荷，将 $45\times10^6 m^3/d$ 天然气转化为 $22\times10^3 m^3/d$ 液态石油和120000 boe(桶油当量，或730TJ)转化为天然气凝液和乙烷。

奥里克斯天然气制合成油厂 Oryx GTL

由卡塔尔石油(Qatar Petroleum,有51%股份)和萨索尔公司(Sasol,有49%股份)合伙的公司,设在拉斯拉凡工业城。该公司将天然气转化为液态石油产品,合成油生产能力为$5.4\times10^3\ m^3/d$(34000bbl/d)。【http://www.oryxgtl.com.qa】

艾斯卡佛斯天然气制合成油厂 Escravos GTL 是尼日利亚艾斯卡佛斯地区的天然气制合成油生产厂,位于尼日利亚首都拉各斯东南100km的尼日尔三角洲。该工厂是将天然气转化为合成油,采用萨索尔公司的费-托技术和雪佛龙公司的ISOCRACKING技术,投资84亿美元,2013年投产。初期生产能力为5400 m^3/d合成燃料,10年后将达到19000 m^3/d。

萨索尔公司 Sasol 是南非的全球著名的从事化工品和燃料技术研究的公司。对天然气制取合成油工作尤为突出。萨索尔公司先进的稀浆相蒸馏工艺是世界首创。

该工艺把天然气转化为优质的不含硫化物的柴油,因而有利于环境保护,引起了世界各大石油公司的重视。该项技术目前已与雪佛隆公司合资,并在尼日尔、卡塔尔和挪威也得到应用。

萨索尔公司目前供应南非燃油的40%左右。萨索尔公司在1996年在世界上首先推出无铅汽油。【http://www.sasol.com】

美国合成油公司 Syntroleum corporation 是美国一家天然气制取合成油的公司,成立于1984年,设在俄克拉荷马州塔尔萨。该公司利用偏远或闲置的天然气,采用Syntroleum工艺技术,生产具有商业价值的合成油。【http://www.syntroleum.com】

阿拉斯加合成油公司 AnGTL Company (AnGTL) 是美国的一个合成油生产公司,位于阿拉斯加安克雷奇。从事由天然气制合成油和由煤制合成油的工艺生产。2006年开工,日产50000 bbl油。【http://www.angtl.com】

乌兹别克斯坦天然气合成油厂 Uzbekistan GTL 乌兹别克斯坦在乌卡什卡达里亚州建设合成油生产(GTL)项目,合同金额23.3亿美元,将于2017年8月前建成,韩国现代工程公司也将参与建设。新建工厂每年可加工天然气$35\times10^8m^3$,生产柴油86.3×10^4t,航空燃油30.4×10^4t,挥发油39.6×10^4t,液化天然气1.1×10^4t。【http://oltinyolgtl.com】

9.5 热　解　聚

热解聚是指无氧气存在下含碳有机物质的高温分解反应。从广义来说,油砂和油页岩提取石油、煤液化制油、生物质制油都属于热解聚范围,但在此仅限于废物制取油。换句话说,人类的有机废弃物如生活垃圾、废轮胎、塑料废品,甚至粪便等,都是非常规石油的生产原料。

废物制能源 waste-to-energy (WtE); energy-from-waste (EfW) 是由废物焚烧生产电力或/和热力的回收能源的过程。许多过程是通过焚烧直接产生电力或/和热力,或者生产商业燃料,如甲烷、甲醇、乙醇或合成燃料。

废物转化为能源的有效方法可分为两大类:热解技术和非热解技术。

热解技术:

(1) 气化技术。生产供燃烧的可燃气体、氢、合成燃料;

(2) 可控热解聚。生产合成原油,它可进一步提炼;

(3) 高温分解。生产可燃焦、生物

油和炭;

(4) 等离子气化。生产富含合成气,可用于燃料电池或生产电力。

非热解技术:

(1) 厌氧消化。生产富含甲烷的沼气;

(2) 发酵。生产醇类、乳酸、氢;

(3) 机械生物处理(MBT):

① 机械生物处理+厌氧消化;

② 机械生物处理生产衍生燃料。

降　解

聚合 polymerization　是将一种或几种具有简单小分子的物质,合并成具有大相对分子质量的物质。如果聚合是由同一种单体进行的,称为“均聚”;如果由几种不同的单体形成高聚物,称为“共聚”。

聚合物降解 polymer degradation　是在聚合物加工过程中,在高温和应力作用下或在聚合物中的微量水分、酸、碱等杂质以及空气中氧的作用,而导致分子链分裂成较小部分,使大分子结构改变,相对分子质量降低等化学变化的过程。

生物降解 biodegradation　是由微生物把某些物质在一定的时间内进行化学分解。该术语通常关系到生态环境、废物管理、生物医药、自然环境(生物修复)。生物降解一词也常用于环保产品,表示该产品能够被微生物分解回归自然。

可以生物降解的物质,一般是有机物质,如植物和动物,或相似的人工物质。有些微生物具有一种自然的微生物代谢能力,能降解和改造巨大的化合物。

解聚作用 depolymerization　是聚合物转化为单体或单体混合物的过程。

裂　解

裂解 pyrolysis　指无氧气存在下,有机物质的高温分解反应。可用于将生物质或废料转化为低害或可以利用的物质,如用此法来制取合成气。

裂解与干馏及烷烃的裂化反应有相似之处,同属于热分解反应。如果裂解的温度再升高,则会发生碳化反应,所有的反应物都会转变为碳。

裂解又可分为:

(1) 无水裂解。在古代时无水裂解用于将木材转化为木炭,现在可用该法从生物质能或塑料制取液体燃料。

(2) 含水热解。如油的蒸汽裂化及由有机废料的热解聚制取轻质原油。

(3) 真空裂解。是将有机物在真空中加热,以降低沸点并消除不良反应。

由于着火时氧气供应通常较少,因而火灾时发生的反应与裂解反应类似。

含水热解 hydrous pyrolysis　指在有水存在的条件下,有机化合物加热至高温,导致热分解发生。蒸汽裂解在石油工业中生产轻质烯烃。在气相中,蒸汽裂解应用水,而在液相中,含水热解过程应用过热水。

含水热解在生成化石燃料时显得很重要。若无水单纯加热,无水热解自然不再发生干酪根转化为化石燃料。近十年来,已经发现,加压水在低温时断裂干酪根很有效。

热解聚 thermal depolymerization(TDP)　指无氧气存在下,含碳有机物质的可控高温分解反应。

在工业上,可用于将生物质或废料转化为合成油。热解聚技术模仿地球史将有机物转变成石油的过程。

在加压加热的过程中,长链聚合物中的氢、氧、碳分解成短链烷烃,其最大长度约 18 碳(C_{18})。

热裂解原料及能源生产 %

废　　料	油品	燃气	含碳渣	水蒸气
塑料瓶	70	16	6	8
医疗废物	65	10	5	20
废轮胎	44	10	42	4
动物内脏	39	6	5	50
油污和污泥	26	9	8	57
纸(纤维素)	8	48	24	20

含碳原料在热解聚反应器中加热加压,在除去杂质后骤冷分离出轻质油。可处理的范围从废旧汽车轮胎到动物粪便,从废纸到医疗垃圾。这种工厂可以推广到全世界,因为无论在哪里,它的原料都十分充足。

查阅热解技术可登录 http://en.wikipedia.org,在搜索框内输入"Category:Pyrolysis"即可。

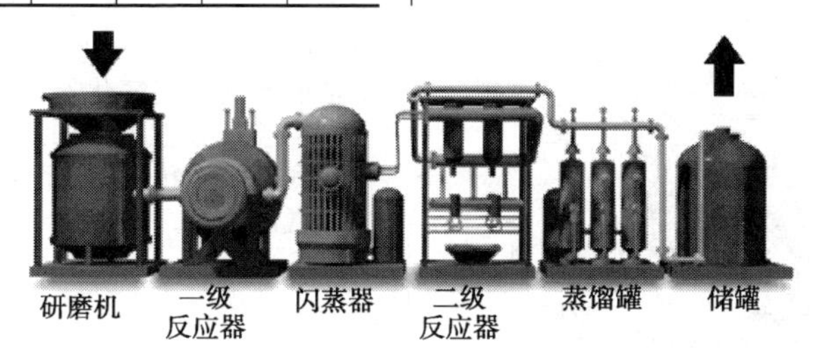

热解聚过程

上限温度 ceiling temperature 指聚合物转化其单体趋势的测量点。当聚合物在此上限温度时,聚合物的聚合与解聚的速率呈平衡状态。上限温度越高在商业上越有价值。

共烧 cofiring 两种不同的燃料在同一时间共同燃烧。其优点是在伴随另一种燃料燃烧时,可更价廉或更环保。

机械生物处理系统 mechanical biological treatment (MBT) system 是一种垃圾处理设施,它把分拣厂与在有氧或缺氧的状态下的生物处理相结合。该处理系统能处理城市固体垃圾,它能够回收混合垃圾中的可生物降解部分。

根据流程,可提取可用的副产品,如沼气及混合肥料等。沼气可以用来发电和发热,而混合肥料则能改良土壤。

生物质热解

生物质热解 biomass pyrolysis 指生物质在缺氧的条件下,通过热化学反应将生物质分解为可燃气、生物油、焦炭的热化学转化方法。

生物质热解可以分为两种类型:慢速热解和快速热解。

(1) 慢速热解。又称干馏工艺,又可以分为炭化和常规热解;

① 炭化。是将木材放在窑内,在隔绝空气的情况下加热,可以获得30%~35%的木炭产量;

② 常规热解。是将生物质原料放在常规的热解装置中,在低于600℃的中等温度及中等反应速率(0.1~1℃/s)条件下,经过几个小时的热解,得到占原料质量20%~25%的木炭及10%~20%的生物油。

(2) 快速热解。在快速热解中,当反应完成时间很短(<0.5s)时,又称为闪速热解。快速热解是将磨细的生物质原料放在快速热解装置中,严格控制加热速率(约为10~200℃/s)和反应温度(控制在500℃左右),生物质原料在缺氧的情况下,被快速加热到较高的温度,

从而引发裂解反应,产生了小分子气体和可凝性挥发分以及少量焦炭产物。可凝性挥发分被快速冷却成可流动的液体,成为生物油或焦油,其比例一般可达原料质量的 40%~60%。

与慢速热解相比,快速热解的传热反应过程发生在极短的时间内,强烈的热效应直接产生热解产物,再迅速淬冷,通常在 0.5s 内急冷至 350℃以下,最大限度地增加了液态产物(生物油)。

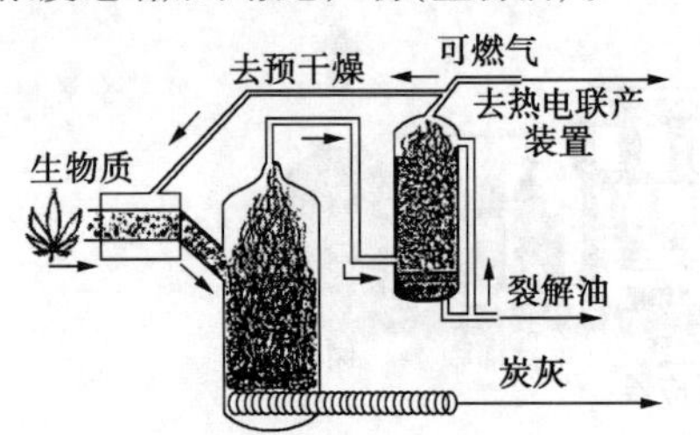

生物质热裂解反应过程

生物质两段气化过程 two-stage gasification process of biomass　是将生物质或有机废料转化成含甲烷、一氧化碳和氢的可燃性气体的过程。生物质单级转化在生产时粉尘大并且焦炭产率高,其结果限制了应用,因此采取多级转化。在两段转化后,产品约含 65%~80%的燃料气。

过程概述:生物质进料到快速热裂解器,生产出有机蒸汽。热解过程中蒸汽被凝聚,在二段气化器中,蒸汽转化为清洁的燃气。在气化器的顶部,蒸汽与(预热)空气使温度增加到 800~950 ℃;而在底部装满转化催化剂再次转化生成燃料气。

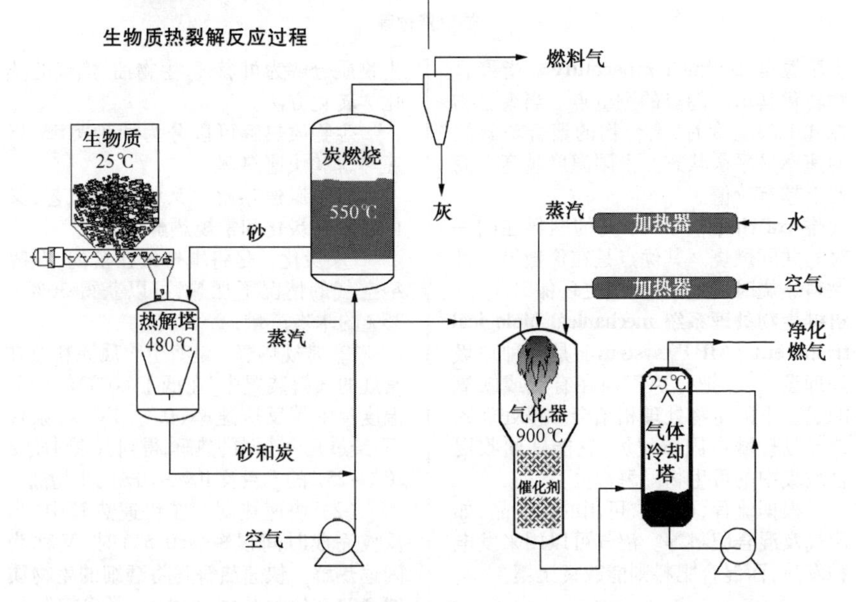

生物质两段气化过程

热解 pyrolysis　是将生物质如木质纤维素在缺氧的条件下快速加热进行热分解,生成暗褐色液体——热解油。

热解油 pyrolysis oil　也称“生物原油

(biocrude)"或"生物油(biooil)"。是由固体生物质转化为富含碳的液体，是一种可替代原油的合成燃料。

这种热解油是生物质在无氧高温的环境中热裂解生成的。干生物质经过约500℃的反应器，在其中热裂解，随后冷却而获得的生物油，可用作生产化工品和燃料。因为使用生物油不会增加二氧化碳的净含量，所以是一种清洁的可再生能源。

热解油的优点是：

(1) 热解油是由非食品原料生产的，因此，不与人类争夺食品，属于第二代生物燃料；

(2) 由于热解油的能量密度高而且呈液态，可用作运输燃料；

(3) 热解油与普通汽油相比，能减少温室气体排放，可达85%~90%；

(4) 热解油便于长期储存，需要时使用；

(5) 热解油在发电供热方面可替代化石燃料，所以可填补太阳能间歇式发电和风电场的供电低谷；

(6) 热解油自行生产，成本低，可使能源持续供应，不受进口石油价格的影响。

有机废物热解

动物内脏制油 animal guts into oil 指以动物内脏为原料制取合成油。这是解决肉食加工厂内脏废料的最好办法。同时由于内脏属于生物质，生产的油品属于可再生燃料，使用时减少了温室气体的排放。

下图为热解聚废料制油气的过程。

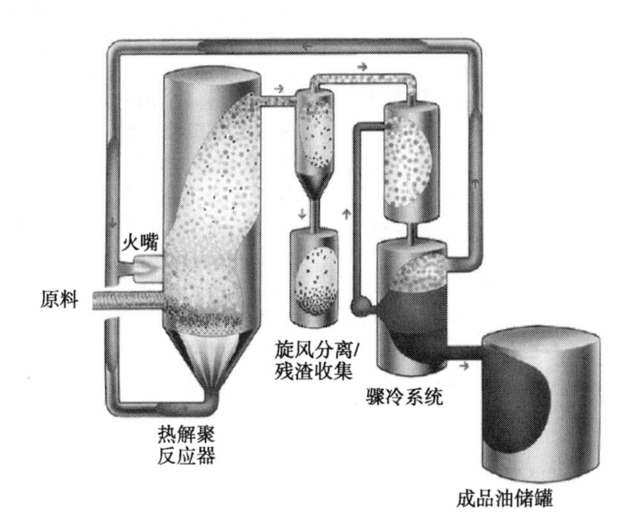

热解聚废料制油气过程

美国德克萨斯州每年将600Mt动物内脏和其他废物转化为4Gbbl得克萨斯轻质油。

美国密苏里州迦太基德土耳其肥肠生产厂(Butterball Turkey plant)，每天处理200 t火鸡内脏制成各种有用的产品，其中包括82t轻质油。

废轮胎制油 scrap tires into oil 指以废

旧轮胎为原料通过热解聚制取燃料油。据世界环境卫生组织统计,世界废旧轮胎积存量达 30 亿条,并以每年约 10 亿条的数字增长。目前,对废旧轮胎的处置主要有两种方法:

(1) 循环再生利用。是目前国内广泛采用的废旧轮胎回收技术,如翻修改制,制胶粉等;

(2) 热裂解法。制取燃料油和炭黑。1000kg 废旧轮胎可以制取 450kg 燃料油、350kg 炭黑。

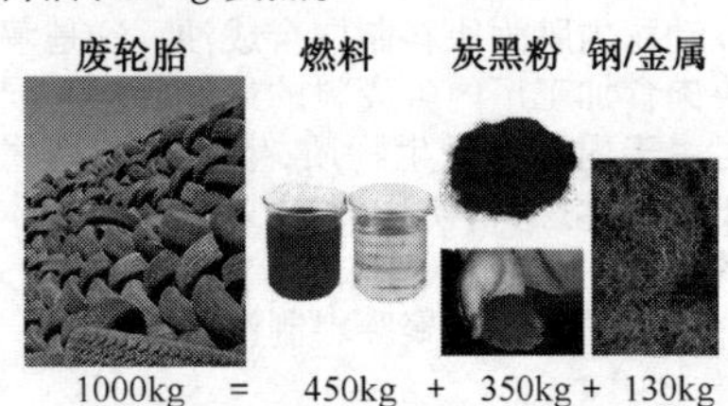

废轮胎制油

固体废物 solid wastes　简称废物。指被丢弃的固体和泥状物质,包括从废水、废气中分离出来的固体颗粒。

固体废物处理技术可登录 http://en. wikipedia. org 或百度网,在搜索框内输入“List of solid waste treatment technologies”,即可查阅。

城市垃圾 municipal refuse　指城市居民的生活垃圾、商业垃圾、市政维护和管理中产生的垃圾,不包括工厂所排出的工业固体废物。城市垃圾主要由塑料废品和可降解生物废物组成,它是生产非常规石油的原料。

垃圾衍生燃料 Refuse-derived fuel (RDF)　或称“固体回收燃料(solid recovered fuel)”、“特殊回收燃料(specified recovered fuel ,缩写 SRF)”。指城市废弃的塑料废品和可降解生物废物,经由气化过程生成合成气,然后通过费-托反应生成合成油。其特点是可减少对外的石油依赖;由于进行稳定燃烧,可减少二噁英(即 1,4-二氧杂环己二烯)类有害物质的产生,改善居住环境。缺点是废物废渣量大,给运输造成困难。

粪便衍生的合成原油 manure-derived synthetic crude oil　是以动物或人体粪便为原料,经过化学转化反应生成合成生物油。

1996 年伊利诺斯州大学开始研究用猪粪为原料经由热裂解转化为合成燃料。该法采用热化学转化反应器,在加热加压的条件下粪便裂解为碳水化合物。其结果生成生物油、甲烷和二氧化碳。当时研究处于起步阶段,3. 8L(1 美制加仑)粪便可生产 530mL 生物油。

组织机构

BTG 生物液体公司 BTG BioLiquids BV　是热解技术的主导公司,设在荷兰东部城市恩斯赫德。该公司从事将非粮食生物质转化为第二代生物油。有 15 年发展史,已进行商业规模生产。【http://www. btg-btl. com】

国际固体废物协会 International Solid Waste Association(ISWA)　是国际性的独立的非营利性组织,设在奥地利维也纳。其宗旨是促进和发展全球可持续的废物管理和开发成能源加以利用。【http://www. iswa. org】

北美洲固体废物协会 Solid Waste Association of North America(SWAN)　是在固体废物领域内的主导组织,1960 年成立,设在美国马里兰州银泉市。【https://swana. org】

10. 生物燃料

生物燃料是以生物质为原料,通过热化学转化和生物化学转化方式生产的可再生燃料,也可生产电力和化学品。

生物燃料是人类最可靠的燃料,也是非常规油气资源的重要部分。生物燃料的利用不但减少了对外的石油依存度,而且减缓了温室气体的排放。生物燃料已成为解决替代化石燃料和温室气体减排的重要手段。

在生物燃料规模化的进程中,需要充分考虑燃料链生命周期中所涉及的温室气体排放、土地利用变化、水资源、自然资源与生态保护、粮食安全与市场价格等可持续发展问题,采用一系列标准与原则、规范与管理办法来实现生物燃料的环境、经济、社会等三方面均衡可持续发展。

从地下开采的煤、天然气、油砂和油页岩等化石燃料制成合成燃料,而这些原料最终都会枯竭。但只要太阳不灭,生物质制取的燃料将使非常规油气可持续发展。

生物质能

生物 organisms 指自然界中具有生命的物体,包括动物、植物和微生物三大类。每个生物体都要进行物质和能量的代谢,使自己得以生长和发育;按照一定的遗传和变异规律进行繁殖,使种族得以繁衍和进化。生物体的主要成分是带有遗传信息的核酸(脱氧核糖核酸或核糖核酸)和在结构及功能上有重要作用的蛋白质。

生物圈 biosphere 地表生物有机体及其生存环境的总称。是行星地球特有的圈层;也是人类诞生和生存的空间。

奥地利地质学家休斯(Eduard Suess,1831~1914年)在1875年首次提出生物圈的概念,指地球上有生命活动的领域及其居住环境的整体。它在地面以上达到约23km的高度,在地面以下延伸至12km的深处,但绝大多数生物通常生存在地球陆地之上和海洋表面之下各约100m厚度的范围内。

生物圈主要由三部分组成:

(1) 生命物质。又称“活质”,是生物有机体的总和;

(2) 生物生成性物质。是由生命物质所组成的有机矿物质相互作用的生成物,如土壤腐殖质、泥炭、煤、石油和天然气等;

(3) 生物惰性物质。指大气低层的气体、沉积岩、黏土矿物和水。

生物资源 biological resources 是自然资源的有机组成部分。是指生物圈中对人类具有一定经济价值的动物、植物、微生物等有机物以及由它们所组成的生物群落。从生物圈之中获取的资源,包括森林及其产物、动物、鸟类及其产物、鱼类及其他海洋生物。煤、石油和天然气之类的化石燃料也属于此类,因为它们是由腐烂的有机物质形成的。

生物质 biomass 指由光合作用而产生的各种有机体,包括植物、动物和微生物及其排泄与代谢物。生物质是一个广泛的术语概念,意味着任何来源的有机碳。这种有机碳可再生并作为碳循环的一部分,所以生物质是一种再生能源。各种生物之间存在着相互依赖和相互作用的关系。

传统生物质 traditional biomass 指烹调取暖用的薪材，农业副产品和动物粪便。在发展中国家，仍然广泛利用这种非持续化生产的非商业化燃料。

生物质能 bioenergy 指太阳能通过植物的光合作用转换、固化和储存的能量形式。它是一种以生物为载体的能量，直接或间接地来源于植物的光合作用。

在各种可再生能源中，生物质能是能够储藏太阳能的唯一可再生的碳源，可转化成原煤、原油和天然气。

地球上每年植物光合作用固定的碳达200Gt，含能量达3ZJ（$1ZJ = 10^{21}$ J），因此每年通过光合作用储存在植物的枝、茎、叶中的太阳能，相当于全世界每年能源总用量的10倍。但其中只有1%～2%被人类所利用。科学界提出了各种各样的利用生物质能源作为常规燃料代用品的设想。

生物转化 bio-transformation 异物进入生物机体后在有关酶系统的催化作用下的代谢变化过程。异物系指各种非生理性物质如毒物、药物及环境污染物等。

生物化学转化 biochemical conversion 利用发酵或厌氧消化从有机废弃物或污水生产燃料和化学品。

化能合成作用 chemosynthesis 生物自营营养的一种，指一些细菌通过将无机物氧化，以取得化学能，再利用这些化学能将一碳无机物（如二氧化碳）和水合成有机物的营养方式。该营养方式常见于三种类型的细菌：硝化细菌、铁细菌、硫细菌。

生物质产物 bio-products 指用可再生的生物质转化为化学原料（如醇类、丙酮、乳酸、有机酸或高分子聚合物）和能源等的产品。

生物炭 bio-char 是使用于农业用途的木炭，它是热裂解生物质能原料之后的产物，主要的成份是碳分子。跟一般木炭不同，它不被当成燃料使用，而是被用来改良土壤，帮助植物生长，以及碳收集及储存使用。

生物转运 Bio-transport 环境污染物经各种途径和方式同机体接触而被吸收、分布和排泄等过程的总称。

光合作用

光化学反应 photochemical reaction 亦称“光化反应”、“光化作用”。物质在可见光或紫外线的照射下吸收光能而产生的化学反应。光化学反应可分为两种：一种称为“光合作用”；另一种称为“光解作用（Photolysis）”。

光合作用 photosynthesis 绿色植物吸收太阳光的能量，同化二氧化碳和水，制造有机物质并释放氧的过程。光合作用是生命活动中极重要的过程，植物经光合作用吸收二氧化碳，燃烧时又放出二氧化碳，构成了地球上二氧化碳的小循环。

植物是食物链的生产者，它们能够通过光合作用利用无机物生产有机物并且储存能量。通过食用，食物链的消费者可以吸收到植物所储存的能量，效率为30%左右。光合过程是生物赖以生存的关键。而在地球上的碳氧循环中，光合作用是必不可少的。

1905年英国布莱克曼（F. F. Blackmann，1866～1947年）提出光合作用可以分为光反应和暗反应两个阶段。后者又称为“布氏反应”。

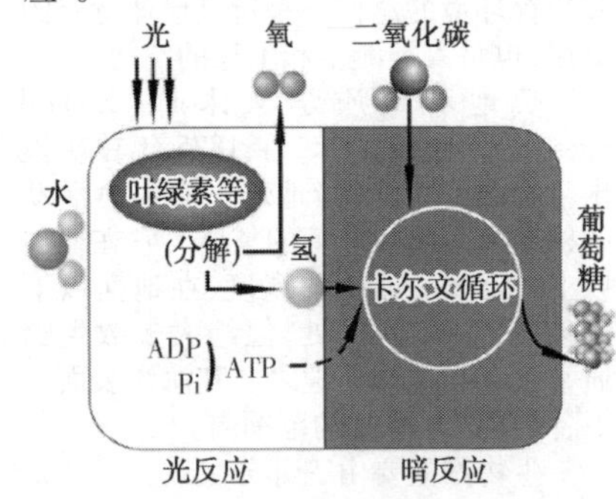

光合作用机制模型图

光反应 light reaction 是通过叶绿素等光合色素分子吸收光能,并将光能转化为化学能,形成腺苷三磷酸(ATP)和还原辅酶Ⅱ(NADPH)的过程。即由叶绿素、水、腺苷二磷酸(ADP)、无机磷酸和辅酶Ⅱ(NADP),在没有二氧化碳参与下进行光反应,生成氧、腺苷三磷酸和还原辅酶Ⅱ。

暗反应 dark reaction 是固定二氧化碳(CO_2)的反应,简称"碳固定反应"。在这一反应中,叶绿体利用光反应产生的腺苷二磷酸(ATP)和还原辅酶Ⅱ(NADPH)这两个高能化合物分别作为能源和还原的动力将二氧化碳固定,使其转变成葡萄糖。

光合作用效率 photosynthesis efficiency 指绿色植物通过光合作用制造的有机物中所含有的能量与光合作用所吸收的光能的比值。农作物的光合作用效率与二氧化碳浓度、光照强度、温度、矿物质元素等有密切关系。

类囊体 thylakoid 是叶绿体或蓝绿藻中的一种单层膜囊状结构,是光合作用中光反应进行的场所。类囊体的存在增大了叶绿体的膜面积,从而增大了受光面积。

光合细菌 photosynthetic bacteria 指在有光照缺氧的环境中能进行光合作用的细菌。利用光能进行光合作用并同化二氧化碳。光合细菌在自身的同化代谢过程中,完成了产氢、固氮、分解有机物三个自然界物质循环中极为重要的化学过程。

光合色素 photosynthetic pigments 在光合作用中参与吸收、传递光能或引起原初光化学反应的色素。

叶绿体 chloroplast 绿色植物细胞中广泛存在的一种色质体。形如双凸透镜,直径3~10μm;外包双层薄膜,内部为膜层形成的许多扁囊堆积成的基粒,其间充满胶状基质。绿色植物是主要的能量转换者,因为绿色植物均含有叶绿体这一完成能量转换的细胞器,它能利用光能同化二氧化碳和水,合成糖($C_6H_{12}O_6$),同时产生氧。所以绿色植物的光合作用是地球上有机体生存、繁殖和发展的根本源泉。光合作用的反应式:

$$6CO_2+6H_2O \longrightarrow C_6H_{12}O_6+6O_2$$

光合磷酸化 photophosphorylation 植物叶绿体的类囊体膜或光合细菌的载色体利用光能从腺苷二磷酸(ADP)和无机磷酸(Pi)合成腺苷三磷酸(ATP)的过程。

光合碳循环 photosynthetic carbon cycle 光合作用中碳同化(二氧化碳转化为糖或其磷酸酯)的基本途径。在绿色植物、蓝藻和多种光合细菌中普遍存在。其他碳同化途径如碳4(C_4)途径和景天酸代谢(crassulacean acid metabolism,缩写CAM)途径所固定的二氧化碳,最终仍须通过光合碳循环才能被还原成糖。因此它是地球上绝大部分有机物形成的必经途径。

生物固碳 Biological Carbon Sequestration 也称"生物质能碳捕获和储存(bio-energy carbon capture and storage,缩写BECCS)"。是利用植物通过光合作用可以将大气中的二氧化碳转化为碳水化合物,并以有机碳的形式固定在植物体内或土壤中。从而减少二氧化碳在大气中的浓度,减缓全球变暖趋势。

光合自营 photosynthetic self-supporting 是利用叶绿素 或菌绿素中的酵素并以光线为能量提供源,用硫或氧作为氧化剂,将光线转变为化学能储存于新产生分子中的一种行为。

呼吸(植物) respiration(plant) 植物在有氧条件下,将有机化合物氧化,产生二氧化碳和水的过程。

呼吸作用 respiration 是生物体将营养物质转化为二氧化碳,释放能量并消耗氧气的过程。

呼吸气体 breathing gas 是通过呼吸作用产生的气体混合物。

呼吸链 respiratory chain 线粒体内膜上存在多种酶与辅酶组成的电子传递链,可使还原当量中的氢传递到氧生成水。

光呼吸 photorespiration 光呼吸作用是继光合作用后植物的又一个重要的生理功能,是植物体吸收氧气、将有机物分解转化成二氧化碳和水并释放化学能的生理代谢活动。而呼吸作用的意义在于为植物的各种生命活动提供能量。

光合作用为呼吸作用提供有机物,呼吸作用为光合作用提供直接能量,两者相互依存。光合作用需要在有光的条件下进行,而呼吸作用在有光或无光的条件下均在进行。

共代谢作用 cometabolism 也称"辅代谢作用"。在微生物生态学中,指降解产物不能成为微生物生长繁殖所需的碳源和能源的过程。

人工光合作用 artificial photosynthesis 是试图人工复制自然进程的光合作用的研究领域。该过程把阳光、水和二氧化碳转化为碳水化合物和氧气。

生物燃料

清洁燃料 clean fuel 指有害组份低,符合绿色环保要求的燃料。在燃料的生产、使用过程中能保持和促进可持续发展,如生物乙醇、生物丁醇、生物柴油等。

生物质转化能源 biomass conversion to energy 指生物质经加工转化为生物质能,可以供热、发电和生产液体燃料。生物质能是人类赖以生存的重要能源,目前,它是仅次于煤、石油和天然气而居世界能源消费总量第四位的能源。

生物质转化为能源有两种方式:

(1) 热化学转换。即通过燃烧、气化或高温热分解、液化,生成热、电力或生产合成气来制取化工产品。

(2) 生物化学转化。即通过发酵方式生产沼气、电力、燃料乙醇。

生物质转化技术的应用应根据该地区的特点和生物质原料类型,以生产乙醇、生物气、热利用或发电等。见"生物质转化途径"图。

生物燃料 biofuels 以可再生的生物质如农作物、能源作物、农林废弃物、城市垃圾、畜禽粪便、有机废弃物等为原料,通过热化学转化和生物化学转化方式生产的清洁能源。

生物燃料包括木质颗粒、生物气、生物乙醇、生物柴油、生物质燃料油、一次氢能等。生物燃料是清洁的、可持续发展的能源,可作为化石燃料的替代能源。

根据原料来源,目前可把生物燃料分为三代:

第一代:农作物时代;

第二代:纤维素乙醇时代;

第三代:藻类时代。

最终是利用可再生能源生产碳中性能源,如用可再生能源生产电力,然后再电解水生成氢,氢与从工业废气中捕集的二氧化碳反应生成甲醇。

$$CO_2+3H_2 \longrightarrow CH_3OH+H_2O$$

或者利用"人工光合作用"生产能源。

由于石油价格上涨及提高能源安全,生物燃料受到公众和科技界的广泛关注。美国、巴西、德国和阿根廷等四国的生物燃料之和约占世界生物燃料总量的80%。

登录百度网,在搜索框内输入"BP Statistical Review of World Energy",即可查询每年生物燃料产量数据。

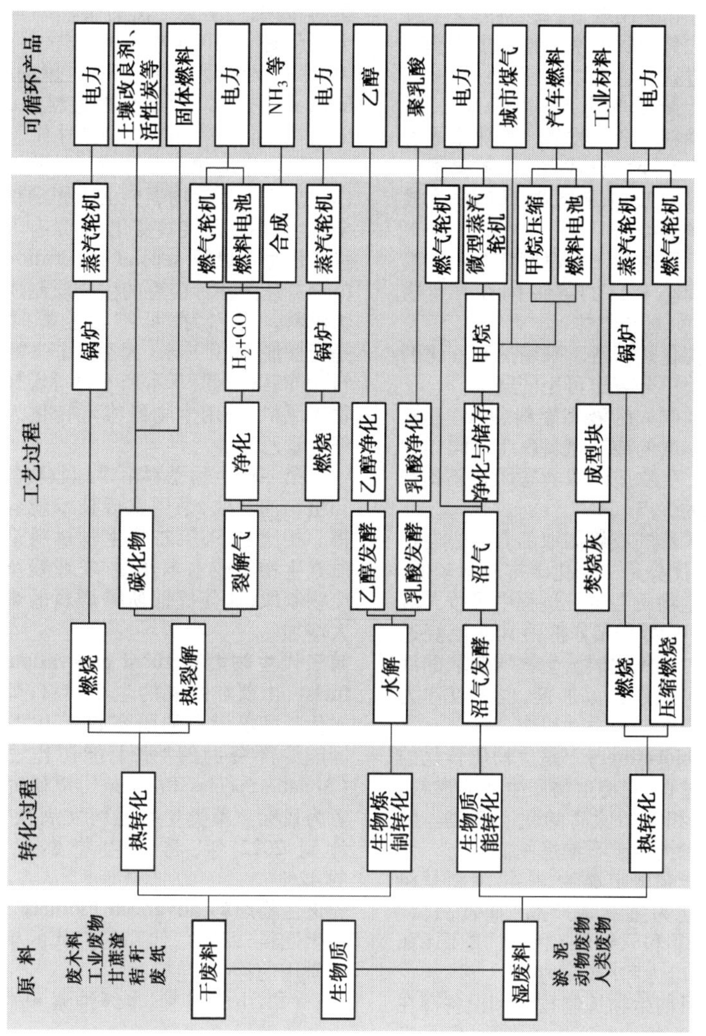
原料
废木料
工业废物
甘蔗渣
秸秆
废纸
干废料
生物质
湿废料
淤泥
动物废物
人类废物
转化过程
热转化
生物炼制转化
生物质能转化
热转化
工艺过程
燃烧
热裂解
碳化物
裂解气
净化
H_2+CO
燃烧
锅炉
水解
乙醇发酵
乳酸发酵
乙醇净化
乳酸净化
沼气发酵
沼气
净化与储存
甲烷
焚烧灰
成型块
燃烧
压缩燃烧
锅炉
蒸汽轮机
燃气轮机
燃料电池
合成
蒸汽轮机
燃气轮机
微型蒸汽轮机
甲烷压缩
燃料电池
蒸汽轮机
燃气轮机
可循环产品
电力
土壤改良剂、活性炭等
固体燃料
电力
NH_3等
电力
乙醇
聚乳酸
电力
城市煤气
汽车燃料
工业材料
电力

生物质转化途径

生物质制取液态燃料 biomass to liquid (BtL;BMtL) 指从生物质生产液体生物燃料。生物质制取液态燃料的整个过程改善了二氧化碳平衡并增加了产率。

生产方式主要有以下三种:

(1) 生物质气化,经由费-托过程生产合成燃料。含碳物质经气化生成气体并加工成纯净的合成气(一氧化碳和氢)。经费-托反应使合成气聚合,生成柴油馏分的烃类;

(2) 急骤裂解。在温度350~550℃和停留时间小于1s的条件下,生产生物油(热解油)、炭和气体;

(3) 催化热裂解。采用热和催化剂从含烃废物中分离出可用的柴油。

生物质制取的液态燃料(BtL)具有从合成气制取的液态燃料(GTL)同样优良的质量。生物质制取液态燃料还具有不含杂质的优点。

与从天然气或煤制取的合成燃料相比,其独特优势是二氧化碳排放量较低,这是因为生物质在生长过程中吸收二氧化碳,因此可以大部分抵消其在燃烧过程中排放的二氧化碳。生物质制取的液态燃料既可以作为添加剂,也可以作为纯净燃料用在柴油发动机中。

生物炼制 biorefinery 是生物质转化的集成工艺过程,它将生物质生产为燃料、电力、热能和附加值高的化工产品。生物炼制概念类似于石油炼制。

国际能源署定义为,生物炼制是将生物质转化为生物基产品(如食品、饲料、化工产品和原材料)和生物能源(如生物燃料、电力和/或热力)。

尽管目前生物炼制技术和设备存在一些问题,生物炼制尚未工业化,但是未来的生物炼制会像石油炼制一样发挥作用,生产出各类产品。

植物油精炼 vegetable oil refining 指植物油经由加氢裂化或氢化反应转化为燃料的过程。加氢裂化是将大分子加氢破裂成小分子,而氢化是把氢加入到分子之中。这种方法可以用于生产汽油、柴油、丙烷。而生产出的柴油燃料被称为绿色柴油或可再生柴油。

第一代生物燃料 first generation biofuels 也称"常规生物燃料(conventional biofuels)",即农作物时代。原料采用粮食作物如玉米、大豆、甘蔗等经济作物。第一代生物燃料由于影响粮食安全、生态环境及气候变化,前景有限。

第二代生物燃料 second generation biofuels 是由各种类型的生物质制成的生物燃料。又称为"纤维素乙醇时代"。是指摆脱利用玉米、大豆、甘蔗等为原料,继而以秸秆、草本和木材等农林废弃物为原料,采用生物纤维素转化为木质纤维素乙醇。

第一代生物燃料由耕地收获的甘蔗和植物油制取,采用常规技术就容易获得。相比之下,第二代生物燃料是由木质素生物质或木本作物、农业残留物或废物制取,这使提取所需燃料的难度大大增加。

第三代生物燃料 third generation biofuels 由藻类制取的生物燃料,即藻类时代。微藻燃料的研究始于1978年美国能源部资助的"水上能源作物计划(Aquatic Species Program",以研究生物氢为目标。藻类生物燃料发展很快,预计到2022年,将占生物燃料生产的42%。

先进生物燃料 advanced biofuels 指可再生燃料,即第二代和第三代的生物燃料常用的称呼,包括:

(1) 由纤维素、半纤维素和木质素生产乙醇;

(2) 由糖类而不是由玉米、淀粉生产的乙醇;

(3) 由废弃材料包括植物废物生产的乙醇;

(4) 通过有机物转化而生产的丁醇

或其他醇类；

（5）生物柴油；

（6）通过生物质转化生产生物气；

（7）从纤维素生物质生产的其他燃料。

生物燃料生命周期 bio-fuel life cycle 是指从原料种植到收获到终端能源利用的整个燃料链过程。包括原料种植及运输、燃料炼制及储运、燃料终端消耗等阶段。同时将考虑土地利用的因素影响。

木质燃料

木材 wood 指树木未经加工的木质组织。木材的主要组分为木质素、纤维素和半纤维素等高分子碳水化合物。

木材可用作建筑材料、造纸原料、化工原料等。木材是人类利用得最早、最古老的，通过直接燃烧获取热能的能源。

此外，木材通过干馏、热解、气化、液化等方法，也可生成木煤气、木焦油、木醋酸、木精油和木炭等优良燃料或化工产品。

林木生物质能 forest biomass energy 指对林木生物质采用工业化利用技术使其转化成的工业能源。林木生物质能终端产品，按其利用属性，可以分为五类：

（1）利用所含的油脂转化为生物柴油；

（2）木质纤维素转化为燃料乙醇；

（3）木质加工成固体燃料；

（4）木质转化成燃料气体；

（5）木质燃料发电。

木材高温处理 wood high-temperature disposal 在木材利用中处理木材的一种方法。废木材和锯木粉末加入到1200℃的高温气化炉中，经过部分氧化生成氢和一氧化碳，即合成气，可生产代用天然气、合成油和多种化工品。未燃烧物和灰分可从炉底排出。

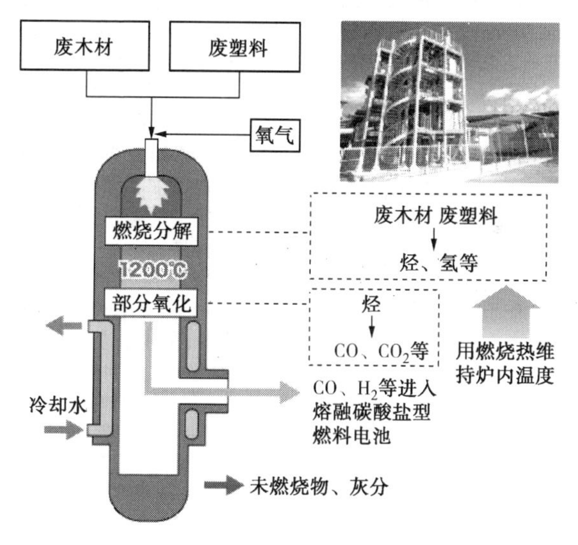

木材高温处理示意图

木质燃料发电 wood fuel power-generating 废木材经气化生成一氧化碳和氢气,再将所得到的合成气生产甲醇,然后把甲醇等气体、液体燃料输送到发电厂作为燃料,以替代化石燃料。

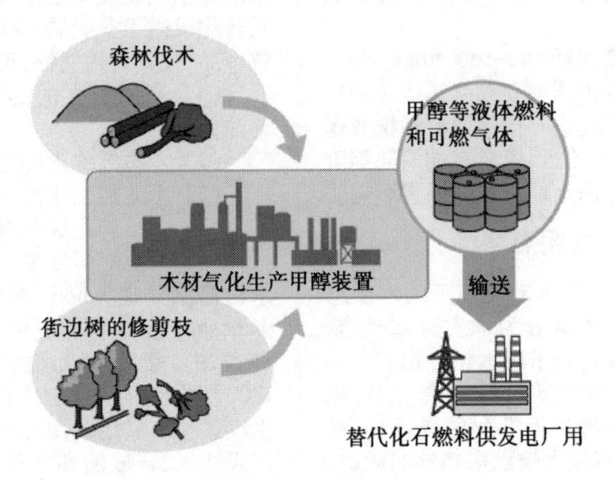

木质燃料发电示意图

木质颗粒-太阳能光电板发电组合 power generation of wood pellet-solar cell plate combination 由木质颗粒燃烧设备和太阳能光电板组合在一起的发电设备。

在夏季太阳光强烈时,不必启动木质颗粒燃烧设备,即可将太阳能储存在缓冲储存槽中来供应需求;而在太阳辐射不足时,可启动木质颗粒燃烧设备来补足不够的能源需求。

这种将两种不同的能源结合在一起的发电设备,其中有系统调节器可随时按温度的高低,决定太阳能是否足够发电或应启动木质颗粒燃烧设备。家庭中设置这种发电设备,一年可节省三分之一的能源费用。

生物燃料的利用

高性能燃料 high performing fuels 指生物柴油和生物乙醇等生物燃料。它能提高汽车性能并延长发动机寿命,增强环境效益。

生物燃料掺混 biofuels blending; biofuel blending mandates 指生物乙醇和生物柴油掺混到汽油中。生物乙醇掺混量用E表示,生物柴油掺混量用B表示,后面的数字表示掺混比例。如 E_{85},表示85%乙醇和15%汽油,而 B_{20} 表示在超级柴油中添加20%(体积分数)生物柴油。政府规定一般从低开始,占总量的2%,逐渐提高。

替代燃料汽车 alternative-fuel vehicle (AFV) 使用替代车用汽油和柴油的汽车。这种代用燃料汽车分为四种类型:

(1) 掺混燃料汽车(flex-fuel vehicles)。汽车只有一套燃料供给系统,可以使用普通汽油,也可以使用汽油与醇类(乙醇或甲醇)混合燃料,如 E_{85}(85%乙醇,15%汽油)或 M_{85}(85%甲醇,15%汽油)或这些燃料的其他比例。

(2) 两用燃料汽车(bi-fuel

vehicles)。使用汽油或替代燃料的汽车,具有两套独立的燃料供给系统,两种燃料可以互相切换,但是一次只能使用一种燃料。

(3) 双燃料汽车(dual fuel vehicle)。同时使用一种替代燃料和汽油或柴油的汽车。两种燃料经两套独立的燃料供给系统,同时喷入发动机燃烧室。

(4) 电动汽车(electric vehicles)。指以车载电源为动力,用电动机驱动车轮行驶的车辆。

生物质砖 biomass briquettes 指生物质经压紧成块的草本木本燃料。在发展中国家,生物质致密燃料是作为木炭的替代品而发展的。此技术可以把几乎任何一种植物物质转换成压缩致密物,约含有相当于木炭70%的热能。

非粮食作物制品

功　能	产　　品	采用的作物
生物燃料	生物乙醇、生物丁醇、生物柴油、代用天然气	藻类、草原牧草、桐油树和柳枝稷
建材	麻刀石灰浆、秸秆建材、保温材料、油漆	麻、小麦、亚麻籽、竹
纤维	纸、布、织物、填料、线、细绳	椰壳纤维、棉花、亚麻、大麻、马尼拉麻、纸莎草、剑麻
传统药物	药物、草药、营养补充品、植物制药品	琉璃苣、大麻、紫锥花、蒿属菊科、烟草
再生生物聚合物	塑料盒包装材料	小麦、玉米、土豆
特殊化学品	精油、印刷油墨、纸张涂料	薰衣草、油菜、亚麻籽、麻

生物塑料 bio-plastic 是用可再生的生物质生产的塑料,如采用植物油、玉米淀粉、豌豆淀粉等做原料生产的塑料。

常用的塑料是用化石燃料生产的,这些塑料依赖化石燃料并产生更多的温室气体。可生物降解的生物塑料在无氧或有氧环境能够分解,这取决于制造方法。常见的生物塑料应用在包装材料、餐具、食品包装和绝缘。

生物燃料的原料

植物 plant 是生命的主要形态之一。已知有30多万种,遍布于自然界。自养的绿色植物借光合作用以水、二氧化碳和无机盐等无机物,制成有机物并释放出氧和水。植物是自然界能量流动转化和物质循环的必要环节。

能源植物 energy plant 又称为“石油植物”或“生物燃料油植物”。这是一类含有能源植物油成分的植物。能源植物油储存于植物器官中,经加工后,可以提取植物燃料油,用来替代化石能源的燃料性油料物质。

能源植物主要集中在夹竹桃科、大戟科、萝摩科、菊科、桃金娘科以及豆科等植物,而且包括许多陆生植物和水生植物,如含油植物、热带草类、谷类、甘蔗、木薯、藻类和海草等。

能源植物分布广、适应性强,可用作建立规模化的生物质燃料油原料基地,如利用荒山、沙地等宜林地进行造林,建立起规模化的生物质燃料油良种供应基地。

能源作物 energy crops 指经人工专门种植,用来提供能源原料的草本和木本植物。查阅能源作物的提油量可登录http://en.wikipedia.org,在搜索框内输入“energy crop”即可。

能源林 energy forest 指以生产生物质能源为主要培育目的的林木。以利用林木所含油脂为主,将其转化为生物柴油或其他化工替代产品的能源林称为“油料能源林”;以利用林木木质为主,将其转化为固体、液体、气体燃料或直接发电的能源林称为“木质能源林”。

生物质能源是石油能源的重要替代品,而林业是生物质能源的重要来源。发展林业生物质能源,培育能源林是基础。

经济作物 cash crop 指种植供销售用的农作物。

非粮食作物 non food crop 指人类和动物非食用的农业作物。非粮食作物范围很广,按非粮食作物制成的产品可作如下分类,见“非粮食作物制品”表。

植物转基因技术 plant transgenic technology 指通过体外重组 DNA 技术将外源基因转入到植物的细胞或组织,从而使再生植株获得新的遗传特性。这一技术打破了生物的种间隔离,使基因交流的范围大大扩大。

植物油 vegetable oil 按性状,植物油可分为油和脂两类。通常把在常温下为液体的植物油,称为油;常温下为固体和半固体的植物油,称为脂。它们是由脂肪酸和甘油化合而成的天然高分子化合物,广泛分布于自然界中。凡是从植物种子、果肉及其他部分提取所得的脂肪,统称为“植物油脂”。富含油脂的植物和废植物油是生物燃料的原料。

碘值 iodine value 是植物油的特性参数之一。即 100g 植物油在标准条件下吸收碘的克数。用于鉴定植物油分子中不饱和的碳═碳(C ═C)双键的数量。碘值越高,不饱和程度越高。

生物可降解物质 biodegradable waste 指可以被其他生物(如微生物)分解的物质,如纸张、食物、粪便、肥料等。

废弃物 waste 指来自工业、机关、医院和家庭的可燃性废弃物,如橡胶、塑料、地沟油、废弃的化石油料及类似产品。废弃物可以是固体或液体、可再生或不可再生、可生物降解或不可生物降解的物质。废弃物是生产生物燃料的原料。

废物减量化 waste minimization 指将产生的或随后处理、储存或处置的有害废物量减少到可行的最小程度。

腐烂 decomposition 指动物蛋白质及相关的有机物分解成无机物,而且回到大自然进行物质循环的过程。特别是在有缺氧微生物和腐化细菌的存在下。

在生物学方面,腐烂和发酵在某种程度上有少许相似,基本上两者都同样意味着允许有机物质转变或分解成另一些物质。

腐生生物 saprophyte 指从其他生物体,如死体、动物组织或是枯萎的植物身上获得养分的生物,包括真菌、细菌以及原生动物。腐生生物不能自己进行光合作用,因此属于异养生物的一类。

土地利用的影响

土地利用 land use 指人类有目的地开发利用土地资源的一切活动,如农业用地、工业用地、交通用地、居住用地等。

土地利用变化 land use change 是人类与地球环境进行物质、能量交换作用的重要表现,发生于任何时空尺度。它不仅影响陆地生态系统的地理分布格局及其生产力,还客观地反映人类改变地球的生物化学循环、生态系统的结构和功能及产品和服务的供应,而且还再现了陆地表面的时空变化过程。

在种植能源作物中,土地利用变化分为:

(1) 直接土地利用变化。是指直接利用耕地或林地等其他土地类型进行能源作物种植。

(2) 间接土地利用变化。是指占用耕地或林地等其他土地类型种植能源作物后,为保证粮食或林业供应,仍需要开垦一块新耕地或林地。

欧盟的最新科学研究表明,并非所的有生物燃料均能降低温室气体排放。

当将"间接土地利用变化"的影响纳入分析因素时,即考虑生产生物燃料所需农作物或其他作物,其生产所占用的森林、草场等非农业用地的间接影响时,部分生物燃料实际上比其替代的化石燃料增加了更多的温室气体排放。

下表说明,以石油生产的汽油为比较标准时,直接土地利用则燃料乙醇的温室气体排放均降低,而间接土地利用则燃料乙醇的温室气体排放均增加。

玉米乙醇和汽油的温室气体(GHG)排放比较

燃料类型	直接土地利用变化		间接土地利用变化	
	碳强度	GHG降低	碳强度	GHG降低
汽油	92	—	92	—
玉米乙醇	74	-20%	177	+93%
纤维素乙醇	28	-70%	138	+50%

注:(1) 碳强度单位为 gCO_2/MJ。

(2) 燃料乙醇(玉米乙醇和纤维素乙醇)均为 E_{85},汽油为常规新配方汽油。

组织机构

生物燃料工业组织 Industry Organizations of Biofuels 指生物能源的协会组织。登录http://www.bioenergywiki.net,在搜索框内输入"industry organizations",即可查询各大洲约40个组织。

世界生物质能协会 World Bioenergy Association(WBA) 是代表生物能源领域的全球性组织。2008年成立,设在瑞典斯德哥尔摩。宗旨是促进生物质能在全球高效、可持续、经济和环保方式的利用。出版物为《BIOENERGY(生物质能)》。【http://www.worldbioenergy.org】

国际生物质能联合会 International Collaboration in Bio-energy 属于国际能源署管辖的部门,1978年成立。其目标是促进生物能源的研究、开发和改善国家之间的合作与情报交流。【http://www.ieabioenergy.com】

国际能源署生物质能部 IEA Bioenergy 国际能源署生物质能部于1978年开始工作。其目标是促进国际生物质能联合会成员国的协作以及加强情报交流。【http://www.ieabioenergy.com】

全球生物能源伙伴 Global Bioenergy Partnership(GBEP) 是2006年5月在纽约召开的联合国"可持续发展委员会"第14次会议上成立的组织。其宗旨是促进全球对生物能源的开发和利用。秘书处设在罗马。

联合国粮农组织授权给该组织的任务是召开全球性的政治论坛,促进"绿色能源"的生产、销售和使用,重点是发展中国家。

粮农组织指出,由于高油价、全球变暖和石油储量减少,全球对可再生能源的需求正在上升。粮农组织一直把推动生物燃料的开发利用作为保护环境和减少贫困的一种手段。【http://www.globalbioenergy.org/】

国家先进生物燃料联盟 National Advanced Biofuels Consortium(NABC) 是由美国17个产业、国家实验室和大学等合伙组成的组织,以开发木质纤维素乙醇为主。

【http://www.nabcprojects.org】

加利福尼亚州生物质能联合会 California Biomass Energy Alliance(CBEA) 是由美国加利福尼亚州36个以生物质作为燃料发电的工厂组成,发电量约700MW。设在美国萨米斯市。【http://www.calbiomass.org】

佛蒙特州生物燃料协会 Vermont Biofuels

Association(VBA) 设在美国佛蒙特州蒙彼利埃市。专注于增加生物燃料的需求,关注该地区以农业为基础生产生物燃料的资源。【http://vermontbiofuels.net】

加拿大可再生燃料协会 Canadian Renewable Fuels Association(CRFA) 该协会是加拿大非营利性的国家组织,1994年成立,设在安大略省多伦多市。由加拿大生物柴油协会合并入加拿大可再生燃料协会。其宗旨是通过对消费者的宣传和政府的支持,致力于乙醇和生物柴油的推广应用。【http://www.greenfuels.org】

欧洲再生能源理事会 European Renewable Energy Council(EREC) 是欧洲再生能源工业、贸易和研究的管理组织。专注于光电、风能、小型水力发电、生物质能、地热能、太阳能等。【http://www.erec.org】

欧洲生物质能协会 European Biomass Association(AEBIOM) 是欧盟所属的非营利性国际组织,由欧洲28个国家协会组成,设在比利时布鲁塞尔。出版《Biomass News》(生物质新闻),双月刊。【http://www.aebiom.org】

欧洲生物质能工业协会 European Biomass Industry Association(EUBIA) 是非营利性国际组织。聚集了欧洲生物质能的市场营销力量、技术开发力量和研究团体。1996年成立,设在比利时布鲁塞尔。【http://www.eubia.org】

英国可再生能源协会 Renewable Energy Association(REA) 于2001年成立,原名为可再生电力协会,2005年更为此名,设在伦敦。由可再生能源生产者组成,推广可再生能源在英国的应用。【http://www.r-e-a.net】

英国生物燃料和油料协会 British Association for Bio Fuels and Oils (BABFO) 是欧洲最大的生物柴油设备供应商。其宗旨是从可再生资源中提取运输燃料即生物柴油和乙醇,并提供生物柴油说明书、新项目及回答有关问题。【http://greenfuels.co.uk】

国家非粮食作物中心 National Non-Food Crops Centre(NNFCC) 英国政府于2003年建立的咨询公司,特别是关注生物能源、生物燃料和生物产品,以有助于扩大非粮食应用的竞争力。【http://www.nnfcc.co.uk】

爱尔兰生物质能协会 Irish Bioenergy Association(IrBEA) 于1999年成立。专注于推动爱尔兰共和国的生物质能工业的发展。【http://www.irbea.org】

油料和含蛋白质植物联盟 Förderung von Oel- und Proteinpflanzen e. V. (UFOP) 德国一家按照新的组织框架组成的协会,1990年成立。会员为参与油料和含蛋白质植物的生产、生产生物柴油和市场营销的公司、行业组织等。【http://www.ufop.de】

德国生物质能协会 Bundesverband BioEnergie e. V. 是德国非营利性生物质能组织,设在波恩。聚集了德国生物质能的市场营销力量、技术开发力量和研究团体,以促进生物质能的发展。【http://www.bioenergie.de】

生物燃料生产公司 biofuel production company 指世界上从事生物燃料生产的公司。欲查生物乙醇、生物柴油、藻类燃料等可登录百度网或 http://en.wikipedia.org,在搜索框内输入"Category:Biofuel producers"即可。

波脱拉公司 Btola Pty Ltd 是澳大利亚的生物质生产能源的公司。开发了间接燃烧燃气轮机(IFGT)利用生物质和废物产生电力。该公司拥有自产的能源作物基地,利用这些高产的能源作物制取常规运输燃料。能源作物产量约15kt生物质,可以转化为4kt传统燃料。【http://www.btola.com】

媒 体

生物能源维基百科 BioenergyWiki 生物质能的百科辞典,内容包括综述、术语、新闻、政策、报告、持续发展、技术、原料、间接土地利用变化等。【http://www.bioenergywiki.net】

生物质杂志 Biomass Magazine 是生物质生产方面的、最大的、贸易性杂志。刊载世界生物质生产和销售的内容。编辑部设在美国北达科他州大福克斯。【http://biomassmagazine.com/】

国际生物燃料 Biofuels International 全球领先的生物燃料出版物。双月刊杂志。内容包括生物柴油,生物乙醇和生物质。【http://www.biofuels-news.com】

国际生物质能杂志 Bioenergy International 是生物质能国际杂志网。报道世界生物质能进展的状况。编辑部设在瑞典首都斯德哥尔摩。【http://www.bioenergyinternational.com】

生物燃料文摘 Biofuels Digest 在线媒体——阿森松出版公司的新闻网站。总部设在美国迈阿密。报道生物燃料的摘要新闻,涵盖生产、研究、政策、决策者、会议和财经新闻等内容,【http://www.biofuelsdigest.com】

生物质能原料情报网 Bioenergy Feedstock Information Network(BFIN) 该情报网由美国能源部、美国橡树岭国家实验室、爱达荷国家实验室、国家可再生能源实验室等研究单位提供情报资源,使网站成为进入生物能源原料的入口。【http://bioenergy.ornl.gov】

10.1 生 物 气

生物质的转化有两种方法:生物质气化和生物质发酵。

生物质气化生产富含一氧化碳、氢和甲烷等合成气;而生物质发酵是生物质在厌氧的环境下获得生物气,俗称为沼气,富含甲烷成分。

生物质气化适合于大规模制取合成气,用于生产代用天然气、化工产品和发电燃料;而生物质发酵生产的生物气相对规模较小。

根据生物气的来源不同,分为两大类:自然界产生的生物气和人工制取的生物气。前者产生的甲烷是大气中甲烷的来源,人类尚不能控制;而后者属于人为的生物质发酵,制取的生物气可作燃料或化工原料。

生物质气化

生物质气化 biomass gasification 即"热化学气化"。以生物质为原料,用氧气(空气、富氧或纯氧)、蒸汽或氢气等为气化剂,在高温及缺氧条件下通过热化学反应,使较大相对分子质量的有机碳氢化合物链断裂的过程。

气化和燃烧密不可分。燃烧是气化的基础,气化是部分燃烧或缺氧燃烧。固体燃料中的碳燃烧为气化过程提供了能量,气化反应过程取决于碳燃烧阶段的放热反应。

生物质气化产生的气体为一氧化碳、氢和甲烷等,称为"生物质燃气"。可用作发电或生产化工原料。

气化剂气化性能

气化炉	空气气化炉	氧气气化炉	蒸汽气化炉	氢气气化炉
气化剂	空气	氧气	水蒸气	氢气
热值/(kJ/m^3)	4200~7500(低热值)	10920~18900(中热值)		22260~26040(高热值)
用途	锅炉、干燥、动力	区域管网、合成燃料、合成氨		工艺热源、管网

生物质气化技术 biomass gasification technology 指生物质气化采用的技术。生物质气化技术分类：

(1) 按气化剂类型分类。又可分为：

① 不使用气化介质。即干馏气化。是在无氧或少量氧的情况下进行生物质热解，主要是生物质中的挥发物在一定的温度下生成四种产物：固体炭、木焦油、木醋液和气化气。气化气中的气体热值为15000kJ/m^3。

② 使用气化介质。可分为空气气化、氧气气化、蒸汽气化、蒸汽-氧气混合气化、氢气气化。后者使用条件苛刻，不常使用。见“气化剂气化性能”表。

(2) 按设备运行方式分类。气化炉是生物质气化的核心设备。按气化炉运行方式，可分为固定床气化炉(分上吸式和下吸式)、流化床气化炉和旋转床气化炉三种类型。

气化炉 gasifiers 泛指将固体燃料转化成气体燃料的燃烧炉。气化炉是固体燃料气化的核心设备。

生物质气化炉 biomass gasifier 专指利用生物质气化生成可燃性气体的燃烧炉。其生成的一氧化碳和氢燃烧推动燃气轮机发电。其规模为20~5000kW，成本价为8~12US美分/(kW·h)。

气体产率 gas output 指单位质量的生物质气化所得的燃气体积，用m^3/kg表示。

气化强度 gasification intensity 指在气化炉中每单位横截面积每小时气化生物质的质量，用kg/(m^2·h)来表示；或指在气化炉中每单位容积每小时气化的生物质，用kg/(m^3·h)来表示。

气化效率 gasification efficiency 也称“冷气体热效率”。指每单位质量生物质气化所得到的燃气在完全燃烧时放出的热量与气化使用的生物质发热量之比。

气化效率是衡量气化过程的主要指标。表示为：

气化效率(%)=[燃气热值(kJ/m^3)×气体产率(m^3/kg)]生物质发热量(kJ/kg)

热效率 thermal efficiency 在生物质气化过程中，指气化生成物的总能量与总消耗能量之比，以百分数表示。

生物沥青 bio-asphalt 是来自非石油的再生能源生产的沥青替代物。原料来源于自然界中的植物和人为生产的农作物及废料。生物沥青是生物质经过气化过程后的残留物，可代替石油沥青应用。

生物质发酵

厌氧消化 anaerobic digestion 或称“厌氧菌致分解”，指利用人畜粪便、秸秆、污水等各种有机物在密闭的沼气池内，在厌氧条件下被甲烷菌分解转化，生成主要为甲烷和二氧化碳的过程。

厌氧菌在新陈代谢过程中，因所产生的能量较低，故细菌的生长缓慢。

厌氧消化用于可生物降解的废物和污水，作为一个综合废物管理系统的一部分，减少垃圾和减少排放气体到大气中。一般农作物及其废料也可以被送入厌氧沼气池，产生能量。

厌氧消化被广泛用作可再生能源的来源，微生物产生的富含甲烷的沼气，可直接用作燃料，或用于热电联产和电力燃气发动机，或提纯成天然气替代化石燃料，并产生营养丰富的沼气肥可以用作肥料。

生物质发酵 biomass fermentation 利用厌氧性微生物(主要是甲烷菌)使有机物发酵而产生沼气的方法。将富含纤维素的植物杆、豆荚、粪尿、水等按适当比例放入沼气发酵池内，密闭，发酵分解。需要在一定的温度、水分、酸碱度以及适当的搅拌条件下进行。

生物质发酵一般会经过三个阶段的

反应：

(1) 水解阶段。由发酵型细菌的胞外酶分解有机物为可溶性物质，如单糖、氨基酸、脂肪酸等；

(2) 产酸阶段。由产氢、产酸细菌将上阶段产物分解为低分子化合物，如乙酸、丙酸、乙醇等；

(3) 产甲烷阶段。利用甲烷菌，使低分子化合物发酵产生甲烷（沼气）。

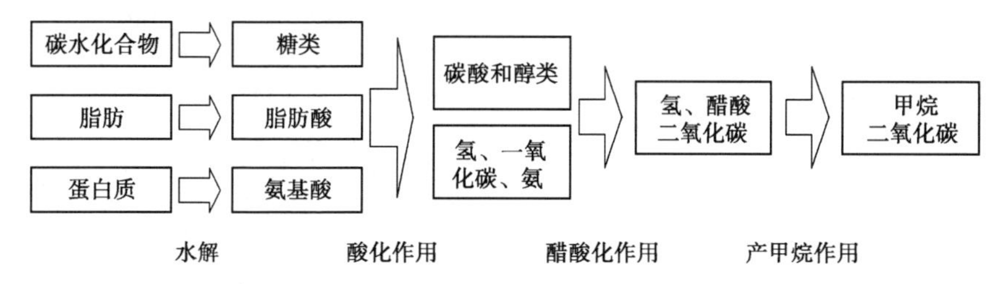

厌氧消化的阶段

三个阶段在相互联系、相互制约的基础上保持平衡。如果这种平衡遭到破坏，发酵过程就会停止。

产生的沼气能够用作燃料或化工原料，发酵后的残余物和肥液可用作肥料，称为“沼气肥”。沼气渣肥多用作基肥，肥液可作追肥用。由于发酵分解后的粪肥，杀灭了大量的寄生虫和病菌，有利于城乡的环境保护。沼气发酵已经发展成为工农业生产上广泛注意的一项综合利用措施。

沼气发酵微生物 microorganisms of biogas fermentation 在缺氧条件下降解有机质产生沼气的一群微生物。

生物气 biogas；fermentation gas 俗称为“沼气”。生物气是厌氧环境下特殊的生物——产甲烷菌的代谢产物。生物气是无色、无嗅、无毒的气体混合物，其中含甲烷 50%～75%，此外还含有二氧化碳、少量的硫化氢、氮气和一氧化碳等，所以略带臭味。生物气密度约为空气的 55%，难溶于水，易燃，$1m^3$ 生物气的发热量为 35857 kJ。

根据生物气的来源不同，又分为两大类：

(1) 天然生物气。

(2) 人工生物气。

天然生物气是排放到大气中的甲烷来源，属于温室气体。大气中约有 80%～90%的甲烷来自这种生物气。而人工生物气与太阳能和风能一样，属于环境友好的可再生能源。

生物气的一般组分

组　分	分子式	含量/%
甲烷	CH_4	50～75
二氧化碳	CO_2	25～50
氮	N_2	0～10
氢	H_2	0～1
硫化氢	H_2S	0～3
氧	O_2	0

天然沼气 marsh gas 即“天然生物气”。由各种有机物质、植物残体在与空气隔绝的条件下经自然分解而生成的一种可燃性气体。即在特定的厌氧条件，同时又不存在硝酸盐、硫酸盐和日光的环境中形成的。

在自然界这种气体因从沼泽底部发生者居多，故以此得名为“沼气”。此外,垃圾或粪便等在不与空气接触时腐烂发酵,也能产生沼气。形成沼气的过程,称为“沼气发酵”。在沼气发酵过程中,二氧化碳是碳素氧化的终产物,甲烷是碳素还原的终产物。在沼气发酵过程中,参与甲烷形成的细菌统称为“甲烷菌”。

人工沼气 false biogas 即“人工生物气”。是人们将一些有机物质(如秸秆、杂草、树叶、人畜粪便等废弃物)置于沼气池中,在一定的温度、湿度、酸度条件下,隔绝空气,经微生物作用(发酵)而产生的可燃性气体。

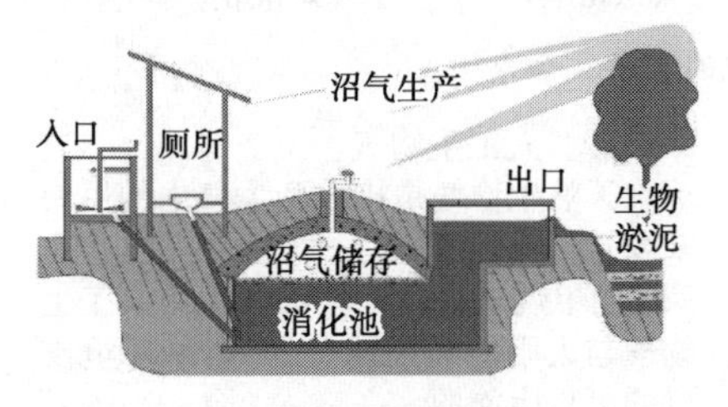

人工沼气的生产

产甲烷作用 methanogenesis; bio-methanation 指微生物生成甲烷的代谢途径。它是有机物降解的最终步骤。

凡是可以生成甲烷的微生物都称为产甲烷菌。产甲烷作用是一种厌氧呼吸。产甲烷菌不能呼吸氧气,而且氧气对产甲烷菌具有致命的毒性。

产甲烷菌不能在有氧气处生存,因此只能在完全缺乏氧气的环境中被发现。在有机物被迅速降解的地方,如湿地土壤、动物消化道和水底沉积物等才存在产甲烷菌。产甲烷作用也可发生在氧气和腐烂有机物都不存在的地方,如地面下深处、深海热水口和油库等。

人类通过产甲烷作用,将有机废物转化成沼气。产甲烷作用同样在人和动物的肠道中发生。尽管产甲烷作用对人类消化不是必需的,但对于反刍动物如牛和羊的营养却是必要的。在瘤胃中,厌氧生物(包括产甲烷菌)将纤维素消化成可以被动物吸收的物质。如果瘤胃中缺乏微生物,必须给牲畜喂特殊的食物才能够存活。

反刍动物排放的甲烷属于温室气体排放,约占大气甲烷总量的19%。

上流式厌氧污泥床反应器 up-flow anaerobic sludge blanket (UASB) 是一种处理污水的厌氧生物方法,1977年由荷兰勒廷咖(Gatze Lettinga)教授发明。污水自下而上通过上流式厌氧污泥床反应器。反应器底部有一个高浓度、高活性的污泥床,污水中的大部分有机污染物在此处经过厌氧发酵降解为甲烷和二氧化碳。因水流和气泡的搅动,污泥床之上有一个污泥悬浮层。反应器上部设有三相分离器,用以分离消化气、消化液和污泥颗粒。消化气自反应器顶部导出;污泥颗粒自动滑落沉降至反应器底部的污泥床;消化液从澄清区出水。

上流式厌氧污泥床反应器负荷能力很大,适用于高浓度有机废水的处理。运行良好的上流式厌氧污泥床反应器具有很高的有机污染物去除率,不需要搅拌,能适应较大幅度的负荷冲击、温度和pH值变化。

菌生甲烷 bacterial methane 由甲烷菌活动(代谢作用)生成的甲烷。如油层中,甲烷菌将重油降解为轻质油(包括甲烷);又如泥沼中的甲烷菌活动,将有机质变为沼气(主要成分是甲烷)。

生物甲烷 bio-methane 即生物气。由生物质生成的生物气,经过提纯适用于天然气汽车作燃料。

生物甲烷在化学性质上与天然气相同,但天然气属于化石燃料,是不可再生燃料;而生物甲烷属于生物燃料之一,是可再生燃料。

生物气原料

草本生物质 herbaceous biomass 是具有木质部不甚发达的草质或肉质的茎，而其地上部分大都于当年枯萎的植物体。它是农村的常用燃料之一。以干基计，低位热值为 17.209MJ/kg，高位热值为 18.123MJ/kg。

柴 firewood; wood fuel 取自于树木，是一种生物燃料。也是一种可再生能源。柴不但包括用树木，还包括用干枯的稻草、麦秸、高粱秆或野草等草本植物，以及树叶、木屑等物制作的燃料。适量、有限度和有选择性的砍树取柴，是一种可持续使用柴这种能源原料的方法。一般先砍伐树木的主干或枝条，然后把它们劈成适合炉灶大小的条状木材。木材燃料的能源含量：

（1）高位热值，烘干 = 18 ~ 22GJ/t（7600 ~ 9600Btu/lb）

（2）风干，20% 湿度 ≈ 15GJ/t（6400 Btu/lb）

垃圾 garbage 指不需要的、无用的固体、流体物质。在人口密集的大城市，垃圾处理是一个令人头痛的问题。常见的做法是收集后送往堆填区，或是用焚化炉焚化，但两者均会出现环境保护的问题；而终止过度消费可进一步减轻堆填区饱和程度。堆填区中的垃圾处理不当会污染地下水和发出臭味，而且很多城市可供垃圾堆填的面积已越来越少。

焚化则不可避免地会产生有毒气体，危害生物体。许多城市都在研究减少垃圾产生的方法，并鼓励资源回收。

垃圾填埋场沼气 landfill gas 在垃圾填埋厂所倾倒的垃圾是指不经过焚烧和循环利用的垃圾。垃圾填埋是一种废物处理方法，一般用于处理垃圾、建筑废料或淤土等固体废物。

有机物若没有妥善处理，将会自然分解，会放出沼气和污水。

垃圾填埋场产生的沼气可用作沼气发电，如台湾山猪窟垃圾卫生掩埋场的沼气发电。

排泄物 excretion 指生物（包括人、畜、动物等）的消化系统中任何排泄的固体或液体。通常指人类和牲畜的尿液和粪便。可作为人工沼气的原料。

生物气用途

沼气发电 biogas generation 以沼气作为燃料，用燃气发动机或双燃料发动机产生动力来驱动发电机产生电能。沼气发电系统主要有沼气发动机、发电机、沼气脱硫器、输配电设备、余热利用设备等部分组成。以沼气为燃料的燃气发动机，一般有两种形式：

（1）火花点火式燃气发动机；

（2）压缩点火式双燃料发动机。

沼气发电站 biogas power plants 利用沼气发电的工厂。沼气发电站通常由沼气池和发电动力装置组成。沼气池用于制备沼气，是电站的燃料源。

发电动力装置分为蒸汽动力和内燃动力两种，以内燃机发电最为常用。内燃机具有体积小、重量轻、启动快、热效率高、初期投资少等优点，但是必须对内燃机进行适当改装。

生物质气化发电 biomass gasification generation 采用特殊的气化炉，把生物质废弃物，包括木料、秸秆、稻草、甘蔗渣等转换为可燃气体。这种可燃气体经过除尘除焦等净化工序后，再送到气体内燃机进行发电。为进一步提高系统效率，可利用气化系统和内燃机产生的余热，通过余热锅炉和蒸汽轮机实现联合循环发电。

生物质代用天然气 bio-SNG 由生物质通过发酵生产的生物气（沼气），再经过甲烷化获得的高热值天然气。其优点是可以使代用天然气（SNG）、生物质代用天然气和天然气同时进入输气管网。

生物质代用天然气是可再生气体，可以分阶段生产以同样的速度进入管网。现代天然气市场和设施为生物质代用天然气大规模工业化生产提供了有利的条件。

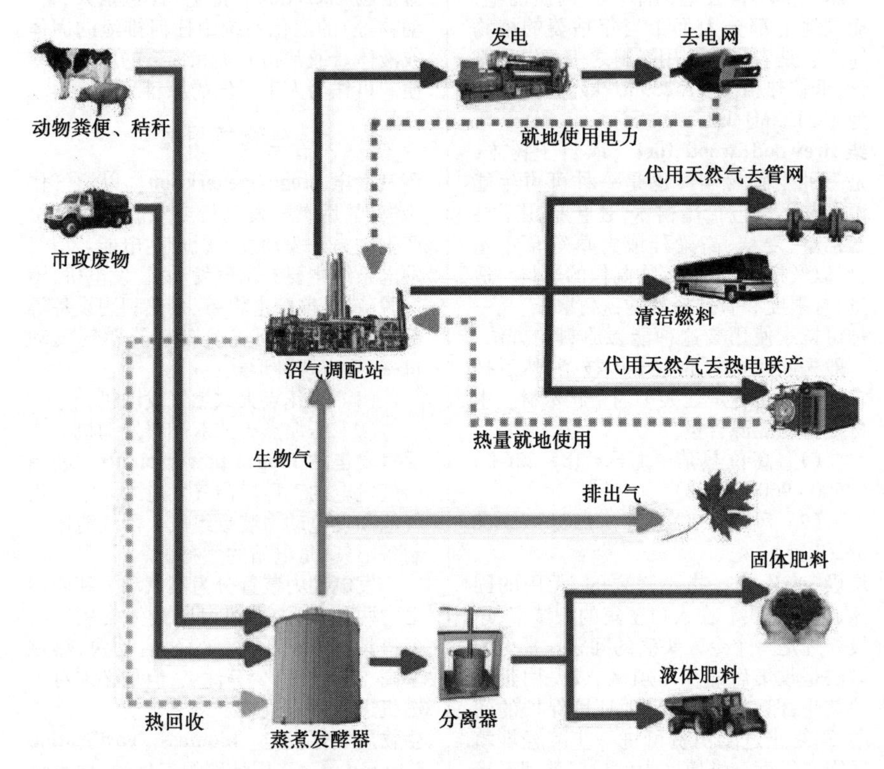

生物气生产及利用

甲烷的其他生产法

再生甲烷 renewable methane 指利用再生能源生产的甲烷。再生甲烷有两种方法可以生产：

（1）生物质气化或发酵生成甲烷；

（2）利用太阳能、风能、地热能等再生能源水解制氢，再与废弃的二氧化碳反应生成甲烷。

可持续的甲烷生产 sustainable methane fuel production 指甲烷燃料通过太阳能获得氢，并与废弃的二氧化碳合成甲烷。这类甲烷的燃烧排放不增加大气中的二氧化碳，与环境和谐。可持续的甲烷生产是未来甲烷生产的方向。

由太阳能制取的氢与二氧化碳是通过萨巴捷（Paul Sabatier，1854～1941年）反应而获得甲烷。

$$CO_2+4H_2 \longrightarrow CH_4+2H_2O$$

二氧化碳制甲烷 CO_2 to methane 指向枯竭油田中注入二氧化碳或利用封存的二氧化碳，采用微生物发酵从油层残留的原油生成氢,二氧化碳与氢反应生成甲烷排放至地面。因为三次采油后,在油层仍然遗留约有 40%的原油,因此,此法进一步利用了残油,同时利用了废弃的二氧化碳。

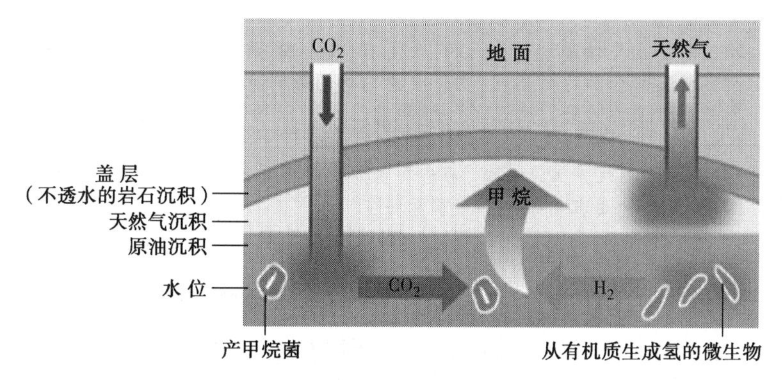

枯竭油田生产甲烷示意图

组织机构

德国生物气协会 German Biogas Association 1992 年成立,设在弗赖辛,是生物气行业欧洲最强大的专业协会组织。【http://www.biogas.org】

加拿大生物气协会 Canadian Biogas Association 从生态学和环境学出发,快速推广沼气技术的组织,设在加拿大安大略省兰丝唐市。【http://www.biogasassociation.ca】

比利时生物质能协会 ValBiom asbl 是非营利性组织,设在让布卢。专注于推动比利时的生物质能工业的发展。【http://www.valbiom.be】

瑞士生物气论坛 Swiss Biogas Forum 是瑞士政府提倡和鼓励利用生物气、宣传其重要性,相互交流技术,促进生物气工业的发展的重要论坛。【http://www.biogas.ch】

比利时生物气公司 Biogas-E vzw. 比利时最大的生物气生产公司,设在比利时科特赖克市。该公司采用生物质气化技术生产生物气,产品供发电和生产化工品。【http://www.biogas-e.be】

生物气北方公司 Biogas NORD GmbH 德国的一个发展、规划、建造和运行生物气装置的工程公司。1996 年成立,设在比勒费尔德市。【http://www.biogas.de】

施马克生物气公司 Schmack Biogas AG 欧洲最大的生物气生产公司之一,1995 年成立,设在德国施万多夫。【http://schmack-biogas.viessmann.com】

生物气国际公司 Biogas International 荷兰最大的生物气生产公司,1996 年成立,设在德伦特省卡西纳芬市。【http://www.biogas.nl】

媒 体

中国沼气网 China´s Biogas Website 由中国农业部沼气科学研究所和中国沼气学会主办的网站。设有栏目:政策法规、技术研讨、业界动态、沼气技术、技术标准等。【http://www.biogas.cn】

10.2 生物乙醇

生物乙醇,也称为乙醇燃料,加入到汽油中,减缓了温室气体排放,同时也是石油的重要替代燃料。

生物乙醇是由生物质发酵生产的,主要有三种:玉米乙醇、蔗糖乙醇和纤维素乙醇。由于环境与社会原因的不同,生产生物乙醇的原料也会不同,但最终将采取从纤维素和半纤维素来生产纤维素乙醇。纤维素乙醇不但给人类提供了燃料,而且减缓了温室气体的排放。

目前,美国主要生产玉米乙醇,而巴西主要生产蔗糖乙醇。纤维素乙醇的生产也正在美国、加拿大和西班牙等一些国家开展。

乙醇 ethanol　是最常见的醇。分子式 CH_3CH_2OH。乙醇是透明的可燃液体。有醇香,味辣。吸水性很强。沸点 78.5℃,熔点 -117.3℃,相对密度 0.7893(20/4℃)。能与水和许多有机溶剂混溶。能与水形成共沸混合物,共沸点为 78.1℃,因此用蒸馏法得到的乙醇,其中还含有 4.43%的水。

乙醇最古老的制法是用淀粉、糖或其他碳水化合物进行发酵制成。用发酵法制得的乙醇有醇香,可饮用。

在工业上采取乙烯的水化法制取乙醇。在一定条件下,乙烯通过固体酸催化剂直接与水反应生成乙醇:

$$CH_2{=}CH_2 + H_2O \longrightarrow CH_3CH_2OH$$

目前大量的乙醇则是以工业生产法制取,比较经济。乙醇可用作溶剂或试剂,在医疗中用作消毒剂、杀菌剂。

生物乙醇 bio-ethanol　也称为"乙醇燃料(ethanol fuel)"。是指通过微生物的发酵将各种生物质转化为燃料酒精。它可以加入到汽油中,制成汽油醇(gasohol),作为汽车燃料。

目前,工业化生产的生物乙醇多以农作物(如玉米、甘蔗等)为原料,生产规模受到限制和不可持续性。

第二代生物乙醇是以秸秆等(即纤维素)为原料并加入酶制剂来生产,不仅可以节约粮食,并可以替代部分汽油,以减少对外石油依存度。

生物乙醇的生产

发酵 fermentation　一般泛指利用微生物制造工业原料或工业产品的过程。它可在有氧或无氧条件下进行。前者如抗生素发酵、醋酸发酵、氨基酸发酵和维生素发酵等。后者如乙醇发酵、乳酸发酵和丙酮、丁醇发酵等。

在微生物能量代谢中,发酵是指专性厌氧微生物和兼性厌氧微生物在无氧条件下分解各类有机物产生能量的一种方式。如有些酵母菌通过糖酵解途径从分解葡萄糖产生乙醇的过程中获得能量。

发酵过程 fermentation process　指在活细胞催化剂(主要是微生物细胞)作用下,所进行的系列串联生物反应过程,以生产生物化工产品。

发酵过程包括菌体生长和产物形成两个阶段,历时较长。鉴于微生物易变异及易受杂菌污染等原因,因此一般都采用分批操作的方式。

发酵工程 fermentation engineering　应用现代技术手段,利用微生物的特殊功能生产有用的物质,或直接将微生物应用于工业生产的一种技术。发酵工程也称微生物工程。

发酵工程包括菌种选育、菌种生产、

代谢产物的发酵,以及微生物的利用技术。

工业发酵 industrial fermentation 一切依靠微生物的生命活动而实现的工业生产的发酵。微生物的生命活动是依靠生物氧化提供的代谢能来支撑,因此工业发酵覆盖了微生物生理学中生物氧化的所有方式:有氧呼吸、无氧呼吸和发酵。

专性厌氧生物 obligate anaerobes 当暴露于有氧气的环境下,有些厌氧生物会死亡,这种厌氧生物,称为"专性厌氧生物"。它们是以发酵或无氧呼吸生存的。在有氧的环境下,专性厌氧生物会出现缺乏超氧化物歧化酶及过氧化氢酶的情况,这些酶是可以帮助移走在专性厌氧生物细胞内的致命的超氧化物。

兼性厌氧生物 facultative anaerobes 有些厌氧生物是可以在有氧的环境中,利用当中的氧气进行有氧呼吸的,这种厌氧生物,称为"兼性厌氧生物"。但当在没有氧气的环境下,它们会部分进行发酵,而部分则进行无氧呼吸。如葡萄球菌属、棒状杆菌属、李斯特菌属等,而真菌中的酵母也是兼性厌氧的。

玉米乙醇

玉米乙醇 corn alcohol 指以玉米为原料、通过发酵和蒸馏来生产的乙醇。玉米乙醇属于第一代生物燃料。

生产玉米乙醇的原料首先经干式或湿式研磨,然后再进行发酵、蒸馏、脱水和改性,得到燃料乙醇。

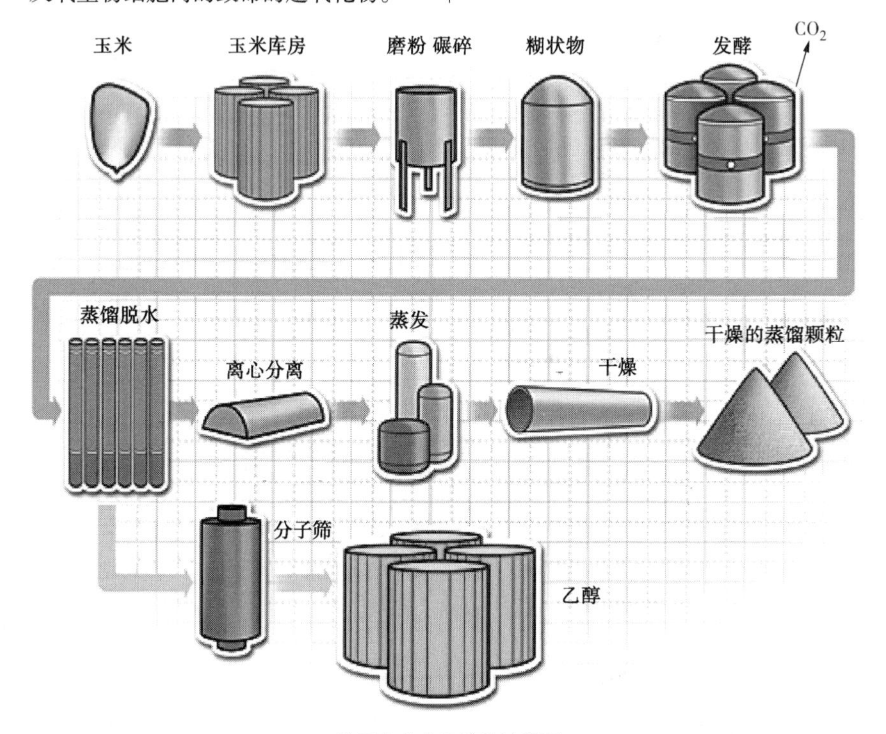

从玉米生产乙醇的流程图

蔗糖乙醇

蔗糖乙醇 sugarcane ethanol　指用甘蔗生产的燃料乙醇。综合蔗糖乙醇的生命周期,蔗糖乙醇的温室气体排放相当于汽油减少 56%,高于玉米乙醇(减少 22%),低于纤维素乙醇(减少 91%)。

巴西是全球最大的甘蔗种植国,主要是用甘蔗来生产蔗糖乙醇;巴西也是世界上最大的乙醇生产国,仅次于美国。

甘蔗 sugarcane; saccharum officinarum　是禾本科单子叶植物,为甘蔗属的总称。是制造蔗糖的原料,且可提炼乙醇作为能源替代品。

全世界有一百多个国家出产甘蔗,最大的甘蔗种植国是巴西、印度和中国。

登录 http://en. wikipedia. org,将"Sugarcane"输入搜索框,即可查阅世界十大甘蔗生产国。

甘蔗渣 bagasse; sugarcane bagasse; sugar cane bagasse　甘蔗压碎取汁后剩余的纤维物质。甘蔗渣是一种可再生资源,可用来生产生物燃料、生产纸浆造纸或做建筑材料。也是农村常用的生物质燃料。高位热值 19. 3~19. 4MJ/kg、低位热值 17. 7~17. 9MJ/kg。

蔗糖 sucrose　是人类基本的食品添加剂之一,已有几千年的历史。根据纯度可分为:冰糖(99. 9%)、白砂糖(99. 5%)、棉白糖(97. 9%)和赤砂糖(也称红糖或黑糖,89%)。

甘薯 sweet potato　一种块根作物,是世界上第三种主要蔬菜作物。除供食用外,还可以制糖和酿酒、也可以用作乙醇的生产原料。

蔗糖乙醇生产 sugarcane ethanol production　指由蔗糖生产乙醇的过程。

甘蔗运输到加工厂,从甘蔗杆压榨出糖分,并对蔗渣采用 RotaDek 扩散器尽量榨出糖分;然后经由超滤出残渣,再经 HS/LE 发酵(High Speed / Low Effluent fermentation),微火蒸馏出 95% 的乙醇,最后脱水生成乙醇燃料。

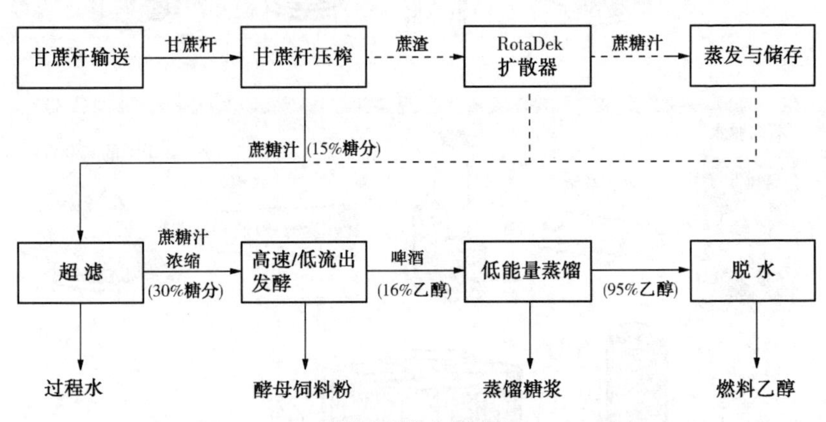

蔗糖乙醇的生产过程

纤维素乙醇

秸秆 straw　指小麦、水稻、玉米、薯类、油料、棉花、甘蔗和其他杂粮等农作物收获后剩余的茎秆、枝叶部分。其主要成分为纤维素和木质素,是良好的生物质能,也可作为饲料、肥料和工业原料。

秸秆可直接燃烧取得热量,也可以通过生物发酵的方式转化成沼气、乙醇等燃料。由于秸秆体积大,运输不便,可压缩制成块状燃料。

柳枝稷 switchgrass; Panicum virgatum 多年生草本植物,不太需要施肥灌溉,容易繁殖,草梗粗壮,高度达3m。

柳枝稷是北美洲的原生植物,分布于美国得克萨斯州草原地区至加拿大。

柳枝稷可以直接燃烧获取能源,目前已经有办法克服柳枝稷燃烧的空气污染问题,柳枝稷可以取代(部分)煤使用。在煤制取合成原油时,如果在原料煤中加入38%的柳枝稷,可使煤制油的温室气体排放降低100%。

另外,柳枝稷可用于提炼纤维素燃料乙醇。纤维素乙醇比玉米乙醇更能减低碳排放。

芒草 miscanthus 是各种芒属植物的统称。一部分的芒属植物,如中国芒(M. sinensis)与巨芒(M. giganteus,又名大象草),被应用作能源作物,高位热值18.1~19.6 MJ/kg、低位热值17.8~18.1MJ/kg。芒草可以生产生物燃料,主要是生物乙醇。

纤维素 cellulose 分子式$(C_6H_{10}O_5)_n$,由D-葡萄糖以β-1,4糖苷键组成的大分子多糖,相对分子质量50000~2500000,相当于300~15000个葡萄糖基。不溶于水及一般有机溶剂。是植物细胞壁的主要成分。

纤维素是世界上最丰富的天然有机物,占植物界碳含量的50%以上。木材中的纤维素则常与半纤维素和木质素共同存在。

纤维素乙醇 cellulosic ethanol 是由木材、草本或非食用植物生产的一种生物乙醇,即由植物结构组织的木质纤维素生产的一种生物乙醇。

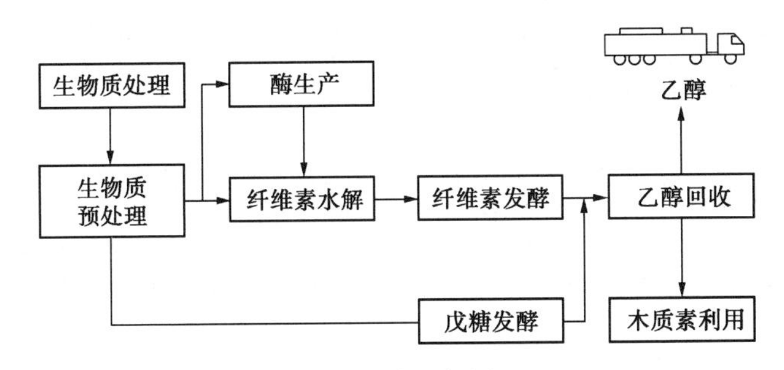

纤维素乙醇生产流程

木质纤维素制造燃料乙醇的工艺过程如下:

(1)糖化。木质纤维素粉碎,将浓硫酸加入到含有纤维素的木材中,使其糖化。

(2)发酵。从糖化中分离出乙醇。

(3)脱水。加热蒸发脱水,使浓度仅为10%的乙醇达到90%的浓度。

由于生产纤维素乙醇的工艺过程比较复杂,许多国家都在进行研究开发。目前,纤维素乙醇的生产也正在美国、加拿大和西班牙等一些国家开展,但尚未大规模商业化生产纤维素乙醇。

生物乙醇的利用

醇基燃料 alcoholic fuels 指含醇的液

体燃料。醇类燃料主要含醇(甲醇、乙醇)、汽油及少量的甲基叔丁基醚。醇类含量小于10%的,称为"低浓度混合燃料";醇类含量达85%以上的,称为"燃料醇"。

乙醇燃料 ethanol fuel 是用谷物或农业废物生产的液体。当用作汽车燃料时,需要经过变性处理。车用乙醇汽油是在汽油中加入一定比例的变性燃料乙醇形成的一种新型混合燃料。目前世界上一些国家作为汽车燃料使用。在这种燃料中,乙醇既是一种车用替代燃料,又是一种良好的汽油增氧剂和高辛烷值调和组分,用来代替甲基叔丁基醚(MT-BE)。

Ecalene 是混合醇的商标名称。它用作燃料或燃料添加剂。Ecalene一般组分的质量比为乙醇45%、甲醇30%、丙醇15%、丁醇7%、已醇2%和其他1%。

***E*10** 表示10%乙醇和90%无铅汽油的混合物。*E*10是美国汽车销售商认可的汽车燃料模式。许多汽车制造商推荐应用它,是因为它的性能好、燃烧清洁的特性。所有汽车都可以使用*E*10而不必改装发动机。

***E*85** 表示85%乙醇和15%无铅汽油的混合物。*E*85燃料含能量25.2MJ/L或33.2MJ/kg,研究辛烷值为105。*E*85是可替代燃料,用于掺混燃料汽车。*E*85燃料1.5gal的能源含量相当于1.0gal汽油。

***hE*15** 是指15%含水乙醇燃料掺混到85%的汽油之中。2008年荷兰引入到公共加气站中。含水乙醇燃料可以有效地使用常用乙醇与汽油混合的应用程序。

***ED*95** 是指95%生物乙醇掺混5%点火改进剂,用于高压缩的改进型柴油发动机点燃燃料。

乙醇汽车 Ethanol Vehicle 利用车用乙醇汽油代替汽油作燃料的汽车。与使用汽油相比,使用乙醇混合汽油时,发动机油耗增加,其起动性和动力性有所下降,但是汽车排放的一氧化碳和碳氢化合物明显降低。

由于乙醇和汽油在燃料性能上的差别,目前世界上对乙醇汽油的使用方法也各不相同,一般分为两大类:

(1)对汽油发动机的汽车,乙醇加入量为5%~22%;

(2)对专用发动机的汽车,乙醇加入量为85%~100%。

变性乙醇 denatured alcohol 俗称"工业酒精"。指在乙醇中加入添加剂使之不能饮用,只能作工业用途。添加剂的份量约为5%。通常被添加紫色染料及会挥发臭味的煤油,用作警告其不能饮用。由于不能饮用,变性乙醇可避开某些国家对酒类饮品征收的税项,而较为便宜。

组织机构

国家乙醇汽车联合会 National Ethanol Vehicle Coalition (NEVC) 该协会设在美国密苏里州杰裴逊。其宗旨是促进85%乙醇作为可替代能源用作运输燃料,以提高农业收益、环境友善和推动国家能源发展。【http://www.e85fuel.com】

堪萨斯州乙醇加工者协会 Association of Ethanol Processors 美国堪萨斯州乙醇制造商组成的组织,设在托皮卡。其目标是促进燃料乙醇的生存能力,激励地区和州的经济增长。【http://www.ethanolkansas.com】

美国大豆协会 American Soybean Association(ASA) 是美国大豆生产商自愿组成的组织,代表了大豆生产商的利益,生产燃料乙醇并参与大豆的国际贸易。【http://www.soygrowers.com】

美国可再生燃料协会 Renewable Fuels Association (RFA) 美国燃料乙醇工业的国家贸易协会,于1981年成立。致

力于乙醇工业生产与推广。【http://www.ethanolrfa.org】

美国乙醇联合会 American Coalition for Ethanol (ACE) 是非营利性的国家组织。其成员包括乙醇生产者、农场主、投资者、商界人士。其宗旨是发展乙醇燃料,支持美国乙醇工业的发展。【http://www.ethanol.org】

美国玉米栽培者协会 National Corn Growers Association (NCGA) 属于美国国家组织,成立于1957年,设在美国密苏里州切斯特菲尔德。代表了美国48个州3万多玉米生产者的利益,注重燃料乙醇的生产。【http://www.ncga.com】

乙醇技术学会 Ethanol Technology Institute 成立于2004年,从事乙醇和酒精饮料的生产研究,总部设在美国威斯康辛州密尔瓦基市,乙醇的技术研究设施建在加拿大魁北克省蒙特利尔。【http://www.ethanoltech.com】

乙醇市场 Ethanol Market 是由工业乙醇、燃料乙醇的生产商和销售商组成的组织。设在美国得克萨斯州圣安东尼奥。【http://www.ethanolmarket.com】

欧洲可再生乙醇工业 European Renewable Ethanol Industry 由UEPA(乙醇生产者欧洲联盟)和eBIO(欧洲生物乙醇燃料协会)合并而成的非营利性国际组织。【http://epure.org】

欧洲生物乙醇燃料协会 European Bioethanol Fuel Association (eBIO) 于2005年成立,设在比利时布鲁塞尔。代表了欧洲生物乙醇工业的利益。【http://www.ebio.org】

科倍糖业公司 Copersucar S.A. 是巴西最大的糖业和乙醇生产的贸易商,也是最大的出口商,其业务在全球范围内运作。【http://www.copersucar.com.br】

国际生物质能公司 BioEnergy International, LLC 从事先进生物质能的研究和开发,并大规模地生产乙醇。设在美国马萨诸塞州昆西。【http://www.bioenergyllc.com】

兰焰再生能源公司 BlueFire Renewables 是一个从纤维素生产乙醇的公司。纤维素采用木材废料、农业残留物和市政废物。总部设在美国加利福尼亚州欧文。【http://bfreinc.com】

马斯克玛公司 Mascoma Corporation 是一个从木材和柳枝稷生产纤维素乙醇的公司,2005年成立。总部设在美国新罕布什尔州黎巴嫩市。【http://www.mascoma.com】

帕尔特有限公司 POET LLC 是美国最大的生物乙醇生产公司,公司设在南达科他州苏福尔斯。采用纤维素制取生物乙醇。目前,利用玉米杆为原料生产生物乙醇,年产 $6.4 \times 10^6\ m^3$ 乙醇。【http://poet.com】

谢太农公司 Xethanol 是美国一个生产玉米乙醇的公司,也是开发生产纤维素乙醇的公司之一。利用桔皮为原料生产生物乙醇,年产 $1.9 \times 10^7 m^3$(19 GL/a)。

拉勒马德生物乙醇和蒸馏酒公司 Lallemand Biofuels & Distilled Spirits 于2004年成立,设在美国乔治亚州德卢斯市。从事乙醇和酒精饮料的生产和研究。【http://www.ethanoltech.com】

美尼特技术公司 Myriant Technologies 设在美国马萨诸塞州昆西,2004年成立。从事先进的生物质能研究和开发,并大规模地生产乙醇。【http://www.bioenergyllc.com】

孙欧帕塔公司 SunOpta, Inc 是一个食品和矿产跨国公司,1973年成立,总部在加拿大。关注天然的、有机的和特殊的产品。该公司利用木材屑为原料,从纤维素生产乙醇是其中的一项重要产品。【http://www.sunopta.com】

艾欧基公司 Iogen Corporation 是加

拿大生物技术的先导公司,20 世纪 70 年代成立,公司设在加拿大首都渥太华。是专注于纤维素酵素基因重组的公司,成功地从农业废弃物如稻杆、稻壳、蔗渣、废物块、林木废料等制取燃料级生物乙醇。【http://www.iogen.ca】

阿本格公司 Abengoa, S.A. 西班牙的一个跨国公司,业务涉及能源、电信、运输和环境,1941 年成立,在 80 多个国家从事生产。该公司也是全球领先的生物技术公司,特别是发展生物燃料和生物化学品,如纤维素生产生物乙醇。美国子公司设在堪萨斯州雨果顿,利用麦秸为原料生产乙醇。【http://www.abengoa.com】

媒 体

乙醇生产商杂志 Ethanol Producer Magazine 是燃料乙醇生产方面最大的、最老的贸易性杂志。刊载世界乙醇生产和销售内容。编辑部设在美国北达科他州大福克斯。【http://www.ethanolproducer.com】

乙醇零售商 ethanol retailer 美国乙醇供应商信息网站,设在密苏里州杰裴逊。为了促进 85% 乙醇作为可替代能源用作运输燃料,以提高农业收益、环境友善和推动国家能源发展。【http://www.ethanolretailer.com】

10.3 生物丁醇

生物丁醇是能量密度较高、挥发性比乙醇低的第二代醇类燃料。生物丁醇其能源密度接近石油,环境效益显着,能减低温室气体的环境排放,并且不影响食品供应。

与现有的生物燃料相比,在汽油中可混入 20% 生物丁醇,而无需对车辆进行改造。与传统燃料相比,单位燃料可支持汽车多走 10% 的路程;与乙醇相比,可多走 30% 的路程。

在经济上,当每桶石油超过 80 美元时,丁醇燃料便有利可图。

丁醇 butanol 是含有四个碳原子的饱和醇类,分子式 C_4H_9OH。丁醇有下列四种结构形式:

正丁醇(*n*-丁醇)常直接称为"丁醇" OH

异丁醇(iso-丁醇) OH

仲丁醇(sec-丁醇) OH

叔丁醇(tert-丁醇) OH

丁醇可以采用生物质通过细菌发酵来生产。20 世纪 50 年代前,丙酮丁醇梭杆菌(Clostridium acetobutylicum)用于生物质工业发酵过程来生产丁醇,这类丁醇称为"生物丁醇"或"丁醇燃料"。经过几十年的研究表明,有些微生物也可通过发酵来生产丁醇。

石油丁醇 petrobutanol 以化石燃料为原料生产的丁醇。丁醇可以用作燃料。

生物丁醇 biobutanol; butanol fuel 或称"丁醇燃料"。生物丁醇比乙醇的含能量高,蒸汽压力低,不溶于水。

生物丁醇的原料和生产工艺与生物乙醇相似,但生物丁醇的蒸汽压低,与汽油容易混合,而且对杂质水的宽容度大。由于生物丁醇的腐蚀性较小,所以,现有管线均可适用。与现有的生物燃料相比,生物丁醇能够与汽油达到更高的混合比(混合燃料中可混入 20% 的丁醇),而无需对车辆进行改造。

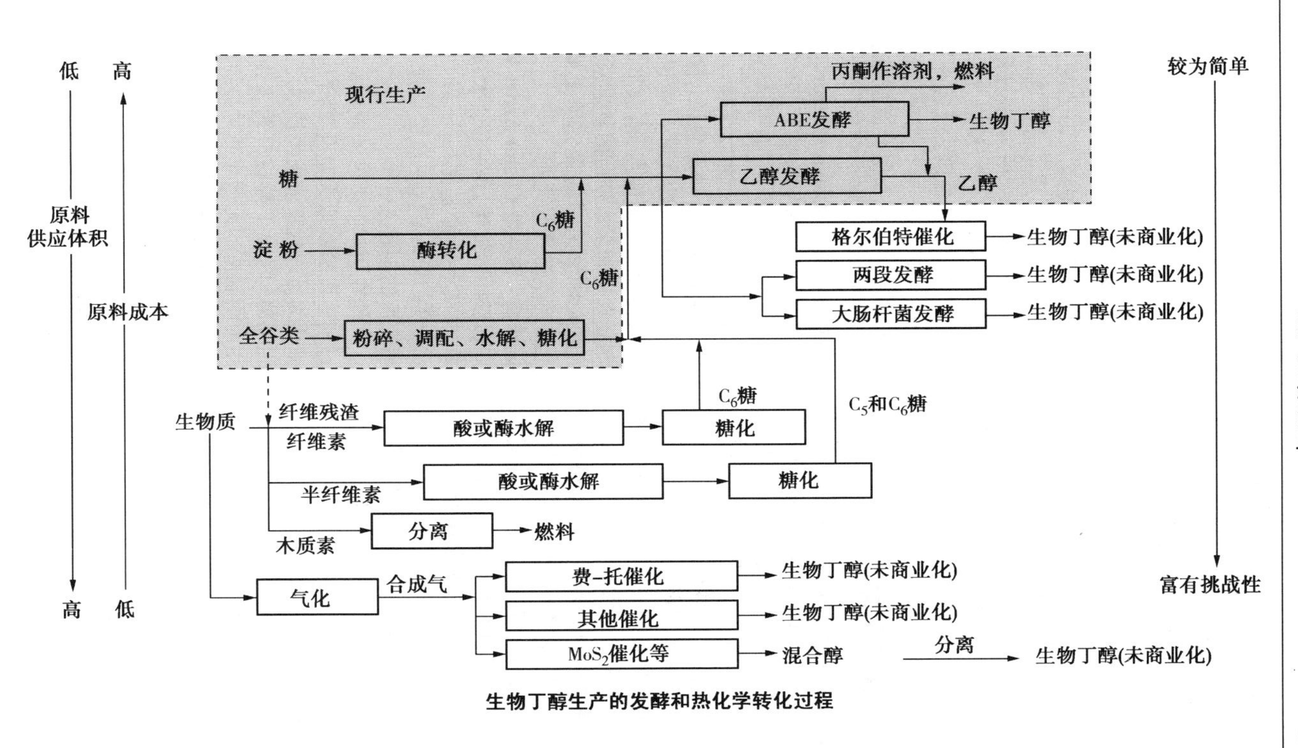

生物丁醇生产的发酵和热化学转化过程

由生物质生产生物丁醇有两条基本路线:发酵和热化学转化。

(1) 生物质发酵生产生物丁醇。

(2) 生物质热化学加工生产生物丁醇。

就现行生产技术而论,工业化生产仍然是采用生物质发酵生产生物丁醇。

藻类丁醇 algae butanol　完全由太阳能和营养素制取的生物丁醇。营养素以藻类(称为"太阳藻燃料")或硅藻(diatoms)为原料。目前由藻类制取生物丁醇的产率较低。

生物丁醇生产

ABE 发酵 ABE Fermentation　ABE 是丙酮-丁醇-乙醇(aceton、n-butanol 和 ethanol)的缩写。它是利用微生物发酵,由淀粉生产丙酮、丁醇和乙醇的过程。此法是由化学家哈伊姆·魏茨曼(Chaim Weizmann,1874~1952 年)开发的,主要工艺是在第一次世界大战中制造丙酮,生产无烟火药。

丙酮丁醇梭杆菌 Clostridium acetobutylicum　是一种能使生物质发酵并生产生物丁醇的细菌。有时也称为"魏茨曼微生物(Weizmann Organism)"。该细菌是由化学家哈伊姆·魏茨曼研究开发的,因此而得名。

丙酮丁醇梭杆菌也是一种具有商业价值的细菌,采用丙酮丁醇梭杆菌在缺氧的厌氧环境下进行 ABE 发酵,生成 3 份丙酮、6 份丁醇和 1 份乙醇。

糖化过程 saccharification　是复杂的碳水化合物(如淀粉或纤维素)断裂成单糖化合物的过程。

格尔伯特催化 Guerbet catalysis　是以法国化学家马尔泽尔·格尔伯特(Marcel Guerbet,1861~1938 年)的名字命名的催化反应。

在加热和催化剂存在的条件下,两分子脂肪族伯醇进行反应,失去一分子水,转变为β-烷化的二聚醇。

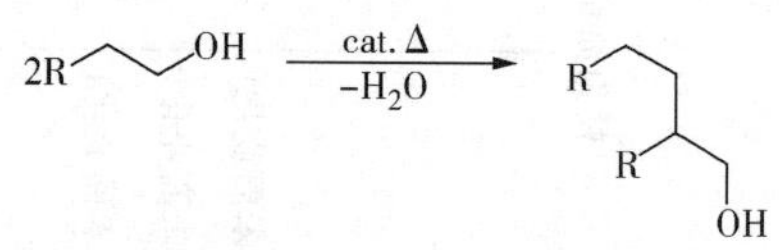

1899 年格尔伯特用正丁醇作原料,经过催化转化,得到了 2-乙基-1-己醇。由于格尔伯特发现了此反应,这个反应的产物也因此称为格尔伯特醇。用长链脂肪醇进行格尔伯特反应,生成的产物可以用作表面活性剂。反应一般在高温(220℃)加压下进行,需要有碱金属氢氧化物或醇盐以及氢化反应催化剂(如雷尼镍)存在。

路易·巴斯德 Louis Pasteur　(1822~1895 年)法国微生物学家、化学家,微生物学的奠基人之一。他早在 1861 年采用微生物发酵生产生物丁醇。

他以否定自然发生说(自生说)并倡导疾病细菌学说(胚种学说)和发明预防接种方法而闻名,他也是第一个研制狂犬病和炭疽疫苗的科学家。被称为"进入科学王国的最完美无缺的人"。也被称为细菌学之祖。

哈伊姆·魏茨曼 Chaim Azriel Weizmann　(1874~1952 年)是一位犹太裔化学家、政治家。他曾是第一任以色列总统(1949~1952 年),并且也是魏茨曼科学研究所的创建人。

他在化学上著名的成就是发现了通过细菌发酵制取大量化学产品的方法,被认为是现代工业发酵技术之父。他使用细菌-丙酮丁醇梭杆菌来生产丙酮。用丙酮制造的无烟炸药对协约国方面取得大战的胜利作出了贡献。

组织机构

来禾洛克利生物化学有限公司 Laihe Rockley Bio-Chemicals Co., Ltd. (LRB)　是由松原来禾化学有限公司和英国洛克利集团中国基金共同出资设立的中外合资企业，2011 年 12 月在吉林省注册成立，设在吉林省松原市经济技术开发区江南工业园区。

该公司致力于农业废弃物资源化高效利用的技术研究和工业化生产，不断提升所拥有的非粮生物质炼制技术和 ABE 发酵生产工艺，以工业规模生产非粮生物质化工品、非粮生物质燃料及能源。现拥有 4 条 ABE 生产线，总产能为 190kt/a，相应的农业废弃物(包括农作物秸秆、玉米芯、玉米皮等)加工能力近 2Mt/a。【http://www.laiherockley.com】

10.4 生物柴油

生物柴油是以植物油和动物脂肪为原料，主要通过转酯化反应生产的一种生物燃料。纯的生物柴油可以用作车辆燃料，但它通常是作为柴油的添加剂，以降低柴油车辆排放的微粒、一氧化碳和烃类。

欧洲生产生物柴油最多，生物柴油也是欧洲最常见的一种车辆燃料。德国、法国和西班牙的生物柴油生产居世界前列。

柴油 diesel; diesel oil; diesel fuel 是石油提炼后的一种油质的产物。由不同的碳氢化合物混合组成。它的主要成分是含 9~18 个碳原子的链烷、环烷或芳烃。

柴油的化学和物理特性位于汽油和重油之间，柴油的沸点范围分为 180~370℃和 350~410℃两类。前者称为轻柴油，后者称为重柴油。

清洁柴油燃料 clean diesel fuel; ultra low sulfur diesel(ULSD) 也称“超低硫柴油”。指根据美国环保署(EPA)规定的石油工业生产的超低含硫柴油燃料，含硫量低于 15μg/g 的柴油。

采用清洁柴油燃料可以减少颗粒物排放，同时减少碳氢化合物、一氧化碳、氮氧化物以及苯、丁二烯、甲醛、乙醛等有害物质的排放量。

生物柴油 biodiesel 是采用未加工过的或者使用过的植物油及动物脂肪通过不同的化学反应制备出来的一种生物燃料。

生物柴油的优点是：

(1) 属于可再生能源，可被生物分解，具有环境友善性；减少引擎废气排放，特别是温室气体的排放；

(2) 生物柴油的闪点较石化柴油高，运输和储存的安全性较高；

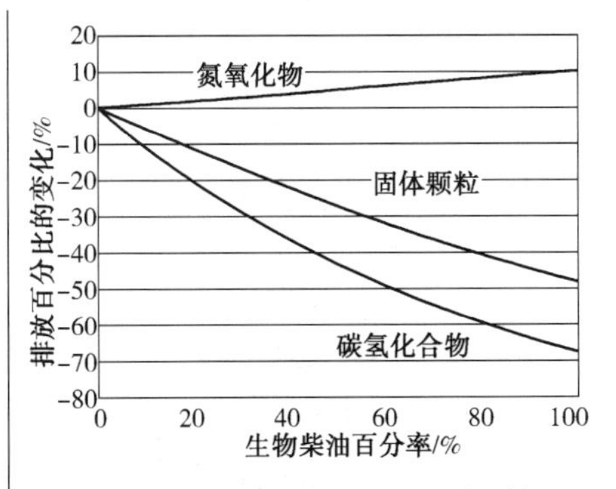

生物柴油与常规柴油的尾气排放比较

(3) 低浓度的生物柴油 B2 在润滑性能方面有明显改善；

(4) 加油站不需新增任何设施，车辆引擎不需要改装。

生物柴油遇到的问题是植物油的成本问题，包括植物油的采购、运输、储存以及提取，它们占生物柴油生产的大部分成本。

生物柴油也存在一些技术限制。由于生物柴油比普通柴油黏度高，因此在低温下会降低可用性。

生产方法

生物柴油制法 biodiesel production　制取生物柴油的方法。是将生物质(植物油和动物油脂包括废弃油脂)在有甲醇的存在下经过转酯化反应,再经中和、洗涤、分离提纯和干燥等程序所生产出来的油品。主要成分是脂肪酸甲酯或脂肪酸乙酯,副产品为甘油。

生物柴油的生产流程见下图。此流程转化率可达 95%以上,烧碱(NaOH)用量在 11%以内。

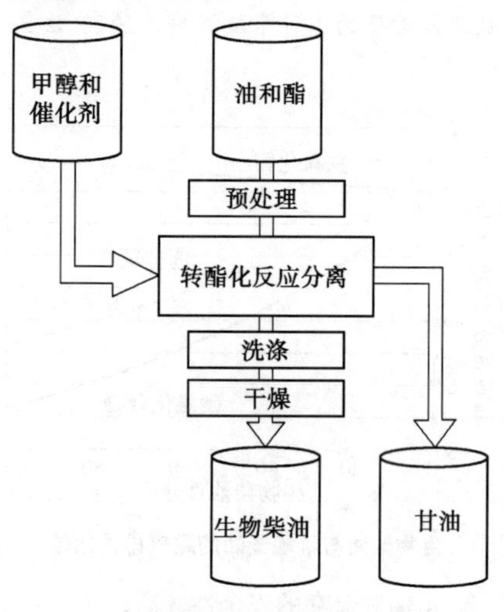

生物柴油生产流程图

转酯化反应 transesterification　制取生物柴油的反应。

利用动植物油脂(三酸甘油脂)和低碳醇,以烧碱(NaOH)为催化剂进行反应,生成相应的脂肪酸甲酯或乙酯及副产物甘油的反应。

转酯化制取生物柴油的反应式如下:

$$\begin{array}{l} CH_2{-}O{-}\overset{\displaystyle O}{\overset{\|}{C}}{-}R \\ | \\ CH{-}O{-}C{-}R \\ | \\ CH_2{-}O{-}\underset{\displaystyle O}{\underset{\|}{C}}{-}R \end{array} \quad +3CH_3OH \xrightleftharpoons{\text{催化剂}}$$

三酸甘油酯　　　　甲醇

$$\begin{array}{l} CH_2{-}OH \\ | \\ CH{-}OH \\ | \\ CH_2{-}OH \end{array} \quad +3CH_3{-}O{-}\overset{\displaystyle O}{\overset{\|}{C}}{-}R$$

甘油　　　　脂肪酸甲酯

转酯化反应是将植物油(含 80%~90%)和 10%~20%的甲醇或乙醇混合,生成脂肪酸酯,即生物柴油。甲醇常用于生产生物柴油,而不用乙醇。催化剂可以是酸,也可以是碱,但是由于碱催化的转化率更高(>98%),因此,一般是采用碱催化反应,常用的碱是氢氧化钠和氢氧化钾。在碱催化反应中,若要将转化率提高到 98%,必需经二级反应以上。通常一级反应转化率在 98%以下,整个反应是常压反应,没有中间步骤,对设备的要求也低。

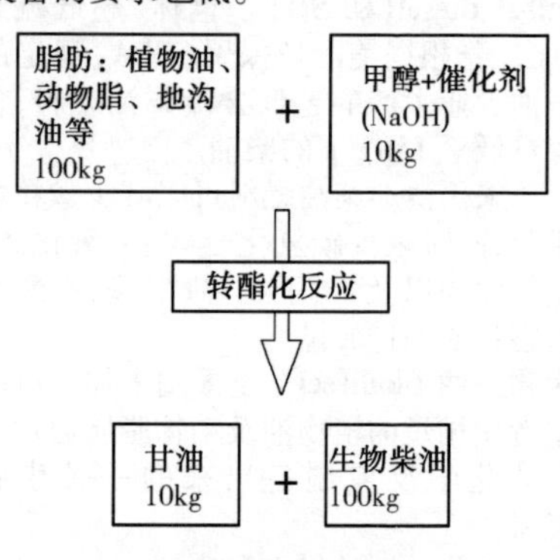

转酯化反应产率

转酯化反应是制取生物柴油的重要反应,其工艺复杂,副产物甘油不易分离,且必需回收过量的醇,因而能耗高,又存在废碱液排放的问题。所以在工艺流程上已进行改善探索,即采用新型的双金属催化剂或生物催化剂(脂解酵素)或不使用催化剂的超临界状态的反应技术。这些都可能是生物柴油研发的切入点。尤其是超临界状态的反应技术可以同时解决游离脂肪酸和水分的问题,使废水产生量较低且大幅度地提升反应速率,适用于废食用油和各种植物油,从而可提供低成本的生物燃料。

甘油 glycerine 又称"丙三醇"。生物柴油生产过程中的液体副产品。甘油可用作生产炸药、化妆品、液态肥皂、润滑油等。

甘油三酸酯 triglycerides(TG);triacylglycerides(TAG);triglyceride 是动物性油脂与植物性油脂的主要成分,由1个甘油分子和3个脂肪酸分子组成。透过饮食摄取。动植物油脂是制取生物柴油的主要原料。

油酸 oleic acid 是一种单不饱和Omega-9脂肪酸,存在于动植物体内。化学式 $CH_3(CH_2)_7CH=CH(CH_2)_7COOH$。油酸的双键反式异构体,称为"反油酸"。

油酸占橄榄油的55%~80%,花生油的36%~67%,芝麻油的15%~20%。在动物脂肪中,油酸占鸡与火鸡脂肪的37%~56%,猪油的44%~47%。油酸也是人体脂肪组织中最丰富的脂肪酸。

油酸具有羧酸和烯烃的性质。对碳碳双键氧化可以使油酸分子断裂,生成醛、酮或羧酸。将油酸加氢加成得到硬脂酸。油酸还可以发生还原反应生成醇。暴露于空气中的油酸就会缓慢发生上述氧化反应,此过程称为酸败反应。

亚油酸 linoleic acid(LA) 又称亚麻油酸。它是一种含有两个双键的ω-6脂肪酸。亚油酸是无色至淡茶色油状液体。难溶于水和甘油,溶于乙醇、乙醚、苯、氯仿。空气中易被氧化而固化。酸值200,碘值81.0。用硒在200℃或氮氧化物处理时,转变为反亚油酸。氢化时先转变为油酸和十八碳-12-烯酸,然后转变为硬脂酸。羧基被还原得到亚油醇。

亚油酸存在于动植物油中,红花油中约含75%,向日葵籽油中约含60%,亚麻油中约含45%,玉米油约含40%。动物脂肪中约含2%~4%。

油脂 lipids 取自动物、植物和微生物,主要成分为甘油三酯的一类憎水性物质。一般还含有少量双甘油酯、单甘油酯、游离脂肪酸、磷脂、糖脂、甾醇、色素、脂溶性维生素和蜡等成分。

通常在常温下呈液状者称为"油",呈固状或半固状者称为"脂"。按其来源可分为植物油脂、动物油脂、微生物油脂;按其碘值可分为干性油、半干性油和不干性油。可采用浸出、压榨、水代、熬煮等方法制取。供食用及化工、轻工等工业之用。

脂肪 fat 是最常见的食物营养素之一。由一分子的甘油和三分子的脂肪酸组成,称为三酸甘油脂。一般而言,脂肪是形容人体或食物中的脂肪组织。由碳、氢、氧三种元素组成。与糖类不同的是脂肪所含的碳、氢的比例比较大,而氧的比例比较小,所以发热量比糖类高。

脂肪酸 fatty acid 是一类羧酸化合物,由碳氢组成的烃类基团连结羧基所构成。脂肪酸可分为饱和脂肪酸、单元不饱和脂肪酸和多元不饱和脂肪酸。三个长链脂肪酸与甘油形成三酸甘油酯,是脂肪的主要成分。

脂肪酸甲酯 fatty acid methyl ester(FAME) 是植物油或动物油脂经由转酯化反应后,再经提纯程序所生产出来的产物。脂肪酸甲酯是生物柴油的主要组分。

脂肪烃 aliphatic hydrocarbons 分子中

只含有碳和氢两种元素，碳原子彼此相连成链，而不形成环的一类化合物。一般都是石油和天然气的重要成分。C_1～C_5 低碳脂肪烃是石油化工的基本原料，尤其是乙烯、丙烯和 C_4、C_5 共轭烯烃，在石油化工中应用最多、最广。

脂类 lipid 又称为脂质，是天然存在于生物体内的物质之一，其中包括简单脂类（泛称脂肪或油），蜡、复杂脂类、固醇、品烯等。脂类也是脂肪和类脂的总称。大部分脂类不溶于水而溶于有机溶剂，其功能众多，对生物有重要影响。

NExBTL 是芬兰纳斯特石油公司（Neste Oil）商业化的可再生柴油生产工艺。NExBTL 工艺生产的柴油，无论掺混或以纯粹的形式，都能够补充或部分取代柴油燃料。未掺混的 NExBTL 柴油符合欧洲标准 CEN EN 590。

NExBTL 柴油生产工艺已获得专利。这是一个植物油精炼过程。在化学上，将植物油直接催化加氢，生成甘油三酸酯，然后转化为相应的烷烃。

因为 NExBTL 柴油的化学性质与石油相似，因此不需要改装发动机。估计应用 NExBTL 柴油在整个生产和运输过程中将减少二氧化碳排放 40%～60%。

生物柴油原料

种子 seed 裸子植物和被子植物特有的繁殖体，它由胚珠经过传粉受精形成。含油脂的种子是生物柴油的原料。

冷榨生物油 cold pressed bio-oil 指含油的种子经过机械压榨出的油。这种冷榨生物油是生产生物柴油的原料。

大豆油 soybean oil 又称豆油、沙拉油，是从大豆（Glycine max）中提取的油脂。常用的提取的方法有两种：压榨法和浸提法或两者兼用。大豆提取豆油之后的下脚料为豆粕，用于饲料和食品工业等，是优良的蛋白质来源。

美国大豆油的产量居世界食用油产量的第一位、也占美国食用油总产量的三分之二，同时也是美国生产生物燃料的原料。

玉米油 corn oil；maize oil 又称“玉米胚芽油”（粟米油），是从玉米的胚芽中提炼的植物油。含有丰富的不饱和脂肪酸（以油酸和亚油酸为主）、维生素 E 及多酚类物质，不含胆固醇，但反式脂肪含量较高。烟点比其他的食用油低，不适合于高温煮炸。

玉米含有大量不饱和脂肪酸；卵磷脂、植物固醇等营养素，能帮助稳定血压、促进胆固醇及血脂肪的正常代谢。玉米是美国生产生物柴油的原料之一。

菜籽油 rapeseed oil 从油菜籽（rapeseed；brassica napus）生产的食用油。它是在欧洲生产生物柴油的基础原料。菜籽油可用作柴油燃料，可直接在加热燃料系统中应用，或者掺混石油馏分作为驱动汽车燃料。

油菜油 colza oil 是由芸苔属油菜（brassica rapa L.）种子得到的非干性油。油菜在法国、比利时、美国、荷兰、德国和波兰广泛种植。特别是在法国，萃取油菜油是重要的工业。

油菜油也是生产生物柴油的原料。在商业上，油菜油归属于菜籽油，其来源和属性相近，黄色透明液体，比重在 0.912～0.920 之间，压榨后的油饼可作猪饲料。

棕榈油 palm oil 从油棕果的果皮（含油 30%～60%）中榨得的一种不干性油。橘黄色。主要成分为棕榈酸和油酸的甘油酯。油棕榈是油料作物中产油量最高的一种，经济种植平均每公顷产油约 1 吨。棕榈油是制取生物柴油的原料之一。广泛用作传统的生物柴油的生产原料。

西非传统的棕榈油提取方法是，先将果实捣碎、煮熟，破坏其果肉内的脂解酶，再加热后即可取下析出的凝皮状油脂。这种方法可以提取果实内 50% ~ 55%的油脂,称为"软式加工法"。

后来对这种方法加以改进,加入酵母并用沸水煮,利用更高的温度提取更多(可达 65%)的油脂,这一方法被称为"硬式加工法"。

这两种方法都只能提取果肉内的油脂。从欧洲引入榨油机以及汽油溶脂等方法后,油脂提取率升至 90%以上。油棕榈的果仁和果壳纤维富含油脂,可以提取果仁油和囊果被油,但其成分与果肉中所含油脂不同。

蓖麻油 castor oil 是从蓖麻种子(castor seed,含油率为 50%)提炼出来的植物油,常温下为液体状。是制取生物柴油的原料。

蓖麻油是一种复合三酸甘油酯。蓖麻油的组成为:80% ~ 85%蓖麻子油酸(ricinoleic acid)、7%油酸、3%亚油酸、2%棕榈酸、1%硬脂酸。蓖麻油可燃但不易燃,溶于乙醇,略微溶于脂肪烃,几乎不溶于水,挥发性轻微。蓖麻油在常温下呈淡黄色或接近透明,无香气或有淡淡的气味,味道温和,有黏稠感,人体食用后有强烈的通便效果,长时间接触可能引发皮肤炎。

蓖麻油的熔点为-18 ~ -10℃,闪点为 229℃,沸点为 313℃,自燃点为 448 ℃,350℃以上开始分解;20℃时密度为 960kg/m^3、蒸汽压小于 100Pa(1mbar),皂化值 177~187,羟值 160~168,碘值 82~90,是一种非常稳定的油脂。

蓖麻油具有耐高温与润滑的特性。在二战时期,精制后的蓖麻油被广泛利用作为内燃机的润滑剂,由于会产生氧化油污,现已被其他的矿物油所取代。但精制蓖麻油仍被作为通用润滑剂、机油、刹车液。

桐油树 Jatropha curcas 又名"痲疯树",为大戟科落叶灌木。该作物可生长在不适于粮食作物生长的荒地,几乎不需施肥,不影响粮食生产。桐油树的种仁不能食用,但含油率很高,达到 40%以上,经过加工适用于生产生物柴油。在印度,桐油树被选作生产生物柴油的主要原料之一。

亚麻籽油 false flax oil 也称"胡麻籽油"。由亚麻籽(含油 35% ~ 40%)制得的一种干性油。淡黄色至棕黄色,有特殊气味。主要成分为亚麻酸及亚油酸的甘油酯。易氧化干燥形成弹性薄膜。用以制油漆、油毡等,也可食用。亚麻籽油也是生产生物柴油的原料。

棉籽油 cottonseed oil 由棉籽(含油 15% ~ 25%)制得的一种植物油。主要成分为亚油酸、棕榈酸及油酸的甘油酯。粗油呈红棕色或深棕色,油内含少量有毒的棉酚,不宜食用;但经精炼除去棉酚后,油呈淡黄色,可供食用,也可用于制树脂、肥皂、硬化油等。在中国大陆也是作为生产生物柴油的原料之一。

麻籽油 Hemp oil 也称"大麻籽油(hempseed oil)"。相对于生产生物柴油的其他原料,二氧化碳排放低,可用作大规模生产生物柴油的原料。

萝卜油 radish oil 从萝卜(radish)种子提取的油脂。野生萝卜种子含油量为 48%,而且不适合于人类食用,它是富有吸引力的潜在的生物燃料来源。

米糠油 rice bran oil 又称"米油",是食用油的一种,以糙米加工后米谷的皮衣(米糠)炼制。米糠油色泽淡黄,沸点达 254℃,适合炒及炸之用。米糠油有八成不饱和脂肪酸(单元不饱和脂肪酸占 47%,多元不饱和脂肪酸占 33%),加上有丰富的维生素 E 及其他抗氧化物,因此被认为是健康的食油。米糠油属于不饱和度高的食用油,一般适合用来炒菜,油烟少也较不油腻。高品质的米糠油还可直接饮用,且可用来做凉拌菜。

米糠油主要在东亚,如日本及中国使用。因为成本比其他植物油低,作为生物柴油原料具有很强的吸引力。

红花油 safflower oil 由红花(carthamus tinctorius,属菊科植物)的种子炼制的油品。最近由美国蒙大拿州开发为生产生物燃料的原料。

蓬子油 salicornia oil 是海蓬子(salicornia bigelovii)的种子制取的压榨油。海蓬子为油料作物,原生于墨西哥的盐土植物(嗜盐植物)。海蓬子种子约含30%的油,而大豆含17%~20%的油。

蓬子油本身含72%的亚油酸,可与红花油相比。也是生产生物燃料的原料。

向日葵油 sunflower oil 是由向日葵(Helianthus annuus)种子压榨的非挥发性油。目前世界上最大的向日葵油生产国是乌克兰和俄罗斯。向日葵种子含油量为22%~36%(平均28%),内核含油量为45%~55%。

向日葵油可作为生产生物燃料的原料,但成本不一定合算。

查阅向日葵性能及与常用食用油的比较,可登录 http://en.wikipedia.org,在搜索框内输入"sunflower oil"。

花生油 peanut oil 花生是能源作物之一,萃油量为42%。从花生提炼的花生油是生物柴油的原料之一。

花生油呈淡黄透明,色泽清亮,气味芬芳,滋味可口,是一种比较容易消化的食用油。花生油含不饱和脂肪酸80%以上(其中含油酸41.2%、亚油酸37.6%)。另外还含有软脂酸,硬脂酸和花生酸等饱和脂肪酸19.9%。

古巴香 copaiba 是从几种羽状叶南美豆科树木(属乌桕)提炼的兴奋性油性树脂。古巴香是很重要的生物柴油的原料,每公顷高产12000L生物柴油。油性树脂是从直立的树木刮出,经提炼每年每颗树可产40L生物柴油。

黄连木 pistacia chinesis Bunge 原产中国,分布很广。黄连木喜光,不耐严寒。在酸性、中性、微碱性土壤上均能生长。对二氧化硫和烟的抗性较强。

黄连木种子油可用于制肥皂、润滑油、照明、治牛皮癣,也可食用,又是制取生物柴油的上佳原料,油饼可作饲料和肥料。

红厄油 honge oil 是由原产亚洲热带和亚热带的水黄皮(milletia pinnata)树种子提取的油。水黄皮(milletia pinnata/pongamia glabra)是生长高度为15~25m的半落叶乔木,寿命可达100年。种植5年后开始开花,花朵为白、紫或粉红色,成熟的豆荚为褐色。根系发达,为耐旱的阳性植物,其共生的根瘤菌可固定空气中的氮气。种子可供榨油,含油量约为25%(重量),在印度为生物柴油的原料。

荷荷芭油 jojoba oil 是由荷荷芭植物种子生产的液体蜡。自然生长在美国亚利桑那州南部、加利福利亚州南部和墨西哥东北部。荷荷芭种子按重量约有50%可制成油,已开发为生产生物柴油的原料。

绿玉树 euphorbia tirucalli 是大戟科大戟属植物。原产于非洲的地中海沿岸地区,现分布于香港、台湾澎湖列岛、海南、美国、马来西亚、印度、英国及法国等地。花期6~9月,果期7~11月。由于原产地环境干燥,叶片较早脱落以减少水分蒸发,故常呈无叶状态,外形貌似绿色玉石故得此名。因能耐旱,耐盐和耐风,常用作海边防风林或美化树种。

绿玉树的白色乳液富含十二种烃类物质,与石油成分接近,而且不含硫可直接或与其他物质混合成原油。此外,可作为生产生物燃料的原料,也可作为生产沼气的原料,其沼气产量较一般嫩枝绿草高5~10倍。

辣木 moringa 非食用的常绿灌木,具有很强的抗旱、耐贫瘠的特性,生长在亚洲、非洲和西印度。辣木种仁中的含油量约为 50%,不但产油率高,而且可以在贫瘠缺水的环境生存,即可以利用无法种植作物的土地栽种,是一种理想的生物柴油的原料。

地沟油 waste vegetable oil (WVO) 泛指人们在生活中对于各类劣质油的通称。地沟油是制造生物柴油的原料,可来源于:

(1) 将下水道中的油腻漂浮物或将宾馆、酒楼的剩饭、剩菜(通称泔水)经过简单加工、提炼出的油;

(2) 劣质猪肉、猪内脏、猪皮加工以及提炼后产出的油;

(3) 用于油炸食品的油使用次数超过规定要求后,再被重复使用或往其中添加一些新油后重新使用的油。

黑水虻 black soldier fly 属昆虫纲、双翅目、水虻科、扁角水虻属,学名 Hermetia illucens。分布在亚热带和温带部分区域。干燥蛹体含 44% 蛋白质、35%脂肪酸及其他纤维素和灰分等。

黑水虻幼虫以有机废弃物为食,生长期约 20 天。借助黑水虻将有机废物转化为生物柴油的原料。台湾地区估计可年产 375000t 生物柴油。

生物柴油利用

生物柴油燃料 biodiesel fuels 利用生物柴油作为燃料不但可以解决进口原油高价问题,而且对保护环境有利。

生物柴油的生产原料来自含油的植物,经加工生成生物柴油和甘油。这种再生燃料供汽车驱动使用,排除的二氧化碳又被绿色植物吸收,没有增加大气的碳循环。

组织机构

国际生物柴油生产者会议 International Conference for Biodiesel Producers 生物柴油在欧洲占有重要的地位。该会议是由生物柴油质量管理协会(AGQM)组织提供的交流平台。第一次会议于 2007 年 9 月在柏林召开。

清洁柴油燃料联盟 Clean Diesel Fuel Alliance 美国从事研究超低含硫柴油(超低硫柴油,含 15μg/g 硫)的燃料和新型发动机的组织,由 25 个单位组成。【http://www.clean-diesel.org】

得克萨斯州生物柴油联合会 Biodiesel Coalition of Texas, Inc. (BCOT) 由个体、公司和基金会集资的组织,设在美国得克萨斯州拉伯克。其宗旨是加速得克萨斯州可再生能源和燃料的研究与开发。【http://biodieselcoalitionoftexas.org】

美国国家生物柴油部 National Biodiesel Board (NBB) 是美国国家贸易协会,1992 年成立,设在美国密苏里州杰斐逊市。是美国生物柴油工业的研究和开发的协调组织。【http://www.biodiesel.org】

欧洲生物柴油委员会 European Bio-diesel Board(EBB) 属欧盟的管理部门,1997 年成立,设在比利时布鲁塞尔。其宗旨是促进欧盟地区生物柴油的利用和增长。【http://www.ebb-eu.org】

生物柴油质量管理协会 Biodiesel Quality Management Association e. V. (AGQM) 是德国对生物柴油质量管理的组织。采用五步控制系统,校核从制造到泵送的生物柴油质量控制。【http://www.agqm-biodiesel.de】

奥地利生物柴油学会 Austrian Biofuels Institute 是自愿组成的组织,1995 年成立,设在奥地利维也纳。其宗旨是为公司、金融机构和政府部门提供生物柴油咨询服务。【http://www.biodiesel.at】

澳大利亚生物柴油协会 Bio-diesel Association of Australia(BAA) 是澳大利亚与生物柴油工业有关的单位和人士的组织,设在澳大利亚新南威尔士市。【http://www.biodiesel.org.au】

媒 体

生物柴油杂志 Biodiesel Magazine 是生物柴油生产方面的最大的贸易性杂志。刊载世界生物柴油生产和销售内容。编辑部设在美国北达科他州大福克斯。【http://www.biodieselmagazine.com】

10.5 藻类燃料

藻类燃料是由水藻及其他光合生物通过光合作用吸收二氧化碳并且将其转化为氧气和生物质能,从而替代化石燃料的一种生物质燃料。在人类诞生之前,藻类早就在地球上繁殖,藻类是化石燃料的重要来源。

藻类是生长快速的光合有机体,藻类含油量高,其产油率是花生和油桐的100倍,因此,藻类燃料是未来生产生物柴油的发展方向,也是将来石油的重要替代燃料的原料。

藻类生产效率高,不需要使用耕地,同时也不增加大气中的二氧化碳排放量,并减轻生物燃料对农产品价格的影响。

藻 类

藻类 algae 是含叶绿素和其他辅助色素的低等自养植物,包括数种不同类的以光合作用产生能量的生物,其中有属于真核细胞的藻类,也有属于原核细胞的藻类。藻类由蛋白质、碳水化合物、油脂和核酸组成。

藻类是最简单的植物,有一些藻类与比较高等的植物有关。虽然其他藻类看似从蓝绿藻得到光合作用的能力,但是在演化上有独立的分支。所有藻类缺乏真的根、茎、叶和其他可在高等植物上发现的组织构造。

藻类与细菌和原生动物的不同之处,是藻类产生能量的方式为光合自营。藻类涵盖了原核生物、原生生物界和植物界。

(1) 原核生物界。原核生物界中的藻类有蓝绿藻和一些生活在无机动物中的原核绿藻。

(2) 原生生物界。属于原生生物界中的藻类有裸藻门、甲藻门(或称涡鞭毛藻)、隐藻门、金黄藻门(包括硅藻等浮游藻)、红藻门、绿藻门和褐藻门。

(3) 植物界。生殖构造复杂的轮藻门则属于植物界。

属于大型藻类的一般仅有红藻门、绿藻门和褐藻门等为肉眼可见的固著性藻类。此类大型藻几乎99%以上的种类栖息于海水环境中,所以大型藻多以海藻称之。另外,有些肉眼可见的固著性蓝绿藻和少数的硅藻严格地说应该也属于大型藻的范围。

原生生物 protist 是一类真核微生物的集合。原生生物主要生活在包含液态水的环境中。藻类等原生生物会进行光合作用,同时他们也是生态系统中的初级生产者,在海洋中这类生物属于浮游生物。

海藻 seaweed 泛指所有在海里生长的肉眼可见大小的多细胞藻类生物。最常见的大型海藻是大叶藻,如绿藻、红藻和褐藻。其根状固着器只有固着功能,而不能吸收营养。海藻在浅水中常密生成片。在水深50m以内的岸边形成明显的区带。

核酸 nucleic acid 生物大分子的一类。由许多(至少几十)个核苷酸通过磷酸二酯键连接而成。存在于所有动植物细

胞、微生物和病毒以及噬菌体内,

核酸是生命的最基本物质之一,对生物的生长、遗传、变异等现象都起着决定性作用。

浮游植物 phytoplankton 指悬浮于水中的小型植物的总称。它主要包含微小的藻类植物。它们是浮游生物中的自养生物部分。浮游植物广泛存在于河流、湖泊和海洋中,多分布于水域的上层,个体极小,需要用显微镜才能观察到,繁殖极速。在淡水中主要是蓝藻、绿藻、硅藻等,在海水中主要是硅藻、甲藻。

浮游植物需要水和二氧化碳才得以生存,而且还需要多种维生素和矿物质(如铁等)才能生存。浮游植物处于食物链的底层,当浮游植物群落减少,几乎影响到整个食物链。

浮游植物是水生动物(主要是鱼类)的食料;地球上约一半的光合作用是由浮游植物进行的。

浮游藻类 planktonic algae 是湖泊中水生生物的主要组成部分之一。浮游藻类是水生生态中的初级生产者,生活在海洋近表面,像所有绿色植物一样需要阳光,也需要水和营养素维持生命。

与水生高等植物一样,浮游藻类具有叶绿素,利用光能进行光合作用制造有机物质,同时放出氧,故属于光合自养生物。它与水生高等植物共同组成湖泊中的初级生产者,在某些缺少水生高等植物的湖泊中,它则是唯一的初级生产者,而且是维持湖泊中一些动物和微生物食物的主要来源和基础。

湖泊中的浮游藻类包括蓝藻门、隐藻门、甲藻门、黄藻门、金藻门、硅藻门、裸藻门和绿藻门等种类,其中尤以蓝藻、硅藻和绿藻门的种类为最多。

微藻 microalgae 指在显微镜下才能辨别的其形态微小的藻类群体。微藻通常是指含有叶绿素 a 并能进行光合作用的微生物的总称。

目前应用生物技术或人工生产的微藻分属于 4 个藻门:蓝藻门、绿藻门、金藻门和红藻门。微藻有超高的油脂含量,为大豆的 25~200 倍。藻油的热值平均为 33MJ/kg,比木材热裂解油的 21 MJ/kg 高。

藻垫 algal mat 是在海洋或淡水的底层上形成的丝状藻类柔软层垫。它是众多类型的微生物垫的一种。

藻类体 alginite 由低等植物藻类形成的显微组分。它是腐泥煤和油页岩的主要组分,常见的有绿藻细胞组成的群体。藻类体是由澳大利亚卧龙岗大学 A. C. 胡顿(Adrian C. Hutton)教授命名的。

根据结构和形态,藻类体可分为:

(1)结构藻类体(telalginite)。是在腐泥中存在的结构化的有机物(藻类体)。是细胞结构和形态保存较好的藻类体。

(2)层状藻类体(lamalginite)。是细胞结构和形态保存较差的纹层状的藻类体。

绿藻 green algae 是一种微生物,可以在包括海水、淡水和微咸水等所有的水中环境里找到。海洋中的绿藻是大气层氧气的主要生产者之一。

丛粒藻 botryococcus braunii 是脂质丰富的微观植物,外观类似淡水绿藻。其残体构成苞芽油页岩中的有机质。这种藻类在进行光合作用時所产生的油质成分中约有 80%相当于石化燃料中的重油,剩余的 20%则相当于植物油的成分。

小球藻 chlorella 为绿藻门小球藻属普生性单细胞绿藻,是一种球形单细胞淡水藻类,直径 3~8μm,是地球上最早的生命之一,出现在 20 多亿年前,基因始终没有变化。

小球藻是一种高效的光合植物,以光合自养生长繁殖,分布极广。

杜氏藻 dunaliella tertiolecta 绿藻门多鞭藻科的一属。单细胞个体,卵形或梨形,前端有 1 对较长的鞭毛,细胞内有 1

个细胞核,含有1个蛋白核的杯状叶绿体,有或无眼点,除生活在低盐度水中的种类外,都没有伸缩泡。细胞内常含有大量胡萝卜素,致细胞呈橘红色 。环境不良时 ,细胞内的结构常为所含的血色素所掩盖。

杜氏藻本属是盐生藻类,生养于许多盐湖、盐池及一些含盐量高的水体中。

硅藻 diatoms; bacillariophyceae 是真核藻类的一个主要类群,同时也是最常见的一种浮游植物。硅藻在食物链中属于生产者(自养生物)。硅藻的一个主要特点是硅藻细胞外覆硅质(主要是二氧化硅)的细胞壁。硅质细胞壁纹理和形态各异,但多呈对称排列。硅藻是生长于近海的优势类群。

蓝菌 cyanobacteria 又称蓝细菌、蓝绿菌、蓝藻或蓝绿藻,或称为蓝菌门,其中包括发菜、螺旋藻等生物。虽然传统上归于藻类,但近期发现因为没有核膜等等,与细菌非常接近,因此现在已被归入细菌域。

蓝菌已知的约2000种。目前蓝菌的系统发育分类仍未确定。根据色素种类可单分出类似植物的叶绿体,含有叶绿素a和叶绿素b的原绿藻类;根据形态可分为色球藻目(Chroococcales)、宽球藻目(Pleurocapsales)、颤藻目(Oscillatoriales)、念珠藻目(Nostocales)和真枝藻目(Stigonematales)。

蓝菌在地球上已存在约30亿年,是目前已发现的最早的光合放氧生物,对地球表面从无氧的大气环境变为有氧环境起了巨大的作用。

长心卡帕藻 kappaphycus alvarezii 呈新鲜红色海藻的一种。它是增黏多糖凝胶状卡拉胶的最重要的商业来源,也可生产生物乙醇和海藻生物肥料。

生产生物乙醇的方法是压榨新鲜藻类以释放汁液,并且回收残留的富含角叉藻聚糖的生物质,将在升高的温度下用稀酸水解,使用廉价的氢氧化钙中和水解物,并且通过过滤或离心去除不溶的盐,通过电渗析除去水解物的可溶盐,用氮源加富,接种酵母菌并且将其发酵形成包含乙醇的发酵液,然后通过蒸馏由上述发酵液分离乙醇,并且将残余的水解物、所产生的硫酸钙和由电渗析得到的淘汰物用作肥料。

藻类生产燃料

海洋生物能 marine bioenergy 指海洋浮游植物和海藻所含的生物质能。它们通过叶绿素吸收太阳光能,将二氧化碳和水合成糖类,把光能转换为储存于生物有机质内的化学能。海洋生物能便于储存、运输、使用,不污染环境,价值低廉,

海洋生物数量大、繁殖快、可再生,收获后在约60℃温度条件下发酵,可制取沼气用于发电,副产品可作食物和做饲料。

蛋白质 protein 旧称"朊"。由多种氨基酸结合而成的长链多肽高分子化合物。是生物体的主要组成物质之一,是生命活动的基础。

蛋白质中存在具有催化作用的酶、具有免疫功能的抗体、起运输作用的血液蛋白、有运动功能的肌肉蛋白、生物膜蛋白、某些激素和毒素等。各种蛋白质中的氨基酸的组成、排列顺序和肽链的立体结构都是特异的。

碳水化合物 carbohydrates 也称"糖类",旧称"醣"。碳水化合物是含醛基或酮基的多羟基碳氢化合物以及它们的缩聚产物和某些衍生物的总称。糖类可分为单糖、双糖和多糖。是自然界里最多的有机物。

碳水化合物是生物的主要能源,如淀粉、葡萄糖等;也是植物和某些动物的支持和保护物,如纤维素和壳糖等。

微生物燃料 microbiofuels 是由微有机

物如细菌、蓝藻、微藻和真菌等生产的新一代生物燃料。2010 年 1 月由阿森·内诺福(Asen Nenov)首次提出。

(1) 微生物燃料是使用最先进的生物技术来生产生物燃料;

(2) 微生物燃料基于微生物炼制,即微生物放置在特定环境下,以获得高产量的方法;

(3) 微生物燃料技术可用于回收工业废料,包括废气如二氧化碳、氮氧化物等,并通过生物转化生产有价值的生物燃料。

微藻柴油 microalgae diesel 是利用微藻的光合作用,将化工生产过程中产生的二氧化碳转化为微藻自身的生物质从而固定了碳元素,再通过诱导反应使微藻自身的碳物质转化为油脂,然后利用物理或化学方法把微藻细胞内的油脂转化到细胞外,再进行提炼加工,从而生产出的生物柴油。

藻类制生物柴油属于第三代生物燃料,藻类生长不与粮食争土地和水源。【http://www.oilgae.com】

藻类燃料 algae fuel 也称"藻类生质燃料(algal bio-fuel)",是由藻类作原料制成可以替代化石燃料的生物质燃料。

藻类燃料在燃烧时,与石化燃料一样会产生二氧化碳,但藻类在生长期间已在自然界吸收了二氧化碳,所以能达到减排二氧化碳的效果。

藻类燃料的优点是可以通过工业化生产以避免占用农耕用地以及使用农作物(如黄豆,棕榈和芥花籽)。

相比其他的生物能源,藻类的产油效率相当高,而且占用土地及洁净水源相当少,制成的燃料适合于汽车、船舶及飞机,但在目前的技术条件下成本仍然偏高。

以藻类为原料可制得的燃料有:

(1) 生物柴油。从萃取油和转酯化反应制取。

(2) 生物乙醇。由生物质发酵制取。

(3) 生物甲烷。由生物质厌氧消化或生物质生产合成气再甲烷化制取。

(4) 氢。藻类生物制氢;生物质气化/热解并加工所得的合成气。

(5) 藻类直接燃烧的生物质。藻类生物质直接燃烧,或生物质气化,产生热量和电力。

(6) 其他烃类燃料,如 JP -8 燃料、汽油、生物丁醇等。生物质气化/热解并加工所得的合成气。

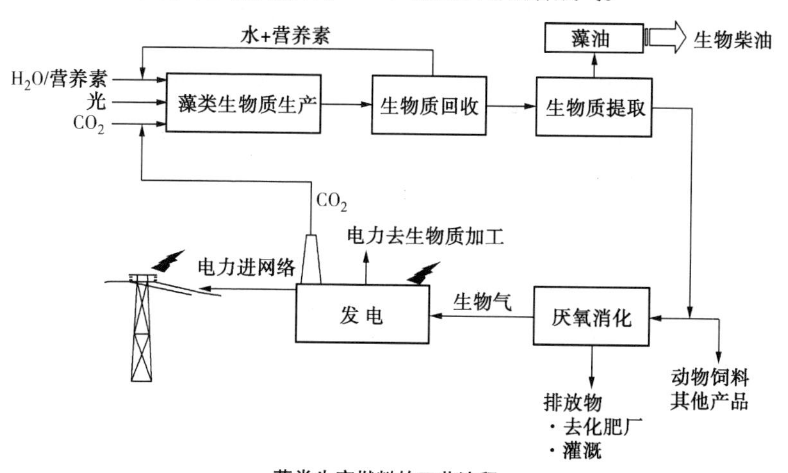

藻类生产燃料的工艺流程

生物汽油 biogasoline 是由生物质(如藻类)生产的汽油。它类似于用化石燃料传统生产的汽油,每个分子含有 C_6 ~ C_{12},主要是己烷。这些生物汽油可在任何传统汽油发动机中以纯净态(100%生物汽油,即 BG100)应用,可配给加油站。

生物汽油与从原油生产的汽油的性质相同。在化学性质上,生物汽油不同于生物乙醇和生物丁醇,因为它们是醇类而不是烃类。见"生物汽油的生产过程"图。

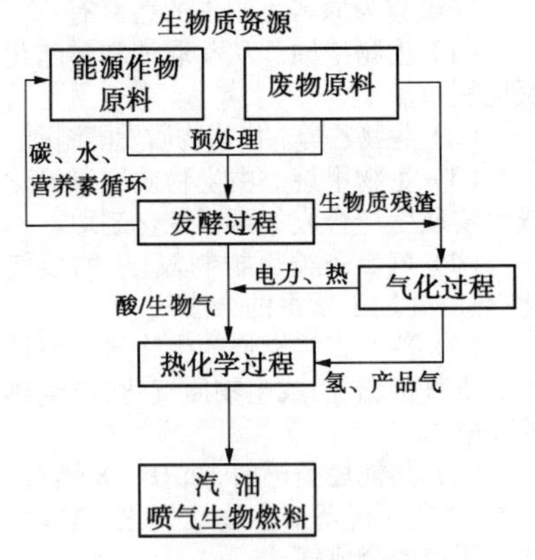

生物汽油的生产过程

BG100 指 100%生物汽油。

微生物制氢 microbial production of hydrogen 利用微生物在常温常压下进行酶催化反应制得氢气。

根据微生物生长所需能源来源,能够产生氢气的微生物,大体上可分为两大类:光合菌和厌氧菌。

脱油藻饼 de-oiled algae cake 指藻类生产生物柴油后的残留物。脱油藻饼是人类和动物的营养来源,因为许多藻饼富含蛋白质,有的干藻饼蛋白质含量高达 50% ~ 60%。除了含硫的氨基酸(蛋氨酸和胱氨酸)外,许多藻饼中都含有利于农场动物营养的氨基酸必需含量。藻饼也富含胡萝卜素、维生素 C 和维生素 K 以及维生素 B。

脱油藻饼的应用包括:

(1) 脱油藻饼制取乙醇;

(2) 藻饼通过厌氧消化生成甲烷;

(3) 藻饼发电。生物质采用热化学途径发电有许多方法,包括直接燃烧法、常规蒸汽转化法、共烧法、热裂解和气化法;

(4) 压实藻饼可用作肥料而不需转化。藻饼用作动物饲料比用作肥料更有价值。

藻类养殖

藻类菌株选择 algae Strain selection 指对适合于高产油的藻类品种的选择。估计藻类有 3 万以上的不同品种。如此大量的各种藻类均具有碳捕获并将碳封存在藻中的能力,但实际上只有少部分可以达到预期的固碳潜力并转化为其他产品,使经济持续发展并获得盈利。

根据下列标准选择藻类菌株:

(1) 有能力捕获大量二氧化碳;

(2) 有能力生产大量藻油;

(3) 有抵制污染的能力;

(4) 适应极端温度;

(5) 适应在水量有限的生长塘内生存并适应工业规模生产的特点。

藻类养殖 cultivation of algae 与植物一样,藻类依靠阳光经由光合作用来养殖。光合作用是一个重要的生物化学过程,此过程是植物、藻类和一些细菌将太阳能转化为化学能。藻类通过光合作用捕获太阳能,并将无机物利用捕获的太阳能转化为单糖。

藻类养殖是一种环境友好的工艺,它从二氧化碳、光能和水通过光合作用生产有机物。藻类用水属低品位的,包括工艺过程水、生物处理废水或其他废水流均可用。

藻类养殖系统 algae cultivation systems 指养殖藻类的方法和环境。藻类养殖有两种主要的方法：

（1）池塘（开式系统）；

（2）光生物反应器（闭式系统）。

养殖藻类需要阳光作为光合作用的能源输入，并从培养溶解介质中获得足够的营养素。特别是氮、磷和其他营养素包括硫、钾、锰及微量元素。而所需的二氧化碳采用特殊的扩散器溶解于养殖系统。

开式养殖系统 open cultivation systems

指在敞开式池塘养殖藻类。自然生长的藻类都是开式养殖生长。通过池塘养殖，藻类可以在世界各地阳光充足的地区生长。开式池塘根据形状可以分为多种，但主要是水沟型池塘和圆形池塘。

开式池塘养殖藻类的优点是，结构简单，容易操作，投资和操作费用少，其结果藻类生产费用低。缺点是池塘内和周围环境不能完全控制。在开式池塘养殖藻类，藻类容易受到坏天气的影响。池塘也容易污染。另外，池塘光照不均匀，藻类分布也不一致。

闭式养殖系统 closed cultivation systems

即“光生物反应器（photobioreactors）”。它提供了比开式池塘更为方便的可控制环境，因为这种系统是封闭式的，藻类生长所需的养分（二氧化碳、水和阳光）直接输入系统。光生物反应器设备可以很好地控制培养环境，如二氧化碳输入、供水、最佳温度、有效光照、养殖液密度、pH 值、供气速度等。闭式养殖系统可具有批次处理和连续操作的模式。

封闭式养殖系统的优点是：

（1）藻类养殖是在可控制的条件下进行的，因此可获得更高的潜在生产率；

（2）面积/体积比例大，采用阳光可提供最大的效率，从而提高了生产率；

（3）能够很好地控制二氧化碳的输入；

（4）能够降低生长介质的蒸发；

（5）可使温度均匀；

（6）容易防止外部污染；

（7）可节约空间。可根据情况，安装成垂直、水平等不同角度，可在室外或室内；

（8）减少内部污染。可用自动清洗机清洗养殖系统。

封闭式养殖系统存在的问题是：

（1）封闭式培养系统成本高，从而增加了工艺成本；

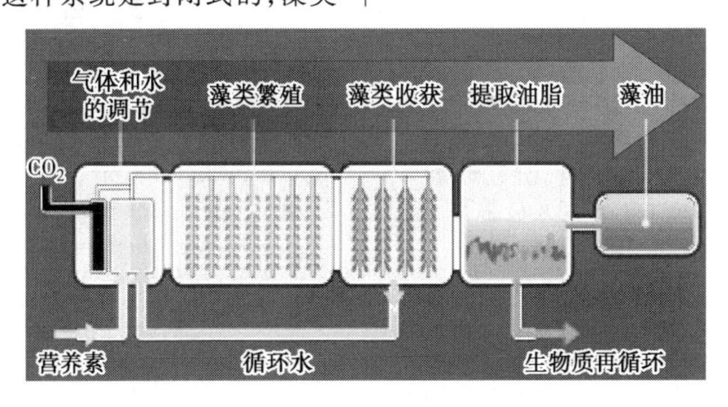

封闭式养殖系统

（2）尽管生物质浓度较高并能良好地控制养殖参数，但积累 20 多年的养殖数据表明，封闭式养殖系统的生产率和生产的优越性并不比敞开式养殖系统好多少。

藻类收获 algae harvesting 指从培养介质中分离藻类供提取藻油用。在藻类规模生产的条件下,藻类收获的难度不亚于养殖,因为单细胞藻类体积小,数量多,从水中收获需要有效的工具和快速干燥的方法。高含水量的海藻必须预先脱水,最常见的收获过程是絮凝、微筛选和离心分离。

灭藻剂 algaecide 能够杀灭各种水体系统的藻类和微生物的药剂。在不同的pH值范围内均有很好的杀菌灭藻能力,能有效地除去藻类繁殖和黏泥增长,并有分散和渗透作用,能渗透并去除黏泥和剥离附着的藻类,此外,还有去油能力。灭藻剂的主要成分是十二烷基二甲基苄基氯化铵。

灭藻剂适用于各种水体系统的藻类、微生物的杀灭,如鱼塘、池塘、河道、大型中央空调、工业上热交换过程等循环冷却水系统的处理。

美国能源部水生物种计划 Aquatic Species Program(ASP) 1978年由美国总统吉米·卡特(美国第39任总统,1977~1981年)推出的并由美国能源部资助的一项关于水生物生产能源的研究项目。

近20多年来,一直研究利用藻类生产能源。最初,水生物种项目的资金用于开发再生运输燃料,后来该计划侧重于从藻类生产生物柴油,研究计划于1996年停止,1998年研究人员编写了工作结论报告。

组织机构

国际海藻协会 International Seaweed Association(ISA) 是致力于鼓励研究并开发海藻和海草产品的国际性组织。旨在促进藻类在全球范围内的应用,激励企业与研究者之间的相互作用。设在印度尼西亚南苏拉威西省。【http://www.isaseaweed.org】

美国国家藻类协会 National Algae Association 是由美国从事藻类生产生物燃料的再生能源公司和研究机构组成的贸易协会。注重协调藻类燃料的生产和应用,并组织会议和出版。2008年1月在得克萨斯州休斯敦成立。【http://www.nationalalgaeassociation.com】

藻类生物质组织 Algae Biomass Organization 是美国促进和发展藻类产品及技术可行并能保持可持续发展的组织。旨在促使藻类产品进入市场。该组织设在明苏尼达州普雷斯顿。【http://www.algaebiomass.org】

欧洲藻类生物质协会 European Algae Biomass Association (EABA) 是欧洲研究和推广从藻类生物质生产生物燃料的组织。设在意大利佛罗伦萨。【http://www.eaba-association.eu】

日本海藻协会 Japan Seaweed Association 旨在发展日本海藻界技术及交流情报。设在岐阜市。【http://www.japan-seaweed-association.com】

媒 体

藻类燃料生产商名录 List of algal fuel producers 查阅欧洲、美洲、大洋洲等的藻类燃料生产商可登录百度网或http://en.wikipedia.org,在搜索框内输入"List of algal fuel producers"或者输入"Category:Algal fuel producers"。即可查阅到藻类燃料生产公司的名录。

藻类工业杂志 Algae Industry Magazine 由生物燃料媒体集团主办的杂志,报道藻类的政策、研究、开发、生产等信息。【http://www.algaeindustrymagazine.com】

10.6 生物燃料政策

尽管地下埋藏的常规油气和非常规油气很丰富,但必定会开采终结,而且非常规油气还必须跨过三大关口:技术开采可行、市场价格可以接受、环境允许。特别是环境保护问题,非常规油气开采远比常规油气开采的污染严重。因此,人们自然会注意到生成化石燃料的前身-生物质。

动植物是生物燃料的原料。光合作用是动植物生存的基础。植物经光合作用吸收二氧化碳,燃烧时又放出二氧化碳,构成了地球上二氧化碳的小循环,也就是说,并没有增加大气中的二氧化碳含量。因此,生物燃料是人类最可靠的可持续发展的能源。

世界各国聚焦在生物燃料的发展,而生物燃料政策对推动生物燃料的发展,起着决定性的作用。这些政策均为非粮制乙醇政策,即促进先进生物燃料的技术发展。

欧 盟

生物燃料认证计划 Memo: Certification schemes for biofuels 2011 年,欧盟通过《EU - RED 生物燃料可持续性认证计划备忘录(MEMO/11/522)》,批准了七个生物燃料可持续性认证计划,以帮助欧盟进行生物燃料可持续性认证。

在欧盟市场上销售的生物燃料均须进行可持续性认证。进行认证时必须满足以下三个要求:

(1) 生物燃料原料的土地利用情况:不得毁掉热带雨林或具有独特生态系统的天然草原和自然保护区,不能利用森林和泥炭地等碳汇量较高的地区进行原料生产;

(2) 燃料链生命周期最低温室气体减排量:现有标准是 35%,计划到 2017 年最低标准是 50%,预计 2018 年最低标准是 60%;

(3) 认证系统必须监督整条燃料链:从原料生产、燃料生产到加油站,即进行燃料链生命周期评价与监督。

在认证过程方面,首先欧盟会对申请的系统进行全面检查,确认其是否满足欧盟《可再生能源指令(RED)》要求,认证计划还将验证燃料的生产地和生产方式。合格后,将给予该系统五年的认证资格,欧盟委员会有权终止认证机构资格。

经过欧盟委员会的详细评估与甄选,目前有七个生物燃料可持续性认证计划获得了批准:

(1) 国际可持续性和碳认证计划(International Sustainability and Carbon Certification,缩写 ISCC)。该项目涵盖所有类型的生物质和生物燃料的全球性倡议,成员来自生物燃料整个供应链,如世界自然基金会等非政府组织。

(2) 欧盟 Bonsucro 认证(Bonsucro EU)。该项目专注于巴西用甘蔗生产的有关甘蔗乙醇的标准,供应链中的大批企业参与其中。

(3) 大豆责任圆桌会议(Roundtable for Responsible Soy, 缩写 RTRS EU RED)。该计划制定了大豆生物柴油标准,特别关注阿根廷和巴西的大豆生产。

(4) 可持续生物燃料圆桌会议(Roundtable on Sustainable Biofuels,缩写 RSB EU RED)。项目覆盖了所有类型的生物燃料,范围涉及全世界,其成员来自供应链的各个阶段。

(5) 生物质生物燃料可持续性自愿认证计划(Biomass Biofuels Sustainability voluntary scheme,缩写 2BSvs)。该项目是由法国倡议,覆盖全世界范围内所有类型的生物燃料。

(6) 生物燃料可持续性保证计划(Abengoa RED Bioenergy Sustainability Assurance,缩写 RBSA)。它是一项业界发起的倡议,专注于生物乙醇,使用强制性标准来计算实际的温室气体数值。

(7) 巴西生物乙醇认证计划(Greenergy Brazilian Bioethanol verification programme)。该计划也是一项行业倡议,适用于巴西的甘蔗乙醇生产。

可再生能源指令 Renewable Energy Directive(RED) 欧盟委员会于 2009 年 4 月通过《可再生能源指令》,并于 2010 年 12 月开始实施,搭建了推动欧盟可再生能源发展的基本法律框架。

这项立法的基本目标是:到 2020 年欧盟各成员国的可再生能源份额平均占能源总消费量的 20%,并规定各成员国的交通能源消费中可再生能源份额必须达到 10%。

生物液体燃料被认为是交通可再生能源最主要的实施途径,目标贡献率将达到 90%。

欧盟《可再生能源指令》鼓励利用废弃物(如作物秸秆、废弃油等)为原料进行生物燃料生产,该类型生物的能源利用量可按两倍计算。

欧盟《可再生能源指令》各成员国已于在 2010 年 6 月 30 日前提出国家可再生能源行动方案,其中有英国实施《可再生能源交通燃料规范》、德国实施《生物燃料配额法案》、瑞士实施《生物燃料生命周期评价法令》、荷兰实施《交通生物燃料法案》、丹麦实施《可持续生物燃料法案》。

燃料质量指令 Fuel Quality Directive (FQD) 2010 年底,在欧盟《可再生能源指令》框架下,配套实施了《燃料质量指令》,提出了燃料温室气体减排目标,到 2020 年 12 月 31 日,与基准年相比(2011 年),单位能源交通燃料(包括液体燃料及其他类型车用能源)其生命周期温室气体排放(即碳强度)需减少 10%,其中 6%需利用先进生物燃料来实现。欧盟的《燃料质量指令》,再次确定了生物燃料的低碳、可持续发展方向。

可再生交通燃料规范(英国) Renewable Transportation Fuel Obligation (RTFO) 2008 年 4 月英国《可再生交通燃料规范》正式生效,经 2011 年修订后,成为英国实施《可再生能源指令》的主要国家法规。

根据《可再生交通燃料规范》,英国每年市售 45×10^4 L 以上的燃料供应商,其生物燃料与化石燃料的销售比例要达到一定目标值(2013 年 4 月前目标为 5%,此后再进行调整),并报告所供应燃料的碳强度及可持续性。

生物燃料配额法案(德国) Biofuel Quota Act(BQA) 2006 年 12 月德国实施了《生物燃料配额法案》,强制在化石汽柴油中分别添加生物乙醇和生物柴油。主要内容包括:

(1) 修订联邦能源税收法。为第二代生物燃料、纯生物柴油和 E85 提供免税;

(2) 修订联邦排放控制法。规定必须按时间表提高生物燃料在燃料中的比例。

生物质可持续性法令(德国) Biomass Sustainability Ordinance(BioNachV) 2007 年德国联邦政府通过《生物质可持续性法令》,以确保生物燃料的可持续生产。该法令对生物燃料的原料生产提出了最低环境可持续门槛要求,其内容包括三大部分:(1)可持续土地管理;(2)自然栖息地的保护;(3)温室气体减排。

生物燃料生命周期评价法案(瑞士) Biofuels Life Cycle Assessment Ordinance(BLCAO) 瑞士联邦政府的环境、交通、能源与通讯部(DETEC)于2009年通过《生物燃料生命周期评价法案》。该法案要求矿物油免税申请者必须证明其使用的生物燃料原料对环境具有积极的影响。

对环境的主要要求有:

(1) 不得威胁热带雨林和生物多样性;

(2) 与空气污染、土壤、水、地下水及生物多样性等环境条款保持一致,并防止物种入侵;

(3) 原料生产要实施良好的农业操作规范,尤其需充分考虑土壤和植物物种的选择,植物保护产品及肥料的使用,耕种及收割技术的利用;

(4) 废物管理;

(5) 全生命周期温室气体的排放。

交通生物燃料法案(荷兰) Transport Biofuels Act(TAB) 是荷兰使用生物燃料的强制性法律。从2007年起,在荷兰市场上的油品供应商必须加入2%(按能量计)的生物燃料。到2010年生物燃料的比例应增加到5.75%。

美 国

可再生燃料标准 Renewable Fuel Standard(RFS) 是美国环保署(EPA)根据《能源政策法案2005》为减少原油对外依存度与交通温室气体排放而制定的强制性指令。

第一阶段目标(RFS Ⅰ)于2005年开始实施,要求2006年生物燃料利用量至少达到约12Mt,并逐步递增到2012年约22Mt。但在一系列财税优惠政策的扶持下,2008年已提前实现这一目标。2007年底,EPA根据《能源独立与安全法案2007》修订通过RFS Ⅱ,要求2008年生物燃料利用量达到27Mt,并到2022年扩大到110Mt。

第二阶段目标(RFS Ⅱ)实施范围扩充了柴油部分,要求大部分汽油、柴油精炼、混配、进口等责任商都要满足可再生燃料的混配要求(小规模运营商可获得豁免权)。RFS Ⅱ首次提出了四大类型的可再生燃料利用目标,并对各类燃料的生命周期减排量提出了硬性要求。即到2022年,可再生燃料利用总量达到110Mt,与2005年基准化石燃料相比,生命周期温室气体最低减排要求为20%;先进生物燃料利用量约为65Mt,最低减排要求为50%;其中纤维素燃料利用量约为50Mt,最低减排要求为60%,占先进生物燃料利用量的76%,占全部可再生燃料的44%;生物柴油利用率需达到3Mt,最低减排要求为50%。对不满足减排要求的生物燃料不能纳入RFS Ⅱ,此外,所有生产燃料的原料须符合《美国能源独立与安全法案(EISA2007)》中对用可再生生物质生产油气的要求。

能源独立与安全法案(2007年) Energy Independence and Security Act (EISA) of 2007 为降低美国对外国原油供应的依赖性及缩减温室气体的排放而制定的法令。其宗旨是从根本上改变美国使用能源的方式。根据这项法案,美国政府计划在2022年前将可再生能源产量提高到36Ggal/a(110Mt/a),并为轿车和轻型卡车设置更高的燃料经济性标准。

根据该法案所规定的新标准,到2020年,轿车和轻型卡车平均油耗应为35 mile/gal(英里/加仑),较目前的水平提高40%。这一新标准可能意味着,汽车生产商将必须花费数十亿美元的巨资以开发新的节能技术,并需对工厂进行改造,以生产新型号的汽车。

此外,该法案还为联邦政府和商业大厦的电气用具制定了能源效率标准,要求将电灯泡的能效提高70%,并加速研究二氧化碳的管理及储存问题。

巴　西

社会燃料标识 Social Fuel Seal(SFS) 是巴西农业发展部对促进社会与区域发展标准的生物燃料生产者颁发的认证。从2009年2月开始实施。其目的是为了推动小农户积极参与生物柴油原料的生产。要获得社会燃料标识认证,燃料生产者必须从小农户处购买一定比例的生物柴油原料,其比例根据区域不同也有差异。生物柴油生产商要获得此认证,需与小农户签署合法的捆绑协议,为小农户提供技术援助和培训,通过认证的生产商可获得税收减免或优惠。

中　国

生物质能"十二五"发展规划 Biomass energy development in the 12th five -year plan 中国根据《国家能源发展"十二五"规划》和《可再生能源发展"十二五"规划》,制定的《生物质能发展"十二五"规划》,于2012年颁布。该规划指出,到2015年,生物质能年利用量超过50Mt标准煤。其中,生物质发电装机容量13GW、年发电量约78000GWh,生物质年供气 $220\times10^8\ m^3$,生物质成型燃料10Mt,生物液体燃料5Mt。建成了一批生物质能综合利用新技术产业化示范项目。

日　本

生物质日本战略计划 Biomass Nippon Strategy(BNS) 2002年12月27日,日本政府内阁会议通过了《日本生物质能源综合战略》。该计划构筑了日本综合性地、灵活地利用生物质能源作为能源或产品,实现可持续性的资源循环利用型社会的蓝图。其目的是:

(1)防止地球温暖化。用具有中性碳特性的生物质替代二氧化碳排放源-化石能源和产品。根据《京都议定书》的要求,日本应减排温室气体6%,需要减少1.01Mt的石油消耗,如果生物质资源能够得到充分利用,那么就可以解决这个问题。

(2)构筑循环型社会。通过生物质能源的应用,向可持续发展社会的转换。

(3)培育具有竞争力的新战略性产业。通过把与生物质相关的产业作为日本战略性产业来培育,重振日本的产业竞争力。

(4)搞活农林渔业及相应的地区。农林渔业具有丰富的生物质可供利用,将来可以通过提供能源等和城市共同发展。

11. 环境问题

目前,非常规油气已经在世界范围内逐渐发展起来,由于勘探开发需要采用特殊的技术,因此,非常规油气的勘探开发,除了可以导致常规油气勘探开发所带来的环境风险之外,还会带来新的环境风险和挑战。所以,重视保护环境、控制污染物排放、遵守环境保护法规是必须面临的问题。

开发非常规油气资源成功与否,不仅要看技术上的可行性,还要比较在整个生命周期中造成的环境影响。这不仅出于商业考虑,更重要的是关乎非常规油气的生命价值。

环境保护

环境 environment 指围绕着人群的空间及其中可以直接或间接地影响人类生活、发展的各种自然因素和社会因素的总体。环境是人类进行生产和生活活动的场所,是人类生存和发展的物质基础。《中华人民共和国环境保护法》指出,环境是指影响人类生存和发展的各种天然的和经过人工改造的自然因素的总体,包括大气、水、海洋、土地、矿藏、森林、草原、野生生物、自然遗迹、人文遗迹、自然保护区、风景名胜区、城市和乡村等。

环境工程学 environment engineering 是研究运用工程技术和有关学科的原理和方法,保护和合理利用自然资源,防治环境污染,以改善环境质量的学科。主要研究内容包括大气污染防治工程、水污染防治工程、固体废物处理和利用、噪声控制等;还研究环境污染综合防治方法和措施,以及利用系统工程方法,从区域的整体上寻求解决环境问题的最佳方案。

原生环境 original environment 未受人类生活和生产活动影响的自然环境。基本上仍按自然界固有的规律进行。随着人类活动范围的不断扩大,原生环境正日趋减少。

次生环境 secondary environment 由于人类活动对生态系统产生的不良影响的环境。可分为两类:(1) 不合理地开发和利用自然环境,使自然环境遭受破坏;(2)城市化和工农业高速发展而引起的环境污染。

环境背景值 environment background value 环境要素在未受污染时的化学物质的正常含量以及环境中能量分布的正常值。在人类的长期活动中特别是现代工业生产活动的影响下,自然环境的化学成分和含量水平发生了明显的变化,要找到一个区域的环境要素的背景值是很困难的,因此环境背景值实际上是相对于不受直接污染情况下环境要素的基本化学组成。

环境承载力 environmental bearing capacity 在某一时期,某种状态或条件下,某地区的环境所能承受的人类活动作用的阈值。其中,“某种状态或条件”是指现实的或拟定的环境结构不发生明显不利于为人类生存的方向改变的前提条件。而“能承受”是指不影响环境系统正常功能的发挥。由于它所承载的是人类社会活动(主要指人类经济发展行为)在规模、强度或速度上的限值,因而其大小可用人类活动的方向、速度、规模等量来表现。

环境自净 environmental self -purification

亦称“自净作用”。环境受到污染后,在提高自身的物理、化学和生物的作用下,逐步消除污染物达到自然净化的过程。环境自净是环境的一项基本功能,按发生机理可分为物理净化、化学净化和生物净化等三类。为合理地利用环境的自净能力消除污染对保护环境具有重要的意义。

环境权 environmental right 公民享有在良好、适宜环境中生活的权利。反映了公民反对污染和损害环境,争取享受良好的生活环境的合理要求。环境权的确立有利于人民群众参与环境保护和管理的活动。

环境保护 environmental protection 指运用现代环境科学理论和方法、技术,采取行政的、法律的、经济的、科学技术的多方面措施,合理开发利用自然资源,防止和治理环境污染和破坏,综合整治环境,保护人体健康,促进社会经济与环境协调持续发展。

环保费用 environment - related cost
为维护环境质量而支付的费用。包括现场、厂内及厂外处理处置废弃物的费用、排污费、罚款以及监测、许可、登记等费用。环保费用可分为两种费用:

(1) 社会损害费用。亦称“污染损害和防护费用”。包括环境受到污染和生态平衡遭到破坏对社会造成的各种经济损失,以及为避免污染危害而采用的防护措施的费用;

(2) 污染控制费用。包括为控制和消除污染而支付的治理费用和用于环境管理、环境监测、环境科研等方面的费用。

环境税 environmental tax 指维护环境的课税,包括:

(1) 狭义的环境税。是指环境污染税,即国家为了限制环境污染的范围、程度,而对导致环境污染的经济主体征收的特别税种;

(2) 中义的环境税。包括自然资源税和环境容量税。是指对一切开发、利用环境资源(包括自然资源、环境容量资源)的单位和个人,按其对环境资源的开发、利用强度和对环境的污染破坏程度而进行征收或减免的一种税收;

(3) 广义的环境税。是税收体系中与环境资源利用和保护有关的各种税种和税目的总称。不但包括污染排放税、自然资源税等,还包括为实现特定的环境目的而筹集资金的税收,以及政府影响某些与环境相关的经济活动的性质和规模的税收手段。

环境影响 environmental effects 指人类活动对环境的作用和导致的环境变化以及由此引起的对人类社会和经济的效应。任何一种能源的开发和利用都会给环境造成一定的影响,而非常规油气资源的开发尤其严重。

非常规烃类利用对环境的影响表现在:

(1) 非常规油气燃料的燃烧或逸出,使大气的二氧化碳浓度增加,温室效应增强;

(2) 非常规油气燃烧产生大量的二氧化碳、二氧化硫、氮氧化物、总固体颗粒悬浮物及多种芳烃化合物,在一定条件下形成大面积酸雨,对环境造成严重的污染;

(3) 非常规油气开采占地面积大,地貌难以修复,而产生的粉尘、灰渣对环境破坏性大;

(4) 非常规油气开采用水量巨大,造成水资源短缺,另外,返排水会含有有害物质,影响饮用水质。

(5) 非常规油气开采容易造成地质灾害如地震,天然气水合物开采容易造成海啸。

因此,非常规油气开采必须严格遵从当地的环境保护法规。

环境保护经济效益 economy benefit of environment protection 为保护环境和维护生态平衡所付出的代价与获得的成果之间的经济比较。前者指所耗费的劳动量,包括活劳动和物化劳动的一次性消耗量以及物化劳动的占有量。后者包括自然资源和社会财富得到保护而赢得的经济价值,人体健康得到保护的社会价值,文化古迹的历史价值,生物种群的科学价值等,即以尽可能少的代价,达到预期的环境质量目标。

环境保护经济效益是一个综合性指标,既反映一个国家科学发达的程度,即对自然规律和经济规律研究认识和运用的深度和广度,也标志着该国经济、技术发达的程度以及对环境管理的水平。

生命周期

生命周期评价 life cycle assessment (LCA) 指分析评估一项产品从生产、使用到废弃或回收再利用等不同阶段所造成的环境冲击。环境冲击包括能源使用、资源的耗用、污染排放等。

“国际标准化组织”的定义是:生命周期评价是对一个产品系统的生命周期中输入、输出及其潜在环境影响的汇编和评价。

生命周期评价的应用,是指在通过确定和定量化研究能量和物质利用及废弃物的环境排放来评估一种产品、工序和生产活动造成的环境负载;评价能源的材料利用和废弃物排放的影响以及评价环境改善的方法。

根据ISO 14040与ISO 14044标准,生命周期评估必须包含四个阶段,分别是目标与范畴界定、生命周期盘查分析、生命周期冲击评估,以及生命周期阐释。

生命周期分析 life cycle analysis 主要是针对产品进行的考察分析。即是指对某种产品从原料采掘到生产、到产品直至其最终处置的过程,考察其对环境的影响。

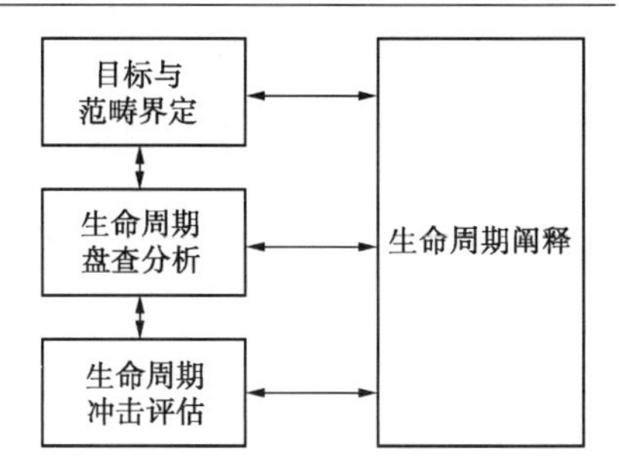

生命周期评价过程

污染与控制

污染物 pollutants 指直接或间接损害环境或人类健康的物质。污染物有自然界产生的,如火山爆发、森林大火产生的烟尘;也有人类活动产生的。环境科学主要研究和关注人类活动产生的污染物。

污染气象学 pollution meteorology 是研究大气污染物的迁移、转化规律的一门学科。由于大气没有国界,污染气象学所要面对的通常是全球性问题。

目前全球最大的三个环境问题都属于污染气象学研究对象。即温室气体排放造成的全球变暖问题;氟氯烃排放导致形成臭氧层空洞造成的紫外线过多问题;二氧化硫排放造成的酸雨问题。

污染气象学还为环境评价、工厂选址、城市规划等提供科学依据和计算方法。

污染源监测 pollutant source monitoring 即对污染物排放情况进行监测。一般是在污染物排出口,定期、定点采集样品,分析、测定不同形态有害物质的浓度、排放量以及时空分布规律。

污染物排放控制技术 Waste management 指从根本上控制污染物排放的方法。可从以下三个方面控制:

(1) 直接处理排放的污染物;

(2) 改变生产工艺流程,以减少或消除污染物排放;

(3) 改变原料构成,以减少或消除污染物排放。

污染者付费原则 polluters pay principle 亦称"3P 原则",即污染环境造成的损失及费用由污染者承担,其费用通常包括消除污染费用和损害赔偿费用。

排　放

排放配额 emission quotas 在最大总排放量和强制资源分配的框架下,从总许可排放量中分配给一个国家或一组国家的比例或份额。

排放贸易 emissions trading 用市场运作方法达到环境保护要求的限度。即允许那些减少温室气体排放低于规定限度的国家,在国内或国外使用或交易剩余部分来弥补其他源的排放。交易可在公司内部、国内和国际之间进行。

排污权交易 emissions trading 指在污染物排放总量控制指标确定的条件下,利用市场机制,建立合法的污染物排放权利即排污权,并允许这种权利像商品那样被买入和卖出,以此来进行污染物的排放控制,从而达到减少排放量、保护环境的目的。

排污税 emission taxes 为实现环境保护目标和筹集环保资金,对破坏环境的行为进行调节而征收的赋税。包括水污染税、大气污染税、固体废物税、垃圾污染税、噪声污染税等。

排放情景 emissions scenarios 对潜在的活跃排放物(如温室气体、气溶胶)的未来发展的一种可能的表述。它是基于一致的、内部协调的、关于驱动力(人口统计、社会经济发展、技术进步)及其主要相关关系的假设而提出的。

排放强度 emission intensity 指获得单位 GDP(国内生产总值)的污染物排放量。污染物排放量按二氧化碳当量折算。也是反映随经济发展造成环境污染程度的指标。

常用燃料的排放强度可登录 http://en.wikipedia.org,在搜索框内输入"Emission intensity"和"List of countries by ratio of GDP to carbon dioxide emissions",即可查阅二氧化碳的排放值和世界各国的排放强度。

组织机构

联合国环境规划署 United Nations Environment Programme(UNEP) 根据联合国 1972 年 12 月 15 日第 2997 号决议,于 1973 年 1 月成立,设在肯尼亚首都内罗华。

鉴于世界范围内的环境污染和日益危及人类的生存和经济发展,联合国设立了四个相互关联的机构:环境规划理事会、环境基金、环境协调委员会和环境规划署,来协调各国环境保护工作。【http://www.unep.org】

政府间气候变化专门委员会 Intergovernmental Panel on Climate Change (IPCC) 由世界气象组织(WMO)和联合国环境规划署(UNEP)在 1988 年共同建立。其主要目的是获取气候变化及其影响,以及减缓和适应气候变化措施方面的科学和社会经济信息,以综合、客观、开放和透明的方式进行科学评估,并根据需求为《联合国气候变化框架公约》成员国会议提供科学技术和社会经济建议。

自 1990 年起,IPCC 已经组织编写并出版了一系列评估报告、特别报告、技术报告和指南等。【http://www.ipcc.ch】

国际石油工业环境保护协会 International Petroleum Industry Environmental Conservation Association (IPIECA) 1974 年建立的非官方的非营利性的协会组织。其任务是发展和促进科学的、

低成本的、实用的技术，在社会和经济上可接受的方案，以解决全球与石油工业有关的环境问题。【http://www.ipieca.org】

美国环境保护署 U.S. Environmental Protection Agency (EPA) 属美国政府的办事部门，1970年成立，设在华盛顿。致力于降低空气、水质和陆上污染物以及来自固体废物、放射性物质、杀虫剂和有害物质的污染物，也管理汽车、燃料、燃料添加剂的控制排放。【http://www.epa.gov】

中华人民共和国环境保护部 Ministry of Environmental Protection of the People's Republic of China 中国国家环境保护的政府部门，设在北京市。负责中国国家环境规划、环境保护政策法规、科技标准、污染控制、自然生态、核安全与辐射、环境评价、环境监察、国际合作、水环境保护等【http://www.mep.gov.cn】

国际排放交易协会 International Emissions Trading Association (IETA) 设在瑞士。致力于推动国际碳排放交易市场的建立、提供国际碳排放交易市场趋势走向与促进碳排放交易市场信息交流，而最终达到温室气体减量排放的目的。【http://www.ieta.org】

环境地球科学 Environmental Geosciences 美国石油地质学家协会(AAPG)环境地球科学分会的代表刊物。主要刊登从地质学角度出发解决环境问题的文章，是环境地球科学爱好者的必读刊物。【http://eg.geoscienceworld.org】

11.1 全球气候变暖

18世纪60年代瓦特改良蒸汽机，促进了工业革命的进程；人类开始大量使用化石燃料、滥伐森林等，造成排放大量的二氧化碳、甲烷等，即温室气体大幅度增加，形成地球暖化的现象。从此，人类与自然界和谐相处的局面被破坏。

全球气候变暖表现为全球平均气温的升高，并且引发一系列次级效果，如海平面上升、农业分布的改变、恶劣气候的增加以及热带疾病疫情的扩大。因此，全球气候变暖是当前人类最关心的问题。

非常规油气的开发引发二氧化碳和甲烷的排放是最关注的问题。

气候暖化

气温 air temperature 表示空气冷热程度的物理量。天气预报中发布的气温值是观测场中离地面1.5m高的百叶箱内的空气的温度，其单位采用摄氏温标(℃)。

温度梯度 temperature gradient 自然界中气温、水温或土壤温度随陆地高度或水域及土壤深度变化而出现的阶梯式递增或递减的现象。

气候 climate 指地球与大气之间长期能量交换与质量交换所形成的一种自然环境状态，它是多种因素综合作用的结果。

气候既是人类生活和生产环境的要素之一，又是供给人类生活和生产的重要资源。气温、降水、湿度等气象要素的多年平均值是用来描述一个地区气候状况的主要参数，而各种气象要素某年、某月的平均值(或总量)则可以反映出该时期天气气候状况的重要特征。

气候系统 climate system 一个高度复杂的系统，主要由5个部分组成：大气圈、水圈、冰雪圈、陆面和生物圈，以及它们之间的相互作用。

气候系统的演变进程受到其自身动力学规律的影响,也受到外部驱动力(如火山喷发、太阳变化)以及由人类引起的驱动(如对大气的组成及土地利用的改变)的影响。

气候变化 climate change 指气候平均状态统计学意义上的巨大改变或持续较长一段时间(典型的为10年或更长)的气候变动。气候变化的原因可能是自然的内部进程,或是外部强迫,或者是人为地持续对大气组成成分和土地利用的改变。

根据《联合国气候变化框架公约》(UNFCCC)第一款中,将“气候变化”定义为:“经过相当一段时间的观察,在自然气候变化之外由人类活动直接或间接地改变全球大气组成所导致的气候改变”。

因此,《联合国气候变化框架公约》将因人类活动而改变大气组成的“气候变化”与归因于自然原因的“气候变率”区分开来。

全球变暖潜势

气体名称	化学式	寿命/年	特定时间跨度的全球变暖潜势(GWP)		
			20年	100年	500年
二氧化碳	CO_2		1	1	1
甲烷	CH_4	12	72	25	7.6
氧化亚氮	N_2O	114	289	298	153
二氯二氟甲烷	CCl_2F_2	100	11000	10900	5200
二氟一氯甲烷	$CHClF_2$	12	5160	1810	549
四氟化碳	CF_4	50000	5210	7390	11200
六氟乙烷	C_2F_6	10000	8630	12200	18200
六氟化硫	SF_6	3200	16300	22800	32600
三氟化氮	NF_3	740	12300	17200	20700

气候变化经济学 climate change economics 是研究化石燃料对环境的破坏应付出的代价,使人类能够认清当务之急,共同携手有计划有步骤地采取行动,把气候变化的影响及危害程度降至最低的一门学科。

对于气候变化,全球应做出有效的回应,分析并列出了三个政策因素:

(1)碳定价。通过税收、贸易或者是规章制度,让人们为自己的活动支付全额的社会成本;

(2)制定相关政策,支持低碳技术的创新和发展;

(3)清除所有障碍,提高能源利用效率,采取多种方法解决气候变化所带来的影响。

联合国气候变化框架公约 UN Framework Convention on Climate Change(UNFCCC) 第一个全面控制导致全球气候变暖的二氧化碳等温室气体排放、以便应对全球气候变暖给人类经济和社会带来不利影响的国际公约。

1992年5月经过5次会议、150多个国家参加的谈判。在美国纽约通过了《联合国气候变化框架公约》。接着在1992年6月的联合国环境与发展大会上,有155个国家签署了这项公约,之后又有一些国家加入,1994年3月21日正式生效。

《联合国气候变化框架公约》的主要内容是:抑制温室气体排放;强调应对气候变化是世界各国的责任,但因各国发展状况不同,允许各国负有不同的责任。【http://unfccc.int】

全球暖化 global warming 指气候变化幅度超过逝去千年的常态的现象。自工业革命以来,人类大量使用化石燃料、滥伐森林、使用含氯、氟的碳化物等,造成排放大量的二氧化碳、甲烷、氧化亚氮、氟氯碳化物、六氟化硫(SF_6)、全氟碳化物(PFCs)、氢氟碳化物(HFCs)等易吸收长波辐射的气体,即温室气体大幅度增加,形成地球温暖化的现象。

全球暖化首要表现为全球平均气温的升高,并且引发一系列次级效果,如海平面上升、农业分布的改变、恶劣气候的增加以及热带疾病疫情的扩大。这种效应已经能够在某些例子中观察到,虽然目前还很难将这些特定的现象归因于全球变暖。

全球变暖潜势 global warming potential (GWP) 是指在一定的时间范围内,某一给定的温室气体与相同质量的二氧化碳相比较而得到的相对辐射影响值,用于评价各种温室气体对气候变化影响的相对能力。

计算全球暖化潜势时,一般会以一段特定长度的评估期间为准(如20年、100年和500年),提到全球暖化潜势时也需一并说明其评估期间的长度。

限于人类对各种温室气体辐射强迫的了解和模拟工具,至今在不同时间尺度下模拟得到的各种温室气体的全球变暖潜势值仍有一定的不确定性。

温室气体排放

温室效应 greenhouse effect 又称为"大气保温效应"。大气具有允许太阳短波辐射透入大气低层,并阻止地面和低层大气长波辐射逸出大气层的作用,这种作用使大气温度保持在较高的温度。

大气中二氧化碳的浓度基本上是恒定的。但是,从工业革命后,由于人类对森林大量砍伐,同时在工业发展中大量化石燃料的燃烧,使得大气中二氧化碳的含量呈上升趋势。

由于二氧化碳对来自太阳的短波辐射有高度的透过性,而对地球反射出来的长波辐射有高度的吸收性,这就导致大气层低处的对流层变暖,而高处的平流层变冷,这一现象称为"温室效应"。

由温室效应而导致地球气温逐渐上升,引起未来的全球性气候改变,促进南北极冰雪融化,使海平面上升。

温室气体 greenhouse gas (GHG) 又称为"大气保暖气体"。这类气体包含在大气层内,能允许太阳短波辐射透入大气底层,并阻止地面和低层大气长波逸出大气层,从而使大气温度保持在比没有含这类气体时更高的温度。因此而得名"温室气体"。

在地球的大气圈中,重要的温室气体有:水蒸气(H_2O)、臭氧(O_3)、二氧化碳(CO_2)、氧化亚氮(N_2O)、甲烷(CH_4)、氢氟氯碳化物类(CFCs,HFCs,HCFCs)、全氟碳化物(PFCs)及六氟化硫(SF_6)等。

温室气体及来源

温室气体	占温室气体的百分比/%	来源
二氧化碳	72	化石燃料燃烧、植被燃烧
氟利昂	13	制冷机、喷散剂
甲烷	10	沼气、植被腐烂
氧化亚氮	5	化石燃料燃烧

二氧化碳 carbon dioxide 化学式CO_2。

是无色无臭的不可燃气体,有酸味,溶于水的程度为 171mL/100mL(0℃)和 36mL/100mL(60℃),压力加大后,水溶性增高。在常温下加压即可使其液化或固化。固态二氧化碳称为“干冰”。二氧化碳用于制造汽水、啤酒等饮料,还用于制造灭火剂、干冰、碳酸氢钠。

随着现代工业的发展,人类大量使用化石燃料,造成大量的二氧化碳排放,使温室气体大幅度地增加。

二氧化碳当量 carbon dioxide equivalent (CO_2e) 是指以二氧化碳为基准,将其他 5 种温室气体折算成二氧化碳排放的量。

各种不同的温室效应的气体对地球温室效应的贡献度都有所不同。为了统一度量整体温室效应的结果,而二氧化碳又是人类活动最常产生的温室效应气体,因此,规定以二氧化碳当量(CO_2e)为度量温室效应的基本单位。即将 1kg 二氧化碳使地球变暖的能力定为 1,其他物质均以其相对数值来表示。

一种气体的二氧化碳当量是通过把该气体的吨数乘以其温室效应值(GWP)后得出的。这种方法可以把不同温室气体的效应标准化。如 10kg 某温室气体使地球变暖的能力相当于 1kg 二氧化碳的能力,则该气体的 GWP(温室效应值)为 0.1。

碳源 carbon source 指向大气中释放二氧化碳的过程、活动或机制。自然界中碳源主要来自海洋、土壤、岩石与生物体。另外,工业生产、生活等都会产生二氧化碳等温室气体。它们都是主要的碳排放源。在全球碳循环研究中,把释放二氧化碳的库,称为源。

海洋酸化 ocean acidification 指由于海洋吸收大气中过量的二氧化碳,海水正在逐渐变酸的过程。这种变迁对于海洋生态系统和海洋经济造成了灾难性的后果。

正常情况下,海洋可以吸收大量的二氧化碳却不致呈现酸化,因为海洋天然呈碱性,pH 值平均为 8.25。但当大气中二氧化碳不断飚升,使其海洋正变得更具酸性。从 1751 年到 1994 年,海洋表面 pH 值约从 8.25 降低到 8.14,这表明世界海洋的 H^+ 浓度增加了 30%。若二氧化碳排放量仍以目前的速度继续增加,那么到 2100 年海洋表面 pH 值将降低 0.2 个单位。

化石燃料的二氧化碳排放 CO_2 emission from fossil fuel 化石燃料燃烧时,排放的二氧化碳是气候变暖的温室气体之一。国际能源署(IEA)公布的化石燃料燃烧时二氧化碳排放量的数据如下表。

各种燃料燃烧排放的二氧化碳量

燃料名称	CO_2 排放量/(g/MJ)
天然气	50.30
液化石油气	59.76
丙烷	59.76
航空汽油	65.78
车用汽油	67.07
煤油	68.36
燃料油	69.22
废轮胎衍生燃料	81.26
废木材	83.83
烟煤	88.13
次烟煤	91.57
褐煤	92.43
石油焦	96.73
无烟煤	97.59

非常规石油生产的二氧化碳排放 carbon dioxide emissions of unconventional oil production 由于非常规石油开采难度大,生产常规石油只需本身 6% 的能量,而生产超重原油需 20%~25%、油砂需 30%、油页岩需 30%。相对而言,生产非

常规天然气所需能量相对较少。

生产非常规石油伴随的二氧化碳排放取决于采用的生产工艺。油砂和超重原油生产伴随的二氧化碳排放为 9.3~15.8 gCO_2/MJ，油页岩为 13~50 gCO_2/MJ。与非常规石油相比，非常规天然气生产因所需能源较低，所以二氧化碳的排放也比较低。

替代燃料的温室气体排放 greenhouse gas emissions of various fuel 根据美国环保署的研究，在生命周期内，以普通汽油燃烧排放的温室气体为基准（图中水平线），与各种替代燃料燃烧排放的温室气体相比较，结果如下图所示。

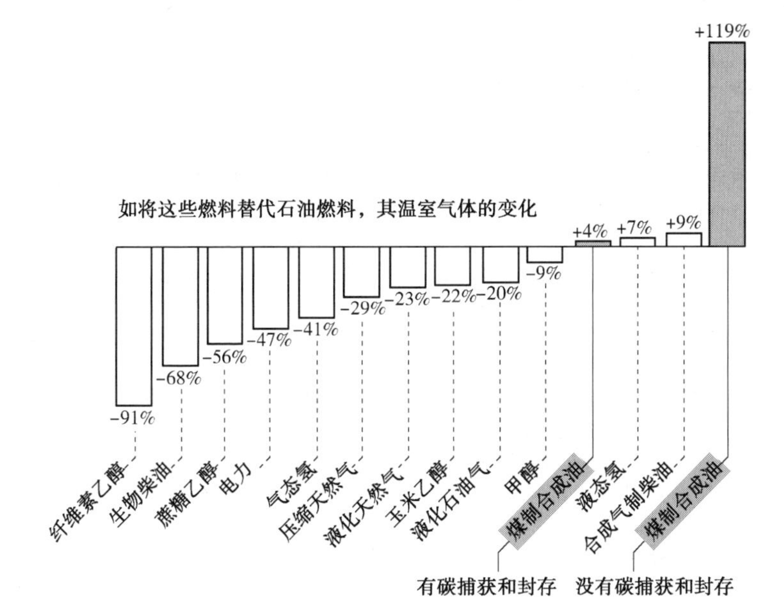

替代燃料的温室气体排放

在生物燃料替代石油中，如纤维素乙醇、蔗糖乙醇、玉米乙醇、生物柴油都比石油燃烧排放的温室气体低得多。而在合成燃料中，只有煤制合成油，如果采用碳捕集和储存法，则比石油燃烧排放的温室气体稍微高一点；反之，如果不采用碳捕集和储存法，则加倍排放温室气体。

温室气体减排

碳足迹 carbon footprint 指每个人、每个家庭或每个公司、企业日常释放的温室气体数量（以二氧化碳的影响为单位），用以衡量人类活动对环境的影响。

根据以下步骤，可以有效地减少碳足迹：利用生命周期评估准确地计算目前的碳足迹；确认能源消耗及二氧化碳排放的黑点；优化能源效益及因此减少二氧化碳排放，并减少在生产程序中的温室气体排放；对于未能在节约能源测量中消除的二氧化碳排放，则确认将它们中和的解决办法；最后一步包括碳抵消；投资在减少二氧化碳排放的方案，如生物燃料或树木种植活动。

碳中和 carbon neutral;carbon neutrality 指碳足迹为零的排放,即排放多少碳就作多少抵消措施来达到平衡。也是对化石燃料燃烧排放二氧化碳得以补偿的一种措施。

一般有两种普遍用法:

(1) 平衡二氧化碳。推动使用再生能源,以使大气中的二氧化碳不增加。特别是使用生物燃料。例如,当一棵树成长时,它所含的碳是从空气中吸收的二氧化碳,而当它燃烧时,排放的二氧化碳即是吸收的二氧化碳,这样可达到碳平衡(碳中和)。而使用石化燃料时,则是将地下埋藏的碳释放出来,所以大气中的二氧化碳量就会增加。

(2) 付费。可通过付费的方式,让其他方或用户支付足以 100% 地抵消或弥补排入大气中的二氧化碳的费用。但此法并未真正减少二氧化碳排放。

碳税 carbon tax 一种环境税。是根据化石燃料燃烧后排放碳量的多少,针对化石燃料的生产、分配或使用来征收的税费。政府部门先为每吨碳排放量确定一个价格,然后通过这个价格换算出对电力、天然气或石油的税费。

碳循环 carbon cycle 指碳在生态系统和储存库之间运动、转化并周而复始地进行生物地质化学循环,即碳在生物圈、土壤圈、岩石圈、水圈和地球大气圈之间的交换。碳循环的驱动力是太阳能,碳循环的交换过程周而复始地循环进行。

地球上最大的碳库是岩石圈(含化石燃料:煤、原油、土壤圈和泥炭等),含碳量约占地球上碳总量的99.9%。这个碳库中的碳活动缓慢,实际上起着储存库的作用。

地球上还有四个碳库:大气圈、水圈、土壤圈和生物圈。这四个碳库中的碳在生物和无机环境之间迅速交换,虽然容量小但很活跃,实际上起着交换库的作用。

碳在岩石圈中主要以碳酸盐的形式存在,其总量为 2.7×10^{16} t。在大气圈中,以二氧化碳和一氧化碳的形式存在,总量为 2×10^{12} t;在水圈和土壤圈中以多种形式存在;在生物圈中则存在着几百种被生物合成的有机物。

这些物质的存在形式受到各种因素的调节。在大气中,二氧化碳是含碳的主要气体,也是碳参与物质循环的主要形式。

在生物圈中,森林是碳的主要吸收者,它固定的碳相当于其他植被类型的2倍。森林又是生物库中碳的主要储存者,储存量约为 482Gt,相当于目前大气含碳量的2/3。

植物通过光合作用从大气中吸收碳的速率,与通过动植物的呼吸和微生物的分解作用将碳释放到大气中的速率大体相等,因此,大气中二氧化碳的含量在受到人类活动干扰之前是相当稳定的。

碳汇 carbon sink 一般是指从空气中清除二氧化碳的过程、活动、机制。在林业中主要是指植物吸收大气中的二氧化碳并将其固定在植被或土壤中,从而减少该气体在大气中的浓度。

碳失汇 missing carbon sink 指大气中的碳收支不平衡。产生碳失汇的主要原因是,北方陆地森林生态系统对碳的固定、海洋对碳的吸收、岩石圈中 $CaCO_3$-H_2O-CO_2系统(岩溶动力系统)对碳的吸收,以及陆地上碳库的转移等因素。

碳封存 carbon sequestration 将人类活动产生的碳排放物捕获、收集并存储到安全的碳库中;或直接从大气中分离出二氧化碳并安全存储的技术,均称为"碳封存"。

碳封存技术是针对定点源的人类排放,如油气井、化学工厂、火力发电厂等。碳封存开发的重点是捕获和分离二氧化碳,然后将其注入到海洋或是深层地质构造中。

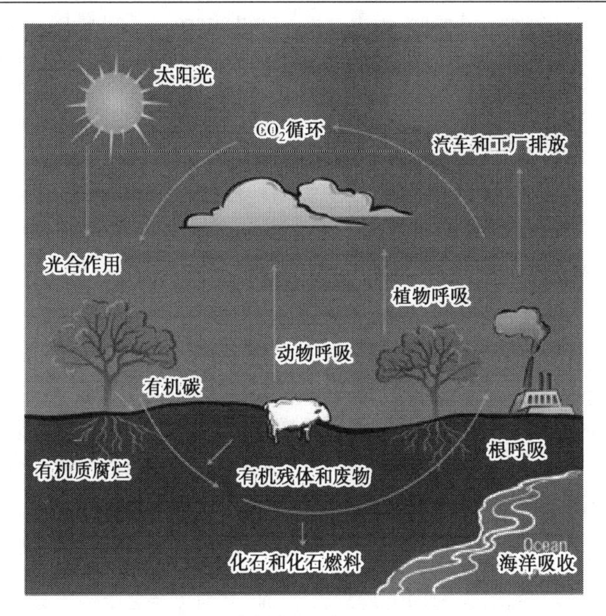

碳循环示意图

地质封存 geological storage 一般是将超临界状态的二氧化碳注入地质结构中，这些地质结构可以是油田、气田、咸水层、无法开采的煤矿等。二氧化碳性质稳定，可以在相当长的时间内被封存。若地质封存点是经过谨慎选择、设计与管理的，注入其中的二氧化碳的99%都可封存1000年以上。

另外，把二氧化碳注入油田或气田用以驱油或驱气可以提高采收率（使用提高石油采收率（EOR）技术可提高30%~60%的石油产量）；注入无法开采的煤矿可以把煤层中的煤层气驱出来，即可提高煤层气采收率。

二氧化碳捕获和封存 CO_2 capture and sequestration（CCS） 指利用二氧化碳捕获和封存，以减少温室气体的排放量。

（1）二氧化碳捕获。指收集二氧化碳的方法，主要有四种：燃烧前捕集、富氧燃烧、燃烧后捕集和工业分离；

（2）二氧化碳封存。是指将大气中移除的二氧化碳无限期的封存。二氧化碳封存的方法有许多种，一般说来可分为地质封存和海洋封存两类。

在二氧化碳捕获和封存系统中，二氧化碳捕获在整体系统成本中占最大的部分。封存必须先捕获，有许多方法可以使用，有的已商业化，但每种方法的成本都很高。

生物质能碳捕获和储存 Bio - energy carbon capture and storage（BECCS） 通过植物的光合作用，捕获二氧化碳并储存在植物体中，以减少大气中的二氧化碳含量。

组织机构

碳封存领袖论坛 Carbon Sequestration Leadership Forum（CSLF） 是国际间推动碳捕获和封存技术的主要组织，2003年6月成立，设在华盛顿。有21个

会员国。【http://www.cslforum.org】

二氧化碳情报分析中心 Carbon Dioxide Information Center(CDIAC) 隶属美国能源部,1982 年成立。主要为气候变化服务,进行二氧化碳包括大气痕量气体的情报分析。【http://cdiac.ornl.gov】

媒 体

二氧化碳捕获和封存网 CO_2 Capture and Store 是隶属国际能源署的二氧化碳捕获和封存的专业信息平台。提供二氧化碳捕获和封存的研究、开发和论证,推动项目合作,加速温室气体的解决方案。【http://www.ieaghg.org】

11.2 环境污染

环境污染是指由人类活动所引起的环境质量下降,从而有害于人类及其他生物的正常生存和发展的现象。开采地下的非常规油气引起的气候变暖、大气污染、水质污染、地质灾害等尤为严重,因此,非常规油气生产必须遵从环境保护法规。

环境污染 environmental pollution 由人类活动所引起的环境质量下降,从而有害于人类及其他生物的正常生存和发展的现象。自然过程引起的同类现象,称为自然灾变或异常。

环境污染的产生有一个从量变到质变的发展过程,当某种造成污染的物质的浓度或其总量超过环境自净能力,就会产生危害。目前环境污染产生的原因是资源的浪费和不合理使用,使有用的资源变为废物进入环境而造成危害。

大气污染

地球大气层 atmosphere of Earth 又称大气圈。因重力关系而围绕着地球的一层混合气体,是地球最外部的气体圈层,包围着海洋和陆地。

大气圈没有确切的上界,在离地表 2000~16000km 高空,仍有稀薄的气体和基本粒子,在地下、土壤和某些岩石中也会有少量气体,它们也可认为是大气圈的一个组成部分。

地球大气的主要成分为氮、氧、氩、二氧化碳和小于 0.04% 比例的微量气体,这些混合气体被称为空气。地球大气圈气体的总质量约为 5.136×10^{21} g,相当于地球总质量的百万分之 0.86。

根据大气温度垂直分布和运动特征,在对流层之上还可分为平流层、中气层、增温层等。大气层保护地表避免太阳辐射直接照射,尤其是紫外线;也可以减少一天当中极端温差的出现。

地球大气层

散逸层	(800~2000)~3000km
增温层	(80~85)~800km
中间层	50~(80~85)km
平流层	(7~11)~50km
对流层	0~(7~11)km

大气质量评价 atmospheric quality assessment 根据人们对大气质量的具体要求,按照一定的评价标准和评价方法,对大气质量进行定性或定量的评定。这是环境质量评价体系中一种单要素评价。

大气污染 atmospheric pollution 指由于人类活动和某些自然过程引起某种物质进入大气中,呈现出足够的浓度,达到足够的时间,会危害人体的舒适、健康或危害环境的现象。

在正常的大气中主要含对植物生长有利的氮气(占78%)和人体、动物需要的氧气(占21%),还含有少量的二氧化碳(0.03%)和其他气体。当那些不属于大气成分的气体或物质,如硫化物、氮氧化物、粉尘、有机物等进入大气之后,大气污染就发生了。

大气污染源主要指:工厂排放废气、汽车尾气、农垦烧荒、森林失火、炊烟等。

大气颗粒物 atmospheric particulate matter 亦称"颗粒物(particulate matter,缩写PM)"。指悬浮在大气中的颗粒,可以是自然界产生的,也可以是人为产生的。虽然细颗粒物只是地球大气成分中含量很少的组分,但它对空气质量和能见度等有重要的影响。这些细颗粒物粒径小,含有大量的有毒、有害物质且在大气中的停留时间长,输送距离远,因而对人体健康和大气环境质量的影响更大。

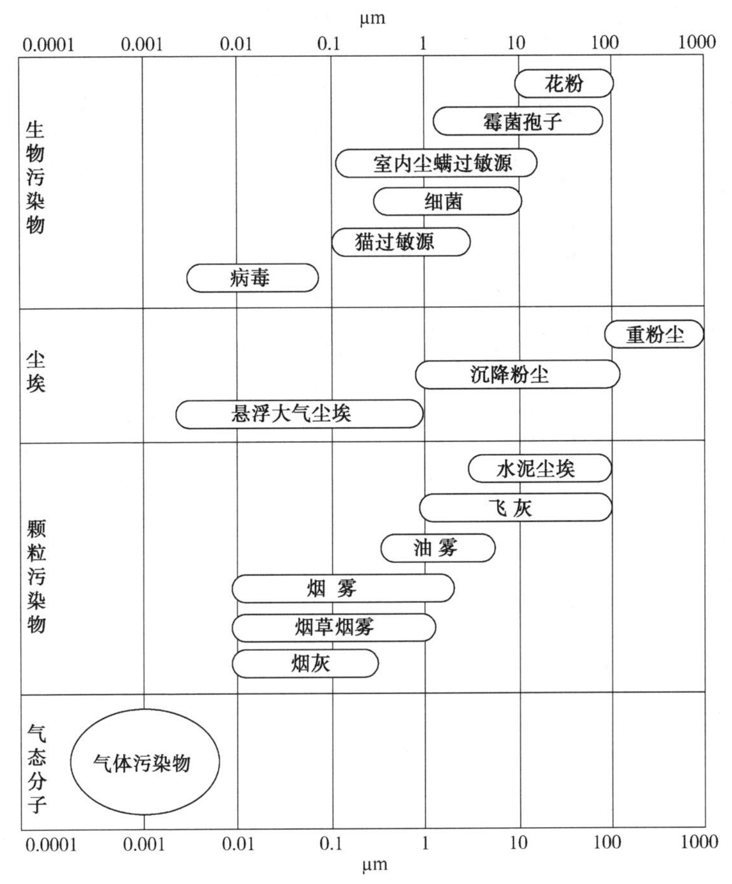

大气中各种类型的颗粒物分布

二次颗粒物 secondly granule　由空气中某些污染物和大气中的氧、水之间发生化学反应转化生成的颗粒物。

气溶胶 aerosols　以气体为分散介质，以固体或液体微粒为分散相所形成的气态悬浮体。它们能作为水滴和冰晶的凝结核、太阳辐射的吸收体和散射体，并参与各种化学循环，是大气的重要组成部分。雾、烟、霾、轻雾（霭）、微尘和烟雾等，都是天然的或人为的原因造成的大气气溶胶。如雾是液体水滴分散在空气中的气溶胶；烟是固体微粒分散在空气中的气溶胶。化学烟雾也是一种气溶胶。

气溶胶与大气污染有密切关系。气溶胶可以从两方面影响气候：

（1）通过散射辐射和吸收辐射产生的直接影响；

（2）作为云凝结核或改变云的光学性质和生存时间而产生的间接影响。

生物气溶胶 bioaerosol　指微粒中含有微生物或生物大分子等生物物质的，称为生物气溶胶，其中含有微生物的，称为微生物气溶胶。

霾 haze　肉眼无法分辨的微粒悬浮在空中，使大气呈混浊状态的一种天气现象。微粒包括细微烟粒、尘粒和盐粒。在以天空为背景时，呈微黄色或橘红色；在以物体为背景时，成浅蓝色。出现时水平能见度小于10km。有干霾和湿霾之分。前者的相对湿度一般小于60%；后者的相对湿度大于70%。

热污染 heat pollution　一般指因人类生活和生产活动向水体排放废热而造成的环境污染。主要污染物为工业废热水。可使水中溶解氧减少，对鱼类危害较大。广义的热污染是指因人类活动改变了大气组成和地表状态或直接向环境放热而影响和危害环境的现象。

在非常规石油开采和煤气化生产中，热量直接向环境大量散发，会造成严重的热污染。

致癌物质 carcinogen　指任何会直接导致生物体产生癌症的物质、辐射或放射性同位素。这些物质于生态环境中会造成动物细胞基因组内的脱氧核糖核酸（是控制个体生命的遗传和生理的重要化学物质）受到损害、突变，从而使其细胞内的生化反应不能够正常工作，如讯息传递及代谢失常等。

在非常规石油开采和煤气化生产中，应控制致癌物质散发到环境中，以免造成人体伤害。

氮氧化物 nitrogen oxides　是主要的大气污染物之一，包括氮氧化物、二氧化氮、一氧化氮等多种氮的氧化物。在非常规油气开采及火电厂排放的氮氧化物中绝大部分是一氧化氮，在大气中氧化生成二氧化氮，二氧化氮在大气中比较稳定。

氮氧化物除了形成酸雨，导致土壤酸化、气候变化外，还会通过氧化等形成地面臭氧、细小颗粒物、光化学烟雾和区域性灰霾污染，影响呼吸系统、心血管等器官，损害人体健康。氮氧化物通过雨水落在水体中，造成富营养化等问题。

大气污染监测 atmospheric pollution monitoring　对大气环境中的污染物质及其变化规律、环境影响，进行分析、监视，明确其数值、范围、污染程度，通过综合分析描述环境质量状况和发展趋势。

常用的监测项目主要包括气象参数和总悬浮颗粒物（TSP）、降尘、一氧化碳、二氧化硫、碳氢化合物、氮氧化物、臭氧等；地表水水质监测的项目一般包括水文、气象参数以及温度、酸碱度（pH）、悬浮固体（SS）、溶解氧（DO）、生物耗氧量（BOD）、化学耗氧量（COD）、某些毒物等。

水污染

水质 water quality　水体质量的简称，

是指水的物理、化学及生物学特征。

水质污染 water pollution 即水体因某种物质的介入,而导致其化学、物理、生物或者放射性等方面特征的改变,从而影响水的有效利用,危害人体健康或者破坏生态环境,造成水质恶化的现象。

石油污染 oil pollution 一般指石油对水体的污染。在石油开采、运输、装卸、加工和使用过程中,由于泄漏和排放石油引起的污染,可使水体溶解氧下降,危害水生生物,并通过食物链对人类产生影响。大量石油浮于水面还会引起火灾。

附录　计量单位及换算

在石油天然气行业中，单位换算是一件繁杂但又必不可少的工作。如要了解单位种类及换算方式，可以登录 http://en.wikipedia.org，在搜索框内输入"Conversion of units"，就可以查阅到各种单位及其相关的换算。

涉及非常规油气单位的种类并不是很多，通常用英制单位表示，本附录仅列出与非常规油气相关的单位及换算。

长度单位　length unit

1m(米) ≈ 1.0936 yards(码)

1yard(码) ≈ 0.9144 m(米)

1m(米) ≈ 39.370 in(英寸)

1 in(英寸) ≈ 0.0254 m(米)

1cm (厘米) ≈ 0.39370 in(英寸)

1 in(英寸) ≈ 2.54 cm (厘米)

1mm(毫米) ≈ 0.039370 in(英寸)

1 in(英寸) ≈ 25.4 mm(毫米)

1 m(米) ≡ 1×10^{10} Å(埃)

1 Å(埃) ≡ 1×10^{-10} m(米)

1 nm(纳米) ≡ 10 Å(埃)

1 Å(埃) ≡ 100 pm(皮米)

米 metre(英);meter(美)　是国际单位制基本长度单位，符号为 m。

千米 kilometer(km)　俗称"公里"。长度的国际单位制米的倍数单位。

1km(千米) = 1000 m(米) ≈ 3281 ft(英尺) ≈ 0.621 miles(英里) ≈ 0.540 nm (海里)

英尺 foot(ft)　旧称"呎"。英制中的长度单位。三英尺为一码。

1ft(英尺) = 12 in(英寸) ≈ 0.3048 m(米) ≈ 30.48 cm(厘米)

英里 mile　旧称"哩"。英制中的长度单位。

1mile(英里) = 5280 ft(英尺) = 63360 in(英寸) ≈ 1.609344 km(千米) ≈ 1609.344 m(米)

英寸 inch(in)　旧称"吋"。英制中的长度单位。

1ft(英尺) = 12 in(英寸), 1in(英寸) = 2.54 cm(厘米) = 25.4 mm(毫米)

面积单位　area unit

英亩 acre　非法定计量单位中土地面积的单位。

1acre(英亩) = 0.004047 km^2(平方千米) = 4046.864798 m^2(平方米)

1km^2(平方千米) = 247 acres(英亩)

平方英里 square mile(sq. mi/ mi^2)　英制的面积单位。

1sqmile(平方英里) = 4014489600sq. in(平方英寸) = 27878400 sq. ft(平方英尺)

= 640acres（英亩）= 258.9988hectares（公顷）

= 2589988.110336m^2（平方米）= 2.589988km^2（平方千米）

体积单位　volume unit

体积单位换算表

	US gal（美加仑）	UK gal（英加仑）	bbl（桶）	cf（立方英尺）	L（升）	m^3（立方米）
1 US gal（美加仑）≈	1	0.9327	0.02381	0.1337	3.785	0.0038
1 UK gal（英加仑）≈	1.201	1	0.02859	0.1605	4.546	0.0045
1 bbl（桶）≈	42.0	34.97	1	5.615	159.0	0.159
1 cf（立方英尺）≈	7.48	6.229	0.1781	1	28.3	0.0283
1 L（升）=	0.2642	0.220	0.0063	0.0353	1	0.001
1 m^3（立方米）=	264.2	220.0	6.289	35.3147	1000.0	1

立方英尺 cubic feet（ft^3/cf）　是英制的体积单位，使用于美国、加拿大及英国。每边长度为1ft（英尺，≈ 0.3048 m）的立方体体积为1 ft^3（立方英尺）。

1 ft^3（立方英尺）= 1728 in^3（立方英寸）= 0.02832 m^3（立方米）= 28.32 L（升）≈6.22884UK gal（英加仑）≈0.17811 bbl（桶）

欧美国家天然气价格常用1000cf（立方英尺）为体积单位。

1000cf（立方英尺）= 28.3m^3（立方米）≈1MBtu（百万英热单位）

立方千米 cubic kilometre（km^3）　常用的体积单位。

1km^3（立方千米）= 1000000000m^3（立方米）= 10×10^8 m^3（亿立方米）= 1 TL（太升）

标准立方米 Normal cubic meter（Ncm）　天然气的体积测量是在标准状况下进行的。标准状况通常规定温度为273.16K（0℃）和压力为101.325kPa（1atm），以此作为比较气体时的统一标准。表示为Ncm。

相互关系按下式换算：1Ncm（标准立方米）= 1.055Scm（基准立方米）

基准立方米 Standard cubic meter（Scm）　天然气的体积测量是在基准条件下进行的，即温度为15℃和压力为101.325kPa（1atm）。表示为Scm。

相互关系按下式换算：1Scm（基准立方米）= 0.948Ncm（标准立方米）

十亿立方米 billion cubic metres of natural gas（bcm）　是天然气生产和贸易的常用计量单位。根据不同标准，十亿立方米的能量可能存在差别。

按国际能源署的标准，1bcm（10亿立方米）俄罗斯天然气的能量平均为38.2 PJ（拍焦）（1.06×10^{10} kWh）能量，而卡塔尔天然气的能量平均为41.4 PJ（拍焦）（1.15×10^{10} kWh）。

注：1PJ（拍焦）= 10^{15} J（焦），1J（焦）= 2.7778×10^{-7} kW·h（千瓦小时）

根据国际能源署的标准，天然气物理体积测量的基准条件是在常压、15 ℃（59 °F）下的体积，而俄罗斯的测量温度是20 ℃（68 °F）。这样，国际能源署标准下的

1bcm(10 亿立方米)天然气相当于俄罗斯标准的 1.017 bcm(1.017×10 亿立方米)。

国际上,有些组织的能源当量标准各不相同,BP 公司采取:

1bcm(10 亿立方米)≈41.87 PJ (拍焦,1.163×10^{10}kWh)

国际天然气和气态烃信息中心(Cedigaz)采取:

1bcm(10 亿立方米)≈40 PJ (拍焦,1.1×10^{10}kWh)

十亿立方英尺 billion cubic feet(bcf)　国外常用的天然气体积英制单位。

1bcf(10 亿立方英尺)天然气= 0.0283 bcm(10 亿立方米)= 0.028 Mtoe(百万吨油当量)

= 0.021 Mt(百万吨)液化天然气(LNG)= 0.18 M boe(百万桶油当量)

≈1.03 TBtu(太英热单位)

万亿立方英尺 trillion cubic foot(tcf)　欧美国家常用英制单位作天然气计量单位,通常用万亿立方英尺。

1tcf(万亿立方英尺)= 0.0283tcm(万亿立方米)= 283×10^8 m^3(立方米)

万亿立方米 trillion cubic meter(tcm)　天然气工业常用的体积单位。

1tcm(万亿立方米)= 10^{12} m^3(立方米)= 35.34 tcf(万亿立方英尺)

桶 barrel (bbl)　是世界上常用的非国际单位制的石油体积单位。欧佩克和英美等西方国家原油计量单位通常用 bbl(桶)来表示,而中国及俄罗斯等国则常用 t(吨)作为原油计量单位。

1bbl(桶)= 42 US gallons(美加仑)= 158.9872 L(升)≈34.9723 UK gallons(英加仑)
可以简化为:1 bbl(桶)= 0.159 m^3(立方米)= 35 UK gallons(英加仑)

吨和桶之间的换算关系是:1t(吨)≈7.33bbl(桶);1bbl(桶)≈0.1364t(吨)

尽管吨和桶之间有固定的换算关系,但由于吨是质量单位,桶是体积单位,而原油的密度变化范围又比较大,因此,在原油交易中,如果按不同的单位计算,会有不同的结果。

质量单位　mass unit

质量单位换算表

	kg (千克)	t (吨)	lt (长吨)	st (短吨)	lb (磅)
1 kg(千克)=	1	0.001	9.84×10^{-4}	1.102×10^{-3}	2.2046
1 t(吨)=	1000	1	0.984	1.1023	2204.6
1 lt(长吨)=	1016	1.016	1	1.120	2240.0
1 st(短吨)=	907.2	0.9072	0.893	1	2000.0
1 lb(磅)=	0.454	4.54×10^{-4}	4.46×10^{-4}	5.0×10^{-4}	1

吨 ton　也称“英吨”。非国际单位制的质量单位。使用地区主要为英国、美国与一些英联邦国家。

吨与公吨(tonne 或 metric ton)有所区别。广义的英吨又可分为长吨和短吨。

长吨(long ton,lt):在英国较为常用,为狭义的“英吨”,通常直接称为“吨”(ton)。

短吨(short ton,st):在美国较为常用,又称“美吨”。

单位换算:

1lt(长吨)= 2240lb(磅)≈1016.0469kg(千克)≈1.016t(公吨)= 1.120st(短吨)

1st(短吨)= 2000lb(磅)≈907.2kg(千克)≈0.9072t(公吨)= 0.893lt(长吨)

在石油工业中经常有吨与桶之间的换算:

1t(吨)≈7.33bbl(桶);1bbl(桶)≈0.1364t(吨)

压力单位 pressure unit

压力单位换算

	Pa(帕斯卡)	bar(巴)	at(工程气压)	atm(标准气压)	Torr(托)	psi(磅/英寸^2)
1Pa	≡ 1N/m^2	10^{-5}	1.0197×10^{-5}	9.8692×10^{-6}	7.5006×10^{-3}	1.450377×10^{-4}
1bar	10^5	≡10^6 dyn/cm^2	1.0197	0.98692	750.06	14.50377
1at	0.980665×10^5	0.980665	≡ 1kp/cm^2	0.9678411	735.5592	14.22334
1atm	1.01325×10^5	1.01325	1.0332	≡p_0	≡ 760	14.69595
1Torr	133.3224	1.333224×10^{-3}	1.359551×10^{-3}	1.315789×10^{-3}	≈ 1mmHg	1.933678×10^{-2}
1psi	6.8948×10^3	6.8948×10^{-2}	7.03069×10^{-2}	6.8046×10^{-2}	51.71493	≡1lb_F/in^2

兆帕 megapascal(MPa) 常用的法定压力单位。定义为1m^2(平方米)上受力1N(牛)为1Pa(帕斯卡)。

换算关系为:1MPa(兆帕)= 145psi(磅/英寸^2)= 10.2 kg/ m^2(千克/米^2)= 10 bar(巴)= 9.8 atm(标准气压)

温度单位 tempreture unit

摄氏温标 centigrade 符号为℃ 。其规定是:在标准大气压(1.01325kPa)下,水(冰)的熔点为0度,水的沸点为100度,中间划分为100等份,每等份为1℃。

摄氏温标和热力学温标(Kelvin, K)两种温标的转换公式为:K=℃+273.15 ;℃ = K −273.15

华氏度 fahrenheit/degree fahrenheit(℉) 符号为℉。其定义是:在标准大气压下,冰的熔点为32℉,水的沸点为212℉,中间有180等分,每等分为华氏1度。与摄氏度的换算为:

℉ = ℃ × 9/5 + 32 ; K=(℉ + 459.67) × 5/9

热量单位 thermal unit

英热单位 British thermal unit(Btu) 采用英制单位的国家常用的一种量度热量的单位。1英制单位系在标准大气压下,1b(磅)水从32℉(0℃)升到212℉(100℃)温度时所需能量的1/180,其值等于1054.5J(焦)。

1Btu(英热单位)≈1.054~1.060 kJ(千焦)≈ 0.293071 W·h(瓦小时)≈ 252~253 cal(卡)≈ 0.25 kcal(千卡)

百万英热单位 million British thermal unit(MBtu) 在天然气销售中,通常采用百万英热单位(MBtu)计价。

(1) 在天然气销售中,1MBtu(百万英热单位)= 1.054615GJ(吉焦)

(2) 1个体积的天然气含能量(高热值或低热值)随着天然气组分而变化,即Btu数值换算到体积没有统一的换算系数。对于一般天然气来说,1Scf(基准立方英尺)≈ 1030 Btu(英热单位)(燃烧时,在1010Btu和1070Btu之间)。

(3) 一般估计值:1MBtu(百万英热单位)≈1GJ(吉焦)≈1000cf(立方英尺)天然气≈28.3m^3(立方米)天然气

电力单位 Power unit

电力单位换算表(1)

	J(焦耳)	Wh(瓦小时)	kWh(千瓦小时)	eV(电子伏特)	Cal(卡)
$1J=1kg\cdot m^2 s^{-2}=$	1	2.77778×10^{-4}	2.77778×10^{-7}	6.241×10^{18}	0.239
$1 W\cdot h =$	3600	1	0.001	2.247×10^{22}	859.8
$1 kW\cdot h =$	3.6×10^{6}	1 000	1	2.247×10^{25}	8.598×10^{5}
1 eV =	1.602×10^{-19}	4.45×10^{-23}	4.45×10^{-26}	1	3.827×10^{-20}
1 cal =	4.1868	1.163×10^{-3}	1.163×10^{-6}	2.613×10^{19}	1

中国常用电力单位常用中文表示,英文只有"十亿(billion)",而没有"亿"的英文词,因此,两者的换算如下表。

电力单位换算表(2)

	kW(千瓦)	MW(兆瓦)	GW(吉瓦)	TW(太瓦)
1万千瓦=	10000	10	0.01	0.00001
1兆千瓦=	1000000	1000	1	0.001
1亿千瓦=	100000000	100000	100	0.1

能源单位 energy unit

常用的能源单位换算表

	TJ(太焦)	GCal(吉卡)	Mtoe(百万吨油当量)	MBtu(百万英热单位)	GW·h(吉瓦小时)
1TJ(太焦)=	1	238.8	2.388×10^{-5}	947.8	0.2778
1 GCal(吉卡)=	4.1868×10^{-3}	1	10^{-7}	3.968	1.163×10^{-3}
1 Mtoe(百万吨油当量)=	4.1868×10^{4}	10^{7}	1	3.968×10^{7}	11630
1 MBtu(百万英热单位)=	1.0551×10^{-3}	0.252	2.52×10^{-8}	1	2.931×10^{-4}
1 GWh(吉瓦小时) =	3.6	860	8.6×10^{-5}	3412	1

标准煤耗率 Standard Coal Consumption Rate　简称"标准煤耗"。把不同发热量的各种燃料折算为29.31MJ/kg(兆焦/千克)的"标准煤"而算出的煤耗率。例如,"发电用标准煤耗率"是火力发电厂每发1kW·h(千瓦小时)电平均耗用的标准煤量(kg/ kW·h)(千克/千瓦小时)。国际上以标准煤作为应用基准燃料的发热量,以便于使用燃料的各部门在国际贸易中进行对比。

吨煤当量 metric tons of coal equivalent、ton coal equivalent(tce)　1吨原煤所含的热量,用做计算各种能源的计量单位。中国采用煤当量(即标准煤)作为计算各种能源的计量单位,即1kgce(千克煤当量)的热值为29.27MJ(兆焦)。

1kgce(千克煤当量)= 29.27MJ/kg(兆焦/千克)

其换算方法为:

原油热值按41.8 MJ/kg(兆焦/千克)计算,换算系数为1.427。

1t(吨)原油 = 1.43 tce(吨煤当量)

天然气热值按39.0 MJ/m^3(兆焦/立方米)计算,换算系数为1.33。

1000 m^3(立方米)天然气 = 1.33 tce(吨煤当量)

原煤换算成煤当量时,按平均热值20.9MJ/kg(兆焦/千克)计算,换算系数为0.714。

1t(吨)原煤 = 0.714 tce(吨煤当量)

吨油当量 ton oil equivalent(toe)　1吨原油所含的热量,用来计算各种能源的能源计量单位。这种计算均以原油为基准。

国际能源署/经济合作发展组织(IEA/OECD)规定:

1toe(吨油当量)= 41.868GJ(吉焦)或11.63MW·h(兆瓦小时)

有些组织另外定义吨油当量,如:

1toe(吨油当量)= 11.63MW·h(兆瓦小时)

1toe(吨油当量)= 41.87GJ(吉焦)

1toe(吨油当量)= 39 683205.411Btu(英热单位)

1toe(吨油当量)= 7.11,7.33或7.4boe(桶油当量)

TPE是再生能源专用的吨油当量, 1TPE(吨油当量)再生能源=45.217GJ(吉焦)

换算系数:

1boe(桶油当量)≈0.146toe(吨油当量),

即1toe(吨油当量)≈6.841boe(桶油当量)

1t(吨)柴油 = 1.01toe(吨油当量)

1m^3(立方米)柴油=0.98toe(吨油当量)

1t(吨)汽油=1.05toe(吨油当量)

1m^3(立方米)汽油=0.86toe(吨油当量)

1t(吨)生物柴油=0.86toe(吨油当量)

1m^3(立方米)生物柴油=0.78toe(吨油当量)

1t(吨)生物乙醇=0.64toe(吨油当量)

1 m^3(立方米)生物乙醇=0.51toe(吨油当量)

1MW·h(兆瓦小时)= 0.086toe(吨油当量)

1toe(吨油当量)= 11630.0kW·h(千瓦小时)

在热电厂中,用0.22toe(吨油当量)燃料生产1MW·h(兆瓦小时)电力或用

0.086toe(吨油当量)燃料生产 0.39MW·h(兆瓦小时)电力(39%热量转化为电力)。

由于原油的组成是变化的,因此这是一个不精确的量度,所以在使用时都要明确实际换算值。如 BP 公司设 1toe(吨油当量)相当于 1.5t(吨)煤或 1111m^3(立方米)天然气。

桶油当量 barrel oil equivalent(boe) 指 1bbl(桶)原油所含有的能量。相当于燃烧 42 美制加仑(35 英制加仑或 158.9873 升)原油释放的能量。根据美国国家税务局的定义,1boe(桶油当量)相当于 5.8×10^6 Btu(英热单位)。那么

1boe(桶油当量)≈5.8MBtu(在 59℉的百万英热单位)≈6.1178632×10^9 J(焦)≈6.1GJ(吉焦)(高位热值)≈1700kW·h(千瓦小时)

1toe(吨油当量)≈7.2boe(桶油当量)

原油的单位换算 unit conversion of petroleum

原油的单位换算

	t(吨)	kL(千升)	bbl(桶)	US gal(美加仑)	t/a(吨/年)
1 t (吨)=	1	1.165	7.33	307.86	—
1 kL(千升)=	0.8581	1	6.2898	264.17	—
1 bbl(桶)=	0.1364	0.159	1	42	—
1 US gal(美加仑)=	0.00325	0.0038	0.0238	1	—
1 bbl/d (桶/日)=	—	—	—	—	49.8

天然气的单位换算 unit conversion of natural gas 天然气一般按体积单位统计并销售,其单位换算为:

1m^3(立方米)天然气=35.3 cf^3(立方英尺)=0.00171m^3(立方米)LNG(液化天然气)=0.000725t(吨)LNG(液化天然气)=0.0066bbl(桶)原油

天然气按热值计量的单位换算:

1m^3(立方米)天然气 ≈ 0.036 MBtu(百万英热单位)≈ 0.36 them(色姆)≈ 0.038×10^9 J(焦)≈ 10.54 kW·h(千瓦小时)

天然气和液化天然气(LNG)的单位换算

	bcm	bcf	Mtoe	Mt LNG	TBtu	Mboe
1bcm(10 亿立方米)天然气=	1	35.3	0.90	0.73	36	6.29
1bcf (10 亿立方英尺)天然气=	0.028	1	0.028	0.021	1.03	0.18
1Mtoe(1 百万吨油当量)=	1.111	39.2	1	0.805	40.4	7.33
1Mt(1 百万吨)LNG=	1.38	48.7	1.23	1	52.0	8.68
1TBtu(1 万亿百万英热单位)=	0.028	0.98	0.025	0.2	1	0.17
Mboe(1 百万桶油当量)=	0.16	5.61	0.14	0.12	5.8	1